Klaus Haefner

Mensch und Computer im Jahre 2000

Ökonomie und Politik für eine human computerisierte Gesellschaft

Birkhäuser

Klaus Haefner

Mensch und Computer im Jahre 2000

Ökonomie und Politik für eine human computerisierte Gesellschaft

Birkhäuser Verlag
Basel · Boston · Stuttgart

CIP-Kurztitelaufnahme der Deutschen Bibliothek

Haefner, Klaus:
Mensch und Computer im Jahre 2000 : Ökonomie
u. Politik für e. human computerisierte Gesellschaft /
Klaus Haefner. - Basel ; Boston ; Stuttgart :
Birkhäuser, 1984.
ISBN 3-7643-1636-5

Umschlaggestaltung und Typografie: Albert Gomm
Umschlagfoto: Ringier-Dokumentationszentrum, Zürich
Printed in Switzerland by Birkhäuser AG,
Graphische Unternehmen, Basel
ISBN 3-7643-1636-5

Vorwort

Allzulange wurde in der Bundesrepublik Deutschland die Dimension des Wandels, der mit der Verbreitung neuer Informations- und Kommunikationstechniken verbunden ist, unterschätzt. Den einen galt der Computer nur als eine neue technische Spielart, deren Integration in den Alltag des einzelnen problemlos zu bewältigen sei. Andere glaubten, unsere Gesellschaft gänzlich vor den neuen Technologien «bewahren» zu können, wenn ihre unterstellten negativen Auswirkungen nur lange und undifferenziert genug postuliert würden.

Beide Positionen haben sich als falsch und der konzeptionellen Aufarbeitung der Problembereiche nicht dienlich erwiesen. Die Technik ist da, sie erfaßt mit immer größerer Veränderungsgeschwindigkeit fundamentale Lebenszusammenhänge und schafft unumstößliche Fakten. Politik und Gesellschaft hingegen stehen erst am Anfang des mühseligen Weges, wirtschaftliche und soziale Anpassungsformen zu finden und nach neuen Leitbildern zu suchen.

In diesem Buch wird die zu erwartende technische Entwicklung konsequent in den politischen, wirtschaftlichen, kulturellen und sozialen Raum hinein weitergedacht. Insofern ist es ein notwendiges, freilich auch ein notwendig-unbequemes Buch. Viele Folgerungen erscheinen, in ihrer radikalen Abweichung von gewohnten Denkmustern, zunächst erschreckend. Daß ihnen jedoch ein hohes Maß an systematischer Logik innewohnt, erkennt schnell, wer versucht, mit rationalen Argumenten zu anderen Ergebnissen zu gelangen.

Ob man in der einen oder anderen Frage zu gleichen oder abweichenden Schlüssen und Bewertungen kommt, ist aber letztlich nicht das Entscheidende. Wichtig und ein unbestreitbares Verdienst des Autors ist allein, daß hier von wissenschaftlicher Seite der Entwurf eines integrierten Gesamtkonzepts zur konstruktiven Nutzung immenser technischer Innovationspotentiale geliefert wird. Es gilt, gerade im politischen Raum, die Fülle der

Denkanstöße aufzugreifen und in eine programmatische Diskussion über die Zukunft unserer Gesellschaft einzutreten.

Wir werden im Jahr 2000 mit Sicherheit in industriellen Schlüsselbranchen andere Formen der Planung, der Produktion und des Vertriebs als heute haben. Dennoch wird es, neben der vollautomatisierten Fabrik, weiterhin eine Vielzahl manueller Tätigkeiten geben, die Kreativität und individuelle Erfahrung erfordern. Die Bedeutung nichtstaatlicher sozialer Dienstleistungen wird ständig zunehmen. Es ist in meinen Augen ein besonderer Vorzug dieses Buchs, neben der Beschreibung technischer Substitutionsprozesse jene Aufgabenfelder klar zu bezeichnen, in denen der Mensch nicht ersetzbar ist, sondern mit seinen spezifisch humanen Fähigkeiten neu und weit stärker als früher gefordert wird. Daraus erwächst die Vision einer Gesellschaft, die mit der Maschine nicht mehr im Konkurrenzstreit liegt, sondern ihre erweiterten Freiräume und Gestaltungsmöglichkeiten zur Verwirklichung individueller und sozialer Entwicklungschancen nutzt. Damit diese – durchaus optimistisch stimmende – Perspektive eines Tages Lebensrealität wird, müssen heute schon die notwendigen Weichenstellungen vorgenommen werden. Der wirtschaftliche, politische und soziale Handlungsbedarf ist groß, und er erfordert ein konzentriertes, zukunftsgerichtetes Zusammenwirken von Staat, Wirtschaft, Wissenschaft und Gesellschaft.

Die baden-württembergische Landesregierung hatte 1983 eine Kommission «Zukunftsperspektiven gesellschaftlicher Entwicklungen» berufen, an der der Autor engagiert und exponiert mitwirkte. Der seinerzeit begonnene Gedankenaustausch findet für mich eine fruchtbare Fortsetzung in dem vorliegenden Werk. Ich hoffe und bin mir sicher, daß diese Einschätzung von vielen geteilt werden wird.

Lothar Späth
Ministerpräsident

Inhaltsverzeichnis

Einführung

Nach vielen Jahren des Zögerns gibt es wieder klare Linien einer Technologie-Politik im Bereich der praktischen Realisierung von Informationstechnik. Das Bildschirmtext-System ist öffentlich verfügbar, das Kabelfernsehen wird in Pilotprojekten und als Netz-Struktur vorangetrieben, es gibt in der Bundesrepublik und in Europa staatliche Maßnahmen zur Förderung der Informationstechnik. Viele Nationen und Bundesländer fördern gezielt den Technologie-Transfer und hoffen auf das Entstehen neuer «Silicon Valleys». An den Hochschulen sind die Informatik-Studiengänge 100prozentig überbelegt, ein Numerus clausus für dieses Fach wurde bisher bewußt abgelehnt. Kinder und Erwachsene verbringen ihre Ferien in «Computer-Camps», die Warenhäuser integrieren den «Persönlichen Computer» in ihr Warenangebot usw. Die Gewerkschaften haben den Kampf um die 35-Stunden-Woche als Maßnahme zur Gleichverteilung der «Restarbeit» aufgenommen, die zunehmend knapper zu werden scheint, weil Computerisierung und Rationalisierung voranschreiten.

Dieses aktive Handeln ist richtig und wichtig, denn nur an konkreten Strukturen und Situationen können sich die wirklichen Interessen artikulieren. Der Versuch, *nur* vorausschauend über Technik zu diskutieren, sie antizipatorisch zu «bewältigen», ohne sie zu besitzen und zu beherrschen, lenkt eher von den realen Fragen ab; ein direkter Beitrag zum Interessenausgleich wird dadurch kaum geliefert.

Andererseits wird aber gleichzeitig deutlich erkennbar, daß *Sorgen* und *Ängste*, die in breiten Schichten der Bevölkerung, in den Schulen, in den Betrieben, in den Kirchen artikuliert werden, durch die alleinige Realisierung von technischen Strukturen *nicht* beseitigt werden können! Hier ist es notwendig, daß *parallel* mit der Technik-Nutzung positive Konzepte gegen die weitverbreiteten pessimistischen Schreckens-Visionen gestellt und politisch umgesetzt werden. Ansätze zu einer konsistenten Politik der Bewältigung der gesellschaftlichen Provokation der Informationstechnik fehlen aber in vielen Staaten und insbesondere in der Bundesrepublik Deutschland, in der es z.B. keinen Bericht über die «Informatisierung der Gesellschaft» (Nora und Minc, Frankreich 1978) und kein «Jahr der Informationstechnik» (Großbritannien 1982) gegeben hat. Dementsprechend existieren keine breit formulierten Vorstellungen u.a. darüber, wie der gewaltige Zuwachs an Arbeitsproduktivität, der möglich erscheint, verteilt werden soll. Es mangelt an sozialen, anthropologischen und theologischen Konzepten für die Position des Menschen «neben» der «intelligenten» Maschine und den sich daraus ergebenden Konsequenzen für Bildung und Ausbildung. Die Informationstechnik wirkt in weite Bereiche der «informationellen Umwelt» des Menschen hinein, hier können wir uns keine grundsätzliche - gewollte oder ungewollte - «Umweltverschmutzung» leisten. Schließlich ist gesellschaftlich nicht verstanden und bewältigt, wie die computerisierte Kriegsmaschine beherrscht und gleichzeitig eine leistungsfähige Verteidigung organisiert werden kann, ohne «aus Versehen» in wenigen Minuten computerisiert in ein atomares Inferno zu geraten.

Es ist das Anliegen dieses Buches, zum einen die durch die Informationstechnik entstehenden Probleme *deutlich zu benennen* - und nicht von vornherein abzuwiegeln oder zu beschönigen. Zum anderen wird der schwierige Versuch unternommen, *konstruktive Perspektiven* für die Bewältigung der anstehenden Fragen in einem *geschlossenen* Konzept anzubieten. Ziel ist es, aus dem an vielen Stellen auffindbaren Pessimismus herauszukommen und eine insgesamt für *breite* Schichten positiv zu bewertende Gesellschaftsform als konstruktive Utopie zu entwikkeln.

Das Buch soll keine Prognose - im Sinne einer zu erwartenden Situation im Jahre 2000 - bieten. Vielmehr sollen *Handlungsinstrumente* angeboten werden: Für den Bürger, für die Politiker, für die gesellschaftlichen Gruppen, für die Parteien, für die Regierungen, die geeignet erscheinen, mit den Problemen im demokratischen und humanistischen Sinne fertig zu werden.

Bei diesem breiten Spektrum der Adressaten einerseits und der notwendigen Kürze der Gesamtarbeit andererseits kann es nicht ausbleiben, daß im folgenden *kein* «Kochbuch zur Herstellung der human computerisierten Gesellschaft» vorgelegt wird. Dies ist auch sehr bewußt *nicht* beabsichtigt. Der Autor vertraut vielmehr der Kraft pluralen Handelns in einer funktionierenden

Demokratie. Unter dieser Annahme – und nur dann – darf es auch keine «Rezepte» zur Lösung von Problemen geben. Es ist vielmehr notwendig, ausgehend von ausformulierten Denkanstößen, die Probleme *miteinander* anzugehen und *gemeinsam* zu bewältigen. Ein solcher Denkanstoß wird hier vorgelegt, es wäre gut, wenn es weitere, *in sich geschlossene* Vorschläge gäbe!

Das Buch ist keine «Computer-Werbung» – wie mir anläßlich meines sehr kritischen Buches («Die neue Bildungskrise») zu den Konsequenzen der Informationstechnik für Bildung und Ausbildung unterstellt wurde. Aber die folgenden Überlegungen nehmen die Existenz und die Provokation der real existierenden neuen Techniken wirklich auf. Es wird nicht dadurch versucht, zu Scheinlösungen zu kommen, daß die Bedeutung der «neuen Techniken» heruntergespielt oder der Vorstellung gefolgt wird, Informationstechnik a priori «zu beschränken», «zu begrenzen» oder «zu vertreiben».

Vielmehr wird realistisch zur Kenntnis genommen, daß Technik-Entwicklung und -Akzeptanz international außerordentlich stürmisch verlaufen. Man kann sich das leicht vergegenwärtigen, wenn man sich heute zehn Jahre *zurückversetzt:* Damals gab es z. B. nur wenige Bildschirmarbeitsplätze, keine billigen Mikrocomputer, keine Bildplatte, kein Compact-Disk, keine Roboter, keine Bankschalterautomaten, kein Bildschirmtext-System usw.

Heute wird in japanischen und amerikanischen Labors intensiv an der wissensverarbeitenden Maschine der «fünften Generation» gearbeitet, die vollautomatisierte Fabrik ist keine Fiktion mehr, der Sprechschreiber steht kurz vor der Markteinführung, hochcomputerisierte Anti-Raketen-Systeme werden erfolgreich ausgetestet usw. – Wenn wir in Europa schon, durch vielerlei Ursachen, als Hersteller keinen angemessenen Anteil am informationstechnischen Weltmarkt erreicht haben, so sollten wir wenigstens die neuen Techniken sinnvoll nutzen lernen – vielleicht auch mit dem Ziel, uns wieder Märkte zu erschließen.

Das Buch will ein Wegweiser sein, wie die neue Informationstechnik gesellschaftlich integriert und positiv genutzt werden kann, bevor der nächste Schub technischer Herausforderungen durch die Bio-Techniken und insbesondere durch das Klonieren und die genetische Manipulation auf uns zurollt. Die gesellschaftliche Entwicklung wird weitergehen – solange es uns gelingt, das atomare Inferno zu vermeiden.

Ritterhude, im Mai 1984 Klaus Haefner

Kapitel 1
Die Provokation der Informationstechnik

Wird der Mensch durch einen informationstechnischen «Großen Bruder» erdrückt? – Verliert er seine Arbeit und fällt ins Nichts? – Verdummen die neuen Medien unsere Jugend? – Führt die computerisierte Kriegsmaschine ins atomare Inferno? – Was ist der Mensch gegenüber der «intelligenten» Maschine? – Dies sind Ängste und Sorgen, die in den letzten Jahren in mannigfaltiger Form in der Öffentlichkeit diskutiert wurden.

Das erste Kapitel gibt einen Einstieg in diese vielschichtigen Probleme. Es versucht zentrale Fragen herauszuarbeiten, die dann im dritten Kapitel einer konstruktiven Bewältigung zugeführt werden. Das heißt, daß es Auswege gibt, die es zu suchen gilt. Hier soll zunächst nur deutlich gemacht werden, an welchen Stellen zentrale Probleme auftreten, mit denen wir uns als Konsequenz einer breiten Penetranz der Informationstechnik auseinandersetzen müssen.

Die allgemeine Sorge vor dem Wandel

Viele Menschen sind konservativ. In der langen kulturellen Geschichte haben einige Menschen immer versucht, ihre Umwelt neu zu gestalten, viele wollten stets die «alte Welt» erhalten. Dies führte dazu, daß Einbrüche in das gegenwärtige menschliche Sein häufig als gefährlich empfunden wurden. Derartige Gefahren führten zu Ängsten und diese wiederum dazu, daß die Zukunft skeptisch, ja in vielen Fällen pessimistisch gesehen wurde. Bereits in der Antike war das Ringen um das «richtige» Orakel und die daraus resultierenden Hoffnungen ein wichtiger Teil des Lebens. Nur im Mittelalter gelang es etwas besser, durch eine stabile «christliche Umwelt» die Sorge vor der Zukunft zu nehmen. Beginnend mit der Aufklärung hat der Mensch tiefere Einblicke in die Zusammenhänge und Ursachen seines Seins und der ihn umgebenden Welt gewonnen. Damit erschien zwar zum einen die Zukunft gestaltbarer, zum anderen aber wurde auch «wissenschaftlich» deutlich, daß der Mensch unter der Wirkung vieler, z. T. äußerer und z. T. von ihm selbst geschaffener Faktoren lebt, deren Beherrschbarkeit zunehmend problematischer erscheint.

Der menschliche Erfindergeist begann einerseits mit der Konservierung des Feuers, der Erfindung des Hebels und des Rades und andererseits mit der Niederschrift von Gedanken immer neue Techniken zu entwickeln, die es erlaubten, seine materielle *und* seine «informationelle» Umwelt zu gestalten. Da es in westlichen Kulturen gelang, auf vorhandener Technik immer neue technische Erfindungen und naturwissenschaftliche Einsichten aufzubauen, konnte der Mensch zu immer komplizierteren Systemen fortschreiten – wenn auch vereinzelte Techniken wieder verschwanden. So erlaubte die Newtonsche Mechanik die Entwicklung mechanischer Systeme bis hin zur Raumfahrt, die Maxwellschen Gleichungen legten die Basis für die gesamte Entwicklung der Elektrizitätslehre und der daraus entstehenden Elektrotechnik. Einsichten in molekulare und makromolekulare Zusammenhänge ergaben die Voraussetzung für die großen Erfindungen der Chemie. Das «Verständnis» der Biologie legte die Fundamente für eine moderne Medizintechnik bis hin zur extrauteralen Befruchtung beim Menschen.

In der Geschichte der Neuzeit wurde die Technik in aller Regel zunächst willkommen geheißen. In das Gefühl des Aufbruchs in neue Welten mittels technischer Möglichkeiten mischte sich aber zunehmend und insbesondere im letzten Jahrzehnt in der Bundesrepublik die Furcht davor, daß die Technik den Menschen ersticken und seine Umwelt erdrücken könnte. In der Tat gab und gibt es viele Beispiele für dieses technische Erdrücktsein: Schon die Pferdekutsche forderte viele Verkehrstote, die Dampfmaschine brauchte die Kohle, und diese wurde nur unter Verlust vieler Menschenleben aus den Bergwerken herausgeholt. Der Webstuhl erlaubte es, die Bekleidungsbedürfnisse des Menschen schneller und einfacher zu befriedigen, aber er schaffte Armut und Elend unter den Webern.

Technik ließ immer wieder neue Welten entstehen, und Technik – vor allem in den Händen der Militärs – vernichtete gleichzeitig alte Welten. Der einzelne versuchte in diesem steten Wandel seinen Platz zu finden. Betrachtet man die Gesamtheit der Menschen westlicher Nationen, so kann man wohl feststellen, daß der größte Teil immer versucht hat, zunächst seine alte Position zu erhalten, und sich nur vorsichtig vorwärts tastete. Nur einer kleinen Gruppe von Ingenieuren lag es am Herzen, immer neue Produkte, neue Geräte, neue Maschinen zu entwickeln, die schließlich vermarktet wurden. Diese Ingenieure waren es, die die Welt, insbesondere in den letzten 150 Jahren, intensiv bewegt haben. Die Industrialisierung hat den Menschen herausgehoben aus einer unmittelbaren Berührung mit seiner Umwelt und in eine mehr oder minder künstlich geschaffene Umgebung versetzt. Schäden in dieser Umwelt werden als Bedrohung empfunden. Es herrscht eine stille Wehmut nach den «alten» Zeiten, wobei nur die positiven Aspekte gesehen und die negativen verdrängt werden. Der konservative Mensch wird von der Technik getrieben, er fühlt sich von ihr bedrückt, gleichzeitig aber werden seine Bedürfnisse technisch befriedigt, so daß er die Technik nicht wirklich verbannt, sondern in einem ungeklärten Spannungsverhältnis zu ihr lebt.

Zu viele Veränderungen gleichzeitig. Während sich die «klassische» (elektromechanische) Technik in Form von Maschinen und Geräten nur langsam ausbreitete, da Produktion und Nutzung hohe Anforderungen an Material, Energie und individuelles Wissen stellte, erleben wir in den letzten 20 Jahren einen neuen technologischen Schub, der von diesen Zwängen weitgehend befreit ist: die explosionsartige Entwicklung der Informationstechnik* (ein * verweist stets auf die Erklärung der Schlagworte am Ende des Buches), jener komplexen Mischung aus technischer Informationsverarbeitung* und Nachrichtentechnik*.

Während die elektromechanische Maschine die Muskelkraft und die Extremitäten des Menschen ersetzte, erweiterte und ergänzte, schickt sich die Informationstechnik an, mit Computern* und neuen Netzwerken die geistige Arbeit des Menschen zu übernehmen. Das Rechnen mit Zahlen kann im Computer viel schneller und zuverlässiger als im Gehirn abgewickelt werden. Die Speicherung und die Verwaltung riesiger Datenmengen sind in Datenbanken* möglich, aber sie gelingen in Gehirnen bereits nicht mehr, weil die menschliche Speicherkapazität und das Lernvermögen auf Grenzen stoßen. Die Erstellung einer technischen Zeichnung verlangt von einem Zeichner wochenlange intensive Kleinarbeit, während ein elektronischer Plotter* eine technische Zeichnung in wenigen Minuten erzeugen kann. Im Gegensatz zur elektromechanischen Technik, die nur langsam und nur punktuell in die Lebensbereiche des Menschen eindrang und dazu ein Jahrhundert brauchte, erobert die Informationstechnik in wenigen Dekaden alle Bereiche des menschlichen Lebens. Zu viele Veränderungen treten gleichzeitig auf, eben weil diese Technik es erlaubt, alle Bereiche menschlichen Handelns zu erweitern, zu ergänzen und zu verändern.

Gerade die Gleichzeitigkeit der Veränderungen in den unterschiedlichsten Gebieten - von der computerisierten Verwaltung über die Banken-Automaten, den Versicherungsrechner, das militärische Frühwarnsystem bis hin zum Computerspiel im Kinderzimmer - erzeugt in vielen Menschen die Sorge vor der Informatisierung und Computerisierung der menschlichen Gesellschaft. Es herrscht schon lange nicht mehr der «naive» Glaube, daß die Technik den Menschen weiter voranbringen wird, ganz im Gegenteil, zunehmend fühlen sich breitere Schichten der Bevölkerung von ihr bedroht, wenn nicht sogar verängstigt, obwohl sie selber diese ständig und in vielen Bereichen nutzen. So hat sich in der Bundesrepublik die Einstellung, daß die Technik ein Segen sei, deutlich gewandelt: 1974 glaubten noch 72% aus einer Umfrage an den Segen, 1981 nur noch 30%, während 1974 nur 3% die Technik als Fluch empfanden, stieg dieser Anteil 1981 auf 13% an.

Es ist die spezifische Verflechtung von neuen Strukturen mit alten Organisationsmustern, die es so schwierig macht, sich mit Informationstechnik auseinanderzusetzen. Man möchte z.B. die Vorteile einer durch einen Mikrocomputer gesteuerten Heizungsanlage nutzen, aber gleichzeitig will man denselben Mikrocomputer nicht als Baustein eines Roboters sehen, der etwa zwei

Arbeitsplätze ersetzt. Die Vielfältigkeit der Wirkungen dieser Technik, ihre «Omnipotenz», macht sie so schwer durchschaubar. Während die Grundzüge klassisch elektromechanischer Technik noch für viele verständlich waren, so ist angesichts breiter Defizite im Bildungswesen die neue Informationstechnik für breite Schichten ganz undurchschaubar. Das insbesondere läßt viele Menschen zurückschrecken vor der Nutzung, der Integration und der positiven Bewältigung dieser «neuen» Technik.

Die Informationstechnik wird nur von wenigen vorangetragen. Der kontinuierliche Prozeß der Umgestaltung menschlicher Umgebungen war ein Prozeß, der in der klassischen Technik von den dort Handelnden unmittelbar vollzogen wurde: Die Ablösung der Dampfmaschine durch den Elektromotor mußte vor Ort durch einen entsprechenden Techniker realisiert werden; Elektromotoren mußten dazu in großen Stückzahlen weltweit in vielen Fabriken gebaut werden. Die Substitution des Pferdes durch das Automobil fand in ähnlicher Weise statt, es entstanden Hunderte von neuen Fabriken, die das Automobil langsam entstehen und in den Verkehr integrieren ließen. So waren sehr viele Menschen an der Gestaltung und der direkten Nutzung der Technik unmittelbar beteiligt.

Dies ist bei der Informationstechnik in vielen Fällen anders. Die zentralen Bauelemente (z.B. Chips*) eines modernen Computers werden weltweit nur noch in wenigen Fabriken hergestellt. Nur dort ist das Wissen vorhanden, einen Chip wirklich zu produzieren und zur Höchstleistung zu bringen. Diese Produkte werden dann verpackt und in großem Maßstab an «Anwender» weitergegeben, die sowohl die Hardware* als auch die zu deren Betrieb notwendigen Programme (Software*) mehr oder minder fertig übernehmen und nur noch anpassen. Hier liegt ein grundsätzlicher Unterschied zwischen der alten und der neuen Technik. Die neue Technik ist «soft», sie wird nicht mehr durch Feilen, Nieten, Schweißen und Montieren vor Ort erstellt, sondern sie entsteht auf dem Papier und über das Programmieren*, welches zunehmend von wenigen Leuten an zentralen Punkten vorangetrieben wird: Die Sekretärin richtet heute nicht selbst ihr eigenes Textsystem* ein, der Dreher gestaltet nicht das Programm, welches die CNC-Maschine* betreibt usw.

Nur eine kleine Gruppe von einigen tausend Leuten in der Welt treiben die neue Technik wirklich voran. Nur einige Zehn tausend sind dabei, die technischen Innovationen in primäre Produkte umzusetzen, und einige Millionen nutzen die Technik dann im Anwendungsbereich. Viele empfinden es so, daß der Rest der arbeitenden Massen und der privaten Nutzer an die neue Technik «angepaßt» wird und sie an ihrer Gestaltung kaum einen unmittelbaren Anteil haben. Die neue Technik erscheint undurchschaubar, und so ist das Wort des «Computer-Analphabeten» bereits ein weitverbreitetes Wort, während man wohl nie von einem «Elektromotor- oder Ottomotor-Analphabeten» gesprochen hat!

Wenn nur einige Tausend die neuen Konzepte entwickeln und einige Zehntausend sie in wirklich neue Systeme umsetzen, so ist dies insgesamt eine kleine Minderheit, gemessen an der großen Zahl derjenigen, die von der Informationstechnik betroffen werden. Hieraus resultiert die Sorge vor der Macht und der Übermacht der «High-Tech»-Spezialisten auf diesem Gebiet.

Die Wissenskluft zwischen den «Eingeweihten» und den «Nutzern» scheint ständig zuzunehmen: Der Elektriker, der einen Chip in eine Steuerung integriert, kennt die Details der Produktion dieses Chips nicht mehr. Er kennt die Grundprinzipien des computerunterstützten Konstruierens* vielleicht noch, aber wie wirklich die Logik eines speziellen Schaltkreises entstanden ist, wie sie im Silizium realisiert wurde und durch welche Routinen sichergestellt wird, daß dieser Schaltkreis genau das tut, was er tun soll, ist ihm kaum verständlich. Es entsteht eine rasch zunehmende Wissenskluft zwischen denen, die die Technik erzeugen, und denen, die sie nur noch nutzen. (Dieses gilt im Prinzip natürlich auch für viele andere technische Systeme, aber im Bereich der Informationstechnik ist die Kluft besonders schnell gewachsen und nimmt steil zu.)

Dies beruht auch auf der Struktur der neuen Techniken: Es gelingt, Geräte (Hardware) zu erstellen, die immer neue Aufgaben durch geeignete Programme (Software) abwickeln können. Es ist längst eine Selbstverständlichkeit, daß ein moderner Computer sowohl Steuerbescheide erstellen als auch ballistische Bahnen für Geschosse errechnen kann. Die Maschine ist zum omnipotenten Werkzeug weniger Menschen geworden. Hierdurch wird das Selbstverständnis der Menschen getroffen. Glaubte er früher, sich und seine Umwelt weitgehend zu durchschauen und zu beherrschen, so steht er plötzlich vor einem «intelligenten» geschlossenen Kasten, der funktionell operiert, ohne daß dem Nutzer transparent wird, nach welchen Kriterien er arbeitet («Black-Box»). Das Selbstverständnis ist insbesondere dann getroffen, wenn die neue Technik Leistungen erbringt, die der Durchschnittsmensch selbst nicht erbringen kann. Man denke nur z.B. an den im Kaufhaus käuflichen Schachcomputer*, der gegen 98% der deutschen Bevölkerung erfolgreich spielt!

Verängstigung durch Übertreibungen. Bei der Suche nach Bildern zum Verständnis der sich durch die Informationstechnik wandelnden Welt hat es vielerlei Ansätze gegeben, durch Übertreibungen darzustellen, was die neue Technik bewirken kann. George Orwell hat dies mit seinem in Millionenauflage verkauften und gelesenen Roman «1984» wohl am drastischsten getan. Der «Große Bruder» ist in heutiger Terminologie der Informatik* das Allumfassende Expertensystem*, an dem die Menschen hängen und welches durch permanente Beobachtung des Menschen durch den «Televisor» sicherstellt, daß menschliches Denken und Handeln nur in den Kategorien dieses Expertensystems stattfindet. Orwell hat wohl auch als erster darauf hingewiesen, daß in dieser Welt nur ein (kleiner) Teil der Menschheit am «Großen Bruder» teilnimmt, der Rest lebt quasi als «Sub-Menschenherde» in den verarmten und verslumten Vorstädten; sind dies in unserer heutigen Nomenklatur die «Strukturell-Arbeitslosen»?

Daß diese Orwellsche Vision politisch von der stalinistischen Diktatur ausging und eine zynische Betrachtung der einmal realisierbaren technischen Möglichkeiten war, wird heute kaum noch zur Kenntnis genommen. Viele glauben, daß die Macht des Computers das eigentlich Zerstörerische ist, und viele sehen sich zunehmend eingebettet in ein computerisiertes Netzwerk (siehe Widerstand gegen die Volkszählung). Ihr Vertrauen an die demokratische Kontrolle dieses Systems und insgesamt die demokratische Weiterentwicklung ist erschüttert, Informationstechnik und diktatorische Macht verschmelzen in ihren Köpfen zu einem Block!

Der «gläserne Mensch» wurde zu einem Schlagwort während der Diskussion um die geplante 83er Volkszählung. Informationstechnik wurde dabei verstanden als eine von dunklen Kräften genutzte Technik, die versucht, den Menschen als Datenschatten in Maschinen einzufangen. Unklar und ungeklärt blieb dabei für viele, wer denn eigentlich diejenigen sind, die Interessen an diesen Datenschatten haben und warum diese Datenschatten realisiert werden sollen. In den Einschätzungen der Menschen vermischen sich die technologischen Möglichkeiten und die geglaubten oder vermuteten Machtansprüche einer Überwachungselite. Technische Strukturen, wie sie in Kombination moderner Kommunikationstechnik* mit Großrechnern* entstehen, einerseits und große, diese Techniken benutzende Organisationen andererseits verschmelzen scheinbar zu unüberschaubaren Konglomeraten.

Der «verkabelte Mensch» ist eine ähnliche Metapher. Man geht hier davon aus, daß durch die Verkabelung* der Bundesrepublik der Mensch an ein Netzwerk angeschlossen wird und daß damit die Zersetzung der Demokratie in der Bundesrepublik Hand in Hand gehen muß. In der öffentlichen Diskussion werden kaum noch Potenzen einer neuen Technik einerseits und deren praktische Nutzung andererseits auseinandergehalten, viel zu oft wird angenommen, daß die Potenz notwendigerweise deren Realisierung einschließt. Das Schlagwort davon, «daß man nicht alles machen solle, was technisch möglich ist», wird schnell zum politischen Programm, obwohl es ein leicht widerlegbares Schlagwort ist: Die Patentämter sind voll von technischen Möglichkeiten, nur ein verschwindend kleiner Prozentsatz des technisch Möglichen hat sich in dieser Welt wirklich durchgesetzt (so existiert z.B. das Überschall-Passagierflugzeug trotz großer Investitionen praktisch nicht). Dies hängt damit zusammen, daß der Mensch eben nur gewisse Dinge akzeptiert und in sein Leben aufnehmen will. Aber bei der Informationstechnik wird in der öffentlichen Diskussion häufig der Eindruck erweckt, als ob alles, was dort möglich ist, auch wirklich akzeptiert werden würde. Dies macht diese Technik scheinbar so bedrohlich. Es erlaubt, beliebige Übertreibungen in die Welt zu setzen und zu verteufeln, ohne daß über schwierige Details eigentlich noch diskutiert werden kann, fehlt doch der großen Masse sowohl das notwendige technische wie das ökonomische Wissen.

Die scheinbare Undurchschaubarkeit. Die informationstechnische Industrie ist heute dabei, den zentralen Grundsatz der Informatik*, «jeder wohlbeschreibbare Prozeß der Verarbeitung von Information läßt sich technisch realisieren», in fast allen Bereichen umzusetzen. Dadurch entstehen ständig neue Mischstrukturen menschlicher und technischer Informationsverarbeitung (siehe z.B. das Ineinandergreifen der Tätigkeit eines Piloten und der im Cockpit installierten Bordcomputer).

Während viele aber im Bereich von rein menschlichen Prozessen den Eindruck haben, daß sie diese beherrschen, daß sie sie durchschauen und daß sie in der Lage sind, sie zu kontrollieren, halten viele Menschen die technische Realisation von informationsverarbeitenden Prozessen für undurchschaubar. Es entsteht das Gefühl einer mythischen Abhängigkeit von einer Gesamtstruktur: Der Roboter, der an einem Fließband arbeitet, ist für den daneben noch arbeitenden Facharbeiter nicht «durchsichtig», weil er im Detail nicht weiß, wie er funktioniert, geschweige denn, wie die ihn bestimmende Technik funktioniert. Er ist kein «Kumpan», so wie das früher der Schweißer war, der dort am Band neben ihm stand. Das elektronische Wörterbuch* eines modernen textverarbeitenden Systems ist unfehlbar, aber auch undurchschaubar, denn es ist nicht mehr die freundliche Kollegin, die bei einem orthografischen Problem ausgeholfen hat und deren Schwächen und Stärken man kannte, sondern es ist ein technisch auf kleinstem Raum konzentriertes Systems.

Die Schwierigkeit der Durchschaubarkeit von informationstechnischen Strukturen ergibt viele Sorgen vor dem vor uns liegenden Wandel. Der Mensch möchte seine Umwelt, seine Zukunft und die Zukunft seiner Kinder überblicken und kontrollieren können. Dies aber kann er nicht, wenn es ihm nicht möglich ist, zu erkennen, wie die bestimmenden Faktoren und Funktionen wirklich ausgeführt werden. Die neue Informationstechnik begegnet vielen als «Black-Box», und gerade diese Form ist es, die erschreckt. Viele sorgen sich vor Veränderungen durch «Black-Boxes», auf die sie einen abnehmenden Einfluß haben und von denen immer mehr als «Job-Killer» aufzutreten scheinen: Der Facharbeiter, der plötzlich der computergesteuerten Werkzeugmaschine begegnet, ist überrascht und beeindruckt von deren Präzision und Zuverlässigkeit: Wenn er sich ernsthaft fragt, welche Qualifikationen er nun diesem System gegenüber in den Arbeitsprozeß einbringen kann, so gerät er leicht in Schwierigkeiten. Er erkennt, daß für ihn im Produktionsprozeß nur noch bestimmte Bereiche übrigbleiben, ohne daß er selber in die Gesamtorganisation der «automatisierten Fabrik»* eingreifen kann.

Die Informationstechnik erlaubt nicht nur Rationalisierung, sondern in zunehmendem Maße eine Vernetzung und organisatorische Verknüpfung von Strukturen. Damit wird sie zu einer Hypertechnik, die sich nicht mehr nur als Geräte-Realisation darstellt, sondern die tief eingreift in die Strukturen menschlichen Handelns. Viele haben Ängste vor der Undurchschaubarkeit dieser entstehenden Gesamtmaschinerie, in der sie selbst zunehmend zu einem kleineren und immer kleineren «Zahnrad» zu degenerieren scheinen oder sogar ganz aus dem System herausfallen. In diesem Klima ist es möglich, daß sich «Anti-Gruppen» bilden, die dieses alles zum Teufel wünschen und die Hoffnung zu erwecken suchen, eine Rückkehr in die «gute alte Welt» sei möglich.

Die Sorge vor der «intelligenten» Maschine. In der industriellen Revolution wurden viele manuell-motorischen Fähigkeiten und Fertigkeiten des Menschen durch Maschinen ersetzt. Dem Menschen blieb der Geist und das Selbstverständnis, daß er der Beherrscher der Maschine sei. Die neue Informationstechnik schickt sich jetzt an, die klassischen Maschinen auch ohne den Menschen zu beherrschen. Ein computergesteuertes flexibles Fertigungssystem (FFS)* erledigt heute viele Kontroll- und Abstimmungsvorgänge «automatisch», d.h. auf der Basis eines Programms, welches sogar Störungen und Veränderungen im Prozeß berücksichtigen kann. Diesem Programm stehen viele Facharbeiter relativ hilflos gegenüber. Das System ist für sie «intelligenter» als ihr eigenes Gehirn.

Auf dieser Basis gibt es viele Diskussionen um die Frage «Kann der Computer intelligenter werden als der Mensch?» Diese Frage wird zunehmend dahingehend beantwortet, daß die technische Intelligenz eine Gefahr für den arbeitenden Menschen sei. Es wird dabei unterstellt, daß sich die Manifestierung von technischer Intelligenz in Macht umsetzt.

Außerdem gehen vielerlei Betrachtungen durcheinander: Technische Spitzenleistungen (z.B. neuerdings auch im Bereich der Mustererkennung*, der automatischen Personenerkennung) werden verglichen mit Gesamtleistungen des menschlichen Gehirns. Umgekehrt wird aus Gesamtsystemen (z.B. rechnergesteuerter Verkehrsregelung) auf den Leistungs- und Entscheidungsverlust einzelner Menschen (hier des einzelnen Autofahrers) geschlossen. In der populären Darstellung heißt es dann immer, daß das System «klüger» sei als der Mensch und damit der Mensch in seinem Selbstverständnis verletzt wird

Es breitet sich eine Sorge vor den «intelligenten» Maschinen aus, die den Menschen ersetzen, verdrängen und schließlich vernichten könnten. Diese Sorge unterstellt, daß es Menschen gibt, die diese Maschinen benutzen wollen, um eben genau dieses Ziel zu erreichen. Die Angst vor den wenigen, die die Massen mit Hochleistungs-Informationstechnik bedrängen, beherrschen und überwältigen wollen, breitet sich aus. Sie ist nicht nur eine Sorge vor dem Wandel am Arbeitsplatz, sondern längst schon eine Sorge auch um die Struktur politischer Systeme geworden. Kaum jemand spricht über die Potenzen der modernen Nachrichtentechnik für die Weiterentwicklung der Demokratie z.B. unter Nutzung plebiszitärer Komponenten («Abstimmungsmaschine»), alle sprechen aber davon, daß es möglich ist, z.B. mit Hilfe des Bildschirmtext-Systems* den einzelnen auszuhorchen, zu überwachen und manipulierbar zu machen.

Etliche Piloten von Verkehrsmaschinen sehen in der dreifachen Ausstattung ihrer Flugzeuge mit Computertechnologie eine Bedrohung ihrer eigenen Entscheidungskompetenz. Sie sehen, daß der Rechner zunehmend Aufgaben übernimmt, die früher in ihren eigenen Bereich gehörten. Sie erleben, daß der Computer Flugzeuge weich landen und starten lassen kann, ohne daß sie selbst noch einen Finger zu rühren brauchen. Der Mensch begegnet der «intelligenten» Maschine.

Der Überwacher eines modernen Kernkraftwerkes ist nur noch Bediener eines komplexen Computersystems, welches die im Kernkraftwerk notwendigen Steuerungsprozesse nach komplexen Prozeduren selbst durchführt. Auch hier ist das Gesamtsystem, welches den Kernreaktor steuert, sehr viel «intelligenter» als der Kontrolleur, der nicht mehr in der Lage wäre, die Vielzahl von Daten so zusammenzuführen, daß z.B. Krisenfälle ausgeschlossen werden, wenn sie in kurzen Zeiträumen auftreten.

Der Mediziner, der den Computer-Tomographen* benutzt, kann plötzlich den Menschen «scheibenweise» betrachten, ohne daß er selbst in der Lage ist, den Prozeß der Bilderzeugung im Detail nachzuvollziehen. Er hat ein «intelligentes Auge» erhalten, welches es ihm erlaubt, dreidimensionale Bilder aus dem Innern eines Menschen zu erhalten, ohne daß er selbst jemals Gelegenheit hatte, in diesen hineinzuschauen. (Erste Ansätze, Computer-Tomographien automatisch auszuwerten, zeigen, daß selbst die Bewertung dieser Bilder nicht mehr notwendigerweise an menschliche Intelligenz gebunden ist.)

Während der Feldherr des Ersten, aber auch noch des Zweiten Weltkrieges aufgrund von für ihn überschaubaren Daten Entscheidungen traf, ist die moderne Militärtechnik zunehmend mit Informationstechnik durchsetzt, die die anfallenden Daten bereits im Vorfeld aggregiert und aufbereitet. Die Generalität kann auf diese «vorverarbeiteten» Daten zugreifen und angesichts der notwendigen Schnelligkeit der Entscheidungen sich mehr und mehr der Computerunterstützung bedienen: So ist es im Bereich der

Frühwarnung z.B. gegenüber anfliegenden feindlichen Raketen nur mittels eines komplexen vollcomputerisierten Überwachungs- und Auswertungssystems möglich, den schnellen Anflug rechtzeitig zu orten. Bleibt genügend Entscheidungszeit, so können die «Militärs» entscheiden. Rücken die sich bedrohenden Raketensysteme sehr nahe zusammen, so bedarf es «technischer Intelligenz». Der Mensch kann dann noch die Entscheidungsstruktur vorgeben, aber die Entscheidungen selber nicht mehr ausführen, weil die Schnelligkeit seines Gehirns nicht mehr ausreicht, um «richtig» zu reagieren.

In dieser Situation sehen viele mit Angst in die Zukunft, weil sie nicht wissen, wie diese intime Verflechtung «technischer Intelligenz» und menschlicher Schwächen wirklich langfristig funktionieren soll.

Der Mangel an positiven Visionen in der Bundesrepublik. Während unsere Nachbarländer Frankreich und Großbritannien und insbesondere die Japaner relativ unbefangen mit der neuen Technik umgehen und versuchen, das Positive aus ihr herauszuarbeiten, so fehlt es in der Bundesrepublik an akzeptierten Visionen einer «informatisierten» und «computerisierten» Zukunft. Dieses geht wesentlich auch darauf zurück, daß die politischen Parteien und die Regierungen es bisher versäumt haben, über dieses Problem in der Bundesrepublik ernsthaft öffentlich nachzudenken und geeignete Konzepte vorzulegen. Während die SPD/FDP-Koalition mehr in «Technik-Angst und -Sorge» dahinregiert hat, ist in der neuen Koalition bestenfalls ein Pragmatismus zur Akzeptanz der neuen Techniken erkennbar, ohne daß der Bevölkerung im Detail klargemacht wird, wie diese Akzeptanz eigentlich mittelfristig und langfristig aussehen könnte und wie die offensichtlichen Probleme – insbesondere die strukturelle Arbeitslosigkeit – gelöst werden können.

Das britische «Year of Information Technology» hat dazu geführt, daß in England 1982 intensiv über die neue Technik nachgedacht wurde, daß die Schulen sich mit den neuen Techniken befaßten und daß die BBC in der Lage war, ca. 5 Millionen Briten über entsprechende Fernsehkurse in die Computertechnik einzuführen, die Informationstechnik wurde 1982 zu einem Bestandteil des täglichen Lebens. Damit gelang es, zumindest ein Bewußtsein für die neuen Probleme zu wecken und viele neue Wege zu zeigen.

Die Franzosen durchdachten bereits in den 70er Jahren

unter Giscard d'Estaing durch umfassende Studien die Informatisierung der französischen Gesellschaft. Wenn auch viele der damaligen Pläne nie Wirklichkeit wurden, so war es doch ein Anstoß, in der Gesellschaft über die Visionen einer computerisierten Gesellschaft ernsthaft zu diskutieren. Staatspräsident Mitterand ist heute dabei, viele der damals entwickelten Ideen wieder aufzunehmen und voranzutreiben.

Die Japaner haben mit der Diskussion um «Computopia» *(Computer + Utopia)* und ihrem Bedürfnis, eine möglichst ohne Rohstoffe und Energie auskommende exportstarke Industrie aufzubauen, einen deutlichen Sprung in die computerisierte Welt gemacht. Es herrscht dort so etwas wie eine gemeinsame Überlebensstrategie unter Nutzung der neuen Informationstechnik. Obwohl damit die Detailprobleme auch bei ihnen nicht gelöst sind, fühlt sich das japanische Volk doch auf dem Wege, diese Herausforderung anzunehmen.

In der Bundesrepublik gibt es keine derartigen Visionen, geschweige denn eine Utopie einer positiven Integration der Informationstechnik. Es wird bestenfalls mißmutig an einzelnen Problemen herumkuriert. So sprechen die einen von «Job-Killer», die anderen rufen plakativ «Job-Knüller» zurück. Aber den Versuch, beides zu verknüpfen und daraus eine neue Wirtschaftspolitik zu entfalten, hat bisher in der Bundesrepublik kein Wirtschaftsminister, kein Arbeitgeber und kein Gewerkschaftsführer unternommen.

Die einen haben vor dem Bundesverfassungsgericht nachweisen können, daß Elemente der Volkszählung verfassungswidrig sind, die anderen halten die Volkszählung und die statistische Erfassung der Bürger weiterhin für wichtig. Aber beide haben sich bisher nicht der Mühe unterzogen, ernsthaft zu prüfen, welche Daten für die Entwicklung einer informatisierten Gesellschaft wirklich notwendig sind.

Viele sehen verängstigt auf die Automatisierung in der Produktion und schieben dem Kapital die Schuld zu, daß ständig rationalisiert wird. Sie haben kaum erkannt, daß eine *komplette* Automatisierung dazu führen würde, daß dann der Geldumlauf zusammenbricht und damit die Wirtschaft deutlich geschädigt würde – wenn es nicht gleichzeitig gelingt, neue wirtschaftspolitische Rahmenbedingungen zu schaffen. Aber anstelle über diese Rahmenbedingungen ernsthaft in Kommissionen und Arbeitsgruppen zu diskutieren und neue Langfrist-Konzepte zu entwickeln, haben sich Arbeitgeber und Gewerkschaften in einen unproduktiven Streit über die allgemeine Einführung der 35-Stunden-Woche begeben. (Unproduktiv deswegen, weil er von der alten Arbeit-Lohn-Bindung ausgeht, die aber in der «vollautomatischen» Fabrik nicht mehr relevant ist!)

So ist es verständlich, daß in diesem Klima allgemeiner Verunsicherung vom einzelnen Bürger kaum eine Zukunftsorientierung erwartet werden kann. Jeder versucht seine alte Position zu behaupten, er sucht nach einem Verfahren des sich «Durchmogelns», wobei er notwendigerweise seine eigenen Interessen in den Vordergrund rücken muß, hilft ihm doch niemand, zu verstehen, was die Gesamtentwicklung eigentlich bedeutet und wie er sich selbst in diese einordnen kann.

Das von der neuen Bundesregierung geforderte Vertrauen in die «Selbstheilungskraft» wirtschaftlicher und sozialer Prozesse erscheint an vielen Stellen überfordernd oder bleibt reine Augenwischerei: Woher soll der Facharbeiter mit Hauptschulabschluß eine Vision der Zukunft haben, wenn diese von Spitzenpolitikern nicht entwickelt und dargestellt wird? Woher soll der Realschullehrer das Wissen haben, seine Schüler auf eine Welt von morgen vorzubereiten, wenn sie selbst dem Kultus- und dem Wirtschaftsminister relativ unklar ist? Wie soll ein Vater seinem Sohne raten können, welchen Beruf er ergreifen kann, wenn er selber sieht, daß die traditionellen Berufe, in denen er und seine Freunde aufgewachsen sind, zunehmend durch Arbeitslosigkeit zersetzt werden?

Resümee. Wir leben in einer Zeit schnellen Wandels; Informationstechnik trägt dazu bei, daß viele Entwicklungen noch schneller ablaufen, als wir das bisher erwartet haben. Hieraus resultiert die Sorge des Menschen vor dem unüberschaubaren Wandel, die Angst, sein Selbstbewußtsein und seine Position in dieser Welt nicht erhalten zu können. *Diese Angst muß ernst genommen werden.* Es gilt ihr durch konstruktive Ansätze eine positive Vision entgegenzusetzen. Dies kann die Informationstechnik von sich aus natürlich nicht leisten. Hierzu sind die politischen, wirtschaftlichen und kulturellen Kräfte aufgerufen. Diese haben sich aber bisher entweder aus Unwissenheit um die Bedeutung der neuen Informationstechnik oder aber auch aus kultureller «Abstinenz» der Herausforderung *nicht* gestellt.

So stehen wir trotz vieler Computer und trotz modernster Nachrichtentechnik in einem konzeptionellen Chaos. Das, was Informationstechnik in ihren abgeschlossenen Systemen routinemäßig macht, nämlich Strukturen und Prozeduren geordnet aufzubauen, ist der Gesellschaft als Ganzes gegenüber der Herausforderung der neuen Technik bisher nicht gelungen: Die Horror-Vision des George Orwell wird von vielen verängstigt geglaubt und akzeptiert, obwohl sie im Grundsatz falsch und irreführend ist, weil sie von einer nicht-demokratischen Gesellschaftsorganisation ausgeht. Die vielfältige Provokation der Informationstechnik ist ungeheuerlich; ihr zu begegnen, ist eine Aufgabe, der wir uns zunächst intensiv stellen müssen, bevor wir die Hände über dem Kopf zusammenschlagen und vor ihr verzweifeln. Die berechtigte Sorge vor dem Wandel darf nicht zur «Todesstarre» führen!

Der provozierende Import nicht-deutscher Technologie

Ein Deutscher hat zwar den ersten Rechner gebaut, aber nie vermarktet. Der Deutsche Konrad Zuse war in den 40er Jahren als erster bei der Erstellung eines wirklich funktionierenden vollautomatischen Rechnersystems erfolgreich (Z1 und Z2). Der zweite Weltkrieg einerseits, aber auch die Zurückhaltung der deutschen Industrie gegenüber derartigen Konzepten andererseits haben nie dazu geführt, daß die Zuse-Maschinen einen Markt gefunden haben. Die gesamte moderne Informationstechnologie entstand am Kriegsende und nach dem Krieg erneut und mit wesentlich breiterer – zunächst zum großen Teil militärischer Perspektive – in den USA. Von dort setzte der weltweite Siegeszug der neuen Technik ein. Die Deutschen blieben in dieser ganzen Entwicklung Nachzügler oder Nachahmer (so baute z. B. Siemens seine ersten Rechner in einer «unglücklichen Ehe» nach Konzepten von RCA (Radio Corporation of America)). Es gab aber auch keine bewußte Strategie des Verzichts auf diese neue Technik, die intensive Förderung der neuen Technologie in mehreren Programmen der Bundesregierung zeigt dies deutlich.

Vielleicht ist dies ein Grund, weshalb wir den Entwicklungen der Informationstechnik und ihren Konsequenzen für unser gesamtes Gesellschaftsleben so skeptisch gegenüberstehen. Es ist keine deutsche Technologie, die in unsere – stark vom deutschen Maschinenbau und der deutschen Großchemie des 19. und frühen 20. Jahrhunderts geprägte – Wirtschaft einzieht. Es sind nichtdeutsche Konzepte, die heute z. B. die Büroautomatisierung, die Roboterisierung und die integrierten Datennetze* vorantreiben.

Die modernen Konzepte stammen aus den USA und zunehmend aus Japan. Vergegenwärtigt man sich die jüngste Geschichte der Informationstechnik, so wird deutlich, daß die Bundesrepublik hieran im wesentlichen unbeteiligt ist: Die ersten Großrechner entstanden in den 40er Jahren bei UNIVAC und IBM in den USA. Die Grundidee zu einer programmgesteuerten Maschine wurde von Zuse bereits richtig angegeben, aber von Neumann führt 1946 in den USA das Konzept der Integration von Programm und Daten im Speicher eines Rechners erst richtig ein. Es waren nicht die Deutschen, die versucht haben, eine neue Technologie als Ersatz für die unzuverlässige Elektronenröhre zu entwickeln, sondern amerikanische Rückkehrer aus dem zweiten Weltkrieg, die in den Bell-Laboratories neue Schaltelemente für die Nachrichtentechnik suchten und dabei unter Shockley 1948 den Transistor erfanden. Es gab keine deutschen Versuche, den Transistor in Massenproduktion billig herzustellen; die Idee des Wafer, die es erlaubte, viele Transistoren auf einer «Grundplatte» (Wafer) gleichzeitig herzustellen, entstand in den USA. Es waren nicht etwa Siemens-Ingenieure, denen es gelang, eine neue Rechnergeneration vorzustellen, sondern es war die amerikanische IBM, die mit der 360-Maschine in den 60er Jahren einen Welterfolg errang.

Es waren nicht die Europäer, schon gar nicht die Deutschen, die versuchten, durch ein gemeinsames Großprojekt, wie z. B. das der Raumfahrt, moderne informationstechnische Entwicklungen voranzutreiben, sondern es waren ausschließlich amerikanische Vorstellungen, die schließlich als Abfallprodukte der NASA-Projekte so weitverbreitete Informationstechnik wie die des Taschenrechners ergaben. Auch zu einer Zeit, wo die Konzepte moderner «dezentraler» Systeme erkennbar waren, blieben die Deutschen weiter zurück. Nur die Japaner nutzten die Chance, aus Amerika importierte Basistechnologie in marktfähige Produkte umzusetzen, und eroberten in wenigen Jahren den Taschenrechner-Markt. Sie erkannten aber auch, daß die Weiterentwicklung der modernen Technik in der Beherrschung der automatischen Verarbeitung von Sprache, Bildern und Texten liegt und entwarfen entsprechende, anwenderorientierte Förderungsprogramme für gemeinsames Handeln. Diese sind Basis ihrer heutigen Leistungsfähigkeit auf dem internationalen Informationstechnik-Markt.

Der Mikrocomputer entstand in Kalifornien. Obwohl die Bauelemente verfügbar waren, war es keine Gruppe deutscher Hochschulabsolventen, die in den 70er Jahren den ersten Heimcomputer* baute, unsere Studenten waren damals noch mit der Erprobung der «Mitbestimmung» an den Hochschulen beschäftigt. Stattdessen entstand der erste Heimcomputer in einer Garage in Kalifornien in den Händen von Absolventen der Stanford-University und bekam in Erinnerung dessen, was die Erbauer in der Garage häufig aßen, den Namen «Apple». Auch zu dieser Zeit, als bereits die ersten Trends zu leistungsfähigen Mikrocomputern erkennbar waren, verschlief die deutsche Industrie den Markt gründlich. So ist es bisher keinem deutschen Unternehmen gelungen, ein Mikrocomputersystem selbst zu erstellen, welches irgendeine Bedeutung auf dem europäischen, geschweige denn auf dem Weltmarkt hat. Selbst die Versuche, japanische Technologie in deutsches Blech oder Plastik zu verpacken, sind bisher kaum erfolgreich gewesen. So müssen wir gerade im Bereich der «benutzernahen» Informationstechnologie fast ausschließlich mit importierter Technik arbeiten, obwohl wir einen florierenden Markt für diese Produkte besitzen.

Haben die Deutschen schon keinen Beitrag zur Entwicklung moderner Hardware geliefert, so sieht es im Bereich der Entwicklung von Programmiersprachen* und Software-Techniken fast noch trauriger aus: Das erste Konzept der automatischen Übersetzung problemorientierter Anweisungen in ein Rechnerprogramm, welches sich auf IBM-Anlagen wirklich durchsetzte, die Programmiersprache FORTRAN*, entstand in den 50er Jahren in den USA. Sie und ihre «Dialekte» diente und dient in weiten Bereichen der Ingenieurwissenschaften und der Mathematik zur Lösung wichtiger Probleme. Als es in den 60er Jahren galt, zu einem Konzept der problemorientierten Übersetzung von Anweisungen im Bereich der Verarbeitung betrieblicher Daten zu kommen, war es nicht etwa der deutsche Bundesminister für Wirtschaft, der eine Kommission einsetzte zur Erarbeitung einer neuen Sprache, sondern es war das amerikanische Departement of Commerce, welches den Startschuß zur erfolgreichen Programmiersprache COBOL* gab. Als es Mitte der 60er Jahre deutlich wurde, daß breite Schichten an die Nutzung der Informationstechnik herangeführt werden sollten, entstand nicht etwa in

Deutschland eine einfache benutzerfreundliche Programmiersprache, sondern es war das Darthmouth-College in den USA, welches die heute weit verbreitete – wenn auch bereits veraltete – Programmiersprache BASIC* einführte und populär machte.

Die Deutschen waren zwar in den 50er Jahren an der Entwicklung der Programmiersprache ALGOL* beteiligt, aber diese gewann, u.a. mangels flexibler Ein- und Ausgabemöglichkeiten, niemals eine ernsthafte Bedeutung auf dem Markt der Programmiersprachen.

Als schließlich Konzepte für eine effektivere Programmiersprache in der Literatur weit verbreitet waren, war es wieder kein Deutscher, der einen neuen Vorschlag machte, sondern ein Schweizer Professor, der in den 70er Jahren die Sprache PASCAL* entwarf, die heute an den Hochschulen der Welt zur Grundausbildung gehört; ihre Durchsetzung gelang auch ohne eine mächtige Firma!

Obwohl der deutsche Maschinenbau bei der Computerisierung von Steuerungen Anlaß genug gehabt hätte, sich über ein allgemeineres Konzept der Computerkontrolle Gedanken zu machen, wurde zwar PEARL* für die Prozeßsteuerung entwikkelt, aber nie international eingeführt. Stattdessen berief das amerikanische Departement of Defense eine Kommission, die eine neue allgemeine Sprache für die Bearbeitung von Daten und Prozeßsteuerungen entworfen hat, die sich in den 80er Jahren entfaltende Sprache ADA*.

Daß die Programmiersprachen «nicht-deutsch» sind, erkennt jeder sofort an ihrer englischen Syntax.

Bildschirmtext ist britisch. Es war nicht etwa die Deutsche Bundespost, die die Konzeption des Bildschirmtext-Systems* anstieß oder in deutschen Forschungslabors entwickeln ließ – obwohl damals reichlich Forschungsmittel verfügbar waren –, nein, es war eine kleine Gruppe von zukunftsorientierten Wissenschaftlern der britischen Post, die rechtzeitig erkannte, daß die Verfügbarkeit von Fernsehen auf der einen Seite und Telefonverbindungen auf der anderen Seite das neue Medium Bildschirmtext möglich macht. So mußten wir 1976 das Bildschirmtext-System in seiner Grundkonzeption aus Großbritannien importieren.

Unsere völlige Abstinenz im Bereich des Kabelfernsehens, geschweige denn des Zweiwegekabelfernsehens bewirkte, daß die deutsche Industrie nie auf den Weltmärkten in diesem Bereich irgend etwas mitzubestimmen hatte.

Der hohe Leistungsstand im Bereich der klassischen Werkzeugmaschinen hätte es der deutschen Industrie sicher leichtgemacht, sich früh um die Entwicklung von Robotern* zu bemühen. Dennoch entstanden moderne Roboter zunächst in den USA, dann zunehmend in Japan. Als es dann in den 80er Jahren galt, schnelle Robotersteuerungen zu entwickeln und die «Tastempfindlichkeit» und das «Sehvermögen» des Roboters voranzutreiben, entstanden wieder fast ausschließlich amerikanische und japanische Projekte.

Aufbauend auf einer langen humanistischen Tradition hat es in Deutschland in den 60er und 70er Jahren keinerlei Ansätze gegeben, die «künstliche Intelligenz-Forschung» (KI)* ernsthaft voranzutreiben. Während in Amerika und zunehmend auch in Japan größere Teams an der Frage arbeiteten, «Wie können intelligente Leistungen des menschlichen Gehirns durch technische Systeme realisiert werden?», diskutierten wir fleißig und mit großem Aufwand über Kabelfernsehen und Volkszählung. Das Ergebnis liegt jetzt auf der Hand: In den USA entstehen zunehmend Expertensysteme*, komplexe Software-Pakete, die es erlauben, das Wissen einer größeren Gruppe von Experten in einem Rechner zu speichern und dieses in einem Dialog «naiven» Benutzern verfügbar zu machen.

Derartige Systeme stellen einen wichtigen Durchbruch für die Anwendung des Rechners im kognitiven Bereich dar. Einige deutsche Ansätze in dieser Richtung (z.B. das Projekt PLIDES in Mannheim oder das Projekt HAM in Hamburg) haben sich nur sehr zögernd entwickelt oder wurden ganz eingestellt, während in den USA immer mehr Mittel, auch aus dem militärischen Bereich, in diese Systeme hineinfließen. Erst in jüngster Zeit gibt es hier neue Aktivitäten des Bundesministers für Forschung und Technologie, um den Rückstand aufzuarbeiten.

Wenn es darum geht, moderne Mikroelektronik zu entwerfen und zu vermarkten, so liegen Europa, und insbesondere auch die Bundesrepublik, am Ende der Entwicklung. Nur ein kleiner Prozentsatz aller in Deutschland genutzten Chips wird auch bei uns hergestellt. Insbesondere bei Hochleistungsprozessoren und -speichern mit einigen hunderttausend Schaltelementen pro Chip sind wir international nur sehr begrenzt wettbewerbsfähig. Es ist auch unklar, wie man hier wieder den Anschluß finden könnte, so sind wir auf «Gedeih und Verderb» auf das Zukaufen der notwendigen Chips angewiesen.

Wenn es um moderne Massenspeicher* geht, die z.B. notwendige Voraussetzung für die schnelle Verfügbarkeit großer Wissensmengen (im Bereich von Hunderten von Milliarden Zeichen) sind, so haben auch hier die Deutschen nichts vorzuweisen. In Holland entstand bei Philips das Konzept des optischen Massenspeichers, heute als Bildplatte und Compact Disk weltweit auf dem Markt. Aber obwohl diese Entwicklung lange in der Bundesrepublik bekannt war, hat kein deutscher Hersteller rechtzeitig Lizenzen genommen und hier eigene Entwicklungen vorangetrieben. Die Verwendung dieser Technik als digitaler Textspeicher wird z.Z. von Amerikanern vorangetrieben.

Wenn man nun glaubt, daß diese lange negative Bilanz etwa frühzeitige deutsche Initiativen stimuliert hätte, so sieht man sich bisher getäuscht. Während zunächst die Japaner und dann auch die Amerikaner ihre Forschungsbemühungen auf dem Grundlagenbereich in jeweils einem zentralen großen Labor konzentrierten, beginnt in Deutschland erst jetzt eine kleine Gruppe von Firmen, in einem kleinen Labor gemeinsam zu arbeiten. Das europäische Programm für gemeinsame internationale Forschungsanstrengungen (ESPRIT) beginnt gerade eben zu arbeiten, auch das neue Programm Informationstechnik der Bundesregierung wurde erst 1984 vorgelegt.

«Vth Generation Machine» in Japan. Während die deutsche informationstechnische Industrie noch verzweifelt bemüht ist, zumindest einen Teil des Inlandmarktes klassischer Produkte der Informationstechnik zurückzuerobern, sind die Entwicklungen in Japan längst wesentlich weiter: Ausgehend von einer großflächigen Planung sind die Japaner daran, einen «wissensverarbeitenden» Computer (Vth Generation Machine) zu erarbeiten. Während nämlich in klassischen informationstechnischen Systemen nicht Wissensstrukturen, sondern nur Daten oder bestenfalls Informationen nach einfachen Algorithmen verarbeitet werden, erscheint es sinnvoll, in Zukunft komplexere Wissensstrukturen in ihrer primären Organisation unmittelbar zu verarbeiten. Hierzu bedarf es aber einer grundsätzlich andersartigen «Computer-Architektur» und der notwendigen Hardware. Pläne hierfür sind bekannt und werden in den USA und Japan engagiert verfolgt.

Kein Militär-Etat für Informationstechnik. Bei einem amerikanischen Militär-Etat im Bereich von etwa 250 Milliarden Dollar pro Jahr kann man heute davon ausgehen, daß ca. 10% dieser Summe, d.h. 20 bis 25 Milliarden Dollar pro Jahr, für Informationstechnik ausgegeben werden. Daraus resultieren gewaltige Forschungs- und Entwicklungskapazitäten in den USA. Nachdem die Reagan-Administration in jüngster Zeit deutlich gemacht hat, daß sie den schnellen Transfer von militärischer Informationstechnik in den zivilen Sektor wegen entsprechender Spionageaktivitäten der Sowjets verzögern will, ist klar, was in den USA passieren wird: Es wird einen riesigen Stau von neuen Innovationen und neuen Techniken geben, die mit einer etwa zweijährigen Verzögerung dann zivil umgesetzt werden. Nachdem auch internationale wissenschaftliche Konferenzen kaum noch einen offenen Informationsaustausch über echte Spitzenentwicklungen mit den USA erlauben, stehen wir in der Bundesrepublik zunehmend in der Situation, daß wir nur noch begrenzt wissen, was eigentlich an modernsten Entwicklungen läuft. Deshalb werden wir in einigen Jahren plötzlich vor neue Marktprodukte gestellt werden, über deren Existenz wir in der Öffentlichkeit überhaupt nichts geahnt haben. Diese Situation wird die Abhängigkeit der Bundesrepublik von internationaler Informationstechnik weiter vergrößern. Die nicht-deutsche Technik wird in diesem Bereich leider zunehmend zum Standard-Angebot werden.

Welche Bedeutung die Investitionen in militärischer Informationstechnik langfristig hatten, haben auch die Japaner erkannt, sie haben sich mehr und mehr der informationstechnischen Rüstungsindustrie zugewandt. Damit ergeben sich für sie gewisse Kooperationsvorhaben, auch mit den Amerikanern, die es erlauben, Spitzenprodukte (z.B. im Bereich der Mustererkennung, der Expertensysteme, der modernen Nachrichtentechnik) zu konzipieren, zu entwickeln und dann – nach dem militärischen Sektor – in den zivilen Markt einzuführen. Gegenüber diesen Trends haben Aufträge der Bundeswehr kein Gewicht.

Desolater Zustand der Informatik-Ausbildung in der Bundesrepublik. Ein weiteres Spezifikum der bundesrepublikanischen Entwicklung ist das große Defizit qualifizierter Breiten- und Elite-Ausbildung im Bereich der Informatik. Die Schulen haben das Fach Informatik lange Jahre völlig verhindert und dann Ende der 70er Jahre nur zögernd aufgenommen. Heute absolvieren maximal 3% des Jahrgangs in allgemeinbildenden Schulen der Sekundarstufe II eine angemessene Einführung in die Informatik. Die Praktizierung eines «Informationstechnik-Führerscheins» in der

Sekundarstufe I steht noch aus, nur Bayern hat im Gymnasium hier eine gewisse Praxis. – An den deutschen Hochschulen entstand das Fach Informatik zwar in den frühen 70er Jahren, es war aber von vielerlei Strömungen, insbesondere von der Mathematik, geprägt, die eine vernünftige Kooperation mit der informationstechnischen Industrie erschwerten. Heute ist die Informatik an vielen deutschen Hochschulen durch große Überlastzahlen (jeder Studienplatz ist fast mit zwei Studenten belegt) am Rande des Zusammenbruchs. Viel zuwenige Hochschullehrer versuchen viel zuvielen Studenten Informatik mit veralteten Geräten und einem geringen Bestand moderner Literatur in den zu Sparsamkeit angehaltenen Universitätsbibliotheken zu vermitteln. Das Ergebnis einer solchen Ausbildung liegt auf der Hand: Es entsteht – überspitzt formuliert – der mittlere «höhere Programmierer», der aber nur in Ausnahmefällen die Spitzenentwicklungen der Informationstechnik wirklich beherrscht.

Insbesondere das Fehlen von Elite-Universitäten wie z.B. Harvard, MIT oder CalTech in den USA machen es unmöglich, hochqualifizierte Studenten wirklich maximal zu fördern. Entsprechend innovationsschwach ist dann auch die Branche. – Wenn schließlich wirklich ein qualifizierte(r) Frau/Mann versucht, mit einer neuen Idee in der Bundesrepublik Geld aufzutreiben, um ein Produkt voranzutreiben, so ist die Finanzierung bis in die frühen 80er Jahre außerordentlich schwierig gewesen. «Venture Capital» war hier lange ein Fremdwort, widerspricht es doch «solider» deutscher Bankengewohnheit. Obwohl sich die Situation in diesem Bereich langsam verbessert, fehlt uns die breite Basis, die in den USA und Japan vorhanden ist. Das fruchtbare Zusammenkommen von universitärer Forschung, industriellem Interesse und Kapital-Einsatz ist in der Bundesrepublik weder organisiert noch wirklich möglich. So sorgen z.B. bürokratische Nebentätigkeitsregelungen für Hochschullehrer dafür, daß das Interesse der Professoren, mit der Industrie wirklich interessante und langfristige Verbindungen einzugehen, sehr erschwert wird. Das straffe deutsche Beamtenrecht erlaubt auch einen schnellen und attraktiven Wechsel von Professoren zwischen Industrie und Universität praktisch nicht.

Resümee. Die Informationstechnik und insbesondere moderne Konzepte wie künstliche Intelligenz, Roboter oder «Vth Generation Machines» sind keine deutschen Produkte, sie entspringen nicht deutscher Erfindungskraft, sie gehen nicht auf deutsche Quellen zurück, und sie haben keine Basis in deutschen Forschungs- und Entwicklungslabors. Die Informationstechnik ist primär eine US-amerikanische Entwicklung, die zunehmend unterstützt wird von einer in Japan laufenden Vermarktungsstrategie neuer Ideen. So ist es nicht unverständlich, daß die Deutschen im Grunde genommen der Technologie fernstehen. Es ist nicht «ihre» Technologie, und so glauben viele, daß die Probleme, die aus Nutzung und konsequenter Integration der neuen Techniken entstehen, nicht unsere Probleme sind. Als führende Industrienation haben wir einen Teil der industriellen Entwicklung verschlafen. Nun tun wir uns schwer, die neuen Produkte zu importieren und ihre Nutzung derart zu betreiben, daß sie in unser Gesamtsystem eingepaßt werden kann. In dieser Situation ist verständlich, daß Kritik und skeptische Stimmen bezüglich der Informationstechnik in der Bundesrepublik ein Maß erreicht haben, das in Japan oder in den USA völlig unverständlich ist. Es ist nicht *unsere* Technologie, die wir vorantreiben, sondern es ist die importierte «nicht-deutsche» Technologie, über deren Wirkung wir uns Gedanken machen.

Die Arbeit geht aus

Auch die geistige Arbeit wird rationalisiert. In der großen industriellen Revolution des vorigen Jahrhunderts wurden die manuell-motorischen Leistungen des Menschen durch die Maschine ergänzt und schließlich in weiten Bereichen ersetzt. Deutschland war in den 20er und 30er Jahren und nach dem Kriege an diesem Prozeß sehr aktiv beteiligt. Die Bundesrepublik gehört zu den größten Exporteuren von Produktionsmitteln auf dem Weltmarkt. Die Informationstechnik erlaubt nun einen neuen Sprung nach vorn: Nicht nur die manuell-motorischen, materialverformenden Prozesse an sich können von Maschinen abgewickelt werden, sondern auch die dazu im weiteren Sinne notwendigen Steuerungs- und Organisationssysteme im Büro und in der Fabrik können von Computern* bewältigt werden. D.h., wir sind intensiv dabei, «geistige Arbeit» an technische Systeme zu übertragen.

Damit ergeben sich grundsätzliche Probleme: War es in der industriellen Revolution möglich, den Menschen, der vorher überwiegend manuell-motorisch arbeitete, auf neue, große Bereiche geistiger Arbeit zu verweisen und ihm zu sagen, daß dort viel

Arbeit auf ihn warte, so ist dieser Verweis heute sehr viel schwieriger. Mit der Automatisierung und Computerisierung geistiger Arbeit scheinen dem Menschen angesichts der begrenzten Leistungsfähigkeit seines Gehirns nur begrenzte Bereiche zu bleiben. Mit zunehmender Leistungsfähigkeit der Informationstechnik (z.B. computerunterstütztes Konstruieren*, computerunterstütztes Produzieren*, Büroautomatisierung*) werden immer weitere «klassische» Tätigkeitsfelder geistiger Arbeit des Menschen an den Rechner übertragen. Der einzelne, der diese technologische Entwicklung auf sich zukommen sieht, fragt sich, «Wo ist mein zukünftiger Arbeitsplatz?», «Wie sieht er aus?». Kaum jemand ist in der Lage, auf viele dieser Fragen mit einer mittelfristig jedermann überzeugenden Antwort zu reagieren.

Der konservierende Ansatz gewinnt an Bedeutung. In dieser Situation reagieren breite Schichten der Arbeitnehmer traditionell: Sie fordern, daß die alte Struktur der Arbeit einfach erhalten bleibt. Sie wollen nicht, daß Arbeit verschwindet, weil sie fürchten, daß mit dem Verschwinden von Arbeit auch der daran gekoppelte Lohn verschwindet und damit der Lebensstandard sinkt. D.h., auf die Herausforderung einer grundsätzlich neuen Technik wird mit klassischen gesellschaftlichen Reaktionen geantwortet: Anstelle zukunftsorientiert darüber nachzudenken, wie denn bei einer weitergehenden Automatisierung die automatisch erstellten Produkte «gerecht» und «sozial» verteilt werden können, wird der alte Bestand an Arbeit als zu konservierendes Element eines spätkapitalistischen Gesellschaftssystems gesehen und zu erhalten versucht. Diesen Weg haben insbesondere die Gewerkschaften beschritten.

Alte Forderungen, mit einem Minimum an Arbeit ein Maximum an Lebensstandard zu erreichen, sind plötzlich nicht mehr gültig. Die Automatisierung, die über die Jahrzehnte ein Ziel vieler Arbeitnehmer war, wird plötzlich verteufelt. Die Gefahr, daß den Arbeitern die Arbeit durch die Maschine weggenommen wird, daß «die Arbeit der Arbeitsgesellschaft ausgeht», führt nicht zu einer Innovation des Denkens, sondern zu einem konservativen Sich-zurück-Wenden. In diesem Umfeld entstand das Wort des Job-Killers obwohl es ja keine göttlich gegebenen Jobs gibt, sondern diese Teil eines menschlich organisierten Wirtschaftssystems sind, in denen das «Töten» eines Jobs keine grundsätzliche Sünde ist, sondern nur dadurch zur Sünde wird, wenn das Gesamtsystem durch diese Veränderungen erhebliche Schäden erleidet. Die Herausforderung an gesamtwirtschaftliches Denken, die durch die Informationstechnik auf alle Nationen zukommt, wurde bisher nicht angenommen. Stattdessen wird konservativ und individualistisch reagiert.

Viele Ursachen der Arbeitslosigkeit. Der drastische Zuwachs der Arbeitslosigkeit in der Bundesrepublik der 80er Jahre hat vielerlei Gründe: Die demografische Entwicklung einerseits, die uns mit dem «Geburtenberg» der 60er Jahre ein großes Angebot an jungen, arbeitsuchenden Personen beschert hat, sowie die gesamte weltkonjunkturelle Entwicklung andererseits sind wichtige Ursachen eines Überangebots an teurer Arbeit und eines Mangels an geeigneter Nutzung dieser Arbeitskapazität in der Bundesrepublik. Die Informationstechnik mit ihrem Rationalisierungspotential bewirkt demgegenüber *bisher* nur einen kleinen Anteil der Arbeitslosigkeit, wenn man die Rationalisierung der letzten Jahre betrachtet. Diese Art der Arbeitslosigkeit wird aber in Zukunft deutlich zunehmen. Es ist die Arbeitslosigkeit, die entsteht, wenn die Informationstechnik menschliche Leistungen ersetzt, ohne daß das Gesamtsystem gleichzeitig sicherstellt, daß neue kreative Felder für den Menschen geschaffen werden.

In der Beseitigung dieser Form der Arbeitslosigkeit liegt das eigentliche Problem der zukünftigen Bewältigung der Folgen der Informationstechnik. Aber anstelle neue Wege zu suchen und die Leistungsfähigkeit des menschlichen Gehirns in den Bereichen herauszufordern, wo das Gehirn dem Rechner weit überlegen ist, starren viele in der Bundesrepublik auf die Verhältnisse der 60er und 70er Jahre und glauben sie perpetuieren zu können. An die Stelle der Innovation tritt die Stagnation. In dieser Situation wird die Arbeitslosigkeit als tiefgreifende Bedrohung empfunden. Jeder einzelne möchte seinen Arbeitsplatz von gestern auch morgen noch erhalten, ohne zu erkennen, daß das Gestern und das Morgen sich strukturell unterscheiden. Wir wollen uns dies an einigen Beispielen vergegenwärtigen:

Das automatisierte Bankwesen. In der Geldwirtschaft ist die Bedeutung der Informationstechnik besonders gravierend, obwohl dies in der Öffentlichkeit kaum zur Kenntnis genommen wird. Das nationale und internationale Finanzsystem hat mit dem Wachsen der Weltwirtschaft einen gewaltigen Boom an neuen Konten und zunehmenden Transaktionen erlebt. Heute besitzt in den Industrienationen fast jede Familie mindestens ein Girokonto.

Jeden Tag werden weltweit Milliarden von Zahlungen abgewickelt. All dieses ist nur möglich unter *konsequenter* Nutzung eines Systems miteinander kommunizierender Großrechner. Obwohl die Kreditinstitute bis in die frühen 80er Jahre hinein ihren Personalbestand expandiert haben, entspricht dieser Zuwachs in keiner Weise der erfolgten Leistungsausweitung. Müßte die Geldwirtschaft ihre gesamten Leistungen heute durch menschliche Arbeit erbringen, so wären allein in der Bundesrepublik im Banken- und Sparkassenbereich viele Millionen Arbeitsplätze notwendig. Daß diese nie entstanden sind, ist eine Konsequenz der Informationstechnik. Allerdings paßt in diesen Bereich das klassische Bild der «Wegrationalisierung» nicht, da diese Arbeitsplätze eben nie als menschliche Arbeitsplätze, sondern von vornherein als elektronische Leistungen realisiert wurden. Allein das Kreditgewerbe würde also ausreichen, die heutigen Arbeitslosen *zahlenmäßig* aufzunehmen, wenn dort ein Computer-«Virus» alle Rechner zerstören würde.

Der elektronische Marktplatz – Zusammenbruch des Handelssystems. Mit der Entstehung vernetzter Datenübertragungssysteme für den öffentlichen Bereich (z.B. Bildschirmtext*) wird weltweit ein neuer unmittelbarer Kontakt von Produzenten und Konsumenten ermöglicht. Hieraus schließen die «Pessimisten» auf einen Zusammenbruch des Handels-Systems, welches ja dann als Vermittler zwischen der Fabrik und dem privaten Haushalt nicht mehr nötig ist. So können durch diese neue Technik Millionen von Arbeitsplätzen im Handel verlorengehen. Hier wird es sich in der Tat um Substitutionsphänomene handeln, da eine drastische Expansion des Handels, welcher die Substitutionseffekte kompensieren würde, nicht zu erwarten ist, stoßen doch Produktion und Vertrieb von immer neuen materiellen Gütern auf Probleme in der Verfügbarkeit von Ressourcen und Konsequenzen für die Umwelt. Aus dieser absehbaren Entwicklung im Bereich des Handels resultiert z.B. der Ruf nach Verbot des Bildschirmtext-Systems, an die Stelle einer zukunftsorientierten Neugestaltung der Wirtschaftsordnung tritt der konservierende Ruf nach Zementierung des Ist-Zustandes. Die Osterreicher haben mit der Verschiebung der Einführung von Bildschirmtext hier ein Signal gesetzt! Auch hier wird übersehen, daß der heutige Handel Konsequenz der Industrialisierung ist und vor einigen Jahrhunderten noch Produzenten und Konsumenten unmittelbar getauscht haben. Die Beschäftigung von Millionen von Arbeitnehmern im Handel ist also keineswegs unabdingbar, vielmehr ist sie Konsequenz der Industrialisierung. Mit neuen Formen in Produktion und Verwaltung sowie einen kommunikativen und durch Transport unterstützten direkten Kontakt von Konsument und Produzent wandeln sich auch hier die Verhältnisse.

Arbeitslosigkeit durch automatische Fabriken. Der überwiegende Teil der Arbeiter in der Fabrik von heute übt zum einen Kontrollfunktion aus oder verrichtet relativ einfache manuelle Arbeiten. In beiden Bereichen kann die Informationstechnik erfolgreich eingesetzt werden: Als Prozeßrechner ist sie in der Lage, auch sehr komplizierte Prozesse erfolgreich, sicher und ökonomisch zu realisieren. Mittels Roboter, computergesteuerter Werkzeugmaschinen und Flexibler Fertigungssysteme (FFS) ist man in der Lage, in der automatischen Fabrik auch ohne Menschen zu produzieren. Insbesondere die computerisierte Produktionsvorbereitung am Bildschirm erlaubt auch die unmittelbare Umsetzung von Konstruktionsideen in Produkte. Automatische Lager, in denen Zwischenprodukte von Robotern bewegt, sortiert und verteilt werden oder aber nur noch in Form von logischer Repräsentation in Datenbanken existieren, die Anweisungen an die Zulieferer geben und die Läger ganz unnötig machen, unterstützen diese Entwicklung.

Hieraus resultiert die Sorge breiter Schichten der Arbeitnehmerschaft, aus dem Produktionsprozeß entlassen zu werden. Angesichts unseres heutigen wirtschaftspolitischen Systems ist unklar, wohin der einzelne «entlassen» wird: In die Arbeitslosigkeit? In die Schattenwirtschaft? In die Schicht jener «Untermenschen», die nicht am «Großen Bruder» partizipieren?

Der Ökonomismus geht zu Ende. Bei vielen drängt sich die Sorge auf, daß das alte Prinzip des ökonomischen Handelns des Menschen mit dem breiten Einzug der Informationstechnik zu Ende geht. Galt es früher, seine eigene Arbeitskraft möglichst ökonomisch einzusetzen, so ist diese plötzlich nichts mehr wert, da sie als «gefrorenes Human-Kapital» auch von der informationstechnischen Industrie geliefert und vom Kapital genutzt wird. Damit zerbricht das klassische Bild des Verhältnisses von Lohn und Kapital, in dem das Kapital auf die Arbeit angewiesen war. Der Arbeitnehmer, der versucht, seine Qualifikationen auf dem Arbeitsmarkt anzubieten, stößt zunehmend auf einen neuen Konkurrenten: Die programmierte Informationstechnik, die sich dort billig, zuverlässig und außerordentlich leistungsfähig breit macht. Ökonomisches Handeln heißt in dieser Situation nicht notwendigerweise, menschliche Ressourcen optimal einzusetzen, sondern wegzugehen von einer Mischung von Mensch und Maschine und hinzugehen zu komplett maschinisierten Systemen. Wir haben diesen Sprung bereits vor Jahrzehnten in privaten Haushalten vollzogen, als Haushälterinnen und Waschfrauen substituiert wurden durch Mechanik. Jetzt sind wir dabei, traditionelle ökonomische Prinzipien auch in der Verwaltung, der Produktion, ja sogar im Militär aufzugeben und durch Formen der integrierten Nutzung von elektromechanischen Maschinen und Informationstechnik zu ersetzen. Viele sehen den Menschen als Persönlichkeit zwischen den Maschen dieser neuen ökonomischen Struktur «hindurchfallen».

Veränderte Aspekte von Arbeit. In der bundesrepublikanischen Diskussion über den Abbau von Lohn erzeugender Arbeit durch Informationstechnik wird häufig davon ausgegangen, daß Arbeit eine unabdingbare Komponente menschlichen Lebens ist. Diese Behauptung ist historisch zumindest fragwürdig. Es hat viele Kulturen und viele Gesellschaftsformen gegeben, in denen Arbeit breiter Schichten in Form von Lohn bedingender Arbeit nicht üblich war. Menschen solcher Gesellschaften – z. B. die freien Griechen – waren deswegen keineswegs unglücklich, sondern sie fanden *Beschäftigung* in interessanten und für sie befriedigenden Bereichen. Mit der Industrialisierung sind viele an die abhängige Arbeit als wichtige Komponente ihres Lebens gewöhnt worden. Arbeit bringt Lohn, und es sieht deshalb so aus, als ob die Grundbedürfnisse des Lebens nicht befriedigt werden könnten ohne Arbeit. Hieraus resultiert die verständliche Angst, daß mit dem Verlust von Arbeit auch der Verlust an Lebensstandard einhergehen *muß*. Die Lohnabhängigkeit ist zu einer Geißel geworden, die dann notwendigerweise zu einer Verteufelung der neuen Technologie führt, wenn diese den Zusammenhang von Arbeitsfähigkeit und Lohn zu entkoppeln beginnt.

Es gibt noch einen anderen, sehr wichtigen Zusammenhang zwischen Arbeit und Informationstechnik, der in der deutschen Öffentlichkeit zunehmend diskutiert wird: Es wird immer wieder die Behauptung aufgestellt, daß die Sinnerfüllung und Befriedigung des menschlichen Lebens in der Arbeit liege. Dies ist sicher richtig in unserem heutigen durch den Ökonomismus geprägten Wertesystem und bei der derzeitigen Bildung und Ausbildung. Der «Untätige», d.h. bei uns vor allem der *nicht mehr lohnabhängige Mensch*, fühlt sich aus der Gesellschaft ausgestoßen, er fühlt sich vereinsamt, seine Sozialisation bricht zusammen, weil er eine außerbetriebliche Integration und eine außerbetriebliche Beschäftigungs- und Befriedigungsfähigkeit nur begrenzt oder gar nicht entwickelt hat. Das Konzept des Homo faber droht durch die Informationstechnik zu zerbrechen. Wenn der Roboter Industriegüter automatisch produzieren kann, so bleibt die Frage: Wie kann sich der Industriearbeiter in Zukunft in dieser Welt zurechtfinden? Gibt es das Bild des Industriearbeiters überhaupt noch, oder befinden sich in den Fabriken nur noch Ingenieure, die die Konzepte moderner Produktionsstraßen entwickeln und diese dann automatisch laufen lassen?

Arbeit und Mindestlohn. Die Lohnentwicklung in den Industrienationen hat in den letzten Jahrzehnten zu deutlichen Steigerungen geführt, die deutschen Löhne stehen im internationalen Vergleich weit an der Spitze. Hieraus ergeben sich heute Mindestlohnvorstellungen, unterhalb deren niemand mehr willens ist zu arbeiten. Da aber die neue Informationstechnik in der Lage ist, Automaten anzubieten, die auch unter dieser Kostenschwelle leistungsfähig produzieren, ist klar, daß viele Menschen im ökonomischen System das Nachsehen haben. Auf diese Entwicklung reagieren viele mit dem Ruf nach Abschaffung der Informationstechnik. Natürlich könnte man auch alternativ darauf reagieren: durch Senkung der Mindestlohnsätze. Dann würde Arbeit wieder verfügbar und wettbewerbsfähig. Aber wer will seinen Lebensstandard senken? So bleibt der Ruf nach Abschaffung der Technik, um dadurch scheinbar die Situation zu retten.

Daß aber gerade der Mangel an Rationalisierung und intensiver Nutzung der neuen Techniken mittelfristig mehr Arbeitsplätze vernichtet als die eigentliche Nutzung, zeigt der Zusammenbruch klassischer Branchen (z.B. Werften, Stahl), in denen in der Bundesrepublik die Märkte entweder falsch eingeschätzt oder die Rationalisierungsmaßnahmen nicht schnell genug vorgenommen wurden. So bleibt das Dilemma, entweder die Technik *intensiv* und *rasch* zu nutzen und dabei menschliche Arbeit abzubauen oder auf den entsprechenden Produktionsbereich ganz zu verzichten und sich aus der Branche zurückzuziehen. Wenn dabei Arbeitsplätze verlorengehen, braucht man diese Verluste nicht unmittelbar der neuen Technik zuzuordnen, man kann sich mit Hilfskonstruktionen wie «Management-Fehler» oder «falsche Subventions-Politik» helfen.

Internationaler Bedarf an geistiger Arbeit. Die Rationalisierung geistiger (Routine-)Arbeit in der Bundesrepublik könnte unerhörte Kräfte freisetzen für die Lösung notwendiger Aufgaben in der dritten Welt. Wenn wir heute einen Überschuß an Akademikern haben und diesen zunehmend erzeugen werden, wenn Expertensysteme und computerunterstützte Produktion sich ausbreiten, so ließe sich das Wissen in deutschen Akademikerköpfen weltweit vermarkten, wenn diese wirklich willens wären, in die Welt hinauszugehen. Aber gerade in einer Zeit, in der strukturelle Arbeitslosigkeit in der Bundesrepublik zunehmend an Bedeutung gewinnt, ist das Interesse an Mobilität gesunken. Die eigene Jobsicherheit und die soziale Sicherheit wird immer höher eingeschätzt, dadurch wird das System immer unflexibler. Statt die geistigen Ressourcen zu nutzen und dort zu verwenden, wo sie noch Verwendung finden können, starren viele auf die Ist-Situation, in der sie hoffen, mit einem stabilen System alle Probleme zu lösen.

Der Ruf nach «Beschäftigung der Lehramtskandidaten» ist hier ein typisches Beispiel. Obwohl nur zu klar ist, daß angesichts sinkender Geburtenzahlen und konstanter Ausgaben pro Kind weniger Lehrer gebraucht werden, drängt weiterhin ein hoher Prozentsatz der Abiturienten in diesen Beruf. Aber nur ein kleiner, ein verschwindend kleiner Bruchteil ist willens, seine Kenntnisse in der analphabetischen dritten Welt einzusetzen. Es wird vielmehr nach deutschen Arbeitsplätzen gerufen. Die Strukturkrise führt nicht zum Nachdenken über zukunftsorientierte Lösungen der entstehenden Probleme (z.B. Steigerung der deutschen Fertilität mit vielerlei Konsequenzen für die Bevölkerungsstruktur), sondern zu einer statischen Scheinlösung. Breite Schichten der Bevölkerung hoffen, daß mit Subventionslösungen, wie sie sich z.B. im Agrarbereich in der Europäischen Gemeinschaft breitgemacht haben, auch in vielen anderen Bereichen die Probleme langfristig gelöst werden können. Daß dies ein Irrglaube ist, führt die Europäische Gemeinschaft zwar bereits heute vor, aber es hat sich offensichtlich nicht herumgesprochen, bevor das System nicht zusammengebrochen ist.

Die Elite und die Schwachen. Die 60er und 70er Jahre waren beherrscht von einem *breiten* Bedarf an geistiger Leistungsfähigkeit des Menschen, da es damals *keine* leistungsfähige *und* preiswerte Informationstechnik gab. So kam es dazu, daß in der Bundesrepublik die Idee einer möglichst gleichmäßigen geistigen

Ausbildung breiter Schichten von vielen akzeptiert wurde. Wir strebten in Schule und Hochschule ein relativ homogenes Qualifikationsprofil an. Nun schneidet die neue Technik aus diesem Qualifikations-Profil im wesentlichen einen «mittleren Bereich» heraus. Es bleiben auf der linken Seite Tätigkeiten für die «Schwachen» und auf der rechten Seite hohe Anforderungen an eine kaum existente «Elite».

Diese Situation gilt es grundsätzlich zu analysieren und gesellschaftlich zu bewältigen. Aber anstatt in diese Erörterung einzutreten, machen wir uns zunehmend Gedanken, ob die kaum existente Elite die Schwachen beherrschen könnte. Eine breite Aversion vor einer Elite prägt das deutsche Denken. Obwohl wir uns nur zu klar sein müßten, daß die Erfolge in der ersten industriellen Revolution gerade auf die Leistungen großer Deutscher wie Fischer, Siemens, Benz usw. zurückgehen, sind wir heute nicht willens, eine neue Elite ernsthaft zu fördern oder diese offen zu fordern.

Angst vor der Elite und ihrer Leistungsbereitschaft verschlimmert das Problem. An die Stelle von demokratisch diskutierbaren Problemlösungen tritt die breite Sorge vor einer unbewältigten Zukunft. Unbewältigt schon deswegen, weil niemandem die Chance gegeben wird, langfristig und intelligent über diese Zukunft nachzudenken und die Konsequenzen darzustellen. In unserer Gesellschaft beherrscht nicht die Elite die Schwachen, sondern es sieht eher so aus, als ob viele Schwache eine kleine Elite hindern, für das Gesamtvolk eine akzeptable Entwicklung zu konzipieren.

Die veraltete Rolle der Gewerkschaften. Die gewerkschaftliche Solidaritätsbewegung war sinnvoll und notwendig, als es galt, Arbeit und Gewinne im Kapitalismus des 19. und der ersten Hälfte des 20. Jahrhunderts angemessen zu verteilen. In einer Gesellschaft, in der mit automatischer Produktion gearbeitet werden kann, wird dieser Verteilungskampf irrelevant: wo kein Facharbeiter mehr in der Produktion arbeitet, kann über Lohnverteilung auch keine Produktivitätsverteilung vorgenommen werden! Dieses neue Grundproblem ist von den Gewerkschaften bisher weder verstanden noch politisch akzeptiert worden. Stattdessen versuchen Sie, die Politik des vorigen Jahrhunderts auch auf die Herausforderung der Informationstechnik zu übertragen. Sie versuchen, interne Solidaritätsbemühungen ihrer Mitglieder und ihre eigene Position über eine moderne Konzeption der flexiblen

Reaktion auf die Herausforderung der neuen Techniken zu stellen. Damit können die Gewerkschaften nur zu starren Lösungen kommen, die der modernen Entwicklung nicht angepaßt werden können. Aus der Unangepaßtheit ihrer Lösungen resultiert die Frustration breiter Schichten und langfristig eine Destabilisierung des Gesamtsystems.

Auch das Kapital hat die neuen Techniken nicht verstanden. Für die Kapitalseite gelten ähnliche Überlegungen: Auch hier sind die Denkkategorien des vorigen Jahrhunderts weit verbreitet. Die Frage, was man eigentlich mit vollautomatisch erzeugten Gütern machen kann, wenn durch Abbau der Lohnsumme der Geldumlauf versickert, wird nicht offen diskutiert. Aber das Kapital muß ein Interesse haben, Renditen zu machen, die nur möglich sind, wenn sich Produktivität auch wiederum verkaufen läßt. Oder zeigt die hohe Liquidität einiger großer deutscher Unternehmen bereits, daß sich Produktivität nicht mehr lohnt, wenn der Staat - vor allem die USA - hohe Zinsen zahlt?

Aus der Einsicht, daß Kapital und Gewerkschaften beide Probleme haben, sollte man erwarten, daß sie gemeinsam nach Lösungen suchen. Dafür gibt es aber bisher in der Bundesrepublik keine deutlichen Anzeichen. Ganz im Gegenteil, beide Seiten versuchen z.B. in Streik und Aussperrung, ihre alten Positionen zu verhärten, und geraten damit immer schlimmer unter den Druck, der aus der konsequenten Nutzung der Informationstechnik entsteht. «Strukturelle Arbeitslosigkeit» auf der einen Seite und «strukturelle Absatzprobleme» auf der anderen Seite führen zu neuen, immer vertrackteren Situationen, die neue Ängste und Sorgen stimulieren: ein Teufelskreis entsteht.

Klassische Dienstleistungen bleiben notwendig. Die Lösung des Problems der gerechten Verteilung von Produktivität erscheint auch deswegen so besonders schwierig, weil mit zunehmender Computerisierung ein breites Band an menschlichen Dienstleistungen in der Gesellschaft unabdingbar bleibt. Niemand wünscht sich den krankenpflegenden Roboter, niemand möchte seine Kinder durch Automaten erzogen wissen, kein Informatiker ist bisher in der Lage, einen Roboter zu bauen, der die Tätigkeit eines tapezierenden Malers übernimmt usw. D.h., es gibt noch lange Bereiche, in denen der Mensch notwendig ist. In diesen fällt weiterhin Arbeit an, und diese muß gesellschaftlich angemessen entlohnt werden.

Hier tritt das Problem auf, wie wir notwendige Dienstleistungen derart im Gesellschaftssystem einschätzen, daß die dort entstehende Produktivität «gerecht» eingeordnet wird. Dazu aber fehlen umfassende wirtschaftspolitische Konzepte: Wie soll z.B. der Kabelverleger, der mit der Schippe in der Hand in der Erde gräbt im Vergleich zu einem Kontrollwart angemessen bezahlt werden, der in einem Kernkraftwerk nur noch einen Bildschirm beobachtet? Der historische Verteilungskampf, der seit der Industrialisierung stets zwischen Kapital und Arbeit ausgetragen wurde, findet zunehmend *zwischen verschiedenen Schichten der Arbeitsfähigen* statt. Dieses führt zu gravierenden Spannungen im gesellschaftlichen System. Dadurch, daß die Informationstechnik immer weitere menschliche Leistungen erfaßt, erweitert, ergänzt und ersetzt, wird dieser Spannungszustand weiterhin zunehmen. Die Lohn bedingende Arbeit geht immer weiteren Gruppen aus.

Resümee. Lebensstandard als Konsequenz menschlicher Arbeitsfähigkeit gilt bei uns als eine selbstverständliche Koppelung. Die Informationstechnik greift in diesen Kopplungsprozeß ein. Sie verdrängt potentielle menschliche Arbeit, in dem sie viele Prozesse - ja selbst auch Kontrollfunktionen - technisch abwickelbar macht und damit zumindest langfristig die automatische Produktion vieler Güter gestattet. In dieser Situation bleibt nur der klassische Dienstleistungssektor im wesentlichen für den Menschen übrig. Die «neue» Arbeitslosigkeit durch Verdrängung aus der Produktion und durch Nichtbewältigung gesamtwirtschaftlicher Probleme wird zu einer Geißel moderner Volkswirtschaften. Der einzelne fühlt sich vom System verraten und flieht in die Aggression oder in die Schattenwirtschaft. So zersetzt die Informationstechnik in ihren mannigfaltigen Anwendungen in den Augen vieler das tradierte Beschäftigungssystem, ohne daß die Technik selbst natürlich in der Lage wäre, eine alternative wirtschaftspolitische Konzeption zu schaffen.

Der Mangel an Visionen, an neuen wirtschaftspolitischen Vorstellungen und politischen Bewältigungsversuchen führt dazu, daß der arbeitende, lohnabhängige Mensch sich verraten fühlt. In diesem Kontext entstand das falsche Schlagwort vom Angewiesensein auf «Gedeih und Verderb» auf die Informationstechnik. Anstatt mutig in die Zukunft zu schauen und dort nach Lösungen zu suchen, blicken viele verzweifelt zurück in die Vergangenheit und versuchen verkrustete Strukturen zu erhalten. Auch das Zu sammenbrechen ganzer Branchen wird gesellschaftlich nicht verstanden und umgesetzt, um antizipatorisch zu denken. Ganz im Gegenteil, Subventionspolitik in einem Bereich führt zum Ruf nach mehr Subvention in einem anderen, anstelle notwendige freie Kräfte zu aktivieren. Das falsche Schlagwort vom «Ausgehen der Arbeit» suggeriert lohnabhängige Arbeit als Primat, ohne zu fragen, was das Ziel menschlicher Tätigkeit sein sollte.

Der Mittelstand zerfällt – das soziale Netz zerbricht

Die «Autonomen», die «Substituierbaren» und die «Unberechenbaren». Die moderne Informationstechnik mit ihren mannigfaltigen Anwendungsmöglichkeiten in Handel, Industrie, Produktion, Verwaltung und im privaten Bereich erzeugt die Sorge vor dem Zerfall der breiten, relativ homogenen «gesellschaftlichen Mitte» in drei neue Gruppen: die Autonomen, die Unberechenbaren und die Substituierbaren.

Die *Autonomen* sind in diesem Bild alle diejenigen, denen es gelingt, auch ohne Informationstechnik ihr Leben zu gestalten und ihren Lebensunterhalt zu verdienen. In diese Gruppe gehören die klassischen Dienstleistungsberufe und bis ins Jahr 2000 die Berufe, in denen der Mensch an fertigen Systemen arbeitet (z.B. der Maler, der Heizungsinstallateur). Obwohl die Informationstechnik auch z.B. über die Buchführung oder über die Materialwirtschaft in diese Tätigkeitsfelder vordringt, ist der eigentliche Anteil informationstechnisch zu bewältigender Leistung relativ gering. In dieser Gruppe bleiben die Arbeitszeiten relativ hoch und die Belastungen des Menschen entsprechend groß.

Die *Unberechenbaren* sind alle diejenigen, die weit «jenseits» der Informationstechnik noch leistungsfähig sind. Hierzu gehört ein großer Teil der akademischen und der Dienstleistungsberufe, die intensiv mit Informationstechnik arbeiten, aber Produkte erzeugen, die über das hinausgehen, was der Rechner allein kann (z.B. der Ingenieur in der computerunterstützten Konstruktion, der Arzt, der den Computer-Tomographen nutzt, der Steuerbeamte, der ein Steuerbescheide erstellendes Programm organisiert usw.). Aber auch die Künstler gehören in diese Gruppe, sind sie es doch, die zunehmend die Informationstechnik z.B. in Film und Fernsehen nutzen, aber Leistungen erbringen, die man – noch? – nicht mittels der Informationstechnik erstellen kann. Die Gruppe der Unberechenbaren erzeugt insbesondere permanent neue Konzepte und damit mittelfristig neue Anwendungsfelder der Informationstechnik und läuft dabei auch Gefahr, sich selbst zu rationalisieren und damit die Felder der Unberechenbarkeit zu verkleinern (siehe die Entwicklung von Expertensystemen durch Experten). Ein vertieftes Verständnis der Zusammenhänge zunächst «unberechenbarer» Leistungen führt eben stets dazu, daß diese rational erklärbar, also «berechenbar» und damit auf die Informationstechnik übertragbar werden.

Die *Substituierbaren* schließlich sind die große Gruppe von Menschen, deren Tätigkeiten auch von computerisierten Automaten übernommen werden können. Hierzu gehört z. B. der Facharbeiter an der Werkzeugmaschine genauso wie der Fließbandarbeiter am Montageband; in diese Gruppe gehört ein großer Teil des in der Verwaltung tätigen Büropersonals; hierher gehören diejenigen, die in Banken und Versicherungen Routinetätigkeiten abwickeln; hier gehört der Kaufmann her, der durch den elektronischen Marktplatz bedroht wird. Sie alle sind von der zunehmenden Leistungsfähigkeit der Informationstechnik direkt betroffen, ihre Arbeitsplätze können sich schnell und stetig wandeln und z. T. ganz verschwinden. Ihre Qualifikationen werden – insbesondere bei den Älteren – häufig nicht mehr ausreichen, um jenseits der Informationstechnik als Unberechenbare neue Leistungen zu erbringen.

Diese häufig prognostizierte Zergliederung der Gesellschaft durch die neue Technik führt zu mannigfaltigen Sorgen: Die *Autonomen* befürchten, daß die Informationstechnik auch in ihre Felder eindringt und damit ihren Spielraum beschränkt. Ansätze dieser Art sind bereits probiert worden: In japanischen Restaurants kann man von Robotern bedient werden – ein Einbruch in das Gaststättengewerbe. In Japan gibt es ebenfalls bereits roboterartige Systeme, die bei der Krankenpflege Schwerbehinderter eingesetzt werden – ein Wandel im Gesundheitswesen. Das amerikanische Militär arbeitet an der Entwicklung von beweglichen, sechsbeinigen Robotern für den Einsatz z. B. in schwer radioaktiv verseuchten oder sonst unzugänglichen Gebieten. Die Übernahme derartiger beweglicher Robotersysteme in den Bereich des klassischen Handwerks könnte dazu führen, daß auch der tapetenklebende Maler-Roboter nicht mehr in allzu großer Ferne liegt. – Dennoch stellt die Gruppe der Autonomen einen großen Block von unabhängigen Personen dar, der sich – wenigstens zur Zeit – nicht unmittelbar von der Informationstechnik bedroht sieht und der mittelfristig weiterhin eine Chance hat, in der Gesellschaft eigenständige Leistungen zu erbringen.

Die *Unberechenbaren* haben in der «computerisierten Gesellschaft» eine besonders schwierige Position. Sie sind es, die die neue Technik in immer neue Bereiche hineintransportieren. Sie sind es, die dafür sorgen, daß durch wissenschaftliche Einsicht und durch rationale Durchdringung der Welt immer neue Prozesse verständlich und damit automatisierbar werden; sie sind es, die letztlich die neuen Expertensysteme programmieren, neue Verwaltungssysteme aufbauen und die Netzwerke der Macht spannen. Ihre Position in einer demokratischen Gesellschaft wird häufig mit Mißtrauen betrachtet: Wer kann sie daran hindern, ihre Macht zu mißbrauchen, um sich gegen die Autonomen und die Substituierbaren zu wenden? Sie sind es doch, die «Schuld» tragen an der Neugliederung der Gesellschaft.

Die eigentliche Unruhe und der soziale Krisenherd geht aber von den *Substituierbaren* aus. Wenn immer es «sinnvoll» erscheint, daß ihre *substituierbare* Funktion *wirklich* substituiert wird, so werden sie schließlich arbeitslos. Dies ist ein in unserer Gesellschaft außerordentlich negativ belegter Zustand, der sich zum einen aus dem drastischen Abstieg in der Einkommensskala und zum anderen durch den Verlust an Prestige ergibt. Substituierte sind Menschen, die nur eine begrenzte Chance haben, wieder in den Arbeitsprozeß aufgenommen zu werden, da sie in vielen Fällen «Spezialisten» in einem Bereich sind, wo die Informationstechnik die Qualifikationen in Form «geronnenen Human-Kapitals» (Hardware plus Software) bereitgestellt hat. Wie sollen insbesondere ältere Arbeitnehmer so schnell in unberechenbare oder autonome Bereiche umgeschult werden? Wie können sie dort Arbeitsplätze erhalten, wenn die Konkurrenz in diesen Bereichen bereits hart ist und die Märkte belegt sind? Ist es nicht grundsätzlich gesellschaftlich unverantwortlich, daß der Substitutionsprozeß überhaupt vorgenommen wird, nachdem man erkannt hat, daß er in vielen Fällen irreversibel ist? Ist es nicht unverantwortlich, von den Substituierbaren plötzlich eine schier unmögliche Flexibilität zu fordern?

Polarisierung der Einkommensstruktur. Mit Automatisierung und Computerisierung dringt beim derzeitigen Wirtschaftssystem eine neue Polarisierung in die Gesellschaft vor: Diejenigen, die aufgrund ihrer Qualifikationen in der Lage sind, als Autonome oder Unberechenbare erfolgreich zu arbeiten, *können* ihre Einkommensstruktur verbessern. Insbesondere die *Unberechenbaren*, die die neue Technik diffundieren, werden an der zunehmenden Computerisierung von Wirtschaft, Industrie und Privatleben verdienen. Sie sind es, die die Werkzeuge bereitstellen, um die Rationalisierung voranzutreiben; sie sind es, die das Kapital verfügbar haben, um Automaten zu kaufen und zu nutzen; sie sind es, die durch geeignete Dienstleistungen neue Märkte eröffnen und in diesen erfolgreich arbeiten.

Bei den *Autonomen* ergeben aber nicht alle Dienstleistungen eine verbesserte Einkommensstruktur, ganz im Gegenteil, durch Zusammenbruch klassischer Dienstleistungen nach der Übernahme durch Informationstechnik (siehe z. B. den Bankenbereich, den Versicherungsbereich, das produzierende Gewerbe) verfallen die Einkommensstrukturen durch harten Wettbewerb. – In den USA hat sich z. B. ein neuer Bereich «primitiver» Dienstleistungen entfaltet, wo mit sehr kleinem Einkommen gelebt wird, «Hamburger»-Imbißstuben auf der einen Seite und das billige Angebot von menschlichen Dienstleistungen im Show-Geschäft auf der anderen Seite sind hier nur einige Beispiele. Das automatisierte Materialwirtschaftssystem «Kanban»* der japnischen Automobilindustrie verdrängt die Fertigung vieler Einzelteile in die Hinterhof-Werkstätten, wo Tagelöhner mit geringem Einkommen versuchen, billiger als Roboter zu arbeiten.

Die *Substituierten* schließlich haben nur eine geringe Chance, ihren Lebensstandard wieder über das Niveau der Arbeitslosen- oder Sozialhilfe zu bringen. Obwohl sie zunehmend in die Schattenwirtschaft abwandern, sind auch dort ihre Ertragsbedingungen durch die Informationstechnik bedroht. Neue Dienstleistungsautomaten (z. B. Spiele, Heimroboter), neue automatische Produktionsverfahren und verbesserter Service der klassischen Anbieter (siehe z. B. im Kraftfahrzeuggewerbe) erlauben ihnen nur marginale Einkünfte selbst unter Umgehung von Steuer- und Sozialabgaben. So droht der soziale *Mittelbau* zu zerfallen. – In der Tat zeigen neuere amerikanische Statistiken, daß der Mittelstand sich in den USA abflacht und nur ein kleiner Teil der Mittelständler in den Bereich der Reichen abwandert, während ein größerer Anteil in sozial schwache Felder überwechselt – sicher eine Tatsache, die in den USA nicht nur auf die Automatisierung zurückgeführt werden kann, aber von ihr mit verursacht wird.

Erbgut und frühkindliches Milieu bestimmen zunehmend den Lebensstandard. In einer tradierten Welt, in der Informationstechnik und klassische Technik immer mehr Aufgaben übernehmen, hat nur der eine Chance, der durch spezielle Qualifikationen «jenseits» oder «diesseits» dieser Technik noch arbeiten kann. Obwohl – oder gerade weil – das Bildungsangebot in den Industrienationen heute so groß ist und durch die neuen Techniken noch breiter wird, wird deutlich, daß die genetische und die durch die frühe Kindheit bestimmte milieubedingte Komponente der menschlichen Geistesentwicklung eine zunehmende Rolle spielt: Einem Hauptschüler, der seinen Schulabschluß nicht geschafft hat, bietet sich mit 18 oder 20 Jahren kaum eine Chance, ein «Unberechenbarer» zu werden. Selbst ein Realschüler, der sich in einem überholten Beruf qualifiziert hat, wird Schwierigkeiten haben, ein qualifizierter «Autonomer» zu werden, wenn er 22 oder 25 Jahre alt ist und nicht genügende Flexibilität und Anpassung mitbringt. Die Informationstechnik mit ihrer Adaptionsfähigkeit ist – gesamtgesellschaftlich gesehen leider – viel schneller als die Lernfähigkeit des Menschen.

Während in Kulturen mit relativ einfacher Beschäftigungsstruktur der Unterschied in der genetischen Grundausstattung nur eine sehr begrenzte Rolle spielte, da viele für einfache Arbeiten ausreichend qualifiziert waren, wird der Einfluß der genetischen Ausstattung mit zunehmendem Anforderungsprofil immer größer. Die Vorstellung, man könne das Gehirn beliebig trainieren, beliebig neu qualifizieren, erscheint angesichts der heutigen Leistungen des Bildungswesens mehr und mehr als irreale Vision. Der Trost auf «lebenslanges Lernen» wird von vielen nicht mehr akzeptiert, sehen sie doch keine Chance, sich gegenüber einer sich schnell entwickelnden Qualifikationsentwertung immer neue Eigenschaften zuzulegen. Es sieht für viele wie der Wettlauf von Hase und Igel aus: Wenn immer der Mensch nach monatelangen Anstrengungen eine Qualifikation erreicht hat, so ist die Informationstechnik schon da und hat die notwendigen Prozesse technisch gelöst. Dies gilt insbesondere für die junge Generation, die eine abnehmende Chance hat, mit ihren Qualifikationen gegenüber den «Etablierten» und der Informationstechnik einzusteigen; steigende Jugendarbeitslosigkeit scheint deshalb ein strukturelles Problem zu werden.

Die Reichen werden immer reicher, die Armen immer ärmer. Obwohl die neuen Techniken relativ preisgünstig sind, können sich doch heute nur kapitalstarke Personen oder Gruppierungen eine *breite* Nutzung der Informationstechnik leisten. In dieser Situation haben viele Angst davor, daß die Reichen durch konsequente Nutzung der alten *und* der neuen Technik immer reicher werden. Produktion, Verwaltungen und das Bankengeschäft konzentrieren sich in immer weniger Händen – so wenigstens glauben es die Kritiker der Informationstechnik: Die automatischen Fabriken werden den Menschen verdrängen und die Gewinne nur noch beim Kapital belassen; dadurch werden die Massen verarmen und die Armen nur noch ärmer werden. Diese Ansichten verbreiten sich zunehmend in der Bevölkerung. Sie gehen von einem statistischen Bild der Wirtschaftsstruktur aus und berücksichtigen – verständlicherweise – nicht die komplexen Zusammenhänge zwischen dem monetären System auf der einen Seite und den wirtschaftspolitischen Strömungen andererseits, in denen der reine Liberalismus der Kapitalnutzung längst an Grenzen gestoßen ist.

Das Schlagwort, daß die Armen immer ärmer und die Reichen immer reicher werden, scheint in den Augen vieler insbesondere auch für den Zugang zur Information und der Verfügbarkeit von Informationsverarbeitungskapazität zu gelten. Geht man davon aus, daß die «Wohl-Ausgebildeten» sich schneller in die neue Informationstechnik einarbeiten und daß bei ihnen auch heute bereits das größere Vermögen liegt, so wird verständlich, daß die «Armen» Sorgen haben, daß hier eine neue Machtkonzentration entsteht. Und in der Tat haben es die weniger Qualifizierten auch schwerer, sich die neue Informationstechnik anzueignen, wenn auch deutlich ist, daß die informationstechnische Industrie bemüht ist, breite Märkte zu eröffnen, und das heißt, Systeme verfügbar zu machen, die auch von den weniger Qualifizierten und den Ärmeren genutzt werden können.

Es wird zu wenig zur Kenntnis genommen, daß die Intelligenzverstärker (siehe z. B. Taschenrechner), so wie sie heute entwickelt werden, nicht nur den Qualifizierten und den Wohlhabenden zugute kommen. Hier zeigen sich ähnliche Trends, wie wir sie beim Automobil erlebt haben: Die ersten Automobile waren in der Tat nur in der Hand der Reichen, sie haben nur in der ersten Zeit die Reichen beweglicher gemacht und die Armen unbeweglich zurückgelassen. Das Interesse der Industrie an Massenmärkten jedoch hat schnell zur breiten Verfügbarkeit des Automobils geführt!

Das soziale Netz zerbricht. Überhöhte Anforderungen an die soziale Sicherheit einerseits und die demografische Entwicklung andererseits, durch die über den «Generationenvertrag» immer weniger Personen immer mehr «Alte» versorgen müssen, lassen bereits heute das soziale Netz und die soziale Sicherung durchaus schwankend erscheinen. In diese Situation hinein stößt die Informationstechnik. In der Öffentlichkeit sieht man den Roboter den Facharbeiter verdrängen und beobachtet zunächst, daß der Roboter keine Sozialversicherung zahlt; der Ruf nach einer undefinierten «Maschinensteuer» ist dann auch schnell laut geworden. – In der Tat kann eine weitgehend automatisierte Produktion keine *unmittelbaren* Sozialabgaben erzeugen, die direkt an die ältere Generation transferierbar wären. Auch automatisierte Banken und Versicherungssysteme liefern keine unmittelbare Sicherung für die sozial Bedürftigen. Viele erahnen die *Notwendigkeit* eines neuen wirtschaftspolitischen Konzeptes. Sie versuchen sich vorzustellen, wie sich die «neue Produktivität» positiv im Sozialbereich auswirken könnte. Hierfür aber gibt es bisher keinerlei öffentlich dargestellten Ansätze.

So sucht man im Feld der sozialen Sicherheit nach einem Buhmann, und der ist schnell gefunden: Roboter und Computer sind diejenigen, die das soziale Netz scheinbar zu zersetzen drohen. Diese Argumentation ist konsequent, wenn man in den klassischen Strukturen des 19. Jahrhunderts denkt, wo der einzelne für seine Altersversicherung und seine soziale Sicherheit selbst aufkommen mußte. Wenn man aber zur Kenntnis nimmt, daß es die Substituierbaren gibt und daß aus ihnen im alten System zunehmend Substituierte werden, so muß man nach neuen grundsätzlich veränderten wirtschaftspolitischen Rahmenbedingungen Ausschau halten.

Resümee. Im «klassisch-spätkapitalistischen» System polarisiert die Informationstechnik die Einkommensstruktur breiter Schichten in zunehmendem Maße. Während die Substituierbaren und ein Teil der Autonomen in untere Einkommensklassen abwandern, gelingt es wenigen Unberechenbaren, durch konsequente Nutzung der Informationstechnik weiter aufzusteigen. Bei dieser Polarisierung sind genetische Voraussetzungen und frühe Milieubedingungen von großer Bedeutung: Der Mensch, der die richtigen Qualifikationsgrundlagen ererbt oder rechtzeitig erworben hat, hat eine große Chance, sich durchzusetzen, während derjenige, dessen Qualifikation und Lebensweise durch die derzeitige Leistung der Informationstechnik bedroht wird, schnell in Schwierigkeiten gerät. Auch lebenslanges Lernen hilft nur begrenzt, wenn große Qualifikationsflächen an die Informationstechnik übergeben werden.

Die Angst um die Verarmung der Massen zu Lasten einer «Umverteilung nach oben», d.h. einer Zunahme des Reichtums weniger, ist eine wichtige, ernstzunehmende Kraft in den Industrienationen. Sie wird gefördert durch die Sorge um die soziale Sicherheit. Diese erscheint nicht mehr gegeben, wenn die Kopplung von Arbeitsfähigkeit und Lohn zerfällt, die soziale Sicherheit aber weiterhin an Lohn gekoppelt bleibt. Der Mittelstand, ein Ergebnis konsequenten Ringens zwischen Arbeitnehmern und Kapital in der industriellen Entwicklung, droht zu zerfallen, weil er eine Schicht «mit mittleren Qualifikationen» ist, von denen viele von der Informationstechnik ersetzt werden können. Die Ängste des Mittelstandes um seine Position werden nicht ohne politische Folgen bleiben. Sie können zu einer Zersetzung des politischen Friedens führen – wenn es nicht rechtzeitig gelingt, neue wirtschafts- und sozialpolitische Konzepte vorzustellen und diese in realistische Planungen umzusetzen.

Die neuen Medien zerstören die Freizeit und den Menschen

Das Fernsehen hat die letzten Arbeitszeitverkürzungen aufgesogen – Werden die neuen Medien kommende Freizeit verschlingen? Hand in Hand mit der Arbeitszeitverkürzung von 48 auf 40 Stunden pro Woche stieg in der Bundesrepublik die Nutzung des Fernsehens in der neu entstandenen Freizeit. Dies wird bei Betrachtung der Freizeitbudgets deutlich: Wenn heute der durchschnittliche Arbeitnehmer zwei Stunden pro Tag fernsieht, so übersteigt dies sogar seinen Zeitgewinn aus der Arbeitszeitverkürzung. Freizeit hat unter dem Einfluß der klassischen Medien (Radio und Fernsehen) den Charakter von *Konsumzeit elektronischer Information* bekommen.

Die Eigengestaltung von Freizeit ist begrenzt, wenn sich auch in verschiedenen Schichten und verschiedenen Milieus außerordentlich unterschiedliche Charakteristika entwickelt haben. Aber das Informations-Konsumverhalten im Bereich der Unterhaltung ist ein grundlegender Faktor in der Gestaltung menschlicher Aktivitäten geworden. Obwohl es viele Stimmen gegen ein neues und verbreitertes Fernsehangebot gibt («Kabel, nein danke»), sind doch Stimmen, die «die Droge im Wohnzimmer» ernsthaft reduzieren wollen, nur flüsternd im Hintergrund zu hören. Selbst bei den Kritikern der alten Medien ist Theorie und Praxis häufig gespalten: Personen, die in der Öffentlichkeit für ein fernsehfreies Wochenende argumentieren, haben selbst längst einen Videorecorder gekauft oder sehen trotz ihres Aufrufes aktuelle Sendungen, auch am Wochenende. D. h., wir haben die Probleme der «alten Medien» noch nicht bewältigt, wenn heute die neue Technik über uns hereinbricht.

Bildung und Weiterbildung in der Freizeit haben sich nicht entfaltet. Trotz hoher Zuwächse in der gesamten Freizeit der beschäftigten Bevölkerung durch Wochen-Arbeitszeitverkürzung auf der einen und verlängerten Urlaub auf der anderen Seite, ist das Bildungs- und Weiterbildungsvolumen nur geringfügig gewachsen: In Bremen nutzen z. B. nur knapp 3% der Arbeiter den gesetzlich eingerichteten Bildungsurlaub. Die Zahl der Fernschüler in der Bundesrepublik wird nur auf ca. ½ Million geschätzt; die Zahl der Studierenden an der Fernuniversität und selbst die Teilnehmer an den Volkshochschulen und an universitären Kursen für Erwachsene sind bescheiden, gemessen an dem gesamten Ausbildungspotential der Bevölkerung. Die alten Medien sind in diesen Aktivitäten nur sehr begrenzt beteiligt, eine *Open University* gibt es in der Bundesrepublik nicht. Weiterbildungsaktivitäten im Bereich von einigen wenigen Tagen pro Jahr gelten in vielen Unternehmen des öffentlichen Bereichs als angemessen.

Damit zeigt sich die relative Starrheit unserer Gesellschaft und unseres Wirtschaftslebens. Es kommt für viele darauf an, vorhandene, besetzte Flächen zu verteidigen, aber es besteht nur ein außerordentlich begrenztes Interesse, neue Felder z. B. durch Umqualifizierung zu erobern. In dieser Situation hat die Informationstechnik natürlich eine besonders gute Chance: In einer Zeit stagnierender Qualifikationsentwicklung kann «geronnene Qualifikation» in Form von Hardware und Software schnell umgesetzt werden.

Wenn die heutigen Künstler z. B. nur noch abstrakte, «einfache» Bilder malen, deren Informationsgehalt nur von wenigen und deren Technik aber von vielen beherrscht wird, so ist es nur zu verständlich, daß man z. B. hingeht, um mit Computergrafik* derartige Gemälde automatisch zu schaffen; wenn nur ein kleiner Anteil der Bevölkerung wirklich qualifiziert Schach spielen kann, so ist es einfach, Schachcomputer zu bauen, die gegen 98% der Bevölkerung erfolgreich spielen; wenn der normale Bundesbürger keine Fremdsprache derart beherrscht, daß er sich damit fließend im Ausland verständigen kann, so ist es nur zu verständlich, daß computerunterstützte Übersetzungssysteme eine große Chance haben - und die Japaner hier ein riesiges Marktpotential für handgehaltene Geräte sehen, an deren Entwicklung sie intensiv arbeiten. Wenn der typische Facharbeiter keine unternehmerischen Qualifikationen erworben hat, sondern sich auf seinen rein sachbezogenen Fähigkeiten und Fertigkeiten ausruht, so ist verständlich, daß ein Übergang aus einer abhängigen Beschäftigung in ein selbständiges Unternehmertum schwierig, ja fast unmöglich ist.

Freizeit ist für viele Totschlag-Zeit geworden. Daraus resultiert bestenfalls das Motiv, zu einem besseren Fernseher (mit neuer Fernbedienung) zu kommen, aber nicht die Einsicht, in der Freizeit Bildungs- und Weiterbildungsaktivitäten zu entwickeln, die als persönliche «Aufrüstung» gegen die Informationstechnik dienen könnten.

Die neuen Medien schaffen eine informationelle Kunstwelt. Schon die alten Medien haben dafür gesorgt, daß sich zwischen die reale, unmittelbare Welt mit ihren konkreten Problemen einerseits und das Individuum andererseits eine künstliche Welt geschoben hat, die wir über den Fernseher jeden Abend ins Wohnzimmer gespielt bekommen (sei es nun in Form von «Dallas», einer weltweite Ereignisse übermittelnden Tagesschau, der politischen Magazine oder der prunksüchtigen Shows). Mit den neuen Medien (z.B. Computerspiele, Videorecorder, Bildschirmtext) sind wir dabei, diese «Zwischenwelt» weiter auszubauen. Die Erscheinungsform der Computerspiele zeigt besonders deutlich die neue Richtung: Während bisher in den alten Medien wenigstens noch reale Menschen - wenn auch in irrealen Situationen - handelten, so entstehen jetzt gänzlich neue Repräsentationen: Auf dem Bildschirm erscheint nicht mehr eine realistische Figur, sondern nur noch eine Abstraktion dieser Figur, die allerdings als solche unmittelbar «erkannt» wird. Diese Figuren handeln nicht in realen Umwelten, sondern agieren in Kunstwelten: Unsere Kinder erleben die Fahrt ins All, sie bewegen sich in künstlichen Welten, sie setzen sich mit irrealen Raumschiffen auseinander, und sie werden bereits im Alter von 6 Jahren Piloten von stilisierten, «feindlichen» Kampfflugzeugen. Die Filmindustrie ist dabei, mit Produktion synthetischer, im Rechner erstellter Filme ganz neue Horizonte zu eröffnen. Filme wie «Thorn» oder «Endzeit» geben hier einen ersten Vorgeschmack.

Das selektive Auswählen von bestimmten Umwelten in

Form von Video-Angeboten, welches heute in den Familien, die Videorecorder besitzen, gang und gäbe ist, führt auch dazu, daß die reale Welt mehr und mehr versinkt. Kriminalität und Pornographie ergeben z. Z. ca. 50% des Umsatzes der Video-Branche, das heißt wohl auch, daß ca. 50% der Video-Zeit auf diese Sparten entfallen! Betrachtet man die Exzesse der blutrünstigen und abscheulichen Horrorfilmzenen, so fragt man sich erstens, welcher Mensch überhaupt Interesse an der Rezeption dieser Filme haben kann. Zweitens wird einem aber auch deutlich, daß diese Kunstwelt offensichtlich tiefliegende Triebe des Menschen zu befriedigen scheint. Niemand weiß bisher, was die psychologischen, die sozialen und die politischen Konsequenzen eines intensiven Konsums dieser «Kunstwelten» wirklich sein werden. – So bleibt die Sorge, daß die neuen Medien den Menschen in einer Weise beeinflussen, wie das nie zuvor in der Geschichte der Menschheit der Fall gewesen ist. Es ist nur zu verständlich, daß daraus schnell der Ruf nach Verbot der «neuen Medien-Zukunft» – zumindest in bestimmten Formen – resultiert.

Zwischen die realen Menschen schiebt sich das Bildtelefon. Der Mensch ist ein soziales Wesen. Sein Selbstverständnis, sein Verständnis der Umwelt und sein Verhalten werden aufgrund seiner biologischen Konstitution stark durch interpersonale Kommunikation geprägt. Jahrtausendelang war nur das Gespräch von Mensch zu Mensch als Übertragung von Information verfügbar. Erst die breite Literalität einerseits und später das Telefon andererseits haben es erlaubt, immer mehr Information zu transportieren, ohne daß Menschen am Transport unmittelbar beteiligt sind.

Neue computerunterstützte Fernwirknetze, neue Glasfasernetze* und die Integration aller dieser Systeme in digitale Netzwerke (BIGFON*, ISDN*), in denen die primäre Kommunikation von Mensch zu Mensch entfremdet wird, haben zu mannigfaltigsten Ängsten geführt. Viele sehen sich zu Hause im Wohnzimmer nur noch vor dem Fernseher eingeklemmt, ohne die Möglichkeit, mit Menschen umzugehen. Bezeichnend ist, daß diejenigen, die davor Angst haben, immer davon ausgehen, daß der Mensch den neuen Medien wirklich verfällt. Sie sehen keine Kraft des *einzelnen*, sich der Dinge zu erwehren und eigene Lebensgestaltungen vorzunehmen. Vielmehr beherrscht die Sorge um die Uniformität und die breite Manipulation der Massen die öffentliche Meinung. So werden die neuen Medien nicht verstanden als ein Verfahren, die mitmenschliche Kommunikation und das Verständnis der informationellen Umwelt zu verbessern, sondern als ein Trend «unbekannter Kräfte», den Menschen in die Vereinsamung zu treiben. Das Bildtelefon wird von vielen nicht als Erweiterung menschlicher Kommunikation gesehen. Es fehlt eine Gesamtvision, wie menschliches Miteinander organisiert werden kann, wenn die Informationstechnik in dieses weiter eingreift.

Der Dialog mit dem Expertensystem ersetzt das menschliche Gespräch. Mit den Computerspielen ist zum ersten Mal die Beschäftigung mit einem «automatischen Partner» von weiten Kreisen der Bevölkerung akzeptiert und genutzt worden. Man «unterhält» sich nicht mehr mit einem menschlichen Partner, sondern mit einem speziellen Expertensystem*, einem Gerät, welches in einem bestimmten Bereich Expertenwissen (z. B. Schach, Mühle, Dame, neuerdings auch Wissen über einen Kriminalfall) besitzt. Die Faszination der totalen Kontrolle über dieses technische System führt dazu, daß die Akzeptanz dieser Form der Informationstechnik außerordentlich hoch ist. Man braucht sich nicht mehr auf die persönlichen Gewohnheiten des andern einzustellen, man braucht nicht mehr Rücksicht zu nehmen auf zeitliche Randbedingungen, man braucht dem anderen gegenüber keine Verhaltensmuster zu zeigen, die ihn befriedigen. Man ist mit sich allein und kann das System «beherrschen» – oder ungehindert zu beherrschen suchen. Dies ist eine direkte Herausforderung an den Menschen, und sie wird als solche von vielen – unter Einsatz nicht unerheblicher Geldmittel – akzeptiert.

Daraus resultiert die Sorge um den vereinzelten Menschen, der nicht mehr auf das Wissen, das Können und das Einfühlen eines anderen Partners angewiesen, sondern zufrieden ist, wenn er mit seiner Technik «leben» kann. Der alte Glaube an den Homo sociales zerfällt, wenn man dem «Computer-Freak» oder dem «Computer-Hacker» über die Schulter schaut. Woher soll die mitmenschliche Kommunikationsfähigkeit einer Generation kommen, die täglich Stunden mit Computerspielen verbringt? Woher soll ein Verständnis komplexer, offener Zusammenhänge kommen, wenn die Computerspiele relativ einfache, geschlossene Strategien verfolgen? Wie soll man lernen, im Team zu arbeiten, wenn man gegenüber den neuen Medien immer nur als Individuum auftritt? Warum soll man einen Menschen nach einem Tatbestand fragen oder ihn als Autorität akzeptieren, wenn doch die Information über Bildschirmtext leicht verfügbar und die entsprechende Rechenkapazität in einem Heimcomputersystem abrufbar ist? Warum zum Steuerberater gehen, wenn das Expertensystem TAXADVISOR («automatisierter Steuerberater», in den USA verfügbar) alle wichtigen Beratungen bei der Ausfüllung einer Steuererklärung vornimmt?

Der elektronische Rund-um-die-Uhr-Entertainer. Waren Fernsehen und Rundfunk durch ihren distributiven Charakter nach gewisser Zeit langweilig und erlaubten keinen beliebigen Verbrauch von Freizeit, so bietet die neue Informationstechnik praktisch die Möglichkeit, sich in der gesamten Freizeit elektronisch und optisch zu amüsieren: Ist man des Pornos müde, so kann man schnell ein Kampfspiel am Computer abwickeln; möchte man einen realen Menschen sehen, so ruft man über das Bildtelefon irgend jemand an und kann sich von zu Hause aus mit ihm unterhalten; will man schnell ein Problem lösen, so wählt man die entsprechende Datenbank über das Bildschirmtext-System an; ist man zu müde, ein Buch zu lesen, so schaltet man den computerisierten Vorleser* ein und läßt sich das betreffende Buch akustisch ausgeben.

Aber dieser «Medien-Mix» braucht keineswegs die Regel zu sein. Vielmehr kann für viele das Versinken in eine «Spezialwelt» weite Teile der Freizeit bestreichen: Die Sportfans haben mit den neuen Medien über Kabel- und Satelliten-Fernsehen die Möglichkeit, rund um die Uhr Sportereignisse zu verfolgen; die Fans von Shows können die amerikanischen, die englischen, die französischen Shows in entsprechender Synchronisation zusätzlich zu den deutschsprachigen Shows betrachten; immer neue Krimis können in den entsprechenden Kanälen ausgewählt werden usw. Das ganze kann durch ein relativ breites Angebot von Videokassetten und Bildplatten ergänzt werden. Dies alles führt zu der Sorge vor dem «informationell verseuchten» Menschen. Viele haben Angst, daß das, was in der ökologischen Umwelt als Umweltverschmutzung und Waldsterben heute deutlich erkennbar wird, nun auch in der informationellen Welt geschieht und später tiefe soziale und politische Konsequenzen ergibt.

Das Gespräch im Tante-Emma-Laden und in der Bankfiliale verstummt. Die neuen Kombinationen von Computertechnik und Nachrichtentechnik (z.B. Bildschirmtext) werden die Struktur von Handel und Dienstleistung verändern. Viele fürchten den Zusammenbruch des traditionellen Einzelhandel-Systems durch ein preisgünstiges und effizientes Versandhandelsgeschäft. Daraus resultiert die Angst, den Laden um die Ecke nicht mehr vorzufinden, in dem das kleine Gespräch mit dem Nachbarn noch möglich war. Viele sorgen sich um die Existenz ihrer lokalen Bankfiliale, wenn sie sehen, mit welcher hohen Akzeptanz «Tele-Banking», also der unmittelbare Zugriff auf das Bankkonto im Bankenrechner, von den Haushalten in den Pilotversuchen zum Bildschirmtext in Berlin und Düsseldorf akzeptiert wurde. (Wie können die Banken ihr Filialnetz aufrechterhalten, wenn die Kunden nicht mehr zu den Filialen kommen?) So scheint auch der einfache «Freizeitsport» der Kommunikation im Laden oder in der Bank verlorenzugehen. Der Mensch vereinsamt – wenn ihm keine neuen Kommunikationsstrukturen einfallen!

Bleiben viele lebenslänglich Kinder oder werden alle gleich Erwachsene? Noch im späten Mittelalter war der Unterschied zwischen einem Kind und einem Erwachsenen relativ gering, nur die physische Größe und die Summe der persönlichen Erfahrungen unterschieden sie im wesentlichen. In Kleidung, Gewohnheiten und Verhalten waren Unterschiede relativ gering. Erst durch die breite Nutzung der Schrift wurden Erwachsene und Kinder zunehmend getrennt. Erwachsene waren in der Lage, die Schrift zu lesen und diese Information zu nutzen, die Kinder mußten dieses noch lernen, sie waren in einer besonderen Phase, es entstand die «Kindheit». Diese Entwicklung wurde auch dadurch unterstützt, daß es seit der Aufklärung einer Reihe von Tabus gab, über die Erwachsene in Anwesenheit von Kindern nicht sprachen. Dadurch grenzte sich die Kindheits-Zeit von der Erwachsenen-Zeit zunehmend ab. Eine immer länger werdende Ausbildungszeit sorgte dafür, daß die Kindheit und die Jugendzeit von der Erwachsenenzeit deutlich abgegrenzt wurden. Schließlich sorgte auch das Verbot der Kinderarbeit und die allgemeine, vieljährige Schulzeit für eine klare Abgrenzung des Kindes und des Jugendlichen vom Erwachsenen.

Bereits die alten Medien, aber zunehmend die neuen Medien und die unmittelbare Kommunikation mit modernen informationstechnischen Systemen (siehe z. B. Zugriff in menügesteuerte Datenbanken wie Bildschirmtext) erlauben es, auch mit einem Minimum an Lesefähigkeit Erfahrungen zu sammeln, die früher nur Erwachsenen in (linear) geschriebenen Büchern verfügbar waren. Der Anteil der Information, der audiovisuell gespeichert und verfügbar gemacht wird, nimmt gegenüber dem

Anteil der alphanumerisch repräsentierten Information ständig zu. Damit wird der unmittelbare Kontakt mit der informationellen Umwelt vereinfacht. Dieses wiederum bewirkt, daß der Abstand zwischen Literalität auf der einen Seite und Illiteralität auf der anderen Seite geringer wird. Die abgegrenzte Phase «Kindheit» droht damit zusammenzubrechen: Die «Dallas»-Erfahrungen der Erwachsenen und der Jugend sind die gleichen, wenn sie sich auch auf verschiedenem Hintergrund entfalten. Selbst die klassischen Print-Medien bauen die Anforderung an Literalität zunehmend ab (man betrachte nur Zeitungen wie BILD oder moderne Illustrierte). – War es früher unabdingbar, daß sich der gebildete Erwachsene in Form von Briefen oder längeren Aufsätzen mitteilte, so ist durch die Erfindung des Telefons die auditive Kommunikation an die Stelle der literalen Kommunikation getreten. Man ruft eben einfach an, dies kann das Kind in gleicher Weise wie der Erwachsene; die Unterschiede verwischen sich.

Die Tabus der Erwachsenenwelt gehen verloren. Die breite und billige Verfügbarkeit von Information über alle Details der Erwachsenenwelt läßt Tabus, die früher für das Kind existierten, zunehmend verschwinden. Sexualität wird nicht nur durch den Sexualkunde-Unterricht, sondern auch durch die breite Verfügbarkeit sexueller Darstellung in den Print-Medien und zunehmend über die Videorecorder zu einer alltäglichen (mittelbaren) Erfahrung bereits kleiner Kinder. Der Tod, früher nur in seltenen Fällen beim Dahinscheiden der Großeltern oder später der Eltern, einige wenige Male im Leben unmittelbar erlebt, gehört heute zum täglichen Geschehen: Leichen auf Bildschirmen sind so selbstverständlich wie Autos auf der Straße. Religiöse, ethische und moralische Normen sind hier längst zusammengebrochen, da das Kind keine Möglichkeit mehr hat, in einer abgegrenzten Welt zunächst unter Wahrung definierter Randbedingungen erzogen zu werden. Zu früh bricht das Chaos der ungeordneten Handlungsstrukturen mittels der alten und neuen Medien über das Kind herein.

Man kann die Entwicklung auch aus der Perspektive des Kindes sehen: Im Grunde genommen bleiben zunehmend die Erwachsenen Kinder, denn ihre mediale Umwelt, und das heißt ein großer Teil ihres Erfahrungsraumes, verändert sich nach der Kindheit kaum noch. Während früher die erste Liebe und der erste Kuß eine deutliche Zäsur im Leben des Menschen darstellten, ist heute Liebe und Küssen bereits vom Fernsehen so weit bekannt, daß das eigene Handeln eigentlich nur noch als eine notwendige und selbstverständliche Kontinuität medial empfangener Kunstwelt verstanden wird. – Da auch die Anforderungen an die Schreib- und Lesefähigkeit in vielen Berufen angesichts der Verfügbarkeit von vorformatierten Informationen und von Textautomaten* eher abnimmt, kann man auch mit «kindlichen Qualifikationen» der Literalität im Berufsleben auskommen. So hat das amerikanische Militär seit Jahren seine Handbücher immer wieder umgeschrieben, um sie für immer niedrigere Bildungsniveaus verfügbar zu machen; man wendet sich schon gar nicht mehr an den «Erwachsenen», sondern bestenfalls an das etwas «erwachsenere Kind». Da dieses aber für viele Fälle die notwendigen Problemlösungsfähigkeiten nicht mehr besitzt, substituieren die Unberechenbaren das «erwachsene Kind» ganz durch automatische Prozeduren. Die Gesellschaft braucht offenbar nur noch wenige Erwachsene, die breite Masse kann im Kindheitsstadium bleiben – so sehen viele die zukünftige Entwicklung voller Sorge.

Leichte Bedienbarkeit macht die Apparate allen zugänglich. Die Informationstechnik schafft zunehmend flexible Schnittstellen* zwischen dem Menschen und komplizierten Prozessen. Wenn es heute möglich ist, über einen einzigen Bildschirm ein ganzes Kernkraftwerk zu steuern, so zeigt dies, wie komplexe Prozesse konzentriert und derart komprimiert werden können, daß sie dann über einfache Repräsentationsformen verfügbar werden. – Ähnliche Prozesse erleben wir im Alltag bei der Bedienung der Waschmaschine, des Autos oder des Fernsehers. Auch hierdurch wird der Unterschied zwischen Kind und Erwachsenem mehr und mehr aufgehoben: Bedurfte es früher großer Fähigkeiten z.B. ein vierspänniges Pferdefuhrwerk durch eine belebte Stadt zu führen, so können moderne Verkehrsmittel schon lange von Kindern ohne Schwierigkeiten benutzt werden. Die physische Mobilität differenziert immer weniger den Erwachsenen vom Kind. Obwohl in der Bundesrepublik der Führerschein erst mit 18 Jahren erworben werden kann, sind doch viele Jugendliche bereits sehr viel früher in der Lage, ein Fahrzeug zu führen, zumindest fahren sie Fahrrad, Mofas und Motorräder. Wenn es in Zukunft gelingt, die Potenzen der automatischen Musterverarbeitung für die Steuerung von Kraftfahrzeugen zu nutzen, so wird es in überschaubaren Zeiten echte *Auto*mobile geben, die sich vom Startort zum Ziel automatisch bewegen können. Damit wird die Mobilität von Kindern und Erwachsenen gleich gut werden, die Differenzierung der Kinder verschwindet.

Die Informationstechnik als Verhütungsmittel. Die in den Industrienationen deutlich zurückgegangene Geburtenrate ist auch durch die Medien mitbestimmt, wie ein (ungewolltes) Experiment in New York Ende der 60er Jahre für jedermann leicht nachvollziehbar gezeigt hat: Als dort an mehreren Abenden die Stromversorgung völlig zusammenbrach und damit das gewohnte Fernsehen ausfiel, stieg die Zahl der Geburten 9 Monate später um ca. 10% gegenüber der normalen Rate an ähnlichen Tagen im Jahr an: Der Abbau persönlicher Kommunikation durch die Medien führt auch zu einem Abbau «körperlicher» Kommunikation und damit zu einer Reduktion biologischer Aktivitäten, die sich u.a. in einer kleineren Zahl von Kindern pro Familie niederschlägt. – So fürchten einige durchaus das Ende der Menschheit als Konsequenz einer «Computer-Gesellschaft», weil diese auch ohne Menschen «auskommt»!

Der Populationsanteil der Kinder nimmt ab. Durch die abnehmenden Geburtenzahlen wird die zunehmende Verwischung der Unterschiede zwischen Kindheit und Erwachsensein weiter vorangetrieben. War es in früheren Generationen wichtig, einen großen Anteil von Kindern an der Gesamtbevölkerung zu haben, so wird die Bevölkerung in den nächsten Jahrzehnten zunehmend aus alten Menschen bestehen und damit die Bedeutung der Kinder sowohl für den Gütermarkt wie auch für das politische Geschehen abnehmen; die Kinder werden «aufgesaugt» in den Kreis der Erwachsenen. Dies wird sich insbesondere beim Informationsangebot für Kinder bemerkbar machen: Die Informationsmärkte für Kinder werden abnehmen, und daher wird man versuchen, immer mehr Produkte so zu gestalten, daß sie vom «Kind-Erwachsenen» konsumiert werden können. – Schon heute sind typische Fernsehsendungen (der «grün-graue Schleim») oder die Computerspiele kaum noch differenzierbar nach «Kinder»-oder «Erwachsenen»-Tauglichkeit.

Daraus werden sich gravierende Konsequenzen für die Bildungs- und Ausbildungsbemühungen ergeben, stößt doch das Bildungswesen nicht mehr auf das «naive Kind», sondern auf den «Kind-Erwachsenen», den es zu motivieren gilt, in eine sehr komplexe Welt vorzudringen, die aber schon im Kindesalter voll verstanden zu sein scheint – wenn man den Versprechungen der Medien traut.

Resümee. Die Informationstechnik bietet in Form der neuen Medien mannigfaltige Möglichkeiten der Gestaltung der Freizeit. Geht man von einem statischen Bild des Freizeitverhaltens des Menschen aus, so kommt man leicht zu der Sorge, daß der Mensch von den neuen Medien zusätzlich gefesselt wird, so wie er von den alten eingefangen wurde. Dies würde dazu führen, daß mitmenschliche Kommunikation und soziales Handeln weiter verarmen. Viele Menschen werden zu Bedienern von Elektrotechnik, sie hängen an den Nabelschnüren der elektronischen Netzwerke. Die Information, die über diese Netze verteilt wird, schädigt das «primäre» Verhalten des Menschen; so die oft geäußerten Bedenken.

Durch eine zunehmende «informationelle Umweltverschmutzung» wird der Mensch scheinbar in seiner kulturellen Substanz zerstört. Es besteht die Angst davor, daß breite Schichten der Bevölkerung diesem Narkotikum der neuen Medien erliegen. Es wird der Ruf nach «Führern» laut, die – mit Zensur – aus dem Dschungel der neuen Medien herausführen. In dieser Situation wird auch verständlich, daß einige sogar das Verbot der neuen Medien fordern, um sicherzustellen, daß die Auseinandersetzung mit ihnen gar nicht erst stattfindet. Zu dem alten Phänomen des «Totschlages der Freizeit» kommt das neue Phänomen der «Freizeit-Vergiftung» hinzu.

Die moderne Informationstechnik erlaubt es, die informationelle Umwelt so zu organisieren und zu repräsentieren, daß sie sich an breite Schichten der Bevölkerung wendet. Damit und mit der abnehmenden Bedeutung der Literarität erlischt der Unterschied zwischen Kindern und Erwachsenen zunehmend. Informationsmärkte müssen sich um Mehrheiten kümmern und werden deshalb ihr Angebot entsprechend einfach gestalten. Dies bewirkt, daß eine Diskriminierung bezüglich Literalität zwischen Erwachsenen und Kindern kaum noch angestrebt wird. Daraus ergibt sich auch die Aufhebung von Tabus, da ja Medien mit Wahrung von Tabus nur begrenzte Märkte finden würden; nur eine enttabuisierte Welt erlaubt einen breiten Informationsmarkt.

Aus all diesem entsteht bei vielen eine tiefe kulturpessimistische Grundhaltung gegenüber den neuen Medien, sie werden als die Ursache der Verflachung gesellschaftlicher Strukturen und differenzierter Werte und Normen angesehen.

Der Mensch im Datennetz

Der durchnumerierte Bürger. Mit der Entstehung größerer betrieblicher und politischer Organisationen im Rahmen der Industrialisierung wurde es immer schwieriger, den Menschen über seinen Namen zu erfassen; zu viele nicht eindeutige Namen traten auf, zu teuer war die Speicherung des ganzen Namens. Daher schufen die Organisationen Nummern als Repräsentation für den einzelnen Menschen: Steuer-Nummern, Sozialversicherungs-Nummern, Personalausweis-Nummern, Mitgliedskarten-Nummern, Mitarbeiter-Nummern usw. gehörten schon lange vor Erfindung der modernen Informationstechnik zu unserem gesellschaftlichen Alltag. – Da insbesondere die ersten Computergenerationen der 60er Jahre teuer und leistungsschwach waren, kam es darauf an, den Menschen im Rechner möglichst einfach zu repräsentieren, Nummern waren auch hier gerade das beste Mittel.

Die neue Technik der 80er Jahre erlaubt es nun, mit diesen Nummern viel schneller und effizienter umzugehen als je zuvor. Im Rechner wird der Mensch zum Objekt von automatischen Prozeduren. Diese greifen nicht mehr auf Persönlichkeiten zu, sondern auf Nummern, die stellvertretend für diese stehen. Durch die Verbindung von Nachrichtentechnik und Computertechnik ist es heute möglich, die Nummern, die einzelne Menschen repräsentieren, bundesweit, ja weltweit schnell aufzufinden und zu verarbeiten. In jeder Bank kann eine Kontonummer über ein Terminal eingegeben werden, und der Kontostand des Konto-Inhabers ist innerhalb von Sekunden am Schalter verfügbar. Jede Polizeidienststelle ist in der Lage, die Identität eines Kraftfahrzeughalters über die Kraftfahrzeug-Nummer mittels computerunterstützter Abfrage aus zentralen Dateien in wenigen Minuten zu erhalten. Die Verfügbarkeit des Menschen, oder besser gesagt seiner numerischen Repräsentation, ist allgegenwärtig. – Daraus ziehen viele den Schluß, daß der Mensch nicht mehr im Zentrum des Anliegens von Personen und Verwaltungen steht, sondern nur noch sein «Datenschatten», der über eine Nummer angesprochen wird. Viele haben Angst, daß Menschen wie Konten geführt werden, daß sie selber im Netzwerk der Computersysteme verlorengehen, daß sie nur noch automatisch registriert, verwaltet, sortiert, zugeteilt, geordnet werden.

Bundesweite automatische Personen-Erkennung. Besondere Sorgen entstehen aus der Vorstellung, daß man mittels automatischer Mustererkennung des Personalausweises oder auch unmittelbarer über Erkennung der Gesichter oder der Stimme mit Hilfe fortgeschrittener Informationstechnik überall erkannt und registriert werden kann. Die Einführung des maschinenlesbaren Personalausweises wird deshalb von vielen mit Skepsis betrachtet; geht man doch davon aus, daß erst diese Form des Personalausweises die notwendige Voraussetzung für die bundesweite Erfassung jedes einzelnen ist. Dies ist aus Sicht der Informationstechnik sachlich falsch: Auch jeder normale Personalausweis kann mit modernen Techniken ohne weiteres über optische Erkennung automatisch gelesen werden, nur die Technik dafür ist etwas aufwendiger, und die Polizei müßte etwas teurere Geräte anschaffen, um einen automatischen Leseprozeß durchzuführen. (Der direkt maschinenlesbare Personalausweis ist also gegenüber der sonstigen Erkennung nur eine Rationalisierungsmaßnahme.)

Mit zunehmender Verbesserung der Bilderkennung via Fernsehaufnahme und Rechnerauswertung wird es außerdem möglich, jeden Menschen unmittelbar über sein Gesicht zu erkennen. In amerikanischen Sicherheitsbereichen sind bereits «automatische Pförtner» installiert, die es erlauben, über eine gute Fernsehkamera und einen speziellen Rechner ein Gesicht eindeutig zu identifizieren und damit den Zugang zu gewähren oder zu verhindern. Solche Systeme sind natürlich in Zukunft auch z.B. in der Personenerkennung bei Großdemonstrationen einsetzbar, wenn man die Bilder der Bundesbürger in entsprechenden Datenbanken speichert. So wird, wie dies in Orwells «1984» dargestellt wurde, im Prinzip jeder durch die moderne Informationstechnik überall erkennbar – und viele sehen den Orwellschen Televisor schon überall herumstehen, eingeführt und genutzt von dunklen Mächten.

Die geheimen Personaldateien. Die geringen Kosten, die heute für die Speicherung von Daten entstehen, erlauben es, große Datenmengen zu registrieren und diese im schnellen Zugriff für Rechner unmittelbar und jederzeit verfügbar zu halten, schon mittlere Computersysteme haben heute eine Milliarde Zeichen im direkten Zugriff; dies entspricht ungefähr dem Volumen von 1000 Taschenbüchern, oder – wenn man davon ausgeht, daß man zur Registrierung eines Menschen vielleicht 1000 Zeichen braucht – der Speicherung der Daten von 1 Million Bürgern.

Deshalb entstehen in den Betrieben und in unserem öffentlichen System immer neue Dateien, von deren Existenz die wenigsten wissen: Die Polizei und das Bundeskriminalamt speichern intensiv Daten über einen breiten Personenkreis, der mit dem Gesetz in Konflikt gekommen ist oder sich sonst gegenüber der Polizei artikuliert hat; in den Personalinformationssystemen der größeren und großen Unternehmen finden sich detaillierte Angaben über die Leistungscharakteristika der Mitarbeiter, die für Organisations- und ggf. für Personalentscheidungen notwendig sind. Im entstehenden Bildschirmtext-System können in den externen Rechnern Benutzerprofile von in Anspruch genommenen Dienstleistungen erhoben werden, auch wenn der Staatsvertrag über den Bildschirmtext dies untersagt; die Banken nutzen seit langer Zeit ein ausgefeiltes System, mit dem es ihnen möglich ist, die Bewegungen auf den Konten ihrer Kunden zu beobachten und daraus Schlüsse zu ziehen; in den Rechnern der großen Fluggesellschaften werden Tausende und Hunderttausende von Flugtransfers gespeichert; die Versandhäuser sind in der Lage, aus den in ihren Rechnern gespeicherten Daten über das Konsumverhalten der Kunden Schlüsse zu ziehen und gezielt Angebote zu versenden. Dutzende weiterer Beispiele ließen sich anführen.

Da der einzelne nur mit großer Mühe überhaupt einen Einblick in diese Datenbestände bekommen kann und in der Regel nicht in der Lage ist, unmittelbar an diese Daten heranzukommen, hat er den Eindruck, von einem geheimen Datenschleier umgeben zu sein. Besonders beunruhigend erscheint das Datennetz in der Kombination mit dem kommenden maschinell gelesenen Personalausweis: Weiß doch der einzelne Bürger, der von einem Polizisten kontrolliert wird, nicht, auf welche zusätzlichen Dateien der Polizei-Computer zugreifen kann. Dies macht es ihm schwer, sich in dieser Situation richtig zu verhalten. Es entsteht die Sorge vor einer willkürlichen oder fehlerhaften Belegung des Einzelnen mit geheimen, undurchsichtigen Tatbeständen.

Selektive Verarbeitung personenbezogener Daten. Die Bedeutung des Datennetzes, welches sich langsam in der Gesellschaft ausbreitet und den einzelnen in vielfacher Repräsentation überall ortet und einbindet, wird besonders deutlich, wenn man sich klarmacht, daß man durch Kombination von unterschiedlichen Dateien einzelne Personen gezielt «herausarbeiten» kann: Gemeinsame Daten aus Banken und Daten aus Versandhäusern machen es leicht möglich, kaufkräftige Kunden herauszufinden; durch die Kombination von Daten über die Benutzung von Flugzeugen einerseits und die Paßkontrollen in Flughäfen andererseits ist es möglich, die Bewegung einzelner Personen gezielt zu verfolgen; die amerikanischen Finanzämter sind z. Z. dabei, in der Öffentlichkeit verfügbare Listen über «reiche» Kunden gegen die eingereichten Steuererklärungen abzugleichen. Sie sind dabei zu erstaunlichen Ergebnissen gekommen: viele Bürger, die teure Wagen fahren, haben nie eine Steuererklärung abgegeben und sich damit als arm ausgewiesen. Es ist klar, welche Konsequenzen sich hier ergeben werden.

Insbesondere bei der Verbrechensbekämpfung ist die Rasterfahndung ein bewährtes Mittel: Mittels des Abgleiches von unterschiedlichen Charakteristika in Datenbänken ist es möglich, zunächst mit sehr groben Rastern gewisse Personenkreise herauszusieben. Auf diese erste Auswahl wird dann ein zweites Raster gelegt, und dieses führt zu einer weiteren Reduktion des Personenbestandes. Durch weitere Rasterung kann man schließlich die Gesuchten weitgehend einkreisen. Auch hier bleibt offen, inwieweit von käuflich verfügbaren Datenbanken, die heute über verschiedenste Personenkreise existieren, Gebrauch gemacht wird, und wie weit z. B. Telefon- oder Adreßbücher mit eingearbeitet werden.

All dies führt dazu, daß sich der Bürger im Netzwerk der Daten und der Datenverarbeitung selektiv verarbeitet und «verfolgt» fühlt. Er weiß zu einem vorgegebenen Zeitpunkt nicht, wer gerade seine Daten bewegt, wohin sie – auch ins Ausland – transportiert und welche Konsequenzen aus den Bewegungen gezogen werden. Dies erzeugt vielfältige Sorgen.

Die Unvollständigkeit des Datenschutzes. Mit dem Bundesdatenschutzgesetz und den auf Landesebene erlassenen Datenschutzgesetzen sind personenbezogene Daten weitgehend geschützt. Auch die Rechtssprechung des Bundesverfassungsgerichts vom Dezember 1983 über die Volkszählung 83 hat klare Maßstäbe gesetzt, welche Daten wofür und unter welchen Bedingungen genutzt werden können. Dennoch aber bleibt in der breiten Bevölkerung Verunsicherung. Diese geht im wesentlichen darauf zurück, daß natürlich bei einem derart dichten Datennetz immer wieder Pannen passieren und diese dann von der breiten Öffentlichkeit verallgemeinert werden. Viele glauben nicht, daß das, was mit den Datenschutzgesetzen beabsichtigt wird, auch in der

Praxis wirklich geschieht. Da das Gegenteil von den Datenschützern nur schwer im Detail nachweisbar ist, herrscht ein gewisses Mißtrauen in der Gesellschaft.

Dieses erscheint auch nicht völlig unberechtigt, wenn man sich insbesondere klarmacht, daß der internationale Datenschutz einerseits und der Schutz von bei Dialogen mit Computern anfallenden «interaktiven Daten» andererseits noch große Schwierigkeiten bereiten. – Im Hoheitsgebiet der Bundesrepublik ist es möglich, die Datenschutzgesetze prinzipiell nachzuvollziehen, schlimmstenfalls durch entsprechende gerichtliche Verfahren. Bringen aber Unternehmen ihre Datenbestände ins Ausland und manipulieren oder nutzen sie diese Daten dort, so ist der unmittelbare Zugriff über deutsche Gerichte verwehrt und die Nutzung internationaler Gerichtbarkeit außerordentlich schwierig. Mit abnehmenden Datenübertragungskosten (siehe z.B. die starke Kostendegression im Bereich der Satellitentechnik) wird der Schutz des Transports von Daten außerordentlich schwierig. So entsteht nicht nur ein bundesweites, sondern ein weltweites Datennetz, in das sich der einzelne eingebettet fühlt. Es ist für ihn intransparent, weil er selber keine Übersicht bekommt, wo seine Daten zu welcher Zeit von wem verarbeitet werden. Die Informationstechnik erlaubt hier eine «Black-Box»-Technik, d.h. sie erschwert es dem Außenstehenden, nachzuvollziehen, was wirklich intern im Detail geschieht. Hier wünscht sich der Bürger ein «Glas-Box»-Modell, welches aber bisher für den Bestand der personenbezogenen Daten weder geplant noch realisiert ist.

Der gläserne Mensch. Mit zunehmender Akkumulation von Daten über einzelne oder über Gruppen in der Gesellschaft wird das Individuum, das bisher in Form seiner Persönlichkeitsdaten nur in seiner unmittelbaren Umgebung bekannt war, zunehmend für die Gesamtgesellschaft transparent. Wobei diese Verfügbarkeit allerdings eine «schräge Transparenz» darstellt, da ja immer nur ein Teil der die Persönlichkeit bestimmenden Daten gespeichert wird. Hieraus resultiert die Sorge vor dem gläsernen, verdateten Menschen, der abstrakt in den Rechnern der Großorganisationen «lagert». Der einzelne sieht sich reduziert zu einem Datenschatten, der manipulierbar wird. Es wird von vielen vermutet, daß mit der Macht über den Datenschatten auch die Macht über das Individuum zunimmt. Wenn man in der Tat zur Kenntnis nimmt, wie Verkaufsförderung oder auch polizeiliche Kontrolle unter Nutzung dieser Datenschatten wirklich erfolgt, so scheint dieses Argument durchaus eine gewisse Berechtigung zu haben.

Es entsteht ferner die Sorge, daß der Mensch durch die moderne Informationstechnik zum Objekt im Sinne der Verwertbarkeit durch übergeordnete Mächte wird. Der einzelne als Person «zerfällt» im Netzwerk und taucht wieder auf als ein Teil-Profil, welches für gewisse Verwertungszusammenhänge wichtig oder weniger wichtig ist. Der Personalchef, der schnell einen arabisch sprechenden Elektroingenieur sucht, der auch Erfahrungen im Bereich von Starkstromturbinen hat, erinnert sich nicht mehr an das Gesicht eines Mitarbeiters, den er vor einiger Zeit eingestellt hat, sondern er sucht in einem Personalinformationssystem nach Schlagworten und erhält dann zunächst eine personale Repräsentation, erst dann taucht das Gesicht des Mitarbeiters wieder vor ihm auf, erst dann entstehen persönliche Erinnerungen. Hiervor aber haben die Menschen Sorgen, glauben sie doch, ein Recht darauf zu haben, als Ganzheit verstanden zu werden und nicht nur als Teilpersönlichkeit, die technisch beliebig verwertbar und manipulierbar ist.

Die Überwachung des geschriebenen und gesprochenen Wortes. Die Verlage sind z.Z. zunehmend dabei, ihre älteren Bücher und Zeitschriften digital, d.h. in rechnerlesbarer Form zu erfassen. Die digitale Informationsverarbeitung im Büro («Textsystem»*) breitet sich aus; noch in diesem Jahrzehnt erwarten wir den Sprechschreiber*, die Maschine, die es erlaubt, gesprochene Sprache unmittelbar in alphanumerische Texte zu übertragen; auch Töne und Bilder werden zunehmend digitalisiert und digital übertragen (siehe z.B. Bildplatte und Compact-Disk). Damit erlangt der Rechner unmittelbaren Zugriff zu all diesen Informationen, alle menschlichen «Outputs» und Charakteristika können zunehmend automatisch überarbeitet, verändert, überwacht und kontrolliert werden. Es wird im Prinzip möglich, einen Roman eines Autors durch ein maschinelles Programm nachzubearbeiten, und bisher bleibt unklar, ob durch diese Nachbearbeitung die Urheberrechte verändert würden. Mit einem Computer, den man auf eine Telefonleitung schaltet und der in der Lage ist, gesprochene Sprache zu erkennen, ist es möglich, automatische Überwachungen vorzunehmen, ohne daß in Zukunft Menschen Telefonleitungen abhören müßten. Hier können neue Datennetze und Riesen-Datenspeicher in Form von Datenbanken-Systemen entstehen, in denen nicht nur der Mensch, sondern auch die Produkte des Menschen gespeichert, verwaltet, verändert und modifiziert werden. In vielen Fällen ist es auch möglich, aus diesen

Produkten Rückschlüsse auf den Produzenten, den Autor, zu ziehen; die moderne (computerisierte) Linguistik tut dies schon seit einiger Zeit, z.B. bei der Ermittlung zweifelhafter Autorenschaften.

Resümee. Gewaltige Leistungssteigerungen in der Speicherung und in der schnellen maschinellen Verarbeitung sowie im Transport von personenbezogenen Informationen führen dazu, daß private Organisationen und der Staat zunehmend Datennetze aufspannen, in denen Menschen durch «Datenschatten» repräsentiert sind. Die Provokation der Informationstechnik besteht darin, daß sie den ganzheitlichen Menschen partiell abbildet und zu einem «schrägen» Datenschatten reduziert. Viele empfinden diese Reduktion als inadäquat und haben Sorgen, daß ihre Repräsentationen manipuliert, sortiert und rastergefahndet werden, ohne daß sie selber davon wissen. Es besteht die Sorge vor einer Spaltung zwischen wahrer Persönlichkeit und maschineller Persönlichkeitsrepräsentation; es bestehen Ängste vor einem Zugriff auf die Persönlichkeit über die «schiefe» Persönlichkeitsrepräsentation; es bestehen Sorgen vor Computerfehlern und vor Mißbräuchen durch diejenigen, die im Besitz der Datenschatten sind.

Die Informationstechnik zieht ein für den einzelnen bedrohliches Netzwerk der Macht über gesellschaftliche und persönliche Zusammenhänge. Der einzelne weiß nicht - selbst unter Annahme der richtigen Praktizierung der Datenschutzgesetze - wie er das ganze Konglomerat in Form eines «Glas-Box-Modells» durchschauen und kontrollieren kann. Die Verbreitung derartiger Datennetzwerke wird auch dadurch beschleunigt, daß ein überwiegender Teil der Bevölkerung zunächst annehmen muß, daß seine Daten «ganz normal» sind und deswegen keines besonderen Schutzes bedürfen. Es entsteht deshalb kaum eine gesellschaftliche Kraft, die Ausbreitung der Datennetze engagiert zu begrenzen. Um so größer sind dann die Ängste und Sorgen derjenigen, die - oft auch noch ohne ausreichende Sachkenntnis - beginnen, über das ganze in der Öffentlichkeit nachzudenken.

Zusammenbruch der Bildung – Was soll man lernen, wenn die Computer alles wissen und alles können?

Der Wandel der informationellen Umwelt. In der jüngsten Geschichte der Menschheit ist die Menge der gespeicherten Information (die «Weltbibliothek») drastisch gewachsen. Die gesamte Weltbibliothek kann heute auf ca. 10^{16} bis 10^{17} Zeichen geschätzt werden, das ist etwa das Volumen von ca. 3 Milliarden Büchern, wobei alle Zeitungen, Zeitschriften und «internen Berichte» mitgerechnet sind. Allein in der Bundesrepublik erscheinen jedes Jahr ca. 60000 neue Buchtitel. Man kann heute davon ausgehen, daß sich die Weltinformation etwa alle drei bis fünf Jahre verdoppelt, wobei der Computer zunehmend *neben* den Menschen als Informationsproduzenten tritt. Damit übersteigt das Weltwissen sicher seit vielen Jahrzehnten, wahrscheinlich schon seit Jahrhunderten die Speicherkapazität eines einzelnen Gehirns um viele Zehnerpotenzen. D. h., auch Genies können nur noch kleine Teilbereiche des Weltwissens erfassen und verarbeiten («Fachidioten»).

Obwohl es mit modernen Speichertechnologien (z. B. optische Massenspeichertechnik mit Speicherdichten von 10^7 Zeichen pro mm^3, siehe Bildplatte) gelungen ist, riesige Informationsmassen auf kleinstem Raume zu verdichten, sind wir weit davon entfernt, diese in angemessener Form als Erweiterung des Gehirns unmittelbar verfügbar zu haben. Große Rechner können aber diesen unmittelbaren Zugang zu gewaltigen Informationsmengen nutzen und sind dann in der Lage, große Datenbanken schnell zu bearbeiten. Große Rechnersysteme sind in der Lage, außerordentlich komplizierte Prozeduren abzuwickeln, die weit über die Leistungsfähigkeit eines menschlichen Gehirns hinausgehen. Man denke nur an die Möglichkeit der Steuerung einer Walzstraße durch einen Prozeßrechner, die automatische Überwachung eines Kernkraftwerkes oder die Organisation des Verkehrsflusses in einer Großstadt wie Tokio, der nur durch Verkehrsrechner organisierbar wird. Aber auch schon der kleine Rechner, der einen Roboter* steuert, ist bezüglich seiner Leistungsfähigkeit, Zuverlässigkeit und Genauigkeit häufig besser als der Facharbeiter. Jeder einfache Taschenrechner kann besser und zuverlässiger rechnen als das menschliche Gehirn. Diese Tatbestände stellen eine tiefgreifende Provokation für das gesamte Bildungswesen dar: Was soll der Mensch in Zukunft lernen, wie soll er sich qualifizieren, und für welche Bereiche kognitiver Prozesse soll er sich ausbilden, wenn die Informationstechnik immer einfacher Information zur Verfügung stellt und immer neue und immer komplexere Prozeduren automatisch abwickelt und diese auch aufgrund ökonomischer Bedingungen anstelle von Geistesarbeit genutzt werden?

Die Leistung der Informationstechnik nimmt ständig zu, die der Gehirne bleibt im wesentlichen stabil. Bei einer über die Jahre einigermaßen stabilen Technik könnte man sich ein «neues Gleichgewicht» denken und damit die Situation befrieden. Die Provokation der Informationstechnik geht aber viel weiter. Während nach einer über Jahrmillionen verlaufenen Evolution das «mittlere» menschliche Gehirn heute im Bereich kognitiver Leistungsfähigkeit im wesentlichen ein stabiles System darstellt, welches durch Bildung und Ausbildung nur in sehr begrenzten Bereichen modifiziert werden kann, steigen die Leistungen der Informationstechnik von Tag zu Tag. Erschien noch vor 10 Jahren ein Schach spielender *Taschen*computer undenkbar, so ist er heute in jeden Kaufhaus für einige hundert DM erhältlich. Hielt man noch vor 10 Jahren eine Steuerung eines tieffliegenden Flugzeuges durch eine an Bord befindliche Bodenreliefkarte und ein schnelles Radar für undenkbar, so ist die Cruise Missile heute eine Standard-Waffe der NATO, die es erlaubt, tief in die Sowjetunion einzudringen. Hielt man vor 10 Jahren noch den sich selbst steuernden Roboter für eine Science-fiction-Vision, so sind heute Montageroboter verfügbar, die einen Staubsauger aus allen – in beliebiger Ausgangslage angeordneten – Einzelteilen zusammensetzen können, indem sie die Fähigkeiten der Verarbeitung optischer Muster intensiv nutzen usw.

Unter Nutzung der kognitiven Psychologie ist es mittels einer zunehmenden Transparenz menschlicher Informationsverarbeitungsleistungen möglich, immer neue Prozesse auf den Rechner zu übertragen. Da dort die Verarbeitungsgeschwindigkeiten noch wesentlich erhöht werden können und höhere Zuverlässigkeiten möglich sind, so muß man davon ausgehen, daß die speziellen Leistungen der Informationstechnik gegenüber denen «mittlerer Gehirne» weiter und weiter zunehmen. – Gemittelt über die letzten Jahre kann man die Aussage wagen, daß das Verhältnis von Preis zu Leistung bei der Informationstechnik jedes Jahr ca. 15% abnimmt, d.h. alle fünf Jahre läßt sich für den gleichen Preis die doppelte «kognitive» Leistung realisieren! Bildung und Ausbildung werden demgegenüber bei steigenden Personalkosten aufwendiger und aufwendiger, ohne irgendwie vergleichbare Leistungszuwächse des Gehirns zu ermöglichen.

Demotivation oder Ansporn für den Lernenden? War bis vor 20 Jahren die Vermittlung von Grundfähigkeiten und Grundfertigkeiten eine unabdingbare Voraussetzung für die Existenz ökonomischer Strukturen, so wird immer deutlicher, daß Betriebe und Organisationen auf die Informationstechnik zurückgreifen und deshalb «einfache» menschliche Fähigkeiten und Fertigkeiten in vielen Bereichen nicht mehr nutzen. Daraus resultieren entweder eine Demotivation beim Lernenden, mit dem Ergebnis einfach «aufzugeben», oder der Anreiz, die Qualifikationen der «Unberechenbaren» zu erwerben. – Demotiviert werden in Zukunft im wesentlichen diejenigen, die Schwierigkeiten haben, die «unberechenbaren» Ziele zu erreichen. Da wir aber wissen, daß es mit den vorhandenen Bildungs- und Ausbildungsmaßnahmen nicht gelungen ist, große Veränderungen zu bewirken – z. B. den Bestand der Hauptschüler wesentlich zu verändern –, so ist ziemlich klar, daß hier ein gewaltiges Problem liegt.

Die sich ausdehnende Nutzung der Informationstechnik stellt eine tiefgreifende Herausforderung an die Struktur des Bildungsprozesses dar. Es geht dabei *nicht* zentral um die Frage, wie die Einführung in die Nutzung der Informationstechnik in Schule und Hochschule geübt werden soll, es geht auch nicht um die Frage, wie man Taschen- oder Schulcomputer richtig benutzen soll, es geht vielmehr im Zentrum um die Grundsatzfrage, *welche Lerninhalte* in den Gehirnen einer Gesellschaft von Bedeutung sind, in der die Informationstechnik mehr und mehr Prozesse übernimmt und der Zugang zur Information leichter und einfacher gestaltet wird.

Das alte Konzept des «Human-Kapitals» zerfällt. Vor Erfindung der Informationstechnik galten in allen Industrienationen – aber auch in den Entwicklungsländern – Investitionen in Bildung und Ausbildung als *unabdingbare* Investitionen in das notwendige Human-Kapital, welches als flexible Qualifikation Voraussetzung allen ökonomischen Handelns war. Bildungsökonomische Analysen zeigen, daß sich dieses Kapital in hohem Maße «lohnte». «Renditen» im Bereich von 6 bis 10% waren Standardwerte. – Dieser einfache Ansatz wird durch die Informationstechnik grundsätzlich herausgefordert und mittelfristig modifiziert werden: Was bedeutet die Qualifizierung eines Facharbeiters mit gesellschaftlichen Kosten im Bereich von 60000 DM, wenn ein Roboter für fast den gleichen Preis gekauft und genutzt werden kann, ohne daß für ihn Lohnkosten anfallen? Was bedeutet die Qualifikation, orthografisch richtig schreiben zu können, ökonomisch, wenn der Sprechschreiber unter Nutzung eines umfangreichen Vokabulars und einer Grammatik-Bank das gesprochene Wort immer orthografisch richtig in einen Text überträgt. Was bedeutet die Fähigkeit, die Lösung einer Differentialgleichung angeben zu können, wenn ein mathematisches Expertensystem dieses in einem Bruchteil der Zeit mit einer viel höheren Sicherheit leistet?

Daß diese Fragen überhaupt gestellt werden müssen, ist ein Ergebnis der vorandrängenden Informationstechnik. Was uns fehlt, ist ein veränderter Human-Kapital-Ansatz, in dem deutlich wird, worin die zentrale Bedeutung *typisch menschlicher Leistungen* besteht und wie diese wertmäßig zu automatisierbaren und computerisierbaren Fähigkeiten und Fertigkeiten ins Verhältnis zu setzen sind.

Für den einzelnen bedeutet die Störung des traditionellen Human-Kapital-Ansatzes, daß er tief verunsichert ist, wieviel und wo er selbst in Bildung und Ausbildung investieren soll; es bleiben vielerlei persönliche Ängste und Unzufriedenheiten.

Verschläft das Bildungswesen die Entwicklung oder stabilisiert es den Menschen? Während in Wirtschaft, Verwaltung und Industrie die Informationstechnik intensiv genutzt wird und jeden Tag neue Rechner, neue Roboter, neue Datennetze aufgebaut und in Betrieb genommen werden, hat das Bildungswesen die Informationstechnik bisher in seinen institutionellen Strukturen kaum zur Kenntnis genommen. Es fühlt sich – insbesondere in der Bundesrepublik angesichts einer verbeamteten Lehrer- und Hochschullehrerschaft – nicht unmittelbar betroffen von Automatisierung und Computerisierung. Dies könnte von Vorteil sein, wenn es dazu führen würde, daß das Bildungswesen sich auf das «Typisch-Menschliche» konzentriert und die computerisierbaren Fähigkeiten und Fertigkeiten der Informationstechnik überläßt. Gerade dies aber geschieht nicht! Das Bildungswesen arbeitet im «Dienst nach Vorschrift», als ob es die Informationstechnik nicht gäbe. Es vermittelt – wie in den 60er und 70er Jahren – Fähigkeiten und Fertigkeiten, die in der Wirtschaft von heute aber bereits von moderner Informationstechnik übernommen werden. Damit erzeugt es «Computer auf Beinen», die schließlich im Produktionsprozeß in den – erfolglosen – Wettbewerb mit den echten Computern treten. Hierin liegt eine gravierende Gefahr und eine Sorge vieler, die sich heute fragen, wie sie mit ihren Qualifikationen auf dem Arbeitsmarkt noch eine Position finden können.

Aber auch für den privaten Bereich versäumt es das Bildungswesen, die heute und morgen notwendigen neuen Qualifikationen zur Verfügung zu stellen. Obwohl wir wissen, daß Fernsehen und Computerspiele zunehmend die Freizeit des Menschen beherrschen, stellt sich das Bildungswesen z. B. auf deren psychologische Bewältigung nicht ein. Es entläßt den Menschen ausgerüstet für eine geistig-kulturelle Szene der geordneten Buch-Welt von «vorgestern», die schon längst nicht mehr existiert. Die unerhörte kulturelle Provokation der Informationstechnik ist vom Bildungswesen bisher kaum zur Kenntnis genommen worden.

Motivation durch Survival-Training? In der Diskussion um die Bewältigung der Herausforderung der Informationstechnik in Bildung und Ausbildung hört man gerade in jüngster Zeit eine neue Argumentationslinie: Wenn schon die neue Technik so gut ist, so muß der Mensch doch für den «Notfall» gerüstet sein, auch ohne Taschenrechner, ohne Datenbank*, ohne Expertensystem* und ohne Prozeßrechner* die notwendigen «Grundfunktionen» auszuüben! Hieraus resultiert ein Festhalten an einfachen Fertigkeiten, die angeblich so wichtig sind (z. B. Kopfrechnen des kleinen Einmaleins mit geeigneter Schnelligkeit bis in die 8. Klasse).

Hier nun liegt offensichtlich eine gefährliche Scheinlösung gegenüber der Provokation der Informationstechnik vor: Es wird so getan, als sei es in unserer Gesellschaft üblich, wichtige «alte» Qualifikationen in breiten Schichten zu erhalten, um sie im «Katastrophenfall» – wie immer der aussehen mag – wirklich verfügbar zu haben. Daß dies aber sonst keineswegs der Fall ist, läßt sich leicht zeigen: Gäbe es plötzlich kein Erdöl mehr – was sehr viel wahrscheinlicher ist als ein (völlig unbekannter) «Virus», der alle Chips der Computer zerstört –, so müßten wir z. B. gewaltige Transport- und Verkehrsleistungen wieder mit purer Muskelkraft bewältigen; aber wo gibt es in der deutschen Schule und Hochschule die Forderung an die Lernenden, einen Marathonlauf zu üben und täglich 1000 kg zu stemmen? Gäbe es kein Erdöl mehr, so müßte die gesamte Landwirtschaft viel personalintensiver betrieben werden, aber wo ist das Fach «einfache Tier- und Pflanzenproduktion» in der Schule? Gäbe es kein Erdöl mehr, so müßte die industrielle Produktion deutlich reduziert werden, aber wo ist das Pflichtfach «Werken und Handarbeit» in der Sekundarstufe I, welches den (die) Schüler(in) qualifiziert, sich selbst Schuhe, Kleidung und Möbel herzustellen? – Das Prinzip unserer kulturellen Entwicklung ist einfach ein anderes: Im (möglicherweise unberechtigten) Vertrauen auf die jeweils vorhandene Technik qualifizieren wir die breite Masse der Bevölkerung stets *jenseits* der Leistungen dieser Technik, um auf der Basis des kulturellen Erbes zu «neuen Ufern», zu neuen Strukturen aufbrechen zu können. Genau hier aber liegt die Provokation der Informationstechnik, und hier begründen sich die tiefen Sorgen der Jugend: Wo sind die neuen Gebiete «jenseits» der Leistung der Informationstechnik, die für breite Schichten erlernbar erscheinen?

Resümee. Das jahrhundertealte System von Schule und Hochschule wird durch die Informationstechnik in tiefem Maße erschüttert. Dadurch, daß Information in unterschiedlicher Organisation über elektronische Medien und optische Speichersysteme unmittelbar, schnell und billig zugänglich ist und daß andererseits zunehmend Prozeduren durch Informationstechnik automatisch abgewickelt werden, entsteht die Frage nach der Bedeutung der Leistung menschlicher Gehirne. Es wird erkennbar, daß der Mensch zunehmend Qualifikationen braucht, die «jenseits» der Leistung der Informationstechnik liegen. Er muß in der Lage sein, den Computer zu kontrollieren, zu überwachen, zu steuern, neu zu programmieren und praktisch zu nutzen. Diese Fertigkeiten aber stehen nicht im Zentrum der derzeitigen Bildungsbemühungen. Das Bildungssystem ist weitgehend orientiert am *autonomen* Menschen, der als beweglicher «Computer auf Beinen» in einer von ihm beherrschten Welt lebt. Daß dieser «Computer auf Beinen» in einem Netzwerk von integrierten und miteinander kommunizierenden Großrechnern kaum noch eine individuelle Chance hat, wird vom Bildungswesen kaum gesehen.

Die Provokation der Informationstechnik geht tief hinein in die kulturelle Basis von Bildung und Ausbildung. War das Bildungswesen neben dem Buch bis vor wenigen Jahrzehnten der einzige kulturelle Transportriemen, über den die Information, das «kulturelle Erbe», von Generation zu Generation weitergegeben wurde, so bietet die Informationstechnik mit Datenbanken, Datennetzen und Informationssystemen einen neuen Mechanismus an: Der alte Strom der personellen Weitergabe des Kulturgutes von Generation zu Generation droht zu versiegen und in die Netzwerke der elektronischen Medien überzuwechseln.

Das Bildungswesen hat sich um diesen Wandel und diese vielfältigen Umschichtungen bisher praktisch nicht gekümmert; es hat überhaupt keinen Einfluß genommen auf die Organisation von Wissen in den neuen Medien; es hat insbesondere keine Rücksicht genommen auf die Notwendigkeit einer breiten Komplementarität von menschlicher und technischer Informationsverarbeitung, die immer mehr gefordert wird, wenn der Mensch «im Netzwerk der Rechner» leben und glücklich sein soll.

Was ist der Mensch, wenn der Computer alles leistet?

Wird die Krone der Schöpfung abgelöst? Das philosophische religiöse, kulturelle und politische Selbstverständnis des Menschen resultiert aus seiner Einzigartigkeit unter allen Lebewesen. Der Homo sapiens ist der einzige, der in der Lage ist, zum einen seine Umwelt durch systematisches Studium «zu verstehen» und sie zum anderen bewußt zu gestalten. Im Rahmen dieser Gestaltung hat er auch technische Systeme entwickelt, die diese Leistung häufig besser, schneller und zuverlässiger vornehmen können, als er dies «per Hand» selbst kann, die klassische Maschine dient als «verlängertes» Werkzeug, jedoch stets unter Kontrolle des Menschen.

Eine besondere Bedeutung erhält heute das neue Verhältnis des einzelnen zu informationstechnischen Maschinen. Es geht hierbei nicht um die allgemeine, akademische Frage, ob der Rechner intelligenter ist als der Mensch – diese ist, so allgemein gestellt, heute sicher zu verneinen –, sondern um die Frage des menschlichen Selbstverständnisses im Verhältnis zu *konkreten* Einzelleistungen der Informationstechnik. Was bedeutet es für den Facharbeiter, der sich einer computergesteuerten Werkzeugmaschine gegenübersieht, die heute in der Lage ist, rund-um-die-Uhr Fertigkeiten zu erbringen, die er nur mühsam durch große Konzentration acht Stunden leisten kann? Was geht in dem technischen Zeichner vor, der sieht, wie ein Plotter-System* in der Lage ist, eine Arbeit, die er früher in einer Woche erledigt hat, in einer Stunde mit noch besserer Präzision und höherer Genauigkeit zu erstellen? Was geht in der Sekretärin vor, die erkennen muß, daß alle ihre Bemühungen um einen orthografisch richtigen Brief durch einen Sprechschreiber leicht und ohne Probleme abgewickelt werden können?

Die Provokation der Informationstechnik ist eine allgemeine. Sie trifft jeden einzelnen, der sich neuen technischen Systemen gegenübersieht, die Leistungen anbieten, die er bisher ausschließlich als denkender Mensch erbringen konnte. Dieses Angebot wird begrüßt, solange die eigene Existenz gesichert ist und neue Aufgabenbereiche für den Menschen verfügbar werden. Da aber die Informationstechnik schnell in immer neue Bereiche vorstößt, ist es wie beim Wettlauf von Hase und Igel: Wenn immer der einzelne Mensch glaubt, ein neues Feld entdeckt zu haben, sind die Informatiker schon da und pflügen dieses Feld mit neuer Computer-Maschinerie um. Der Mensch bleibt besorgt zurück, er fühlt sich «abgelöst», ohne daß ihm unmittelbar eine neue originäre Aufgabe zugewiesen wird.

Das alte Maschinenmodell ist für den Computer kaum gültig. Die Abhängigkeit des Menschen von der Technik ist ein altes und grundsätzliches Problem. Mit zunehmender Technifizierung entstanden und entstehen ständig neue Abhängigkeiten in einer gewandelten Welt der arbeitsteiligen Produktion. Die zunehmende Penetranz der klassischen Technik in der Kombination mit Informationstechnik führt nun aber zu grundsätzlich neuen Strukturen. Während elektromechanische Technik noch von Menschen «abschaltbar» war, ist der Verzicht auf Computersteuerungen, das Abschalten von Netzwerken, das Herausnehmen von Chips kaum noch möglich, da diese zunehmend die Basis von neuen Infrastrukturen bilden. Würden z. B. alle Chips in den Prozeßrechner-Systemen der energieversorgenden Unternehmen heute versagen, so bräche die gesamte Stromversorgung in den Industrienationen schlagartig zusammen. Die Möglichkeit, diese dann noch «von Hand» zu bewerkstelligen, ist außerordentlich begrenzt. Käme es zu einer Störung in allen Banken-Rechnern der Welt, so würde das gesamte Geld- und damit das komplexe Wirtschaftssystem in kürzester Zeit zusammenbrechen.

In den neuen informationstechnischen Strukturen kann kein «Stecker gezogen werden», wie dies bei klassischer elektromechanischer Technik noch möglich war. Hier entstehen umfassende «Netzstrukturen». Daraus resultiert die Frage: Was ist der Mensch, der diese Infrastrukturen erstens aufbaut, zweitens betreibt und drittens in sie eingebettet lebt? Was bedeutet diese neue Umwelt für den Menschen und sein Verhältnis zu ihr? Was sind ethische und moralische Prinzipien in einer Welt, die mehr und mehr von wenigen Menschen geschaffen und von Informationstechnik gesteuert, kontrolliert, überwacht und organisiert wird? Wo sind die Antworten von Theologie und Philosophie auf diese gewandelte Welt?

Viele beantworten diese Fragen heute außerordentlich negativ. Sie sehen sich durch die Informationstechnik provoziert und verunsichert. Sie möchten «raus» aus dieser sich immer stärker integrierenden, technisch vernetzenden Welt und zurückkehren zu «überschaubaren», «kontrollierbaren» Strukturen. Der Aufruf zur Computer-Sabotage wird nicht nur bei Alternativen, sondern sogar in den Informatik-Fachbereichen einiger Universitäten diskutiert (sogenannte «Tea-Pot»-Zirkel). Dahinter steht die tiefe Verunsicherung des Menschen in der «schönen neuen Welt».

Der Verlust an Verantwortung und Kompetenz. Der autonom handelnde, selbstverantwortliche Mensch – so wie er das Ziel des traditionellen Humanismus war – ist längst untergegangen in integrierten und durchstrukturierten Organisationen. Seitdem die Informationstechnik dabei ist, in unser Handeln neue Netzwerke aus Hardware und Software einzuziehen, verbleibt an Verantwortung und Kompetenz an vielen Stellen nur noch ein Restbereich. Dieser entsteht letztlich dadurch, daß zunehmend Entscheidungen und Aufgaben von der Informationstechnik übernommen werden. Beispiele zeigen das nur zu deutlich: Die Boden-Stewardess der Lufthansa organisiert nicht mehr die Plätze an Bord des Fluges von Frankfurt nach New York, sie bedient nur noch einen Rechner, der intern ein Programm verwaltet, welches die eigentliche Buchung und Reservierung vornimmt; der Kontrolleur eines Kernkraftwerkes überwacht und versteht nicht die Physik des Kernreaktors, er beobachtet nur noch das Arbeiten eines komplexen Systems von aufeinander abgestimmten Prozeßrechner-Systemen; der Pilot im Cockpit, der die automatische Navigation eingeschaltet hat, nimmt nicht mehr mit dem Sextanten die Ortsbestimmung vor, sondern verläßt sich auf das computerisierte Trägheits-Navigationssystem; der Soldat, der sich über die Truppenbewegungen im feindlichen Gebiet informieren will, nimmt nicht mehr selbst den Feldstecher in die Hand und besteigt einen Berg oder steigt an Bord eines Flugzeuges, um die Lage zu inspizieren, er verläßt sich auf die computerisierte Auswertung von Bildern, die Satelliten mit Puls-Radar-Optiken gemacht haben. So verblassen auf der einen Seite Kompetenzen, die jetzt übergehen an integrierte Gesamtsysteme, und auf der anderen Seite werden Verantwortungen entwertet, da diese jetzt in Systemen stecken.

Was aber ist der Mensch, fragen sich viele, der zunehmend integriert wird in derartige Gesamtstrukturen? Wie kann er sich selbst finden? Wie kann er eine Selbstbefriedigung für sich schaffen? Welchen Einfluß hat er auf die Struktur und die Funktion der von ihm benutzten Systeme?

«Machet Euch die Erde untertan.» Der christliche Grundauftrag an den Menschen, die Erde zu beherrschen und sie nach seinen Bedürfnissen zu gestalten, kann durch konsequente Nutzung der Informationstechnik weiter vorangetrieben werden. Allerdings ist erkennbar, daß jetzt ein neues Problem auftritt: Während die traditionelle Maschine versuchte, Energie und Materie zu gestalten, so arbeitet die neue Technik mit Information, die sich auf das Gesellschaftssystem, aber auch auf den einzelnen Menschen bezieht. D.h., der Auftrag des Untertanmachens kann derart pervertiert werden, daß der Mensch den Menschen strukturell untertan macht. In einem computerisierten Netzwerk bleibt die Frage nach der Kontrolle häufig unbeantwortet. Es entstehen Infrastrukturen, in denen Programme Herrschaft über Menschen gewinnen, ohne daß für den einzelnen nachvollziehbar bleibt, wer wen unter welchen Bedingungen steuert, kontrolliert und benützt.

Hier nun entstehen vielerlei moralische und ethische Probleme: Soll der Mensch die neue Technik nutzen, um eine neue Stufe der Integration zu erreichen, in der er selbst sein Ich aufgibt und in eine «Gesamtheit» einbringt? Soll das Bild vom autonomen Menschen als Ebenbild Gottes ersetzt werden durch ein gesamtheitlich-integriertes «Menschheits-System» als Pendant des göttlichen Schöpfers? Kann und darf der Mensch sich aus seiner individuellen Verantwortung zurückziehen und die Steuerung und Kontrolle integrierten Systemen überlassen?

Vom Subjekt des Handelns zum Objekt? In der Geschichte der Menschheit haben Menschen immer andere Menschen kontrolliert, erst durch die Realisierung der Grundrechte ist das Kontrollsystem begrenzt und der Einfluß reduziert worden. Die neuen Techniken erlauben nun eine Infrastruktur, die den Menschen wieder zum Objekt des Handelns machen *kann*. Wir sehen dieses heute bereits z.B. in der Verkehrsregelung, wo das zentrale Leit-System dem einzelnen vorschreibt, wie er sich an welcher Kreuzung zu benehmen hat. Subtilere Systeme entstehen in der Wirtschaft, z.B. in der Planung und Organisation von Personal. Auch die weltweiten militärischen Kommunikations-, Kommando- und Kontroll-Strukturen erlauben den mehr oder minder automatischen Zugriff zu den Truppenverbänden. Netzwerke im privaten Bereich, wie sie aus der Nutzung des Bildschirmtext-Systems* zum einen und unter Verwendung der Glasfasertechnik zum anderen entstehen, erlauben auch dort einen integrierten Zugang zu breiten Schichten der Bevölkerung. – Alle diese Möglichkeiten beinhalten für viele die Sorge vor der Manipulation durch eine unbekannte und im einzelnen nicht festzumachende «Macht». Viele fühlen sich verloren in einer solchen Situation, in der sie nicht mehr als autonome Individuen ihren Gestaltungsspielraum erkennen können, sondern im Netzwerk der Elektronik «versinken».

Resümee. Hier konnte nur angedeutet werden, was einer sehr viel ausführlicheren Behandlung bedarf: das Verhältnis des Menschen zur Informationstechnik ist nicht das Verhältnis des autonomen selbstverantwortlichen «Ebenbildes Gottes» zu einer beliebigen Maschine, sondern es ist der erste Schritt hin zu einer Integration des Menschen in ein sehr komplexes Gesamtsystem, welches für die Menschheit zunehmend Verantwortung und Kompetenz übernimmt. Hieraus resultieren tiefgreifende Fragen bezüglich der Bedeutung des *einzelnen* Menschen in dieser Welt. Insbesondere stellt sich die Frage, wie Verantwortung und Kompetenz in diesem Wechselspiel beim Menschen festzumachen sind. Mit der neuen Informationstechnik ist eine ganz andersartige Gestaltung der Welt möglich, die vermutlich weit über das hinausgeht, was mit dem biblischen Auftrag «Machet Euch die Erde untertan» gemeint ist. Hier entsteht die Frage, ob der Mensch aufgefordert ist, über die individuelle, autonome Aktivität hinaus als Gesamtorganismus zu agieren, und wo das Ziel dieser Aktion liegt? – Gerade der eklatante Mangel an Antworten auf diese Fragen hat dazu geführt, daß viele Menschen zutiefst verunsichert sind über ihr Selbstverständnis und ihre Position in dieser Welt. Die neue Informationstechnik mit ihrer Potenz einer umfassenden Integration der Menschheit in ein komplexes, mit «Nervenzentren» ausgestattetes Gesamtsystem erschüttert den Glauben des Menschen an seine autonome Kompetenz und Verantwortung.

Atomares Inferno durch computerisierte Kriegführung?

Das Militär ist die größte Rationalisierungsmaschine. Spätestens mit Beginn der «strukturellen Arbeitslosigkeit» haben wir begonnen, über die langfristigen Konsequenzen der Rationalisierung ernsthaft zu diskutieren. Hierbei ist allerdings ein Bereich im wesentlichen unberücksichtigt geblieben: das Militär. Während die Rationalisierung in Industrie und Verwaltung langsam voranschreitet und dort getragen wird von einer komplexen Organisationsstruktur einerseits und vielfältigen, sich widersprechenden Kräften andererseits, so ist die Rationalisierung im Militär ein alter und immer konsequent betriebener Prozeß: Es galt in allen Heeren der Welt zu allen Zeiten als «sinnvoll», die eigene Schlagkraft zu erhöhen, ohne mehr Menschen dabei einzusetzen. Menschenopfer in den eigenen Reihen wurden unter Einsatz von Technik stets zu vermeiden gesucht.

So ist es selbstverständlich, daß die frühen Entwicklungen der Informationstechnik eng verzahnt sind mit der Entwicklung militärischer Systeme. Die ersten automatischen Rechnersysteme wurden z. B. für die Ermittlung ballistischer Daten benutzt. Mit zunehmender Kleinheit der Rechner auf der einen Seite und mit Verbesserung der Telekommunikationsbedingungen (z. B. Glasfaser, Satellit) auf der anderen Seite stieg die Zahl der Informationstechnik-Anwendungen im Militär in allen Bereichen drastisch an: Die Treffsicherheit moderner Fernlenkwaffen ist ohne eingebaute Computer undenkbar, die sogenannten «Command Control and Communication Intelligent Systems, C^3IS» stellen eine komplexe Struktur aus zentralen und dezentralen Rechnern und einer Vielzahl von Kommunikations-Systemen dar; das NATO-System erlaubt es z. B. dem amerikanischen Generalstab, weltweit über alle wichtigen Fragen unmittelbar zu kommunizieren; die gesamte Logistik (Nachschub und Versorgung) ist fest in den Chips der Computer, nur durch ein ausgeklügeltes Versorgungssystem ist es möglich, die komplexe Technik in Heer, Luftwaffe und Marine zu unterstützen; die Überwachung feindlicher Stellungen und feindlicher Waffensysteme ist längst übergegangen auf informationstechnische Systeme wie bodengestützte Radarsysteme, in der Luft befindliche AWACS-Flugzeuge, erdnahe und stationäre Satelliten mit entsprechender optischer Ausrüstung und Auswertung in Jumbo-Rechnern auf der Erde; die gesamte Weltraumtechnologie und deren militärische Nutzung ist ohne Rechner völlig unvorstellbar; niemand ist in der Lage, eine Rakete ohne genaue Bahnberechnung zu steuern und die entsprechenden Steuerschübe im Kopf auszurechnen. Dies alles fordert die konsequente Nutzung – und Weiterentwicklung – der Informationstechnik.

Rationalisierung im Militär wird gesellschaftlich akzeptiert. Obwohl erkennbar ist, daß durch die Nutzung der Informationstechnik im Militär die Schlagkraft der Heere der Welt drastisch erhöht und damit das mögliche Kriegsinferno strukturell in einem Maße gesteigert wird, wie es noch im zweiten Weltkrieg unvorstellbar war, gibt es doch über die Rationalisierung und Leistungssteigerung im Militär kaum gesellschaftliche Diskussion. Es wird zwar über die eigentliche Sprengkraftentwicklung (Atombombe, Wasserstoffbombe, Neutronenbombe) und die Zahl der Sprengsätze intensiv diskutiert, aber die Fragen erhöhter Zielgenauigkeit, höherer Treffsicherheit und die damit zusammenhängenden wesentlichen Verbesserungen in der Schlagkraft der Armeen der Welt spielen in der öffentlichen Diskussion – und in den Abrüstungsgesprächen – kaum eine Rolle. Gespräche über den *Abgleich* in der Rationalisierung und Automatisierung der Kriegsführungspotentiale auf beiden Seiten hat es bisher im eigentlichen Sinne nicht gegeben. – Da der Westen insgesamt im Bereich moderner Informationstechnik dem Osten überlegen ist, so ist auch klar, daß auf westlicher Seite kein Interesse daran besteht, diese Begrenzungsverhandlungen zu beginnen. Damit aber muß die Sorge der Bevölkerung vor einem computerisierten Krieg wachsen. Zumindest einzelne Gruppen fragen sich zunehmend, wie eigentlich eine «menschliche» Kriegsführung bei derartiger technischer Ausstattung mittelfristig aussehen kann.

Das Konzept des automatischen Schlachtfeldes. In den Handbüchern der Militärs findet man hierzu die Antworten. Das Konzept des «Automated Battle Field» charakterisiert die Art, wie Kriege mit Informationstechnik zu führen sind. Zunächst ist dabei zur Kenntnis zu nehmen, daß der Mensch im Ernstfall aus vielen Entscheidungen herausgenommen wird: Die Ermittlung von Bahnen oder von zu treffenden Objekten wird nicht mehr von Menschen, sondern von Automaten ausgeführt; die Abwehr feindlicher Angriffe wird nicht durch Menschen organisiert, sondern durch «Electronic-Counter-Measurements», die z.B. verhindern sollen, daß feindliche Geschosse ihre Ziele finden; die Luftverteidigung liegt in den Chips eines komplexen Frühwarn- und Überwachungs-Systems; die Panzerabwehr wird organisiert durch Systeme von Boden- und Luftangriffseinheiten, deren Waffen automatisch ins Ziel gelenkt werden; das einzelne Kampfschiff gibt es schon lange nicht mehr, es ist ersetzt durch den automatisierten Flottenverband, in dem das Gesamtsystem von Flugzeugträgern, Begleit-, Versorgungsschiffen und Frühwarnflugzeugen eine Einheit bildet, die unter gemeinsamer Kontrolle eines Rechnerverbundes steht, der von dem leitenden Militär auf See und entsprechenden Kommandopositionen an Land gesteuert und unterstützt wird.

Damit entfallen in diesen Strukturen «spontane» Handlungen. Das bißchen Menschlichkeit, welches vielleicht im zweiten Weltkrieg noch an der einen oder anderen Stelle möglich war, weil Menschen unmittelbar Menschen gegenüberstanden, geht verloren. Es stehen sich jetzt nur noch automatisierte waffentechnische Systeme gegenüber, die auf durchorganisierte Prozeduren aufgebaut sind und elektronisch vermittelten Befehlen streng gehorchen.

Frühwarn- und Entscheidungs-Systeme für atomare Auseinandersetzungen. Mit der Einführung des Grundkonzepts des «Flexible Response» der NATO war es von Anfang an klar, daß man feindliche Angriffe rechtzeitig erkennen muß, um «angemessen» reagieren zu können. Dies führte auf westlicher – und natürlich auch auf östlicher – Seite in gleicher Weise zum Aufbau von «Frühwarn- und Entscheidungs-Systemen». Dieses sind komplexe Computernetze, die über entsprechende Sensoren auf dem Boden, in Flugzeugen, in erdnahen und in geostationären Satelliten weltweit Daten über den Abschuß von Raketen sammeln. Durch computerisierte Auswertung der Bahndaten und mittels eines komplexen Klassifikationssystems gelingt es diesen Systemen, jeglichen feindlichen Angriff rechtzeitig zu erkennen. Dies *ermöglicht* es, die eigenen Waffensysteme in Alarmbereitschaft zu versetzen und den Gegner sofort anzugreifen, bevor die eigene militärische Infrastruktur durch einen fremden atomaren Angriff zerstört ist.

Dieses Konzept entstand zunächst für den atlantischen Raum, für Abwehr und Reaktion auf ballistische Raketen zwischen der Sowjetunion und den USA, wo die Flugzeiten bei 25 Minuten liegen. Mit der Stationierung von SS-20 in der Sowjetunion einerseits und Pershing II in Europa andererseits sowie der Verfügbarkeit geeigneter seegestützter Raketen sind die Vorwarnzeiten aber insgesamt in den letzten Jahren deutlich zurückgegangen, d. h. jetzt müssen sich beide Seiten darauf einstellen, daß sie mit Flugzeiten im Bereich von wenigen Minuten zu rechnen und in dieser Zeit zu entscheiden haben, welche Reaktionen durch ein anfliegendes feindliches Objekt ausgelöst werden sollen. D. h. man wird mittelfristig dazu übergehen müssen, auch militärische Entschlüsse letztlich zu automatisieren, um sicherzustellen, daß in den verbleibenden außerordentlich kurzen Zeiten noch die «richtigen» Entscheidungen getroffen werden.

All dieses sieht in der militärischen Planung relativ transparent und funktionabel aus. Wenn man sich jedoch vorstellt, daß es überhaupt irgendwo in Europa zu einer atomaren Explosion kommt, so bleibt fraglich, wie nach dieser Situation noch eine geordnete Kommunikation und Kontrolle stattfinden kann. Hier ist es durchaus denkbar, daß Teile der dann noch vorhandenen automatisierten Systeme nicht in dem Sinne reagieren, wie es ihre Erbauer ursprünglich geplant haben. – Die Sorge vor der automatisierten Kriegführung verbreitet sich zunehmend in der Bevölkerung, insbesondere deswegen, weil im Gegensatz zu allen anderen Automatisierungsdiskussionen hier auch die zugrundeliegenden technischen Systeme nicht transparent sind und in der Öffentlichkeit deswegen nur unzureichend bewertet werden können.

Die unvorstellbare Konzentration der Macht. Der Aufbau von weltweit computerisierten Kontroll- und Kommandosystemen erlaubt es, die militärische Entscheidungsgewalt in wenigen Zentralen zusammenzuführen. Die dort entscheidende Generalität oder deren politische Vorgesetzte gewinnen damit eine unvorstellbare Macht. Während in der klassischen Kriegführung erst nach Abarbeitung einer Kette von Entscheidungen in den verschiedenen Stäben ein Befehl schließlich vor Ort ausgeführt werden konnte, so ist es mit computerisierten Systemen heute möglich, von Zentralen aus ein gesamtes Schlachtfeld blitzschnell zu organisieren und entsprechende Befehlsstrukturen zu verteilen. Besonders deutlich wird die Machtkonzentration im Bereich des Einsatzes atomarer Sprengköpfe. Hier besitzt auf westlicher Seite nur der amerikanische Präsident die letzte Entscheidungsbefugnis, wenn man die begrenzten Kapazitäten der Engländer und Franzosen unberücksichtigt läßt. Hält er es für angebracht, in einer *kritischen* Situation von dieser Befugnis Gebrauch zu machen, so kann er mittels der existierenden Entscheidungs- und der dahinterstehenden technischen Kommunikationsstruktur den Befehl geben, die Sowjets zu vernichten und damit wahrscheinlich ein atomares Inferno in Europa oder in der ganzen Welt auszulösen. – Noch nie in der Geschichte der Menschheit war ein Mensch in der Lage, mit einem einzigen Befehl und ohne eine entsprechende politische Konsultation innerhalb von wenigen Minuten über das Schicksal von Millionen, ja von Hunderten von Millionen von Menschen zu entscheiden! Hier im Militärischen zeigt sich die Konsequenz von Rationalisierung und Automatisierung in allerhöchster Potenz.

Resümee. Obwohl die Nutzung moderner Datenverarbeitungs- und Kommunikationstechnik im Militär von der Öffentlichkeit nur am Rande wahrgenommen wird, ist sie dort ein bestimmender Faktor. Durch konsequenten Einsatz immer kleiner werdender Rechner und immer aufwendigerer und leistungsfähigerer Prozeduren ist es möglich, militärische Operationen durchzuführen, wie sie im zweiten Weltkrieg völlig unvorstellbar waren. Ein integriertes Kommunikations-Kontroll- und Kommando-System erlaubt es, weltweit Entscheidungen herbeizuführen. Angesichts der gewaltigen Sprengkraft atomarer, aber auch konventioneller Sprengsätze kann diese Maschinerie, wenn sie einmal ausgelöst wird, ein weltweites Inferno unvorstellbaren Ausmaßes in wenigen Minuten auslösen. Die Entscheidung darüber liegt in wenigen Händen, da man grundsätzlich davon ausgehen muß, daß ein Überraschungsangriff möglich ist und dieser in nur wenigen Minuten «erfolgreich» beantwortet werden kann. Dies resultiert aus der NATO-Strategie des Flexible Response.

Die Ängste, die über die Computerisierung der Militärmaschine entstanden sind, sind grundsätzlicher als alle anderen Ängste, die wir im Bereich der Konsequenzen von Informationstechnik erleben: Geht es doch hier nicht um die Frage, *wie* der Mensch mit gewissen Situationen fertig wird und *wie* eine angemessene Gesellschaftsentwicklung vorangetrieben werden kann. Hier geht es schlicht um die Frage nach «Sein oder Nichtsein»! Daß bei dieser Frage informationstechnische Systeme eine zentrale Rolle spielen und ggf. auch Fehler in diesen Systemen zu gravierenden Fehlentscheidungen führen können, muß zur generellen Kritik an der informationstechnischen Entwicklung im Militär führen.

Zusammenbruch der weltweiten Kommunikationsfähigkeit

Computerunterstützter Konstrukteur gegenüber analphabetischem Bauer. Bis zum Beginn der Industrialisierung waren die Unterschiede in Lebensform und Lebenshaltung weltweit relativ gering. Die Grundprobleme, nämlich Nahrungsbeschaffung, Kleidung, Häuserbau und gesellschaftliche Grundordnung wurden von allen Völkern der Erde in grundsätzlich vergleichbarer Weise gelöst. Dies führte dazu, daß sich die Völker der Erde im Rahmen eines gewissen gemeinsamen Verständnisses über Grundprobleme «unterhalten» konnten. Weltreisende hatten die Möglichkeit - wenn sie einmal die Sprachbarrieren überbrückten -, über die meisten Dinge in ihrer Welt mit fremden Völkern zu kommunizieren. Durch die Industrialisierung entstand mehr und mehr das heute bekannte Nord-Süd-Gefälle und das Wort «Entwicklungsland». Und so unterscheiden sich heute ein hochindustrialisiertes Land wie die Bundesrepublik und ein zentralafrikanischer Staat sehr grundsätzlich. Ernährung, Behausung, Verkehr, industrielle Güter, das politische System, sie alle sind verschieden. Darunter leidet die Kommunikationsfähigkeit: Dinge, die uns bewegen, Informationen, die wir erzeugen, sind für die Entwicklungsländer in vielen Fällen irrelevant. Die weltweite Kommunikation ist gestört.

Dieses Bild galt bereits vor 30 Jahren. Durch die Entwicklung der Informationstechnik wird sich der Abstand zwischen den «voll-computerisierten» und den «nicht-computerisierten» Nationen aber weiter erhöhen. Worüber kann der Konstrukteur, der an einem Computer-Terminal ein neues Flugzeug baut, mit einem einfachen analphabetischen Bauern diskutieren? Welche gemeinsamen Interessen vereint das deutsche Kind, welches täglich zwei Stunden fernsieht und eine Stunde Computerspiele spielt, mit dem verhungerten indischen Kind in den Slums von Kalkutta? Worüber kann die Hausfrau, die mit einer computergesteuerten Waschmaschine ihre Wäsche reinigt, mit der Frau aus Sri Lanka sprechen, die ihr einziges Kleid im Fluß ausspült? Wie kann man sich über ein menschlich erregendes Erlebnis verständigen, wenn der eine dies als computergenerierten Film vorgeführt bekommt, während der andere es in bitterer Realität erlebt?

Kunstsprachen gegen natürliche Sprachen. Mit der Computerisierung gewöhnen viele sich mehr und mehr daran, ihre sprachlichen Strukturen so zu wählen, daß sie «computerisierbar» werden: Wir sehen das in der Gesetzgebung, wo Wert darauf gelegt wird, daß z. B. Wirtschaftsgesetze auch im Hinblick auf die Steuerfestsetzung computergerecht abgefaßt werden; wir erleben dies zunehmend in der Formatisierung vieler unserer wirtschaftlich wichtigen Aussagen, die nicht mehr in Form «flüssiger Aufsätze» gemacht werden, sondern im Einfüllen in vorgefertigte Tabellen bestehen usw. Wer selber lange am Rechner gearbeitet hat, weiß, daß sein Denken durch die Art und Weise, wie Prozesse im Rechner verarbeitet werden können, beeinflußt wird. Mit der zunehmenden Ausbreitung der Informationstechnik in Form «Persönlicher Informations- und Telekommunikations-Systeme»* wird sich die Annäherung menschlicher an maschinelle Sprachen in den Industrienationen weiter verstärken. Wenn dabei auch die Informationstechnik immer flexibler werden wird und sich immer mehr den menschlichen Bedürfnissen anpaßt, so ist doch klar, daß hier grundsätzliche Veränderungen auf uns zukommen.

Im Gegensatz dazu bleibt der sprachliche Umfang dessen, was in den Entwicklungsländern kommuniziert wird, weiterhin orientiert an der «naiven», «konkreten» Umwelt dieser Menschen. Hier kommen also zu den gewaltigen materiellen, ökonomischen und politischen Unterschieden zunehmend begriffliche und sprachliche Differenzen hinzu.

Die Slums außerhalb des Reichs des «Großen Bruders», die Orwell in seinem «1984» beschrieben hat, sind in der Wirklichkeit der Slums der Entwicklungsländer längst realisiert. Während sich die Computerfachleute in der computerisierten «Neusprache» unterhalten, bleibt der breiten Masse in den Elendsquartieren der ärmsten der armen Länder und in vielen Bereichen der Schwellenländer nur die Kommunikation über das unmittelbar Verfügbare, hier wird die Sprache des «Unterproletariats» gesprochen.

Nachrichtentransport und Informationsgehalt. Die Informationstechnik – insbesondere die moderne (und kostengünstige) Satelliten-Technik sowie billige Empfangsgeräte – erlaubt es grundsätzlich, weltweit Information zu verbreiten. So scheint es heute technisch und mit Einschränkungen auch ökonomisch möglich, allen Menschen auf der Welt die «notwendige» Information direkt zu übermitteln. Dennoch sind Projekte dieser Art in der Regel zum Scheitern verurteilt. Was wir mit der modernen Informationstechnik tun können, ist zunächst die Übertragung von Nachrichten. Ob diese Nachrichten aber für den Empfänger einen Informationsgehalt haben, hängt im wesentlichen von seinem eigenen informationsverarbeitenden System und dessen Zustand ab. D.h. es nutzt wenig, daß wir mit modernsten technischen Mitteln unser «westliches Wissen» weiterzuvermitteln suchen, wenn die anderen damit nichts anfangen können. Die gesammelten Konstruktionspläne für einen Kernreaktor haben für einen burmesischen Bauern keinerlei Informationsgehalt; das Wissen um den Aufbau moderner CMOS-Schaltungen hilft einem brasilianischen Handwerker nichts, wenn ihm die mindesten Voraussetzungen für die Installation eines einfachen Stromkreises fehlen. Wir sind weltweit in einer außerordentlich mißlichen Lage: Obwohl sich das Weltwissen alle drei Jahre verdoppelt, können wir es kaum in den eigenen hochentwickelten Nationen richtig nutzen, geschweige denn der gesamten Welt «angemessen» verfügbar machen, obwohl die dazu notwendige Technik vorhanden ist!

Das doppelte Elend der Entwicklungsländer. Aber die Zerrissenheit im Umgang und in der Nutzung von Information und ihrer Verarbeitung geht weit über den Nord-Süd-Konflikt hinaus. Auch *innerhalb* der Entwicklungsländer, ja selbst bei den ärmsten der Armen gibt es längst Informationstechnik – allerdings nur in der Hand weniger. Die indische Regierung z.B. arbeitet intensiv am Aufbau einer eigenen informationstechnischen Industrie – bei einer Arbeitslosigkeit von über 30% im Lande! D.h., daß auch die unterentwickelten Nationen innerlich zerrissen werden. Es gibt zunehmend eine Führungsschicht, die sich der neuen Techniken bedienen kann, und eine weit unter dieser Führungsschicht einzuordnende Schicht «Unterprivilegierter». Niemand weiß, wie diese Kluft zu überbrücken ist, niemand hat ein Konzept, wie es in diesen Ländern wieder zu einem einheitlichen kulturellen und politischen Verständnis kommen kann. Viele messen der Informationstechnik eine tiefe Mitschuld am Entstehen dieser Zustände zu.

Der «Große Bruder» in den Ostblockländern. Über die zukünftigen Konsequenzen der Nutzung der Informationstechnik in den kommunistischen Ländern wissen wir bisher nur sehr wenig. Dies gilt insbesondere deshalb, weil die *breite* Nutzung der Informationstechnik in der Sowjetunion, aber auch in der «höher» entwickelten DDR weit hinter der Verbreitung in den

USA oder auch in der Bundesrepublik hinterherhinkt (man schätzt ca. 10 Jahre). Geht man aber davon aus, daß die kommunistischen Länder diese Technik nachentwickeln werden - und alle technischen und ökonomischen Randbedingungen weisen darauf hin -, so ist erkennbar, daß das kommunistische Regime mit der neuen Technik eine perfide und umfassende Kontroll- und Organisationsstruktur entwickeln *kann*. Das, was Orwell mit dem «Televisor» beschrieben hat, nämlich die Beobachtung und Kontrolle jedes einzelnen durch die zentrale Macht ist technisch im Prinzip im Osten möglich. Wenn der Osten von der Technik in dieser Weise Gebrauch macht, so wird er sich in seiner kommunikativen Struktur eines Tages grundsätzlich von der Situation im Westen unterscheiden. Die Integration der sozialistischen Länder und die Macht der Kommunistischen Partei könnte in einem unvorstellbaren Maße steigen.

Dieses würde tiefgreifende Konsequenzen für die politische und kulturelle Zerrissenheit der Welt haben. Während in den westlichen Nationen bei Existenz und Weiterentwicklung der Demokratie Überwachung und Kontrolle nur begrenzt zur Geltung kommen werden, können diese im sowjetischen System mit aller Macht und aller Brutalität technisch durchgesetzt werden. So bleibt zwar die Vision eines George Orwell für das Jahr 1984 völlig unrealistisch, aber z. B. für das Jahr 2004 mag sie im Osten durchaus Realität werden, denn dann wird der Osten vermutlich in der Lage sein, die notwendige Technik (z. B. Kabelnetze, automatische Bilderkennung, automatische Sprachverarbeitung) in ausreichender Stückzahl zu produzieren. Welche politischen Konsequenzen ein derart «technisch verhärtetes» System im Osten für die weltpolitische Situation ergeben würde, ist bisher völlig unüberschaubar.

Ist der Versuch der Installation des «Großen Bruders» in der Sowjetunion vielleicht der Beginn einer neuen Revolution der Massen, die sich dieses nicht gefallen lassen? Vielleicht ist es aber auch der Beginn des Aufbaus eines integrierten politmilitärischen Blocks, dem der Westen lang- und mittelfristig unterlegen sein könnte. Auch hier droht die Informationstechnik die Welt weiter zu zergliedern.

Resümee. Blicken wir über die Horizonte westlicher Industrienationen hinaus und fragen uns, welches die Wirkungen der Informationstechnik weltweit sind, so kommen wir zu einem deprimierenden, vielerlei Sorgen und Ängste auslösenden Bild:

Die kulturelle, politische und kommunikative Zerrissenheit der Welt kann durch die neue Informationstechnik zunächst zunehmen. Viele sehen, daß der Mensch, der computerunterstützt denkt und handelt, ein ganz anderer ist als der, der sich an einer naiven oder kaum veränderten Umwelt orientiert. Der weltweite Transport von Nachrichten ohne Informationsgehalt für die Masse potentieller Empfänger wird in vielen Fällen zur Regel werden. Der Austausch von Wissen und Information zwischen Menschen verschiedener Nationen unterschiedlicher Entwicklungshöhe wird zunehmend schwerer. Es entsteht die Sorge vor einer weitgehend auch kommunikativ zerrissenen Welt.

Durch eine konsequente Nutzung der Informationstechnik als Überwachungs- und Kontrollinstrument in den zentralistisch gelenkten und einheitlich verwalteten Ländern - insbesondere im Ostblock - könnte es dazu kommen, daß zwei große Blöcke unterschiedlicher informativ-technischer Organisation entstehen. Es bleibt dabei insbesondere offen, wieweit ein nach Orwells Vorstellungen organisierter «Großer Bruder» kommunistischer Prägung nicht langfristig einen ökonomischen, militärischen und politischen Selektionsvorteil gegenüber den auf Heterogenität, Freiheit und Offenheit ausgelegten demokratischen Systemen haben wird.

Der Zerfall in zwei Kulturen

Computerwissen als Herrschaftsinstrument. In der Bundesrepublik gibt es - insbesondere in der älteren Generation - Sorgen davor, daß die konsequente Nutzung der Informationstechnik in den Händen weniger zu einem Herrschaftsinstrument über viele wird. Es wird die Gefahr eines Zerfalls in zwei Kulturen gesehen: Die einen beherrschen den computerisierten Apparat, und die anderen dienen ihm. Angesichts der großen Ausbildungsdefizite, die wir uns im Bildungswesen im Hinblick auf die Informationstechnik leisten und die dazu geführt haben, daß breite Schichten der Bevölkerung in diesen Bereich völlig unerfahrene «Analphabeten» sind, müssen diese Sorgen ernst genommen werden. Wie auch soll der einzelne wirklich wissen, was ein integriertes informationstechnisches Gesamtsystem für ihn bewirkt, wenn er weder die organisatorischen noch die technischen Basen eines solchen Systems erkennt, geschweige denn durchschaut? Wie kann die Demokratie die «Unberechenbaren» kontrollieren?

Die neue Macht des Kapitals. Wie oben schon ausgeführt, wird die konsequente Nutzung der modernen Informationstechnik zu einer Polarisierung zwischen den Unberechenbaren, den Substituierbaren und den Autonomen führen. Viele sorgen sich, in die Klasse der Substituierbaren zu fallen und dann schließlich als Substituierte aus dem Netz der Gesellschaft herauszubrechen. Sie sehen sich als die Slum-Bewohner, die George Orwell in den Vorstädten von London beschrieben hat. Sie fürchten sich davor, daß «das Kapital» durch automatisierte Produktion, automatisierte Verwaltungen und zunehmenden Einfluß auf den politischen Apparat, auf ihre Mitwirkung verzichten könnte. Sie haben Angst vor der Vision einer gespaltenen Gesellschaft, in der wenige Kapitalisten sich alle computerisierten Produktionsmittel aneignen, während breite Schichten in dumpfer Arbeitslosigkeit dahinvegetieren. Die Macht des Kapitals kann dazu benutzt werden – so die Befürchtungen –, daß der Mensch nicht mehr «ausgebeutet», sondern einfach links liegengelassen wird.

Wer kontrolliert die Unberechenbaren? Wenn wir es in der Bundesrepublik weiterhin zulassen, daß eine außerordentlich kleine Gruppe die Informationstechnik und ihre Implementation in allen Gesellschafts- und Wirtschaftsbereichen vorantreibt, so entsteht zu Recht die Frage, wer kontrolliert eigentlich die Unberechenbaren? Ist politische Kontrolle möglich? Wie können Menschen, die von der Technik nichts verstehen, über den Einsatz dieser Technik entscheiden? Wie kann dieses politisch organisiert werden? Alles dies sind Probleme, die zunehmend diskutiert werden. Sie sind ernst zu nehmen, da sie ausgehen von der persönlichen Betroffenheit einzelner Bürger.

Die Reichen werden immer reicher, die Armen immer ärmer. Auf der Ebene einer (primitiven) Perspektive über das zukünftige Wirtschaftssystem macht sich bei vielen die Erwartung breit, daß es den Reichen gelingen wird, immer reicher zu werden – insbesondere dadurch, daß sie sich automatisierte Produktion aneignen –, während die Armen als Substituierte aus dem Netz herausfallen und weiter verarmen. Obwohl hiergegen vielerlei Argumente anzuführen sind, können diese in der jetzigen Situation ohne politische Gesamtkonzeption für die Integration der Informationstechnik kaum überzeugen. Die Ängste und Sorgen der Substituierbaren, die da morgen substituiert und arbeitslos sind, sind ernst und begründet. Sie richten sich gegen eine strukturelle Entwicklung, die die einzelnen nicht durchschauen und deren Konsequenzen ihnen nicht klargemacht wurden. Die Ängste werden heute auch «anfaßbar» durch Phänomene, die wir in der Bundesrepublik der 60er und 70er Jahre nicht gekannt haben: Einerseits Bettler auf den Straßen, langzeitig Arbeitslose, Jugendliche ohne Arbeitsperspektive und andererseits zunehmender Luxus in den Einkaufszentren von Düsseldorf, München und Hamburg. - Dürfen wir den Hauptschüler, der seinen Abschluß nicht geschafft hat, dadurch weiter «bestrafen», daß wir ihm auch die Bedienung einer einfachen Maschine nicht mehr überlassen, sondern sie dem Computer übergeben? Wie legitimieren wir Hoffnungslosigkeit in der Jugend und bittere Armut angesichts von hohem Wohlstand und Luxus? Nehmen wir den Wahlerfolg der GRÜNEN als ein Zeichen?

Die Wissenden werden wissender, die Dummen immer dümmer. Auch dieses Schlagwort ist in der medienpolitischen Diskussion der letzten Jahre häufig benutzt worden. Viele haben Sorge davor, daß die neuen Techniken denjenigen, die es schnell schaffen, sie nutzen zu lernen, wesentliche Vorteile verschaffen, während die, die Schwierigkeiten haben, sich an die neuen Techniken anzupassen und sich ihrer zu bedienen, im intellektuellen Gefälle weiter nach unten abgleiten werden. Es besteht die Sorge vor einem Zerfall in die Klasse der «Dummen» und die «Intelligenten», wobei dahinter die Angst steht, selbst in die Klasse der Dummen zu fallen. Gravierende Fehler im Bildungswesen der 60er und 70er Jahre haben diese Angst weiter geschürt: Hätten wir damals breite Schichten in die neue Technik eingeführt, wäre diese Sorge nicht entstanden. Mit dem heute vorhandenen breiten «Computer-Analphabetismus» einerseits und der leistungsorientierten und kritischen Nutzung der neuen Techniken durch wenige andererseits haben wir dieses Dilemma selbst erzeugt.

Genetische Unterschiede und frühere Milieu-Erfahrungen schlagen voll durch. Gerade in einer Welt, in der Lehr-Systeme und Informationszugänge in überreichlichem Maße vorhanden sind, scheinen die genetischen und milieubedingten Voraussetzungen für das Lernen und die menschliche Informationsverarbeitungsleistung außerordentlich bedeutungsvoll. Es sieht für viele nicht so aus, als ob die «informierte Gesellschaft» wirklich realisierbar erscheint, wenn wir nur auf der Gehirnkapazität der einzelnen Menschen aufbauen. Es ist nicht erkennbar, mit welchem

Trick es gelingen soll, die 30 oder 40% Hauptschulabsolventen in der Bundesrepublik so zu qualifizieren, daß sie als Unberechenbare tätig werden.

Ganz im Gegenteil, es sieht eher danach aus, daß sie als «Aussteiger» gar nicht in den Prozeß des gesellschaftlichen Handelns integriert werden. Diese Sorge ist bisher politisch kaum ernst genommen worden. Durch eine milieutheoretisch bestimmte Bildungspolitik wurde die Ansicht verbreitet, daß man *alle* in gleicher Weise qualifizieren könne. Zunehmend wird dieser Irrtum im wesentlichen eingesehen werden, aber dies ist kein Trost für die Unterprivilegierten! Es fehlt eine Konzeption, wie ihre Leistungsfähigkeit - oder ihr Leistungsmangel - im Kognitiven in die Gesamtgesellschaft integriert werden kann. Die Vorstellung, dieses mit Informationstechnik in Form «Persönlicher Informations- und Telekommunikations-Systeme» als erweiterte Denkzeuge zu tun, ist bisher politisch nicht erörtert worden und deshalb der breiten Öffentlichkeit unzugänglich. So haben viele der «geistig Unterprivilegierten» Sorge davor, von der computerisierten Elite in eine Unterschicht abgeschoben zu werden.

Die Bewohner der realen und die der irreal-medialen Umwelt. Neben der einfachen Gliederung in arm und reich, in dumm und intelligent, gibt es noch eine dritte Gliederung, die die Informationstechnik zu fördern scheint: Das ist die Aufteilung der Menschen in solche, die weiterhin in der realen Welt mit ihren realen Problemen zu leben verstehen und sich dort engagieren, um die echten Aufgabenstellungen zu lösen, und jene, die aus der realen Welt aussteigen und in eine medial-vermittelte, sekundäre Schein-Welt überwechseln. Letztere Gruppe wird insbesondere dann zum Problem, wenn durch zunehmende Rationalisierung und Automatisierung mehr und mehr Freizeit entsteht, die man entweder in der realen oder in der irrealen Umwelt verbringen kann.

Hier besteht ein ernstes Konflikt-Potential, welches sich vielleicht z.Z. ganz vorsichtig andeutet an der Spaltung zwischen «ökologie-engagierten» und «ökologie-neutralen» Gruppen. Während die ersteren noch sozusagen unmittelbar mit ihrer Umwelt umgehen, so kann man bei der zweiten Gruppe vermuten, daß sie stärker in einer abstrakten Welt leben, für die die reale Umwelt nur einen begrenzten Wert hat. Es ist nicht nur Sience-Fiction zu glauben, daß sich der Mensch mit einer irrealen Umgebung zufriedengeben würde, vielmehr muß man eben zur Kenntnis nehmen, daß bereits heute in den Industrienationen ein großer Teil der Freizeit in der irrealen Umwelt des Fernsehens verbracht wird. Es ist nicht auszuschließen, daß neue Medien, neue Kommunikationstechniken, neue Techniken der Verarbeitung von Information unter individueller Kontrolle diesen Raum weiter öffnen werden. Hier entstehen insbesondere auch Probleme der Kommunikationsfähigkeit zwischen den «Realisten» und den «medialen Irrealisten».

Problemlösung durch genetische Manipulation? Dem Zerfall in zwei Kulturen kann in mannigfaltiger Weise begegnet werden. Wir haben aber - leider - die Erfahrung gemacht, daß in Gesellschaftssystemen selten *primäre* Ursachen kuriert, sondern vielmehr Reparatur-Systeme entwickelt werden, um später die zunächst entstandenen Schäden wieder zu korrigieren. Bleiben doch die «verursachenden» Systeme mit Menschen besetzt, die weiterhin in diesen Systemen leben und arbeiten wollen. (Die Kraftfahrzeugindustrie hat z.B. nur ein begrenztes Interesse an einem kollisionsfrei fahrenden Auto, würde dies doch vielerlei Arbeitsplätze in den Werkstätten - und in den Krankenhäusern - betreffen.)

So gibt es eine zynische Antwort auf die Frage, wie man das Problem der durch die Informationstechnik sich polarisierenden Kulturen lösen könnte: durch das Reparatursystem der genetischen Manipulation. Obwohl wir heute gen-technisch weit davon entfernt sind, eine gezielte Manipulation wirklich vorzunehmen, wird aber mit ersten Schritten des Klonierens identischer Individuen ernsthaft gearbeitet und über diese diskutiert. Grundsätzlich erscheint es nicht unmöglich, die immer wieder apostrophierte «Gleichheit des Menschen» durch Gleichheit der genetischen Ausstattung zu erzeugen. Aber ist das eine mittelfristige Lösung für die durch die Informationstechnik und ihre bevorzugte Nutzung von wenigen Unberechenbaren verursachten Probleme?

Resümee. Eine der gravierendsten gesellschaftlichen Provokationen der neuen Techniken liegt darin, daß sie dazu führen, Gesellschaften in Schichten zu zerreißen. Die Intelligenten können mit der Technik intelligenter werden, die Unterprivilegierten können weiter absinken, den Reichen gelingt es durch Aneignung der Informationstechnik, ihre Produktivität zu steigern und reicher zu werden, die Armen werden durch Mangel an Produktivität ärmer. Das Überangebot an Bildungs- und Informationsmöglichkeiten kann von den genetisch und/oder in der frühen Kindheit milieumäßig besser Ausgestatteten intensiver wahrgenommen werden und ist für die anderen immer weniger verfügbar.

Daraus resultieren tiefgreifende Ängste um die Struktur zukünftiger wirtschaftlicher und politischer Systeme. Wie kann gesichert werden, daß die Unberechenbaren kontrollierbar bleiben? Wie kann man garantieren, daß eine «gerechte» Verteilung der erzeugten Güter gesichert wird? Was muß man tun, um die Bildung von Slums aus armen oder intellektuell nicht so qualifizierten Menschen zu verhindern?

Unsere Demokratie wird ausgehöhlt

Der Widerspruch von Demokratie und zentral organisierter Informationstechnik. In vielen Diskussionen um die Beherrschung der Informationstechnik wird zunehmend unterstellt, daß diese die demokratischen Kontrollstrukturen grundsätzlich zersetze. Dieses geschieht - so meinen die Kritiker - dadurch, daß mittels der Informationstechnik unterhalb der formalen demokratischen Kontrollstrukturen ein neues Netzwerk der Macht entsteht, welches in unmittelbarem Widerspruch zu demokratischer Auseinandersetzung und Willensbildung steht. Dieses Netzwerk sei zentral bestimmt und kontrolliert und mache dadurch die Mitwirkung des einzelnen unmöglich. Mit diesem Argument wird hingewiesen auf ein grundsätzliches Strukturproblem, welches in der Tat durch die neuen Informationstechniken entsteht: Während früher der Meinungsbildungsprozeß nur in den Gehirnen von Menschen stattfinden konnte, erlauben es informationstechnische Systeme, eine technische Aggregation des Wissens vorzunehmen, die dann direkt in Entscheidungsstrukturen umgesetzt werden kann. Obwohl wir wissen, daß derartige Systeme heute z. B. im betrieblichen Bereich (Management-Informations-Systeme*) nicht funktionieren, so ist doch die Vermutung ernst zu nehmen, daß es möglich ist, mit Hilfe informationstechnischer Systeme in Zukunft auch automatische oder halbautomatische Entscheidungen ohne Beteiligung von Menschen zu treffen. D. h. die Potenz der Aushöhlung durch Informationstechnik ist durchaus vorhanden, ohne daß das demokratische System, welches ja von Menschen repräsentiert wird, dieses *zwangsläufig* verhindern kann.

Totale Aneignung der Produktionsmittel. Diese Sorge um die Unterwanderung des demokratischen Systems wird unterstützt durch den Glauben, daß das Kapital ein Interesse haben müßte, sich möglichst viele Produktionsmittel anzueignen, um dann alles in vollautomatischen Fabriken zu fertigen. Das Netzwerk dieses mit Bestell-und Liefer-Computern vermaschten Wirtschaftssystems wird von vielen als eine Bedrohung der Demokratie gesehen, weil der Mensch zunehmend aus dem Wirtschaftsprozeß ausgegliedert und damit die Rückkopplung zwischen wirtschaftlichem Handeln und politischem Einschätzen aufgehoben wird. Insbesondere das Handeln der multinationalen Konzerne wird hier als neue politische Macht gesehen, die sich hinter den Fassaden der formalen Demokratie etabliert.

Wissen ist Macht. Eine weitere Sorge um die Zukunft der Demokratie resultiert aus der Vorstellung, daß diejenigen, die heute über moderne Informationstechnik verfügen, das in dieser Technik speicherbare Wissen für sich allein nutzen wollen. Obwohl gerade der expandierende Markt an Datenbasen (ca. 1600 Anbieter weltweit) zeigt, daß das Gegenteil der Fall ist – daß nämlich möglichst viele versuchen, ihre Information auf dem Markt zu verkaufen –, bleibt die Sorge vor einem in sich geschlossenen «Großen Bruder», der sich das wichtige Wissen aneignet und dieses in Handlungen gegen den Menschen umsetzt. Auch hierbei wird unterstellt, daß demokratische Kontroll-Strukturen und wirtschaftspolitisches sowie innenpolitisches Handeln entweder nicht mehr funktionieren oder unter die Kontrolle der die Informationstechnik nutzenden Mächte gerät. Es wird unterstellt, daß der einzelne kaum eine Chance hat, Wissen zu akkumulieren und Wissen zu nutzen, und daß das Wissen in den Händen weniger gesammelt und geschützt wird.

Die Informationstechnik wird von wenigen erzwungen. Auch die Penetranz der Informationstechnik in die Gesellschaft wird von vielen als ein gesteuerter und wohl vorbereiteter Angriff auf die demokratischen Rechte des einzelnen gesehen. Man nimmt nicht zur Kenntnis, daß Informationstechnik ständig und stetig von Einzelpersonen, sei es im Betrieb, sei es in der Verwaltung, sei es im privaten Leben, gekauft, genutzt und weiterentwickelt wird, sondern man glaubt, daß der «unmündige» Bürger unter dem Druck der informationstechnischen Produzenten die neue Ware «blindlings» kauft und verwertet. Damit wird ihm die demokratische

Kompetenz zur Entscheidung über die Nutzung oder Nichtnutzung der Informationstechnik abgesprochen. Es wird unterstellt, daß die Weiterentwicklung dieser Technik nicht auf den freien Entscheidungen einzelner, sondern auf dem Zwang einer zentralistischen Macht beruht. Der unmündige und deshalb «schutzbedürftige» Bürger steht bei vielen im Vordergrund.

Nur eine Scheindemokratie bleibt erhalten. Alle diese Argumente führen letztlich dazu, daß viele glauben, es bleibe nur eine Scheindemokratie übrig. In dieser darf der einzelne über Wahlen zwar mitwirken, aber die wesentlichen Entscheidungen über die Informationstechnik und die dahinterstehende Machtstruktur werden von herrschenden Mächten *gegen* das Volk gefällt. So sind diese Kritiker der Nutzung der Informationstechnik auch nicht mehr bereit, formal demokratische Konzepte als ausreichende Kontrolle über die entstehende Technologie hinzunehmen, sie gehen so weit, der Demokratie die Kraft abzusprechen, diese Entwicklung zu beherrschen. Daraus resultieren dann Aufrufe zur Sabotage der Technik – um die Demokratie zu erhalten!

Der «Große Bruder» erstickt die politische Stimme des einzelnen. Es entsteht in den Köpfen vieler ein Bild der vor uns liegenden Entwicklung, welches den Vorstellungen des George Orwell relativ nahekommt: Es wird angenommen, daß die neue Informationstechnik dazu führt, daß eine politisch-technische Infrastruktur entsteht, die die Macht ausübt und an der nur noch die Bediener des «Großen Bruders» hängen. Diese dürfen zwar ihre Meinung äußern, aber die innere Verarbeitung dieses pluralen Spiels der Kräfte unterliegt den nicht durchschaubaren Gesetzen des «Großen Bruders» und führt letztlich zur Totalität der «Sachzwänge», wenn auch der einzelne sich immer noch beteiligt fühlen darf.

Diese Vision der Nutzung der Informationstechnik im «schein-demokratischen» System entspricht einer gewissen Technologiegläubigkeit, die dazu führt, technologische Potenzen und gesellschaftliche Realisationen durcheinanderzubringen. Natürlich ist es mit Hilfe der modernen Informationstechnik möglich, den «Großen Bruder» à la «1984» aufzubauen. Dieses aber fordert zunächst geeignete politische Entscheidungen. Diese sind in den westlichen Demokratien bisher nicht erkennbar. Gerade das intensive Ringen um die Mediengesetze oder die Volkszählung zeigt, wie differenziert der politische Apparat hier noch funktioniert und wieweit er davon entfernt ist, eben durch jene Kräfte korrumpiert zu werden, von denen behauptet wird, daß sie die Macht hätten. Allerdings ist nicht von der Hand zu weisen, daß die Abstinenz weiter Bevölkerungsschichten vom politischen Handeln die Chance erhöht, daß sich politisch-technische «Sachzwänge» immer weiter verselbständigen.

Resümee. Zwischen moderner Informationstechnik und klassischer Demokratie-Organisation bestehen vielerlei Spannungsverhältnisse. War die Demokratie geprägt davon, daß in den Köpfen einzelner Informationsverarbeitungsprozesse abliefen, die dann in politisches Handeln umgesetzt werden, so ist eine Gesellschaft mit einem hohen Anteil an automatisierten Prozessen sicher anfällig gegen die Übernahme informationstechnischer Entscheidungsstrukturen auch in das politische System. Ferner ist sie gefährdet dadurch, daß unterhalb des formalen politischen Systems, welches sich in demokratischen Entscheidungen zu realisieren versucht, eine neue technische Infrastruktur entsteht, die Macht ausübt, ohne daß sie von der Politik bisher direkt kontrolliert werden kann.

Diese Gefahr ist ernst zu nehmen, wird sie doch von vielen gespürt und erscheint sie auch grundsätzlich möglich. Hieraus resultieren unerhörte Anforderungen an die Stabilität und die Weiterentwicklungsfähigkeit des demokratischen Systems. Je aktiver die Bevölkerung am politischen Handeln beteiligt und je tiefer demokratisches Verhalten bei den einzelnen verwurzelt ist, um so geringer ist die Chance, daß die informationstechnischen Netzwerke die Demokratie zerstören. Abstinenz von Politik – wie sie sich heute zunehmend breitmacht – bedeutet gleichzeitig ein Freigabesignal für die Unterwanderung der Demokratie durch Kräfte, die sich natürlich mittels der Informationstechnik noch schlagkräftiger entfalten können.

Zusammenfassung

Struktur- und nicht Technologieprobleme sind zu bewältigen – Probleme wie vor 150 Jahren. Mit der Erfindung und Durchsetzung der elektro-mechanischen Maschine als Substitut für Muskelkraft wurde im vorigen Jahrhundert eine tiefgreifende Revolution von Arbeitsleben, politischem und ökonomischem System begonnen. – Mit der Erfindung und Nutzung der Informationstechnik stehen wir heute vor ähnlich gravierenden Veränderungen, da nun geistige Prozesse automatisiert und computerisiert werden. Hieraus resultieren gravierende Strukturveränderungen im Wirtschaftsleben, im sozialen System und in der Politik. Wir sind bestenfalls *am Ende des Anfangs* dieser Entwicklung. So wie breite Schichten im vorigen Jahrhundert mit großen Sorgen in die Zukunft gesehen haben und Schwierigkeiten hatten zu erkennen, wo die Reise hingeht, so sehen viele auch in unserer Zeit einen düsteren Schleier vor der Zukunft und haben Sorgen, ob sie «unverletzt» in das nächste Jahrhundert hinüberwechseln können. Sorgen und Ängste breiten sich aus in einer Welt, in der alte Besitzstände, alte Strukturen und alte Selbstverständnisse durch die neue Technik in Frage gestellt werden.

Herausforderung an den einzelnen. Die Informationstechnik stellt eine Provokation für jeden Menschen dar, denn jeder von uns gerät in unmittelbaren Kontakt mit dieser Technik, sei es nun in Form des Fernsehens, sei es in Form von Computerspielen, sei es in Form des Fahrschein-Automaten auf dem Bahnhof, der computerisierten Zugauskunft oder des «Bildschirm-Arbeitsplatzes». Deshalb muß jeder zunächst «mitbestimmend» selber versuchen, mit den Problemen, die hier entstehen, fertig zu werden. Da wir aber durch das Bildungswesen auf diese tiefe Herausforderung nicht vorbereitet sind, ist die Sorge und die Angst vieler besonders groß.

Herausforderung an das politische System. Die tiefgreifenden Veränderungen, die z.B. bezüglich der Produktionsbedingungen, der Verteilung von Produktivität, der Arbeitszeit, des Schutzes von persönlichen Daten und der Kontrolle der «Unberechenbaren» vor uns liegen, provozieren zutiefst das politische System. Dieses hat allerdings die Herausforderung bisher nicht aufgegriffen. An die Stelle mutiger, langfristiger und konzeptioneller Arbeit tritt die Philosophie des «Sich-durch-mogelns». Es wird aus der Vergangenheit nicht gelernt, die ja gezeigt hat, daß die industrielle Revolution nur unter blutigen Auseinandersetzungen im Volk und zwischen den Völkern umsetzbar war. So haben viele heute Angst, daß vielleicht erst ein computerisierter dritter Weltkrieg den Einstieg in eine «harmonisch computerisierte Welt» ermöglichen wird, allerdings vermutlich erst im Jahre 2300! Der Mangel an politischer Konzeption und politischer Arbeit in der Bewältigung der Folgen der Informationstechnik ist eine der Hauptursachen für die herrschenden Sorgen, die zu Verfassungsbeschwerden, Bürgerinitiativen und vielen persönlichen Ängsten führen.

Es gibt keine aus der Geschichte direkt übertragbaren Lösungen. Schließlich muß darauf hingewiesen werden, daß das, was jetzt als Problemdruck auf uns zukommt, *ohne* jegliche historische Analogie ist. Niemals in der Geschichte der Menschheit ist geistige Arbeit des Menschen in breitem Umfange durch Technik substituiert, ergänzt und erweitert worden – während die «Verstärkung der Extremitäten» ein alter Prozeß ist! Deshalb gibt es *keine* in der Geschichte nachschlagbaren Beispiele, wie man die neuen Probleme bewältigt. Sie müssen präzise erkannt und sorgfältig bearbeitet werden in dem Bewußtsein, daß es sich hier um ein außerordentlich schwieriges Neuland handelt. *Die Herausforderung der Informationstechnik ist nicht irgendeine Herausforderung einer beliebigen Technik, sondern sie stellt eine zentrale Provokation für alle bisher vorhandenen geistigen, gesellschaftlichen und politischen Strukturen dar.* Das Abwiegeln dieser Provokation führt zu Ängsten und Sorgen. Nur der Versuch einer kritischen, langfristigen und gleichzeitig an positiven Werten und Normen orientierten, konstruktiven Bewältigung kann in der Gesellschaft Bestand haben.

Kapitel 2
«Human-alternative» oder human computerisierte Gesellschaft?

Wie wird sich die Informationstechnik weiter entwickeln? – Gibt es Chancen für das menschliche Gehirn «jenseits» der Leistungsfähigkeit von «Wissensmaschinen»? – Können wir die Entwicklung der Informationstechnik auf STOP stellen? – Ist damit eine «human-alternative» Gesellschaft ohne Informationstechnik eine mögliche Option? – Sind wir auf «Gedeih und Verderb» auf dem Weg in die computerisierte Gesellschaft? – Wie läßt sich die human computerisierte Gesellschaft in eine historische Perspektive einordnen?

In diesem zweiten Kapitel wird der Versuch gemacht, die Bedingungen darzustellen, unter denen wir uns in den Industrienationen und insbesondere in der Bundesrepublik mit der neuen Technik auseinanderzusetzen haben. Es werden Argumente vorgetragen, warum der Weg in eine computerisierte Gesellschaft so wahrscheinlich ist. Die Vernetzung der Gesellschaft mittels Informationstechnik wird als ein weiterer Integrationsschritt interpretiert, der aufbaut auf vielen in der Evolution bereits abgelaufenen Integrationen.

Ansätze zur Lösung der Probleme

Die Lage ist ernst, aber nicht hoffnungslos. Vergegenwärtigt man sich die Probleme, die durch die Informationstechnik in unserer Gesellschaft, im privaten Leben und für das Leben der nächsten Generation induziert werden, so neigt man leicht zu der kurzschlüssigen Auffassung, daß die einfachste Lösung aller dieser Probleme darin bestünde, die Technik nicht weiter voranzutreiben. Der Ernst der Situation führt bei vielen zu einer ausgesprochen konservativen Grundhaltung. Diese wirkt als Bremse bei der Lösung der anstehenden Probleme.

Schaut man zurück in der Geschichte der Menschheit, so hat es immer Zeiten gegeben, in denen gravierende und grundsätzliche Umwälzungen auf den Menschen zugekommen sind. In all diesen Lagen ist es - mit mehr oder minder vielen Qualen und blutigen Unruhen - letztlich doch gelungen, die Probleme wieder zu lösen und die Existenz der Menschheit zum einen zu sichern und zum anderen die Lebensbedingungen *vieler* Menschen deutlich zu verbessern. Diese geschichtliche Erfahrung sollte uns helfen einzusehen, daß trotz des Ernstes der Lage diese nicht hoffnungslos ist!

Schwieriger als in früheren Zeiten ist die Situation allerdings deswegen, weil wir an einer Schwelle sind, an der es nicht mehr darum geht, einzelne Probleme isoliert zu lösen; vielmehr geht es zunehmend darum, eng miteinander verkoppelte Fragestellungen *ganzheitlich* zu bearbeiten. Diese fordern integrierte Gesamtlösungen für große Problemkomplexe - wie sie im ersten Kapitel dargestellt wurden. Aber in den Industrienationen stehen breite Schichten der Bevölkerung mit hohen Qualifikationen zur Verfügung, und die Informationstechnik bietet sich ihrerseits geradezu an, bei der Lösung vieler Probleme mitzuhelfen. So sind wir in der doppelschichtigen Situation, daß wir zum einen vielfältige Herausforderungen der Informationstechnik bewältigen müssen und daß wir zum anderen die Technik selbst zu ihrer Beherrschung nutzen können. Daß dieses alles nicht reibungslos gehen kann, erscheint fast selbstverständlich. Insbesondere in demokratischen Strukturen, in denen plurale Konzepte und widerstrebende Vorstellungen miteinander ringen, ist es nicht möglich, von heute auf morgen zu einer einheitlichen Gesamtlösung zu kommen. Wichtig ist jedoch, daß ein Ansatz unternommen wird, überhaupt zu positiven Lösungen zu gelangen. Es muß der Versuch gemacht werden, mittelfristig und langfristig die Gesamtheit der entstehenden Probleme ernsthaft zu analysieren und zu bearbeiten – und sie nicht vordergründig zu verdrängen! Dies ist natürlich eine viel größere Aufgabe als die der kurzatmigen Auseinandersetzung mit *Einzel*phänomenen.

In der Bundesrepublik haben wir uns gerade an isolierten Problemen vielerlei nutzlose Diskussion geleistet. Man denke nur an die langatmigen Auseinandersetzungen um das Kabelfernsehen. Während die Videorecorder mit dem «4. Programm» langsam die Wohnzimmer eroberten (heute hat jeder 7. Haushalt in der Bundesrepublik einen Videorecorder, mit stark steigender Tendenz!), diskutierte die Öffentlichkeit über ein weiteres Fernsehangebot, welches in der Praxis längst vorhanden war. Hier haben uns politische Gruppierungen an der Nase herumgeführt und letztlich von den zentralen Problemen der neuen Technik – «gerechte» Produktivitätsverteilung, Entwicklung eines neuen menschlichen Selbstverständnis, Abwehr automatischer Kriegsführung – abgelenkt!

Im Bereich des Fernsehens gab es schließlich auch keine echte Problemlösung, sondern bestenfalls einen Ansatz des sich «Durchmogelns». An die Stelle eines vierten, fünften oder sechsten «pluralen» Kabel-Fernsehprogramms mit einer differenzierten Programmstruktur ist z. Z. das *selektive* Videoprogramm getreten: Die Krimifreunde sehen nur noch Krimis, die Porno-Enthusiasten erfreuen sich an Soft- oder Hardpornos, nur sehr wenige nutzen Video für Bildung und Ausbildung. So ist der Teufel mit Belzebub ausgetrieben worden. – Ähnliche Scheinlösungen dürfen wir uns insgesamt bei schwerwiegenderen Problemen der Informationstechnik nicht leisten!

Die alternativen Denkmodelle. Fragen wir uns, wie wir mit der Informationstechnik in Zukunft umgehen sollen, so gibt es *grundsätzlich* zwei extreme Denkalternativen: Die eine besteht darin, daß man ernsthaft darüber nachdenkt, die Informationstechnik *zu begrenzen*, *einzufrieren* und *schließlich ihre Weiterentwicklung zu stoppen*. Eine Gesellschaft, die dieses wirklich zu tun gedenkt, soll im folgenden *«human-alternative» Gesellschaft* genannt werden. Das andere Denkmodell ist die Vorstellung einer konsequenten Nutzung der Informationstechnik in allen Bereichen des menschlichen Lebens. Diese Gesellschaftsform wird im folgenden als *human computerisierte Gesellschaft* bezeichnet. (Der Einfachheithalber wird auch von der Homuter-Gesellschaft, von *Hom*o und Comp*uter*, gesprochen. Das Wort «computerisiert» wird hier synonym zu «informationstechnifiziert» gebraucht, weil es kürzer ist.)

Die unfruchtbare normative Diskussion. Im Prinzip kann man auf der Ebene dieser beiden Gedankenmodelle über die Zukunft diskutieren. Man kann so tun - und häufig wird so getan - als ob es in unserer Gesellschaft möglich wäre, rein normativ den einen oder den anderen Weg zu gehen. Dieses erscheint allerdings relativ unrealistisch, wenn man die Randbedingungen einer wirtschaftlich, politisch und militärisch außerordentlich verflochtenen Welt berücksichtigt. In dem folgenden Kapitel sollen diese Randbedingungen stärker ausformuliert werden und es soll daraus resultierend deutlich gemacht werden, welche Entwicklungsrichtung die wahrscheinlichere ist.

Mit dieser Betrachtung soll *kein* fatalistischer Ansatz gewählt werden, der a priori die Zukunft als schicksalhaft und ungestaltbar akzeptiert. Vielmehr soll gerade aus einem detaillierteren Verständnis der *wirksamen Kräfte* die Möglichkeit geboten werden, über anstehende Probleme und Entwicklungsrichtungen besser vorbereitet diskutieren und entscheiden zu können.

Resümee. Eine Bewältigung der durch die Informationstechnik in der Gesellschaft entstandenen Probleme kann nur ausgehend von einer intensiven Kenntnis der Problemlage erfolgen. Hierbei hilft eine formelle «normative» Diskussion über «Verbot» oder «Nichtverbot» der neuen Techniken wenig, wenn nicht ins Kalkül gezogen wird, wer mit welchem Gewicht an der Diffusion der Informationstechnik beteiligt ist und wie die daraus resultierenden Aktivitäten in das Spiel der gesellschaftlichen Kräfte einer liberalen, demokratischen Gesellschaft eingebunden werden können. - Die «human-alternative» Gesellschaft mit einem breiten Verbot der weiteren Diffusion der Informationstechnik stellt eine *denkbare* Möglichkeit dar, ob diese allerdings umsetzbar ist, kann erst nach einer Analyse des Spiels der Kräfte gesagt werden.

Die zukünftigen Potenzen der Informationstechnik

Das Ende vom Anfang. Im ersten Kapitel ist der *derzeitige* Stand der praktizierten Informationstechnik und ihrer Integration an vielerlei Beispielen dargestellt worden. Diese sind - wenn man sich z.B. an die Automatisierung des Bankwesens, die Vernetzung von Materialwirtschaftssystemen oder die Computerisierung im Militär erinnert – bereits außerordentlich eindrucksvoll. Man darf aber nicht in den Fehler verfallen zu glauben, daß diese Beispiele bereits die Sättigung einer Entwicklung darstellen. *Ganz im Gegenteil!* Vielerlei Studien deuten darauf hin, daß wir im Bereich der Entwicklung von moderner Informationstechnik bestenfalls am Ende des Anfangs der Technologie stehen.

Drei große Randbedingungen haben technische Entwicklungspotentiale immer bestimmt: 1. die Möglichkeiten technischer Innovation, 2. der Energie- und der Materialbedarf für die Produktion neuer Produkte sowie 3. das verfügbare Kapital. Betrachtet man alle drei Faktoren, so steht die Informationstechnik *einzigartig* dar: Es gibt eine Vielzahl physikalischer, elektronischer, optischer und informatischer Innovationen, die in den Labors der Welt bereits vorliegen oder für deren Entstehung die besten Voraussetzungen vorhanden sind. Die Gesamtheit dieses Innovationspotentials erlaubt es, sowohl bezüglich der Leistungsfähigkeit von Rechnern als auch der Möglichkeit der Informationsübertragung in Bereiche vorzustoßen, die um viele Größenordnungen über denen der heute realisierten Techniken liegen. Dies gilt sowohl bezüglich der quantitativen Aspekte als auch der Qualitäten: Hundertfache Rechengeschwindigkeiten allein sind wenig interessant, wenn sie nicht gekoppelt sind mit besseren Prozeduren und komplexeren Verarbeitungsprozessen. Für diese existieren in gleicher Weise wie für die schnellere Hardware ausreichend Konzeptionen (z. B. «Wissensmaschine»*).

Auch im zweiten Bereich, nämlich der Frage des Energie- und Rohstoffbedarfs für die Produktion der Technik, ergibt sich eine außerordentlich günstige Situation. Der Bau von informationstechnischen Systemen bedarf nur außerordentlich geringer Energiemengen. Insbesondere aber der Betrieb von Informationstechnik ist heute derart energiesparend möglich, daß man einen großen Teil der informationstechnischen Systeme auch in unseren Breiten bereits mit Solartechnik betreiben könnte. (Daß man dies nicht tut, liegt daran, daß die Solartechnik als solche noch zu kostenintensiv ist.) – Der Materialbedarf für Informationstechnik ist außerordentlich gering: Für die eigentliche Chip-Produktion wird als Rohstoff im wesentlichen Sand für das reine Silizium benötigt. Die immer kleiner werdenden Gehäuse für Rechner und Zubehör können aus Kunststoffen oder Blech (ggf. auch Holz) mit geringem Materialbedarf hergestellt werden. Die Glasfasertechnologie als Medium zum Transport von großen

Informationsmengen geht ebenfalls auf das Grundmaterial Sand zurück.

Der dritte wichtige Faktor für die Entwicklung einer neuen Technik ist die Verfügbarkeit von Risiko-Kapital. Dieses steht international für die Entwicklung der Informationstechnik reichlich zur Verfügung. Zum einen verfügt die erfolgreiche informationstechnische Industrie selbst über umfangreiche Rücklagen aus großen Gewinnen (im Bereich von 10% vom Umsatz), die sie in den letzten Jahren gemacht hat. Zum anderen sind Banken und Privat-Kapitalgeber mehr und mehr willens, in diese «zukunftsorientierte Technologie» zu investieren. Fast alle Industrienationen haben darüber hinaus staatliche Programme, aus denen Steuermittel zur Verfügung gestellt werden, um risikoreiche Entwicklungen voranzutreiben (siehe z.B. das Programm der Japaner für eine neue Computergeneration – «Vth Generation Machine», das neue Informationstechnik-Konzept der Bundesregierung, das europäische ESPRIT-Programm oder die Rüstungsprogramme der USA). Durch Steuererleichterungen wird der Fluß von Risiko-Kapital weiter verbessert.

Grundsätze der Anwendung von Informationstechnik. Will man zu einer Einschätzung der in Zukunft möglichen Nutzungsfelder der Informationstechnik kommen, so muß man sich die Grundprinzipien vergegenwärtigen, nach denen die Informationstechnik anwendbar ist und angewendet werden wird. Im Grunde genommen läßt sich die ganze Breite der Anwendungen und Potenzen auf einen einzigen *Grundsatz* reduzieren: *Alle «wohl-beschreibbaren» Prozesse der Verarbeitung von Information sind auf die Informationstechnik übertragbar.*

Damit soll die Aussage gemacht werden, daß es dann *immer* möglich ist, einen Prozeß technisch abzuwickeln, wenn er im Detail beschreibbar ist. Hierin liegt die unerhörte Potenz der neuen Techniken.

Man kann sich leicht vergegenwärtigen, daß die ersten «wohlbeschreibbaren» Prozesse natürlich das numerische Rechnen waren, wo die Angabe der Regeln eben besonders einfach ist. Von dort aus hat sich die Informationstechnik dann an immer komplexere Bereiche herangearbeitet, wie z.B. in den 60er Jahren die automatische Erstellung einer Bilanz. Auch dort sind die Regeln relativ gut beschreibbar. – Schwieriger wird es in Bereichen, in denen die Prozesse nicht mehr im Detail zu beschreiben oder von der Technik aus Kapazitätsgründen abzuwickeln sind, z.B. beim Schachspiel. Dort kann man zwar die Grundregeln angeben, aber nicht alle möglichen Züge vom Rechner ermitteln lassen, da dies die Rechenkapazität auch modernster Größt-Rechner weit übersteigt. In diesen Fällen ist man darauf angewiesen, sogenannte «Heuristiken»* zu implementieren. Diese Verfahren führen nur mit einer gewissen Wahrscheinlichkeit zum Erfolg. Dies ist aber in aller Regel ausreichend, um eine gute Verarbeitung zu ermöglichen (auch der Mensch arbeitet in der Regel mit heuristischen Verfahren, siehe z.B. seine schlechten Ergebnisse im Straßenverkehr mit jährlich über 10000 Toten in der BRD). – Ganz außerhalb der Möglichkeiten der Informationstechnik liegen dann nur die Bereiche, in denen wir wirklich nicht in der Lage sind, genaue Beschreibungen vorzunehmen: Ein «liebesfähiger Roboter» ist deswegen unmöglich, weil wir eben im Detail nicht angeben können, was Liebe ist und wie Liebe sich in ihrem Verhalten wirklich ausprägt – nur eine Sex-Maschine ließe sich vielleicht informationstechnisch noch realisieren.

Ein *zweiter Grundsatz* der Anwendung von Informationstechnik besteht darin, daß nur die Probleme auf Rechner oder Datenübertragungsstrecken übertragen werden, die sich als ökonomisch und vermarktbar herausstellen. (Es wird eben *keineswegs* alles gemacht, was technisch möglich ist, sondern nur das, was auch auf dem Markt umzusetzen ist!) Auch hier zeigt die geschichtliche Entwicklung der Informationstechnik, wo die Reise hingeht: Waren zunächst nur numerische Operationen mit dem Rechner ökonomisch abzuwickeln, so ist mittlerweile auch die Textverarbeitung ökonomisch realisierbar, und wir sehen z.Z., daß Expertensysteme* und komplexe Steuerungssysteme für Produktionsabläufe gerade an der Schwelle des Ökonomischen stehen. Der deutliche Verfall des Preis-/Leistungs-Verhältnisses bei der Informationstechnik wird es in Zukunft möglich machen, immer neue Bereiche ökonomisch anzugehen, die Grenzkosten fallen rapide; die Anwendungen breiten sich deshalb in jedem unter ökonomischen Prinzipien arbeitenden Gesellschaftssystem rasch aus.

Ein *drittes Prinzip* der Informationstechnik besteht in der zunehmenden Verdichtung und «Verkleinerung» aller Systeme. Während klassische Maschinen im wesentlichen eine Grundgröße haben und nicht deutlich reduzierbar sind, so ist die Informationstechnik mittels der Verfahren der Mikroelektronik* (integrierte Schaltkreise) immer weiter komprimierbar. Waren früher

Rechner nur in großen Hallen und später in größeren Räumen unter Klima aufzustellen, so können sie heute bei gleicher Leistung bequem in einem Schreibtisch und morgen in einer Aktentasche untergebracht werden. Dieser Verdichtungseffekt wird sich fortsetzen. Hieraus resultiert, daß die Informationstechnik immer weiter in eine breite Palette von Produkten und Produktionsanlagen «hineinkriechen» kann und wird: Von der – heute verfügbaren – elektronisch gesteuerten Auto-Bremse über das Telefon in der Armbanduhr bis hin zum vollautomatischen Automobil ist technisch alles möglich.

Geschichtlich nie dagewesene Voraussetzungen für eine neue Technologieentwicklung. Vergegenwärtigt man sich diese Grundsätze der Informationstechnologie-Entwicklung, so wird deutlich, daß sie ohne jegliche historische Parallele ist: Es hat nie in der Geschichte der Technik Systemstrukturen gegeben, die bei gleicher Leistung in so kurzer Zeit immer kleiner, immer billiger und immer einfacher verwendbar wurden; es hat nie ein technisches Produkt gegeben, dessen Energiebedarf und dessen Rohstoffanforderungen mit *zunehmender* Leistung drastisch zurückgegangen sind; es hat nie eine Technik gegeben, die unmittelbar in *allen* Bereichen des menschlichen Lebens eingesetzt werden konnte; es hat insbesondere nie eine Technik gegeben, bei der es möglich war, einmal gelöste Probleme ohne materielle Kopien auch sofort an anderen Stellen zu lösen: bei der Informationstechnik kann das (immaterielle) Programm, welches einen Ablauf steuert, sofort von einem Rechner zum anderen übertragen werden und gestattet damit, an beliebigen Stellen auf der Welt eine breite Palette von einmal gefundenen Problemlösungen sofort wieder verfügbar zu haben. – Diese «ahistorischen», bisher unbekannten Elemente der Informationstechnik machen es auch so schwierig, sie zum einen in unser Verständnis einzuordnen und zum anderen Prognosen in diesem Bereich richtig zu bewerten. Einige zentrale Entwicklungsrichtungen werden im folgenden kurz beschrieben:

Trends in der Prozessor-Entwicklung. Im Zentrum jedes Rechners steht der eigentliche Prozessor, der die logischen Grundoperationen abarbeitet. Seine Leistungsfähigkeit wird zum einen bestimmt von der Länge des in einem Maschinen-Zyklus zu verarbeitenden Befehls (die ein Maß ist für die Komplexität dieses Befehls). Zum anderen hängt die Leistung von der Zahl der

Befehle ab, die pro Sekunde bearbeitet werden können. Während wir heute nur in Großrechnern 64 bit lange Worte (das sind 64 Nullen oder Einsen, in die der Befehl chiffriert ist) verarbeiten, muß man davon ausgehen, daß solche Wortlängen Ende der 80er Jahre auch in Kleinst-Rechnern verarbeitet werden können. Heute liegt der Verarbeitungszyklus bei einigen Millionen Operationen pro Sekunde in Großrechnern, Größt-Rechner erreichen einige 100 Millionen Operationen pro Sekunde. Derartige Werte erwartet man auch für integrierte Prozessoren auf einem Chip in den 90er Jahren.

Wichtig im Bereich der Prozessor-Entwicklung ist insbesondere der langsame Übergang von der heutigen Konzeption einer an der Maschinenkonfiguration orientierten primären Programmiersprache* zu immer höheren Programmiersprachen: Während klassische Prozessoren in Maschinensprache* programmiert werden müssen, ist es zunehmend möglich, Prozessoren zu bauen, die unmittelbar Befehle einer höheren «problemorientierten Programmiersprache» ausführen können. Insbesondere die japanischen Konzeptionen einer Maschine der «fünften Generation» gehen davon aus, daß die eigentliche Hardware im Chip in der Lage ist, auch sehr komplexe Operationen unmittelbar als Grundoperationen abzuwickeln.

Schließlich ist von großer Bedeutung, daß das derzeitige Konzept eines Rechners, in dem jeweils nur *ein* Prozessor alle Operationen abwickelt, abgelöst werden wird durch das Konzept des Multi-Prozessors. Bei diesem ist es möglich, die Verarbeitung auf viele – bis zu einigen tausend Prozessoren – zu verteilen. Dadurch werden erhebliche Geschwindigkeitszuwächse möglich, dies erlaubt neue Anwendungen, z. B. in der Bild- und Sprachverarbeitung.

Schnelle Arbeitsspeicher erlauben die Wissens-Maschine. Heutige Rechner sind bezüglich ihrer Leistung auch dadurch begrenzt, daß sie nur zu relativ «kleinen» Informationsmengen (im Bereich von hunderttausend bis eine Million Zeichen) unmittelbar und sehr schnell zugreifen können. Man geht davon aus, daß diese Volumina in den 90er Jahren drastisch gesteigert werden können. Es sind dann – z. B. mit modernen optischen Speicherverfahren (siehe Bildplatte) – unmittelbar nutzbare Informations-Volumina im Bereich von einigen Milliarden Zeichen möglich. Dieses bedeutet, daß Prozeduren sehr schnell auf viele Informationen zugreifen und diese verarbeiten können, so daß auch sehr komplexe Prozesse abbildbar werden (z. B. Informationsanfragen in großen Wissensgebieten wie z. B. der inneren Medizin oder des bürgerlichen Rechts).

Gewaltige Hintergrundspeicher. Neben dem *schnellen* Zugriff zur Information (im mikro-Sekundenbereich) wird die Leistungsfähigkeit eines Rechners auch dadurch bestimmt, wie er zu weiterer «Hintergrund-Information» zugreifen kann. Auch hier stehen mit optischen Systemen, die auf dem Prinzip der Bildplatte bzw. Compact-Disk aufbauen, neue Verfahren zur Verfügung, die es erlauben werden, in den 90er Jahren Zugriff auf Datenbanken im Bereich von einigen hundert Milliarden Zeichen zu haben; dies entspricht dann bereits dem möglichen Zugriff zu der Gesamtheit aller veröffentlichten Publikationen eines größeren Wissensgebietes.

Neue Eingabe-Systeme. Für die unmittelbare Mensch-Maschine-Kommunikation sind Systeme zur Eingabe von Information außerordentlich bestimmend. Während wir heute im wesentlichen die Tastatur und einige grafische Hilfsmittel (z. B. grafisches Tablett oder berührungsempfindliche Oberfläche) nutzen, so werden die 90er Jahre durch zwei zentrale Neuigkeiten geprägt sein: *Zum einen* wird es möglich sein, die gesprochene Sprache eines ganz bestimmten Menschen vom Rechner unmittelbar automatisch verarbeiten zu lassen. Damit kann man also unmittelbar (unabhängig von Tastaturen) Texte oder Anweisungen über ein Mikrophon in den Rechner eingeben. *Zum anderen* werden sich in den 90er Jahren sogenannte virtuelle Tastaturen durchsetzen. Dies sind Systeme, bei denen die Tastatur in einer flachen Scheibe (z. B. Flüssigkeits-Kristallanzeige wie bei Armbanduhren) softwaremäßig erzeugt wird (z. B. alphanumerische Tastatur oder grafische Elemente). Man gibt die jeweiligen Zeichen durch Berührung der Anzeigenoberfläche ein. Damit wird die Kommunikation mit Rechnern wesentlich vereinfacht, so daß viele derzeitige «Schwellenängste» verschwinden werden.

Leicht und gut erkennbare Ausgabeflächen. Während wir heute im wesentlichen den (auf der Braunschen Röhre aufbauenden) Bildschirm benutzen, werden sich in den 90er Jahren zum einen die *Sprachausgabe* und zum anderen der *flache Bildschirm* (auf der Basis von Flüssigkeitskristallen oder Elektrolumineszenz) breit durchsetzen. Damit werden die Ausgabemedien wesentlich weniger Platz beanspruchen und weitgehend tragbar sein. Mit *hochauflösenden* digitalen Fernsehröhren wird es ferner möglich sein, auch außerordentlich feine Grafik und sehr gute farbige Bilder darzustellen. Hier wird eine intensive Integration von computergenerierten Grafiken und Fernsehbildern stattfinden. – Die Bedeutung von Druckerzeugnissen als Ausgabe wird wahrscheinlich zurückgehen, wenn zunehmend bei jedermann und «überall» der unmittelbare Zugang zur Information über Persönliche Informations- und Telekommunikations-Systeme* möglich ist. (Dieses wird vermutlich zu einer deutlichen Reduktion der Menge des verbrauchten Papiers führen, die auch aus Umweltschutzgründen sinnvoll erscheint.)

Verteilte Systeme breiten sich aus. Während wir heute im wesentlichen abgegrenzte Prozesse auf einzelnen stationären Rechnern ablaufen lassen und zu diesen jeweils über entsprechende Zugänge (z. B. Datenleitung) zugreifen, so muß man in den 90er Jahren davon ausgehen, daß die notwendigen Verarbeitungsprozeduren nahe am «Endverbraucher» abgewickelt werden. Dies führt technisch zu Netzwerken, in denen Prozeduren und Daten zum Benutzer transportiert werden. Mit solchen Systemen wird es z. B. zum einen im Büro möglich sein, lokal die entsprechenden textverarbeitenden Prozeduren zu benutzen, zum anderen werden solche verteilten Systeme die Steuerung von komplexen Prozeßsystemen (z. B. im Bankwesen, in der Automobilindustrie, in der Agrarproduktion) wesentlich verbessern; ferner erlauben verteilte Systeme eine komplizierte Materialwirtschaft mit einem Minimum an festen Lagern (Kapitaleinsparung!).

Von der Programmiersprache zur Auftragssprache. Wenn es heute darauf ankommt, einen Prozeß auf den Rechner zu übertragen, so muß ein Programm geschrieben werden, welches Schritt für Schritt die notwendigen Abläufe genau beschreibt. Programmiersprachen, die solche Abbildungen von Prozessen erlauben, sind z. B. FORTRAN, COBOL, PASCAL oder die neue Sprache ADA. – Für die 90er Jahre kann man davon ausgehen, daß derartige, relativ komplizierte Programmiersysteme vom Endbenutzer kaum noch benutzt werden. Er wird sich vielmehr sogenannter Auftragssprachen bedienen, die es erlauben, dem Rechner unmittelbar mitzuteilen, welche Aufgabe gelöst werden soll, ohne daß im Detail spezifiziert werden muß, *wie* sie gelöst werden soll. (Erste Ansätze solcher Sprachen sind z. B. im System

LISA auf einem Apple-Rechner realisiert worden und heute bereits kommerziell für das Büro verfügbar.)

Übergang zur einheitlichen Informations-Repräsentation. Für die Kommunikation zwischen verschiedenen informationstechnischen Systemen kommt es darauf an, daß sie möglichst mit einheitlichen Informations-Repräsentationen arbeiten können. Dies wird durch eine allgemeine Digitalisierung* von Text, Ton und Bild erreicht, an der z. Z. weltweit gearbeitet wird. Während die digitale Repräsentation von Texten z. Z. in den Datennetzen der Deutschen Bundespost bereits Standard ist (sogenannte DATEX-Dienste), gibt es im Bereich des Telefonierens bisher nur digitale Nebenstellenanlagen, die Übertragung auf den öffentlichen Strecken erfolgt immer noch analog. Aber die Bundespost arbeitet an Konzepten, in den 90er Jahren ein digitales Fernsprechnetzverfügbar zu machen (ISDN*). In diesem werden dann auch diegesprochenen Worte nur noch in Form von Sequenzen aus Nullenund Einsen übertragen. – Die Fernsehanstalten und die Video-Hersteller arbeiten an digitalen Bildtechniken, die bei der Bildplatte z. T. schon realisiert sind. Diese erlauben zum einen bessere Auflösung und zum anderen ein einfacheres Umgehen mit der Video-Information. – Digitalisierte Bilder kann man mit großer Geschwindigkeit über Glasfasernetze* verteilen. Die Bundespost arbeitet an dem System BIGFON*, welches es erlauben soll, digitalisierte Sprache, digitalisierten Ton, digitalisierte Bilder und große alphanumerische Datenmengen über Glasfaserkabel zu transportieren. Das BIGFON-System wird ähnlich dem Fernsprechnetz ein vermitteltes Netz sein, welches es erlaubt, daß jeder Teilnehmer mit jedem Teilnehmer direkt kommunizieren kann. Alle diese Entwicklungen zusammen führen zu einer Vereinheitlichung des Informationstransports.

Demgegenüber stellt die derzeitige Verlegung von Kabelfernseh-Verteilnetzen auf Kupfer-Koaxial-Basis nur einen Zwischenschritt dar; diese Netze eignen sich *nicht* zur unmittelbar vermittelten Übertragung von Information von Teilnehmer zu Teilnehmer, sondern nur zur Verteilung von Information von einer Zentrale (z. B. Antenne oder Studio) an viele Empfänger.

Zehn zentrale Trends. Die großen Potenzen der Informationstechnik lassen sich in zehn wichtige Aussagen zusammenfassen:

1. Grundsätzlich ist eine deutliche Steigerung des Lei-

stungs-Preis-Verhältnisses für die Abwicklung von informationsverarbeitenden Prozessen zu erwarten. Man kann davon ausgehen, daß das Leistungs-/Preis-Verhältnis pro Jahr etwa um 10–20% zunehmen wird. Dieses bewirkt, daß immer neue Anwendungen erschließbar werden, z. B. Mustererkennung (das «Sehen» von Robotern) oder Spracherkennung (Sprechschreiber).

2. Neue Maschinengenerationen werden es erlauben, auch sehr große Datenmengen im Bereich von Milliarden Zeichen im schnellen Zugriff schnell zu verarbeiten. Damit wird es möglich, in sehr komplexen Wissensstrukturen Algorithmen und Heuristiken erfolgreich abzuwickeln. Mit diesem Gebiet befaßt sich das «Knowledge-Engineering», eine Spezialdisziplin der künstlichen Intelligenz-Forschung. Bereits vorhandene Experten-Systeme zeigen, daß es möglich ist, mit großen strukturierten Datenmengen schnell im Dialog umzugehen.

3. Es wird zunehmend möglich sein, nicht nur Algorithmen im Sinne 100prozentig funktionierender Prozeduren abzubilden, sondern auch viele Heuristiken* auf Rechnern zu implementieren. Damit wird sich die Grenze zwischen menschlicher und «technischer Intelligenz» weiter zugunsten der Technik verschieben.

4. Eine starke Verbreitung kleiner und kleinster, aber sehr leistungsfähiger Rechnersysteme wird dazu führen, daß der «persönliche Rechner» oder sogar das Persönliche Informations- und Telekommunikations-System weit verbreitet sein werden. Marktschätzungen gehen davon aus, daß Mitte der 90er Jahre einige Millionen derartige Systeme in der Bundesrepublik verfügbar sind. Damit bahnt sich im Bereich kognitiver Prozesse eine ähnliche Entwicklung an, wie wir sie im Bereich der motorischen Prozesse bereits hinter uns haben: Während es das Auto heute erlaubt, sich physisch relativ schnell und unproblematisch überallhin zu bewegen, so wird das Persönliche Informations-und Telekommunikations-System als Erweiterung der Gehirnfunktion eine entsprechend rasche Orientierung in der informationellen Umwelt gestatten.

5. Unter Nutzung moderner (digitaler) Telekommunikations-Netze werden integrierte Netzwerke entstehen, die zum einen Produktions- und Verwaltungsrechner verbinden und es zum anderen dem Individuum erlauben, über sein Persönliches Informations- und Telekommunikations-System zu großen Datenbasen zuzugreifen. Das Bildschirmtext-System, welches jetzt eingeführt wird, ist hier ein nur erster Beginn.

6. Durch Standardisierungsbemühungen der Deutschen Bundespost wird es gelingen, wesentlich verbesserte technische Kommunikation über sogenannte Höhere Protokolle* zwischen Rechnern sehr verschiedener Bauarten durchzuführen. Damit wird der unmittelbare Zugriff auf verschiedene Programme und verschiedene Datenbanken in sehr unterschiedlichem Umfeld wesentlich erleichtert werden.

7. Neue Rechner-Architekturen, die auf Ergebnissen der künstlichen Intelligenz-Forschung aufbauen, werden es erlauben, nicht nur einfache Informationen im Rechner zu verarbeiten, sondern unmittelbar mit Wissensstrukturen umzugehen. Das von den Japanern vorgestellte Konzept der «Maschine der fünften Generation» ist eine solche Vision, von der man erwarten kann, daß sie zumindest teilweise in den 90er Jahren realisiert werden wird.

8. Das Konzept «small is beautiful» wird sich in vielen Bereichen durchsetzen. Die hohe Konzentration von Bauelementen mittels der Mikroelektronik wird es ermöglichen, sehr kleine dezentrale Systeme aufzubauen («Taschen-Computer»). Insbesondere in der Prozeßsteuerung und in der automatischen Produktion wird derart «dezentrale Intelligenz» weit verbreitet sein. Diese wird es gestatten, im wesentlichen dezentral arbeitende Systeme aufzubauen, die nur unter gewissen Bedingungen über entsprechende Netzwerke miteinander kommunizieren.

9. Neue «Auftragssprachen», die die derzeitigen problemorientierten Programmiersprachen ablösen, werden es wesentlich leichter machen, Software in den verschiedensten Anwendungsbereichen zu erstellen. Es wird möglich werden, problemorientierte Abläufe unmittelbar ohne detaillierte Kenntnis einer Programmiersprache im Dialog mit dem Rechner zu spezifizieren. Dies wird die Verfügbarkeit und Nutzbarkeit des Rechners breiten Bevölkerungsschichten eröffnen.

10. Bedingt dadurch, daß Prozessoren sehr billig werden, wird es möglich sein, Programme, die ursprünglich für einen bestimmten Rechner geschrieben wurden, auf den verschiedensten Maschinen zu betreiben («Transportabilität»). Hierzu wird es in der Regel keiner besonderen Übersetzung mehr bedürfen, sondern man wird einfach den entsprechenden Prozessor im Rechner aufrufen, in dem viele verschiedene Prozessoren parallel verfügbar sind.

Die Vernetzung der neuen Technologien. Während wir heute nur erste Ansätze einer Integration technischer und organisatorischer Strukturen der Informations- und Kommunikationstechnologien haben («Vernetzung»), wird diese Entwicklung in Zukunft deutlich voranschreiten. Vier wichtige große Vernetzungsfelder sind heute u.a. erkennbar:

1. Der Aufbau und die Integration von umfassenden Informationssystemen. Hierbei wird zum einen das Bildschirmtext-System als Träger dienen und zum anderen die Nutzung von Datenbanken zunehmen. Gleichzeitig wird der Verkauf von Information auf Massenspeichern (z.B. Video-Bänder, Bild-Platte, Compact Disk, Text-Platte) zunehmen. In diesem Gesamtsystem kann Information von den verschiedensten Quellen schnell transferiert und abgerufen werden.

2. Es entstehen zunehmend integrierte Produktionssysteme, die von der Materialbeschaffung über die gesamte logische Organisation der Konstruktions- und Produktionsvorbereitung bis hin zur Produktion selber und zur anschließenden Lagerhaltung und Versendung der Produkte reichen. Derartige «vollautomatische Fabriken» sind bisher nur ansatzweise oder in Ausnahmefällen vorhanden, aber es ist erkennbar, daß mit der in Zukunft verfügbaren Technik einerseits und fallenden Hardware-Preisen andererseits solche Gesamtsysteme ökonomisch sinnvoll realisiert werden können.

3. Es ist möglich, mit der integrierten Netzwerktechnik große Handelssysteme automatisch zu unterstützen. Während bisher der Konsument und der Produzent nur sehr begrenzt direkt miteinander kommunizieren konnten, wird es in Zukunft möglich sein, über bildschirmtextartige Systeme diese Kommunikation unmittelbar aufzunehmen. Damit sind auch direkte Bestellungen durch Kommunikation zwischen einem «Bestell»- und einem «Verkaufs-Rechner» möglich. Solche integrierten Warenwirtschaftssysteme, die z.Z. nur lokal betrieben werden, werden dann bundes-, später weltweit verfügbar sein.

4. Man kann davon ausgehen, daß die Idee des «Automated Battle Field», die z.Z. im Militär erste Realisierungen gefunden hat, in den 90er Jahren weiter fortschreiten wird. Die amerikanische Armee denkt derzeit z.B. über bewegliche Kampf-Roboter-Systeme nach und fördert hier Forschungsarbeiten, die es ermöglichen werden, vorprogrammierte automatische Systeme in den Kampf zu schicken. Entsprechende Entwicklungen sind im Bereich der automatisierten Schiffsführung einerseits und der

selbstgesteuerten Fernlenkwaffen auf breiter Basis zu erwarten. Eine zunehmende Integration der dahinterstehenden Kommunikations-, Kontroll- und Kommando-Systeme mit künstlicher Intelligenz wird die außerordentlich schnelle und automatische Ausführung von Befehlsstrukturen und Militär-Strategien gestatten.

Kommt die neue Informationstechnik? – Das Spiel der Kräfte. Niemand kann heute sicher voraussagen, wann welche Technik mit welcher Penetranz im Markt sein wird. Niemand kann verläßlich sagen, wann welches System breit eingeführt sein wird, und niemand ist in der Lage, vorauszusehen, welche Innovation, die heute noch im Labor ist, zu welcher Zeit wirklich breit nutzbar sein wird. Die Details der vor uns liegenden Entwicklung der Informationstechnik werden bestimmt durch eine Vielzahl von gesellschaftlichen Kräften. Im Prinzip lassen sich dabei aber vielerlei *vorwärtstreibende* und einige *hemmende* Kräfte unterscheiden.

Als zentrale Kräfte, die eine Weiterentwicklung der Informationstechnik bewirken werden, lassen sich insbesondere folgende festmachen:

1. *Der Wettbewerb am Weltmarkt.* Die Informationstechnik ermöglicht sowohl neue Produkte – bei geringem Material- und Energiebedarf – als auch neue Produktionsbedingungen. Darüber hinaus ist sie ein vorzügliches Rationalisierungsinstrument. Verschärfter Wettbewerb wird also Informationstechnik weiter vorantreiben.

2. *Das Militär.* Wenn das internationale Wettrüsten nicht aufgehoben werden kann, so werden die Entwicklungen der Informationstechnik drastisch und schnell vorankommen, stellt doch moderne Informationstechnik für das Militär eine wichtige Quelle zunehmender Schlagkraft sowohl im Bereich der eigentlichen Waffentechnik als auch im Bereich der Logistik und der Kommunikations- und Kommandostruktur dar. Viele militärische Produkte werden über kurz oder lang in *gewandelter* Form in den zivilen Markt übernommen werden.

3. *Die informationstechnische Industrie.* Keine Branche außer der informationstechnischen Industrie einschließlich der Software-Häuser hat es bisher geschafft, jenseits der allgemeinen Stagnation *drastische* Gewinn- und Umsatzzuwächse zu erreichen. Aus diesen entstehen neue, wichtige Potenzen für neue Marktstrategien. Die informationstechnische Industrie treibt also die Entwicklung intensiv voran.

4. *Die private Nutzung*. Die neue Technik wird z. Z. intensiv von *breiten* Schichten der Bevölkerung akzeptiert. In ähnlicher Weise wie der Taschenrechner dringen neue Systeme wie Videorecorder und «Heim-Computer» in die Haushalte ein. Prestige, das «Auch-haben-Wollen», vermehrte positive Nutzung im Haushalt für Überwachung und Kontrolle sowie der Bildungs- und Ausbildungsbereich ergeben eine stete Nachfrage nach neuer Informationstechnik.

5. *Der Markt für «intelligente» Produkte*. Untersuchungen haben gezeigt, daß eine breite Palette der vorhandenen Industriegüter durch die Nutzung von Informationstechnik «verbessert» werden kann. Angesichts harter Wettbewerbsbedingungen wird von diesen Möglichkeiten zunehmend Gebrauch gemacht werden. Dieses gibt weitere Impulse an die Informationstechnik (z.B. vom computerisierten Küchenherd bis zum vollautomatischen Automobil).

Diesen treibenden Kräften stehen bisher *die Sorgen* gegenüber, die sich in der Gesellschaft um die Konsequenzen der Informationstechnik gebildet haben. Hier seien insbesondere erwähnt:

1. *Zunehmende «strukturelle Arbeitslosigkeit»*. Obwohl die Wirkungen der Informationstechnik auf dem Arbeitsmarkt nur sehr begrenzt im Detail bekannt sind, ist doch in der Gesellschaft ein allgemeines Bewußtsein über den «Job-Killer» vorhanden. Dieses führt zu einer (subjektiven) Abwertung der Technik und zu ihrer Zurückweisung; die neue Technik gerät ins Gerede.

2. *Mangelnde organisatorische Akzeptanz*. Die Nutzung der Informationstechnik stellt *große* Anforderungen an ein hohes Potential für notwendige Reorganisationen, die allenthalben auf große Schwierigkeiten stoßen; zum einen, weil die notwendigen Qualifikationsvoraussetzungen fehlen, zum anderen, weil unbekannt ist, wie zukünftige Produktionsbedingungen oder zukünftige Märkte wirklich aussehen werden. Aus diesen Reorganisations-Problemen entstehen vielfältige Kräfte gegen die schnelle Penetranz der Informationstechnik.

3. *Mangel an Qualifikationen*. Obwohl die neue Technik häufig menschliche Informationsverarbeitung ersetzt, bedarf es zu ihrer Umsetzung und Realisierung zunächst einer Vielzahl von durch Menschen auszuführende Anpassungs- und Integrationsprozesse. Angesichts dessen, daß unser Bildungswesen nur sehr begrenzt die Menschen dazu qualifiziert hat, in Komplementarität zur Informationstechnik zu denken und diese zu beherrschen, fehlen breiten Schichten die Qualifikationen, mit der Technik

sinnvoll umzugehen. Dies führt dazu, daß die Technik an vielen Stellen subjektiv und sorgenvoll zurückgewiesen wird.

4. *Allgemeiner Unmutsstau gegen integrierte Großsysteme.* Durch das Zusammenwachsen unterschiedlicher informationstechnischer Systeme mittels Telekommunikations-Einrichtungen und die integrierte Nutzung von Software in den verschiedensten Bereichen entstehen Großsysteme, vor denen viele Menschen besorgt zurückschrecken. Sie vermissen ihre eigene Identität, sie vermissen die Kontrolle über die Systeme, und sie glauben sich «fremden Mächten» ausgeliefert. Die Angst vor dieser Situation wird die Entwicklung der Informationstechnik deutlich bremsen.

Balance der Kräfte. Versucht man die unterschiedlichen Kräfte und Sorgen zu bilanzieren, so wird erkennbar, daß die Macht der «vorwärtstreibenden Kräfte» wesentlich stärker zu sein scheint als die der «bremsenden Sorgen». Dennoch darf man sich die Entwicklung der zukünftigen Technik *nicht* als eine glatte exponentielle Kurve vorstellen. Man muß vielmehr davon ausgehen,daß es immer wieder Schübe der technologischen Weiterentwicklung und der Markteroberung geben wird, die von Phasen gefolgt sind, in denen die Produkte zurückgewiesen oder nur begrenzt genutzt werden (im Bereich Kabelfernsehen stecken wir z. B. gerade in einem solchen Umbruch). Hinzu kommt, daß die Entwicklungen in den einzelnen Branchen und Bereichen sehr unterschiedlich aussehen werden. Während komplexe Großlösungen lange Zeit brauchen werden und insbesondere Umstellungen in der Produktion erhebliche Zeiten benötigen, kann man davon ausgehen, daß dezentralisierte Einzellösungen und Lösungen in der unmittelbaren Nähe des Nutzers (z. B. Persönliches Informations- und Telekommunikations-System) schneller realisiert werden können. – Ein wichtiger Faktor in der Entwicklung von Großsystemen ist sicher die Bundespost. Wenn sie schnell und kostengünstig eine telekommunikative Infrastruktur zur Verfügung stellt, die die Integration von Datenbanken, Verwaltungsrechnern, Bestell- und Produktionsrechnern, Persönlichen Informations-Systemen und breitbandigen interaktiven Kommunikationsstrecken ermöglicht, so wird die Entwicklung schneller laufen. Fährt die Bundespost dagegen eine restriktive Politik und läßt keine neuen «intelligenten» Netze zu, so muß sich die Entwicklung über physikalische Datenträger und autonome Systeme voranbalancieren; dies wird evtl. längere Zeit brauchen.

Starke Unterschiede in der Penetranz. Die Zukunft der Informationstechnik wird in unterschiedlichen Branchen sehr verschieden zu bewerten sein. Während einige - insbesondere die Industrie - sehr schnell die Informationstechnik akzeptieren, werden sich andere - z. B. das traditionelle Handwerk - nur langsam an die Informationstechnik gewöhnen.

Ferner werden erhebliche Unterschiede in der Akzeptanz der neuen Techniken durch die unterschiedlichen Organisationsstrukturen und Unternehmensgrößen zu beobachten sein. Während es in einigen kleineren Betrieben relativ leicht sein wird, gewisse Bereiche auf Automatisierung umzustellen, werden sich gerade Großunternehmen angesichts von schwierigen Mitbestimmungsfragen einerseits und komplexen Organisationsmustern andererseits schwertun, die Informationstechnik flächendeckend einzuführen. Aber auch der einzelne Handwerker wird natürlich große Probleme haben, seine Arbeit durch Informationstechnik unmittelbar unterstützen zu lassen.

Gravierende Unterschiede sind zwischen der privaten und der staatlichen Nutzung zu erwarten. Während im Privaten ein schneller Wechsel zwischen menschlicher und technischer Informationsverarbeitung zumindest im Prinzip möglich ist, bietet der staatliche Apparat angesichts der Lebzeitbeamtensituation nur wenig Flexiblität. Selbst bei einem drastischen Abbau des Personalbestandes und einer intensiven Nutzung der Informationstechnik im staatlichen Bereich sind die Manövrier-Massen nur gering.

Erheblicher Einfluß auf die Akzeptanz der neuen Technik wird auch aus der individuellen Reflexion über die Herstellung von Produkten erwachsen: Während es insbesondere bei technischen Produkten für viele ziemlich irrelevant sein wird, von wem sie gefertigt sind (Mensch oder Roboter), so gibt es eine Vielzahl von Dienstleistungen und Produkten in unserer Gesellschaft, wo der Konsument ein Empfinden für subjektiv-menschliche Leistungen hat (vom Gesundheitsdienst bis zum Kunsthandwerk).

Große Disproportionalitäten als Konsequenz. Der Überblick über die gewaltigen Entwicklungspotenzen der Informationstechnik einerseits und der Hinweis auf ihre sehr unterschiedliche Nutzung in den verschiedenen Bereichen von Staat, Industrie, Verwaltung und privatem Haushalt läßt erkennen, welche großen Disproportionalitäten eigentlich zu erwarten sind. Gerade dadurch, daß die Möglichkeiten der Nutzung von Informationstechnik in verschiedenen Bereichen außerordentlich unterschiedlich zu bewerten sind, ergibt sich, daß wir langfristig mit erheblichen Reibungen zu rechnen haben werden. Während einige Bereiche sehr intensiv von den neuen Techniken Gebrauch machen, werden andere noch über viele Jahre, ja Jahrzehnte in klassischen Strukturen verhaftet bleiben. (Dieses hat insbesondere Konsequenzen für das ökonomische System, welches in der Lage sein muß, diese heterogene Entwicklung der Arbeitsproduktivität aufzufangen.)

Resümee. Die Zukunft der Informationstechnik erscheint außerordentlich entwicklungsfähig, wenn man allein die wesentlichen Indikatoren für neue Technologien betrachtet: Es gibt eine Vielzahl technischer Innovationen, der Materialbedarf ist außerordentlich gering, Energie wird zur Produktion und zum Betrieb von Industrie kaum gebraucht, Kapital ist reichlich vorhanden. Die Industrie ist in der Lage, mit Hilfe einiger sehr interessanter neuer Ideen (z. B. neue Auftragssprachen, neue Rechnerarchitekturen, Experten-Systeme) eine Fülle attraktiver Produkte auf den Markt zu bringen. Inwieweit diese allerdings das gesellschaftliche Leben penetrieren werden, ist *nicht* allein eine Frage der Potenz von Technik, sondern eine Frage *gesellschaftlicher Akzeptanz.*

Bei der Analyse dieser Akzeptanz muß man festhalten, daß es eine Vielzahl vorwärtstreibender Kräfte gibt, die gegen eine Palette von Sorgen und Ängsten zu bilanzieren sind. Daraus resultiert die Potenz für gewaltige Schübe neuer Technologie, aber auch für rückläufige Trends und Stagnationsphasen.

Festzuhalten ist ferner, daß die Penetranz der Informationstechnik in den verschiedensten Bereichen menschlichen Lebens sehr unterschiedlich sein wird. Insbesondere werden sich staatliche und privatwirtschaftliche Entwicklungen unterscheiden, industrielle Prozesse werden anders computerisiert werden als private Abläufe. Massengüter, die von Automaten hergestellt werden, haben eine größere Chance der Akzeptanz auf dem Markt als individuelle Dienstleistungen, wo die menschliche Komponente weiterhin hoch geschätzt wird.

Mensch und Informationstechnik im Vergleich

Viele Vorbehalte sind notwendig. Über die Frage, ob der Computer «intelligenter» werden kann als der Mensch, ist viel diskutiert und gestritten worden. Diese Fragestellung an sich erscheint jedoch relativ irrelevant. Angesichts dessen, daß der Mensch immer ein ganzheitliches Wesen ist, während – auch sehr komplizierte – Computersysteme in aller Regel nur «Mini-Welten» umfassen, kommt es praktisch nicht darauf an, ob der Mensch «insgesamt» intelligenter als die Informationstechnik ist oder nicht. Vielmehr muß die Frage gestellt werden, in welchen *Teilbereichen* sich menschliche Informationsverarbeitung und technische Informationsverarbeitung unterscheiden, auch dieser Vergleich ist allerdings nicht einfach.

In beiden Bereichen gibt es gewaltige Streuungen: Es erscheint ziemlich sinnlos, einen Taschenrechner mit Albert Einstein zu vergleichen. In gleicher Weise ist es wenig hilfreich, einen Cray-Rechner einem Vollidioten gegenüberzustellen. In beiden Fällen würde es sich um Extreme der Leistungsfähigkeit der einen oder der anderen Seite handeln. Wir müssen also versuchen, zunächst mit «mittleren, typischen» Systemen den Vergleich anzustellen.

Dies ist auch deswegen schwierig, weil wir auf der einen Seite ein relativ stabiles Gehirn haben – man beachte nur, daß zentrale geistige Leistungen des Menschen auch schon in der Antike beobachtet wurden –, während auf der anderen Seite die Informationstechnik einer schnellen Entwicklung unterliegt; viele Dinge, die vor zehn Jahren noch als technische Utopien erschienen, sind heute als Produkte auf dem Markt zu kaufen!

Ferner haben wir als drittes Problem die Schwierigkeit, den Menschen als Ganzes gegenüber der Leistung von Informationstechnik in Teilbereichen zu betrachten. Der Mensch ist in der Tat in der Lage, mit einem einheitlichen informationsverarbeitenden System außerordentlich heterogene Prozesse zu verwalten: das beginnt z. B. bei der Fähigkeit, rechnen zu können, geht über den ganzen Bereich der motorischen Bewegung in einer komplizierten Umwelt und endet schließlich z. B. bei affektiv-musischen Leistungen. Dem gegenüber ist Informationstechnik in ihrer heutigen Repräsentation im wesentlichen orientiert an abgegrenzten Mini- oder Mikrowelten: Das textverarbeitende System kann nur mit Texten umgehen, der Prozeßrechner, der einen Kernreaktor steuert, ist für diesen speziell konfiguriert, eine Robotersteuerung ist ganz auf die industrielle Produktion zugeschnitten usw. – Diese grundsätzlichen Vorbehalte sind zu berücksichtigen, wenn wir uns fragen, wie sich menschliche Informationsverarbeitungsleistungen gegenüber den Fähigkeiten der technischen Informationsverarbeitung verhalten.

Unterschiede in Komplexität und Flexibilität. Wenn es gilt, komplizierte, aber wohl beschreibbare und in sich abgeschlossene Prozeduren (Algorithmen*) abzuwickeln, so ist der Rechner heute *nicht* zu schlagen. Gelingt es, mit ökonomisch angemessenen Mitteln ein Programm fehlerfrei zum Laufen zu bringen, so ist dieses in der Lage, auch komplizierte Algorithmen auszuführen, und übersteigt damit in der Leistungsfähigkeit das menschliche Gehirn bei weitem. – Wenn es allerdings darum geht, Verfahren der Verarbeitung von Information auf den Rechner zu übertragen, die nur begrenzt beschreibbar sind und nicht 100prozentig zum Erfolg führen (Heuristiken*), so ist das menschliche Gehirn in der Regel dem Rechner weit überlegen. In einer langen biologischen Evolution hat der Mensch es gelernt, seine Probleme mit derartigen pragmatischen Verfahren zu lösen.

Wenn es gilt, wohlstrukturierte umfangreiche Informationen (Daten) zu verarbeiten (insbesondere mit einfachen Algorithmen) so ist der Rechner dem menschlichen Gehirn deutlich überlegen. Die Informationstechnik bietet heute mannigfaltige Verfahren mit hoher Leistung an, die es erlauben, Daten in Datenbanken zu organisieren und auf diese mit vielfältigen Algorithmen zuzugreifen. Insbesondere bei vielparametrigen Daten (siehe z.B. die Steuerung eines komplizierten Prozesses) ist der Rechner in der Lage, auch in Realzeit sehr gute Leistungen zu erbringen, während ein Mensch, der z.B. 1000 unterschiedliche Daten gleichzeitig verarbeiten soll, vollkommen überlastet ist.

Anders sieht es im Bereich der Verarbeitung von unorganisierten Daten und Informationen (Wissen) aus. Hier ist es in der Regel mit technischer Informationsverarbeitung nicht gelungen, allgemein nutzbare Verfahren zu entwickeln, die mit derart ungeordneten Strukturen wirklich erfolgreich umgehen können. Deswegen ist der Mensch der Informationstechnik an dieser Stelle deutlich überlegen. Es gibt z.B. – bisher – kein Programm, welches in der Lage wäre, ein neues erfolgreiches Produkt kreativ zu erzeugen, während viele Manager in den letzten Jahren erfolgreich neue Märkte erschließen konnten.

Große Unterschiede in der Zuverlässigkeit. Es gibt zwei wichtige Charakteristika für die Zuverlässigkeit informationsverarbeitender Systeme: *Erstens* die Zeit, die zwischen zwei aufeinanderfolgenden Fehlern vergeht (*M*ean *T*ime *B*etween *F*ailure, MTBF), und *zweitens* die Zeit, die vergeht, bis ein fehlerhaftes System wieder betriebsfähig ist (*M*ean *T*ime *T*o *R*ecovery ,MTTR). Vergleicht man nun technische Informationsverarbeitung und menschliche Leistungen auf dieser Ebene, so ist festzuhalten, daß die MTBF-Werte beim Menschen außerordentlich gering sind. Wir alle wissen, wie leicht alleine Fehler in der Sprache gemacht werden: Man braucht nur ein Stück Sprache auf Tonband aufzunehmen und sich selber vorzuspielen, so wird man feststellen, wie erstaunlich oft grammatikalische und logische Fehler gemacht werden. Wieviel Ärger entsteht in der Gesellschaft durch Fehler bei Reparaturen und bei der Herstellung von Geräten und Dienstleistungen! Im Gegensatz dazu kann man heute feststellen, daß ausgetestete Rechnersysteme, die einmal eine gewisse Prozedur wirklich beherrschen, Hunderte von Stunden oder in besonderen Fällen auch Tausende von Stunden völlig fehlerfrei laufen. D.h. bezüglich der Zeit zwischen Fehlern ist der Rechner in aller Regel der menschlichen Informationsverarbeitung deutlich überlegen.

Anders sieht es in der Frage aus, wie man nach einem einmal gemachten Fehler wieder «zum Laufen» kommt. Hier zeigt sich, daß die MTTR-Werte für die technische Informationsverarbeitung in aller Regel wesentlich größer sind als die für das menschliche Gehirn. Wenn ein Rechner einen Fehler gemacht hat, so erkennt er ihn in der Regel überhaupt nicht und liefert damit fehlerhafte Ergebnisse ohne eine angemessene «Selbsteinschätzung». Wenn es überhaupt zur Bewertung eines Fehlers kommt, so bleiben informationstechnische Systeme in aller Regel einfach «stehen» und bedürfen komplizierter menschlicher Hilfe, um wieder zum Laufen zu kommen; daraus resultieren große MTTR-Werte im Bereich von vielen Minuten oder sogar Stunden. – Ganz anders sieht es beim Menschen aus. Der Mensch erkennt durch übergeordnete Prozeduren selbst gemachte Fehler in der Regel relativ schnell. Er ist dann auch in der Lage – zumindest bei einfachen Fehlern –, das System wieder «neu zu starten» und eine fehlerfreie Abwicklung vorzunehmen. D.h. beim Menschen sind die MTTR-Werte in der Regel sehr viel kürzer als bei der Informationstechnik.

Der Mensch muß lernen, der Rechner kann angepaßt werden. Hier liegt wohl einer der gravierendsten Nachteile menschlicher Informationsverarbeitung. Wenn es gelingt, ein Problem grundsätzlich zu lösen, so kann dieses, wenn es einmal die Form eines Programms erhalten hat, von einem informationstechnischen System unmittelbar auf ein anderes übertragen werden. Das heißt, es ist möglich, informationstechnische Systeme zu «prägen» (im Sinne der biologischen Prägung). Demgegenüber gibt es – abgesehen von einigen frühkindlichen Phänomenen – keinerlei Verfahren, ein menschliches Gehirn unmittelbar und ohne längeren Lernprozeß auf einen neuen Prozeß der Informationsverarbeitung «einzustellen». Jeder Mensch muß individuell lernen, er muß die notwendige Information in sein informationsverarbeitendes System integrieren und die Prozeduren in seine «Produktionsverfahren» einbetten. Dies ist in aller Regel ein langwieriger Prozeß, der insbesondere davon abhängt, inwieweit das menschliche Gehirn bereits vorher mit diesen Aufgaben befaßt war. – Während also die Rechner-Hardware ein «anwendungsneutrales» Gerät ist, welches sofort mit den verschiedensten Programmen betrieben werden kann, so sind im menschlichen Gehirn die operative Basis und der spezielle Anwendungsfall außerordentlich eng miteinander verknüpft. Es gelingt nicht, z.B. einem malenden Künstler in kurzer Zeit die Integralrechnung zu vermitteln, genausowenig wie es gelingt, einen Ornithologen kurzfristig als Juristen zu qualifizieren.

Man darf allerdings auch nicht in den Fehler verfallen, zu glauben, daß die direkte Nutzbarkeit der Informationstechnik *beliebig* hoch wäre, vielmehr muß man zur Kenntnis nehmen, daß es in aller Regel notwendig ist, informationsverarbeitende Prozesse auf technischen Systemen anzupassen. Diese Anpassung an eine spezifische Hardware ist aber ein ganz anderer Prozeß als der des Lernens. Es handelt sich in der Regel nicht um eine komplizierte Integrationen, sondern nur um oberflächliche Format- oder Strukturveränderungen. Es bleibt das Grundphänomen, daß der lange und individualisierte Lernprozeß in der Informationstechnik nicht nötig ist. Einmal vom Menschen (oder vom Computer) erstellte Programme können schnell woanders genutzt werden, Menschen müssen immer individuell und relativ langsam lernen.

Freiheit gegenüber Programmiertsein. Der Mensch ist frei, so zumindest der generelle Anspruch. D.h. der Mensch ist in der

Lage, in einem gewissen Orientierungsrahmen selbständig Entscheidungen zu treffen und damit sein Selbst und sein Schicksal zu bestimmen. Der Mensch kann dies in sehr unterschiedlichen Teil-Welten, er kann berufliche Entscheidungen treffen, familiäre, persönliche und politische, die häufig grundsätzlicher und umfassender Natur sind. Bei der Entscheidungsfindung berücksichtigt der Mensch im Rahmen der Nutzung heuristischer Verfahren eine Vielzahl von Mustern, die ihm in der realen und in der informationellen Umwelt zur Verfügung stehen. Hierbei ist auch der Mensch in gewissem Umfange «programmiert», er steht unter dem Einfluß eines ihm durch Erziehung und Erfahrung aufgebürdeten «Grund-Überlebensprogramms». Der Gesamtraum der Entscheidungsmöglichkeiten ist allerdings außerordentlich groß.

Demgegenüber müssen wir zur Kenntnis nehmen, daß es bisher nur gelungen ist, informationstechnische Systeme für außerordentlich kleine «Mikro-Welten» zu schaffen. Innerhalb dieser Welten ist der Rechner in aller Regel stark durchprogrammiert, d.h., er kann zwar mit vielen Parametern dieser Mikro-Welt umgehen und dort «richtige» Entscheidungen treffen, versagt aber, sobald er diesen Bereich verläßt. – Die «Selbstbestimmungsfähigkeit» der Informationstechnik ist in einer abgegrenzten Welt allerdings in der Regel leistungsfähiger und besser als die des Menschen, weil die Informationstechnik in der Lage ist, mit sehr komplexen multiparametrigen Problemen umzugehen (man denke nur an die Steuerung eines Kernreaktors). Kommt es jedoch zu grundsätzlichen Entscheidungen, so bedingt das Programmiertsein, daß der Rechner schnell an Entscheidungskompetenz verliert.

Allerdings ist hierbei zu berücksichtigen, daß bisher niemand versucht hat, ein informationstechnisches System «in Freiheit zu erziehen». Dies würde nämlich heißen, daß man mit einem Rechner ähnlich umgeht, wie man dies mit einem Menschen tut: Man müßte ihn über 20 Jahre von den unterschiedlichsten Programmierern mit den unterschiedlichsten Problemen konfrontieren und geeignete Programme implementieren. Ferner müßte man versuchen, diese miteinander zu verknüpfen. Was ein derart programmiertes System dann bezüglich «freiheitlicher» Entscheidungen leisten könnte, ist bisher *empirisch* von niemandem untersucht worden, da es bisher ökonomisch nicht sinnvoll erschien, derartig organisierte Rechnersysteme zu bauen. Welches Maß an «Freiheit» (d.h. Beweglichkeit in unterschiedlichen Mini-Welten) ein derartiges Rechnersystem also nach 20jähriger

Programmierung und Reorganisation wirklich umfassen würde, bleibt deshalb z. Z. im dunkeln. Sicher wird dieses System nicht insgesamt «intelligenter» sein als ein «mittlerer» Mensch. Aber es wird sicher in der Lage sein, eine breite Palette wichtiger informationsverarbeitender Leistungen zu erbringen und dabei in vielen Bereichen die Leistungen des Menschen übertreffen.

Schwerpunkte der technischen Informationsverarbeitung. Versucht man den hier angestellten - sehr begrenzten - Vergleich menschlicher und technischer Informationsverarbeitung zusammenzufassen, so kann man für die Schwerpunkte *technischer* Informationsverarbeitung festhalten: Wenn immer es gilt, repetitive Prozeduren für mehr oder minder komplizierte Prozesse mit relativ gut strukturierten Daten abzuwickeln, so ist die Informationstechnik dem menschlichen Gehirn leistungsmäßig überlegen. Insbesondere in der Schnelligkeit des Umganges mit großen strukturierten Datenbeständen hat das menschliche Gehirn gegenüber dem Rechner keine Chance! Wenn es gilt, z. B. eine Tabelle mit einer Million Eintragungen nach unterschiedlichen Kriterien zu verarbeiten, so wird ein einzelnes Gehirn damit Monate wenn nicht Jahre beschäftigt sein. Ein Großrechner ist in der Lage, eine solche Auswertung in wenigen Minuten durchzuführen. Hierbei wäre das Ergebnis vor allem fehlerfrei (vorausgesetzt, das Programm ist ausreichend ausgetestet), während wir auch bei erfahrenen menschlichen Auswertern derartiger Tabellen mannigfaltige Fehler erwarten müßten. - Ferner bleibt festzuhalten, daß die Informationstechnik sich z. Z. mit Verfahren der künstlichen Intelligenz anschickt, auch nicht repetitive und nicht hundertprozentig zum Erfolg führende Verfahren (Heuristiken) zu implementieren. Damit verschiebt sich die Grenze zwischen menschlicher und technischer Informationsverarbeitung bezüglich der Komplexität der Prozesse zunehmend in Richtung der technischen Verarbeitung. Trotzdem sind technische Informationsverarbeitungsprozesse im Bereich der Heuristiken in der Regel der Leistung des Menschen unterlegen.

Schwerpunkte menschlicher Informationsverarbeitung. Die große Stärke des Menschen, der in einer «interessanten» Umgebung aufgewachsen ist, liegt darin, daß er sich - in sehr unterschiedlichen informationellen Umwelten - bei sich stark unterscheidenden Anforderungen schnell anpassen kann. Hieraus resultiert, daß vor allem der Umgang mit unstrukturierten Daten und Informationen («Wissen») vom Menschen sehr viel besser beherrscht wird als von allen bisher verfügbaren informationstechnischen Systemen. Das menschliche Gehirn ist ein Generalist, der im Prinzip mit allen Informationszugängen in irgendeiner Weise umgehen kann, während informationstechnische Systeme immer «Spezialisten» sind, die sofort überfordert sind wenn es gilt, aus ihrer Mini-Welt herauszutreten.

Die große Leistung des menschlichen Gehirns besteht in der Regel darin, daß es überhaupt eine Lösung anbieten kann, während der Rechner nur in wenigen Fällen - vom Menschen vorprogrammierte - Lösungsansätze verfügbar macht. Hierbei ist allerdings zur Kenntnis zu nehmen, daß die Qualität menschlicher Informationsverarbeitung in der Regel zu wünschen übrigläßt. Wenn Lösungen angeboten werden, so sind sie häufig inadequat oder sogar fehlerhaft. In menschlichen Umgebungen spielt dies in der Regel nur eine begrenzte Rolle, da vielerlei Sicherungssysteme existieren, um die Fehler eines einzelnen wieder zu korrigieren (man denke nur z. B. an die klassischen Hierarchien in Unternehmen, die sicherstellen, daß Fehler der unteren Ebene in oberen Ebenen wieder korrigiert werden). Das Gehirn arbeitet - wie die Amerikaner sagen - «quick and dirty», genau damit ist es der Informationstechnik an vielen Stellen überlegen.

Resümee. Der Vergleich menschlicher und technischer Informationsverarbeitung ist eine außerordentlich schwierige Problemstellung, die sicher nicht auf so einfache Aussagen wie «der Mensch wird immer intelligenter als der Rechner bleiben» oder «Rechner können nur das, was ihnen einprogrammiert wurde» zurückgeführt werden darf. Für eine kritische Bewertung der Potenzen und Konsequenzen der Informationstechnik ist vielmehr zur Kenntnis zu nehmen, daß Mensch und Computer nach grundsätzlich *sehr* verschiedenen Verfahren arbeiten. Der Informatik gelingt es aber vielerlei Informationsverarbeitungsprozesse auf dem Rechner dadurch abzubilden, daß sie zunächst menschliche Prozesse studiert und diese dann geeignet implementiert. Der Computer wird dadurch nicht zum ganzheitlich arbeitenden Gehirn, aber er erlaubt in Teilbereichen Leistungen, die diejenigen des Gehirns bezüglich Qualität, Zuverlässigkeit, Schnelligkeit - und Kosten - bei weitem übersteigen. Da derartig leistungsfähige, von einer kleinen Elite konstruierte Systeme dem «Durchschnittsbürger» unmittelbar begegnen, können sie in *konkreten* Situationen durchaus wesentlich «intelligenter» sein als ein *bestimmter* Mensch.

Können Ideen vernichtet werden? Können wir das Denken verbieten?

Die Informationstechnik ein Produkt des Menschen. Moderne Computer, neue Speichersysteme und «intelligente» Netzwerke sind ein Produkt menschlichen Denkens und Handelns. Obwohl in der Produktion neuer Systeme zunehmend vom Rechner als Hilfswerkzeug Gebrauch gemacht wird, muß man festhalten, daß die Informationstechnik sich *nicht* selbst reproduziert und verbreitet. Wenn es auch schon Fabriken gibt, in denen Roboter zumindest Roboterteile automatisch bauen, so sind es doch Menschen, die diese Prozesse anstoßen, steuern, kontrollieren, finanzieren und schließlich auch verändern können. D.h. die Frage, wie wir in Zukunft mit der Informationstechnik umgehen wollen, ist eng verknüpft mit der Frage, was wir allgemein mit dem menschlichen Denken, mit der Eigeninitiative und den Vorstellungen von Technikern und Produzenten tun wollen.

Sind Artikel 2 und Artikel 5 des deutschen Grundgesetzes eine Bürde? Jeder, der heute Informationstechnik konzipiert, entwickelt, vermarktet und nutzt, kann sich auf den Artikel 2 des Grundgesetzes beziehen: «Jeder hat das Recht der freien Entfaltung seiner Persönlichkeit, soweit er nicht die Rechte anderer verletzt und nicht gegen die verfassungsgemäße Ordnung oder das Sittengesetz verstößt.» Hiermit wird deutlich, daß die Grundgesetzväter die Entfaltung eigenen Gedankengutes und deren Umsetzung in Produkte und Strukturen grundsätzlich bejaht haben. Die Verletzung der Rechte anderer wird verstanden als die Kollision von individuellen Interessen. Es wird natürlich zu fragen sein, inwieweit nicht die konsequente Nutzung der Informationstechnik auch kollektive Interessen betrifft. Dann mag es durchaus zu Verletzungen der Rechte anderer kommen. Wir haben Diskussionen dieser Art bereits in anderen Technologiebereichen (z.B. Entwicklung der Verkehrssysteme oder beim Bau von Kernreaktoren) gehabt. Letztlich hat sich aber immer herausgestellt, daß keine Technologie grundsätzlich verboten worden ist. Sie wurde stets nur den Randbedingungen derart angepaßt, daß die Verletzung der Rechte anderer möglichst minimiert wurde.

Als Basis der Legitimation moderner Informations- und Kommunikationssysteme ist auch der Artikel 5 des Grundgesetzes von großer Bedeutung: «Jeder hat das Recht, seine Meinung in

Wort, Schrift und Bild frei zu äußern, zu verbreiten und sich aus allgemein zugängigen Quellen ungehindert zu unterrichten. Die Pressefreiheit, die Freiheit der Berichterstattung durch Rundfunk und Film wird gewährleistet. Eine Zensur findet nicht statt. Diese Rechte findet ihre Schranken in den Vorschriften der allgemeinen Gesetze, den gesetzlichen Bestimmungen zum Schutze der Jugend und in dem Recht der persönlichen Ehre.»

Hiermit wird deutlich, daß zunächst die primäre Produktion von Information und ihre Verbreitung grundsätzlich geschützt sind. D.h. ein a-priori-Verbot der Entwicklung neuer Informations- oder Telekommunikationssysteme würde dem Grundgesetz widersprechen. Gleichzeitig ist aber auch klar, daß nicht beliebige «Informations-Verschmutzungen» möglich und erlaubt sind. Gerade im Bereich des Jugendschutzes sieht dies ja das Grundgesetz auch explizit vor; hier bestehen gewisse Möglichkeiten, die Jugend vor Information zu schützen, die unter Berücksichtigung ihrer entwicklungspsychologischen Situation ungeeignet erscheint. Da aber Zensur nicht stattfinden darf, müssen entsprechende Organe unter demokratischer Kontrolle arbeiten. Dies ist notwendigerweise ein außerordentlich komplizierter Prozeß.

Wie soll über die Zulassung eines neuen Computerspiels entschieden werden, wenn dessen Wirkung eigentlich erst erkennbar wird, nachdem es von Hunderttausenden oder von Millionen Jugendlicher gespielt wurde? Wer kann die Wirkung einer veränderten Fernseh-Programmstruktur auf die Jugend rechtzeitig abschätzen und daraus mit guten Argumenten gesetzgeberische Maßnahmen fordern?

Wir sehen – wie in vielen anderen Bereichen –, daß das deutsche Grundgesetz über drei Jahrzehnte alt ist und zu einer Zeit entstand, als die Breite moderner Informationstechnik nicht erkennbar war. (Im Jahre 1946 wurde der Weltmarkt für Rechner der damaligen Bauweise auf 5 bis 8 Stück geschätzt!) Insofern wird es notwendig sein, die verfassungsrechtlichen und gesetzlichen Interpretationen weiterzuentwickeln. Festzuhalten bleibt allerdings, daß der heutige grundgesetzliche Rahmen keinerlei Maßnahmen vorsieht, die das Nachdenken über Informationstechnik und die Entwicklung neuer Produkte ernsthaft zu behindern erlauben. Ganz im Gegenteil, unsere Verfassung zählt die Entwicklung der Persönlichkeit – und dazu gehört natürlich insbesondere die geistige Entwicklung und ihre mittelbare und unmittelbare Verwirklichung – zu den Grundrechten; auf diese besteht ein über das normale Recht hinausgehender grundsätzlicher Anspruch. Niemand kann also im Rahmen der bundesrepublikanischen Grundordnung das Denken verbieten! Damit werden auch in der Bundesrepublik immer neue Ideen über die automatische Verarbeitung von Informationen entstehen – ganz zu schweigen von den mannigfaltigen Importen derartiger Konzepte und Technologien aus den kreativsten Ländern in diesem Feld, aus den USA und Japan.

Es wird nicht alles gemacht, was technisch möglich ist! In den letzten Jahren ist viel darüber spekuliert worden, ob man alles tun soll, was (informations-)technisch möglich ist? Diese Frage ist an sich schon unsinnig, unterstellt sie doch, daß etwa alles das getan wird, was überhaupt technisch möglich erscheint. Dies ist jedoch *keineswegs* der Fall. Die Technik, die wir in unserer Gesellschaft haben, ist das Ergebnis eines komplizierten und komplexen gesellschaftlichen Selektionsprozesses. Wer sich je einmal die Zeit genommen und nur wenige Stunden im Münchner Patentamt (oder in der Berliner Zweigstelle) Patente und Patentanmeldungen durchgesehen hat, erkennt leicht, wie *riesig* die Diskrepanz zwischen «neuen technischen Ideen» und den auf dem Markt «realisierten Produkten» ist. Der Erfinder ist frei in seiner Schöpfung, aber die Akzeptanz einer Erfindung als Produkt auf dem Markt erfordert sehr viel mehr als nur eine brillante Idee. Das ganze Spiel der Kräfte – auf das schon oben hingewiesen wurde – kommt hier voll zum Tragen, bevor sich eine Technik wirklich ausbreitet.

Wir haben eindrucksvolle Beispiele dafür, daß sich scheinbar «leistungsfähige Technik» *nicht* durchgesetzt hat: Im Überschallflug z.B. sind wir technisch schon lange in der Lage, Flugzeuge zu bauen, die mit Mach 2 oder 3 die Kontinente verbinden können. Aber die hohen Transportkosten auf der einen Seite und die erheblichen Belastungen durch den Überschallknall andererseits haben diese Technik als wenig akzeptabel abgestempelt und nicht verbreitet, so gibt es nur zwei Fluggesellschaften auf der Welt, die mit einem sehr begrenzten Streckennetz diese Technik nutzen.

Bei den Landfahrzeugen haben wir ähnlich widersprüchliche Entwicklungen: Obwohl ein allgemeines und weitverzweigtes öffentliches Verkehrsnetz von vielen als außerordentlich erstrebenswert angesehen wird, hat sich dieses *nicht* durchgesetzt, weil es echte Punkt-zu-Punkt-Verbindung nur mit *hohen* Kosten ermöglicht. Das *individuelle* Auto in Kombination mit einem weitverzweigten, gut ausgebauten staatlichen Straßennetz hat das Rennen gemacht - trotz der jetzt erkennbaren gravierenden negativen Konsequenzen für die Umweltbelastung.

Auch im Energiebereich ist nicht in allen Ländern die Kernenergie in dem Maße vorangekommen, wie das in den 40er oder 50er Jahren angenommen wurde: Wirtschaftlichkeitsüberlegung einerseits, Sicherheitsprobleme andererseits sowie die komplizierten Fragen der Entsorgung haben dazu geführt, daß die Nutzung der Kernenergie sich in verschiedenen Ländern auf verschiedenen, relativ niedrigen Pegeln eingestellt hat.

Ähnliche Restriktionen gelten entsprechend für die Informationstechnik: Auch dort werden sich in Zukunft nur die Ideen und Produkte durchsetzen können, die auf breite Zustimmung in der Bevölkerung stoßen. Der Prozeß der Akzeptanz - oder der der breiten Zurückweisung - muß andererseits ernst genommen werden, wenn man den Boden der Demokratie nicht verlassen will. Es ist richtig, daß Experten heute vor Gefahren und Problemen warnen, es ist aber falsch, wenn sich diese Experten zu Oligarchen aufschwingen wollen und die Gesamtbevölkerung zu bevormunden versuchen. Dies widerspricht in eklatanter Form dem Prozeß demokratischer Willensbildung. Was technisch gemacht werden soll, muß das Produkt eines möglichst breiten gesellschaftlichen Konsenses sein; diesen gilt es zu finden. Dabei wird es insbesondere darauf ankommen, daß breite Schichten sowohl über die Chancen als auch über die Probleme der Informationstechnik Bescheid wissen, nur dann ist eine demokratisch akzeptable Integration der neuen Technik denkbar. Minderheiten - welcher Richtung auch immer - dürfen sich *nicht* zum Vormund breiter Schichten machen.

Die Macht der Kreativen - die Ohnmacht der Uninteressierten. Angesichts der relativen Leichtigkeit, mit der z.B. ein neues Computerprogramm geschrieben werden kann oder vorhandene Komponenten der Informationstechnik zu neuen Systemen zusammengesetzt werden können, ist die Macht der Kreativen außerordentlich groß geworden; sie können schnell neue Produkte in die Welt setzen. Ihnen steht andererseits eine breite Gruppe weitgehend uninformierter Bürger gegenüber. Diese sind auch häufig uninteressiert an Gesamtentwicklungen und übergreifenden Konzepten. In dieser Situation besteht in der Tat die Möglichkeit, die «breite Masse» zu überfahren. Aber dies darf nicht den Ruf nach staatlicher Ordnungspolitik auslösen, vielmehr muß es die Forderung nach politischer Partizipation laut werden lassen. Nur wenn die Uninteressierten selbst kreativ werden, kreativ im Sinne der Gestaltung ihrer Umwelt, ihres Lebens, ihrer Position in der Gesellschaft, ihres Arbeitslebens und ihrer Familie, dann kann «gefährliche» Technik vermieden werden. Es ist - gerade angesichts der gewaltigen Möglichkeiten der Informationstechnik - die Entfaltung des Menschen, die es zu fordern gilt, und nicht dessen Bevormundung!

Die Abhängigkeit der Bundesrepublik vom Weltmarkt. Die Bundesrepublik ist in ihrem jetzigen Lebensstandard im hohen Maße vom Weltmarkt abhängig: Etwa ein Drittel aller deutschen Produkte wird exportiert, ca. 50% aller Industrieprodukte gehen ins Ausland. Wirtschaftspolitische Offenheit sowohl in der europäischen Gemeinschaft als auch im internationalen Markt ist ein konstitutives Element unserer Gesamtpolitik. In dieser Situation haben wir kaum eine Chance, einzelne Produkte der Informationstechnik, die aus dem Ausland zu uns kommen, selektiv oder auch global zu verbieten. Damit würden wir in einen Protektionismus hineinlaufen, der uns langfristig schwer schädigt.

Dies aber heißt, daß wir uns mit der importierten Informationstechnik im Lande und auf allen Ebenen unmittelbar auseinandersetzen müssen. Es gilt das Entstehen der «richtigen» Märkte zu unterstützen und das der «falschen» zu verhindern. Das aber muß das Ergebnis eines angemessenen Selbstverständnisses der Bevölkerung und *nicht* die Konsequenz einer zentralistischen Wirtschaftspolitik sein. Die «Unberechenbaren» können den «Autonomen» und den «Substituierbaren» helfen zu verstehen, welche Produkte welche Konsequenzen haben, aber sie haben kein Recht und sollten auch keine Möglichkeit bekommen, durch Importbeschränkungen das eine Produkt zuzulassen und das andere zu verbieten, zu wenig wissen auch die Unberechenbaren über die langfristigen Konsequenzen der einen oder der anderen Entwicklungsrichtung!

Seit Erfindung der Schrift kann Wissen nicht mehr vernichtet werden. Die scheinbare Möglichkeit der «Abschaffung» der Informationstechnik unterstellt, daß eine Gesellschaft diese Technik konsequent vergessen könnte. Dies aber ist eine grundsätzliche Fehlannahme! Kein gedachtes und niedergeschriebenes Wort kann in unserer Gesellschaft wirklich ausradiert werden, nachdem die Sprache und insbesondere die Schrift entstanden sind: Was einmal explizit formuliert wurde, bleibt «kulturelles Erbe», es kann bestenfalls «verschlossen» werden. Aber dies wird nie verhindern, daß es nicht wieder «ausgegraben» und benutzt werden wird. – Dieses Problem ist aus dem Bereich der ABC-Waffen wohlbekannt. Auch dort gibt es die Möglichkeit, eine Waffe nicht mehr zu bauen; dies beinhaltet aber – leider – nie die Vernichtung allen Wissens zum Bau dieser Waffe, so daß latent immer das Potential zur Wiederaufnahme der Produktion bestehen bleibt. Im «Ernstfall» kommt es also z. B. bei weltweiter Abrüstung bzw. «Entcomputerisierung» nur darauf an, schnell genug die Produktion wieder aufzunehmen, der Wettbewerb beginnt dann sofort von neuem! Das Bild einer «statischen Welt» widerspricht realen Gesellschaften, in denen Menschen stets politisch miteinander ringen.

Resümee: Denken kann und darf nicht verboten werden – es ist zu fördern! Die Bilanz dieser Überlegungen ist einfach: Es kommt nicht darauf an, die Informationstechnik in Zukunft durch dirigistische, zentralistische und obrigkeitsstaatliche Maßnahmen zu verbieten zu organisieren, zu planen oder «durchzusetzen». Vielmehr kommt es darauf an, breite Schichten der Bevölkerung in diese Technik – nebst ihren Potenzen und Gefahren – derart einzuführen, daß sie selbst in der Lage sind, über Möglichkeiten und Konsequenzen kritisch nachzudenken. Das menschliche Denken, welches hilft, Gesamtzusammenhänge zu verstehen und richtige Entscheidungen zu treffen, das Denken, welches eine gesunde Entwicklung des Gesamtsystems im Auge behält, dieses ist zu fördern und zu unterstützen.

Mit der Verfügbarkeit der Informationstechnik wird der individuelle Mensch *nicht* von der Verantwortung entlastet, Entscheidungen für sich selbst zu treffen, da die Technik ja immer nur «außerhalb» von ihm operiert und nicht in ihm selbst existiert und sein eigenes Denken «unmittelbar» bestimmt. Die Fähigkeit, richtige Entscheidungen zu finden, muß deutlich entwickelt und verbessert werden. Insbesondere ist dabei die Frage zu klären, was will der Mensch, wohin soll die Gesamtentwicklung eigentlich gehen, was sind zentrale Ziele und Interessen? Dieses gilt es zunächst herauszuarbeiten, wenn man mittel- und langfristig darüber entscheiden will, ob, wann und wie die Informationstechnik in die Gesellschaft zu integrieren ist.

Was will der Mensch?

Was ist der Mensch? Eine wohlbegründete Antwort auf diese Frage würde uns helfen, das Ziel menschlicher und gesellschaftlicher Entwicklungen besser zu verstehen. Aber sooft die Frage gestellt worden ist – und dies geschah wohl bereits weit vor der Antike –, so oft sind nur sehr begrenzte Antworten zustande gekommen. Zwei zentrale Einsichten lassen sich wohl als Leitlinien festhalten:

Erstens ist der Mensch das Produkt einer Millionen Jahre währenden Evolution, in der er aus einem Primatenurstamm entstand, aus dem auch andere hochentwickelte Lebewesen erwachsen sind. Aber die einzigartige Entwicklungsgeschwindigkeit des menschlichen Gehirns – u.a. als Folge der Fähigkeit zur Tötung von Artgenossen – und der dabei vollzogene Strukturwandel, der zur Dominanz der neuen Großhirnbereiche führte, hat uns Funktionen gegeben, die zum einen die Beherrschung und Gestaltung unserer Umwelt ermöglichen und uns zum anderen ein Bewußtsein über das eigene Leben und den Gestaltungsprozeß selbst erlauben.

Zweitens bleibt festzuhalten, daß der heutige Mensch von zwei großen Informationsströmen geformt wird: der *genetischen Information*, die er in einer höchst spezifischen Mischung mit der Geburt auf die Welt bringt, und der auf ihn einströmenden *«Umwelt-Information»*, aus der er lebenslänglich lernt und in der er sein Bewußtsein und sein menschliches Informationsverarbeitungs-System entwickelt. Es ist hier – aus Platzgründen – unmöglich, den Versuch zu unternehmen, quantitativ im Detail diese beiden Komponenten gegeneinander zu wägen. Nach allem, was wir aber wissen, ist festzuhalten, daß sowohl die genetische Komponente als auch die «Milieu-Komponente» eine wichtige Rolle spielen. Viele Untersuchungen – gerade auch der jüngsten Zeit – zeigen, daß dabei die Bedeutung der genetischen Komponente nicht unterschätzt werden darf.

Aber während wir im Bereich der Evolution des menschlichen Erbgutes in den letzten Jahrtausenden, wegen der Vermeidung einer harten Selektion, kaum erkennbare Veränderungen beobachten können, entwickeln sich die materielle, die informationelle Umwelt des Menschen, sein kulturelles Erbe und die Art und Weise, wie diese verfügbar sind, in einem atemberaubenden Tempo. Daher die deutlichen Unterschiede im Verhalten eines Menschen z.B. des Mittelalters gegenüber einem Menschen einer modernen Demokratie: Beide haben sicher Ähnlichkeiten in ihren Grundeinsichten und Grundinteressen, aber die Art und Weise, wie sich diese ausprägen und wie sie umgesetzt werden können, haben sich drastisch verändert.

Der Mensch ist, wenn man in den Zeiträumen denkt, die z. B. die politische Geschichte Europas bestimmen, ein *biologisch stabiles* Wesen, in das aber immer neue «Überlebensprogramme» implementiert werden. Unsere Unfähigkeit, mit unserem Genom gezielt umzugehen, erlaubt uns Veränderungen unseres Seins nur über die Gestaltung der materiellen und der informationellen Umwelt einerseits und über Bildungs- und Ausbildungsprozesse andererseits. Davon haben wir in den letzten Jahrzehnten und Jahrhunderten intensiv Gebrauch gemacht, hierin allein besteht unser Handlungsspielraum. (Ob wir demnächst auch das Genom des Menschen mit «genetischen Manipulationen» bewußt gestalten werden, soll hier nicht weiter erörtert werden, da die bisherigen wissenschaftlichen und biotechnischen Ergebnisse diese Möglichkeiten erst in fernerer Zukunft denkbar erscheinen lassen.)

Befriedigung der Grundbedürfnisse. Aus seiner biologischen Evolution und aus frühkindlichen Erfahrungen heraus bringt der Mensch den «Drang» mit, gewisse Grundbedürfnisse zu befriedigen: *Hunger* wird als negative Erfahrung gewertet. *Schutzlosigkeit* in Kälte und Nässe werden als unangenehmes Gefühl erfahren, welches den Wunsch nach Behausung bedingt. *Liebe und Sexualität* sind essentielle Komponenten des Menschseins. – Aber bereits in Bereichen des «Glücklich-Seins» und des «Zufrieden-Seins» gibt es recht unterschiedliche Wünsche und Vorstellungen. Hier zerfällt die Menschheit in mehr und mehr sich voneinander unterscheidende Gruppierungen. Dieses Zerfallen der (einheitlichen) Ziele wird gerade in der modernen «pluralen» Gesellschaft immer deutlicher: Wir entwickeln eine breite Toleranz gegen eine hohe Varianz unterschiedlicher Zielvorstellung: Homosexualität wird zunehmend genauso akzeptiert wie die Freude an brutalsten Filmszenen; trotz des jährlichen «Diktats» der Modeschöpfer wird eine breite Palette von Kleidung angenommen; neben strenger Religiosität und pointiertem Nihilismus gibt es breite Schichten, die theologischen und ethischen Fragen gegenüber völlig uninteressiert sind; wir bauen Autos und Autobahnen, die Spitzengeschwindigkeiten um 250 km/h erlauben, und gleichzeitig wird das Netz von Fahrrad- und Fußwegen erweitert; viele Menschen sehen das Elend in den

Entwicklungsländern mit blutendem Herzen, aber gleichzeitig gibt es auch in der Bundesrepublik Kindesmißhandlungen und Frauenhäuser. – Jenseits der zentralen Grundbedürfnisse erlaubt die moderne Gesellschaft die Befriedigung einer außerordentlich heterogenen Palette von Interessen und Bedürfnissen!

Der Drang nach Gestaltung. Auf der Suche nach «typisch» menschlichen Eigenschaften haben die Anthropologen vielerlei Felder «typisch» menschlichen Handelns benannt: Der «geplante» Bruder- oder Schwestermord ist sicher eine der eigenartigsten und aus der Evolution besonders herausragenden Eigenschaften des Menschen. Ein anderes grundsätzliches Anliegen des Menschen scheint es zu sein, seine Umwelt zu gestalten. Der Grundauftrag der Bibel «Machet Euch die Welt untertan» charakterisiert einen spezifisch menschlichen Zug.

So besteht unser Leben insbesondere in den jugendlichen und mittleren Phasen aus vielerlei Aktivitäten, die der Gestaltung des Menschen selbst und seiner unmittelbaren Umwelt dienen: Das Kind drängt nach dem Erfassen der relevanten materiellen und konzeptionellen Strukturen (Neugierde); der Jugendliche versucht sich durch Kleidung und die Einrichtung seines kleinen Wohnbereichs eine «Mini-Welt» aufzubauen; der Erwachsene ist ständig dabei, seine Familie und sein Heim zu «gestalten», zu «organisieren», zu «strukturieren» und «weiterzuentwickeln».

Das Bauen eines eigenen Hauses ist ein typisch menschliches Phänomen der Gestaltung einer unmittelbaren Umgebung; wenn dieser materielle Wunsch nicht erfüllbar ist, so wird zumindest die Wohnung «gestaltet». Am Arbeitsplatz übernimmt der Mensch Aufgaben mit dem Ziel, neue Konzepte voranzubringen und diese in neuen Situationen umzusetzen. – Auf der nächsten Ebene von Gestaltung werden Firmen organisiert, Straßennetze entwickelt, Infrastrukturen aufgebaut, Branchen entfaltet, kommunale und politische Systeme realisiert und schließlich der Machtanspruch zur Gestaltung ganzer Welthemisphären entwikkelt. Es ist der Ingrimm des Gestaltungswillens des Menschen, seine Besessenheit nach der Realisierung der ihm opportun erscheinenden Ziele, die zu vielen verheerenden kriegerischen Auseinandersetzungen geführt haben: Gestalten heißt letztlich auch – mit allen Mitteln bis zur völligen Vernichtung – herrschen über das, was zu gestalten ist.

Die große Bedeutung der Faulheit. Aber der Tätigkeitsdrang des Menschen ist nur eine Komponente seines Seins, die zweite – sie balancierende – ist in seiner Faulheit zu sehen. Der Homo oeconomicus beherrscht weite Flächen menschlicher Aktivitäten: Fast alle versuchen, mit einem Minimum an «Aufwand» ein Maximum an «Erfolg» zu erreichen, nur wenige («Idealisten») verletzen dieses Prinzip.

D. h. ganz konkret, daß fast jeder versucht, jedes Problem auf dem einfachsten und die wenigsten Anstrengungen fordernden Weg zu lösen. Auf der physischen Ebene wird zunächst alles zu vermeiden gesucht, was größere körperliche Anstrengungen fordert – hier ist die Rückwirkung auf das Bewußtsein («Müdigkeit») besonders deutlich. (Dies schließt natürlich nicht aus, daß vielerlei Ausnahmen von dieser Regel auftreten, man denke nur an den Leistungssport.) – Außerdem versucht jeder Mensch, sich aus Tätigkeitsfeldern zurückzuziehen, in denen es darauf ankommt, repetitive «langweilige» Arbeit zu machen. Diese widerstreben dem allgemeinen Gestaltungsbedürfnis und stellen eine besondere Art der Faulheit dar. – Schließlich aber gibt es die Faulheit auch im Bereich des Kognitiven und des Affektiven. Obwohl das Denken kaum Energie verbraucht und eigentlich ohne Anstrengungen zu erledigen ist, gibt es einen Zustand, der noch weniger Leistung fordert: die lethargische Rezeption von Information ohne eigentliche Informationsverarbeitung. Der Mensch ohne körperliche und ohne geistige Arbeit stellt die «Spitze der Faulheit» dar, das Streben nach diesem Zustand gehört ebenfalls zu den typischen Eigenschaften des Menschen. («Vier Wochen am Strand ausruhen!»).

Der Hunger nach Macht. Der Mensch ist ein soziales Wesen. Dieser Tatbestand umfaßt gleichzeitig das Interesse des Menschen, in einer sozialen Ordnung eine Position zu beziehen. Er beinhaltet insbesondere den Willen, Macht auszuüben und in der Hierarchie von Organisationsstrukturen nach oben zu rücken. D. h., der Mensch will einen – evtl. nur sehr kleinen – Bereich haben, den er kontrollieren, den er steuern, den er organisieren kann. In diesem will er seine Ideen, seine Konzepte, seine Vorstellungen, seine Werte, seine Normen durchsetzen. Dieses menschliche Interesse steht nur scheinbar im Gegensatz zum Prinzip der Faulheit. Es besteht selbstverständlich auch hier ein Interesse, mit einem Minimum an Aufwand ein Maximum an Macht zu erobern. – Natürlich ist dieser Machtanspruch außerordentlich differenziert zu sehen. Es gibt eine breite Vielfalt von Machtinteressen und Machtansprüchen: Von der Kontrolle über Familienmitglieder, der Aufsicht über Mitarbeiter bis hin zur Macht des staatslenkenden Politikers sind alle Schattierungen in unserer Gesellschaft repräsentiert. Macht wird auch nicht immer als solche verstanden, sie wird häufig implizit, sie wird differenziert und «zurückhaltend» ausgeübt.

Das Interesse an Ordnung und Struktur. Menschliche Neugierde einerseits und menschliches Interesse an «geordneten Verhältnissen» andererseits führen dazu, daß der Mensch nicht nur «blind» gestaltet, sondern Gestaltungen nach gewissen Ordnungs- und Strukturprinzipien vornimmt. Beispiele sind das intensive Suchen der Wissenschaften nach grundlegenden Ordnungsprinzipien, das Erhaltenwollen von überkommenden Strukturen, der Versuch, neue ökonomische Strukturen zu organisieren, die mannigfaltigen Abstimmungen im politischen Raum; all dies dient dazu, ordnend zu strukturieren. Der Mensch lebt nicht - wie viele Tiere und insbesondere auch die eng verwandten Primaten - in einer ungeordneten Umwelt. Vielmehr ist er interessiert und engagiert, komplexe Strukturen zu verbessern, weiterzuentwikkeln und auszubauen - man denke in den Industrienationen nur an die Netzwerke der Energieversorgung, die Verkehrsnetze, die Handelsketten -, aber auch an umfassende Ordnungsvorstellungen, wie sie sich z.B. im Buddhismus finden.

Die große Bedeutung des Alltags-Pragmatismus. Geht man dem täglichen Leben des Menschen nach und versucht es zu «verstehen» - wie es Tausende von soziologischen Untersuchungen getan haben -, so zeigt sich, daß eine explizite Beobachtung des Willens des Menschen nur sehr begrenzt möglich ist. Was wirklich in der Praxis, zu Hause, am Arbeitsplatz, in der Freizeit und in der mitmenschlichen Auseinandersetzung von Tag zu Tag geschieht, stellt sich fast immer als das Ergebnis «pragmatischen Handelns» heraus. Ziele und Wertvorstellungen des Menschen werden umgesetzt in Kompromisse, in Anpassungsprozesse und in eingepaßtes Handeln. Nur wenige Idealisten leben wirklich ein Leben konsequent nach den ihnen innewohnenden Zielvorstellungen. Der überwiegende Teil der Bevölkerung ist willens, sich pragmatisch der Situation «anzupassen». Dies ist eine wichtige Tatsache, wenn man der Frage nachgeht, was will der Mensch?

Dies heißt, daß zum einen Willensvorstellungen reduziert,

abgeschliffen und modifiziert werden, zum anderen bedeutet es, daß der Mensch willens und interessiert ist, die jeweils gegebenen Möglichkeiten zu nutzen, um im pragmatischen Handeln «so dicht wie möglich» an seine Vorstellungen heranzukommen.

Hierbei werden vielerlei «Tricks» sowohl aus der Psychologie und der Soziologie als auch aus der Verwendung von Technik genutzt: Die hohen Unfallraten jugendlicher Motorradfahrer zeigen z.B. nur zu deutlich, daß hier die Herrschaft über eine Maschine die sonst nicht erreichbaren Herrschaftsträume substituiert und dabei Gefahrenbereiche in Kauf genommen werden, die letztlich das Individuum überfordern und aus seinem pragmatischen Handeln herausheben. – So ist der Alltags-Pragmatismus zwar eine Leitidee, die jedoch an vielen Stellen durchbrochen wird; dann werden ursprüngliche Antriebe und Ziele deutlich, manchmal sogar überdeutlich, wenn es z.B. zur Kriminalität kommt.

Die Macht der «kinderlosen» Alten-Gesellschaft. Viele unserer heutigen Wünsche, Normen und Ziele sind noch kulturelles Erbe aus einer demographisch «gesunden» Gesellschaft, in der ein großer junger Bevölkerungsanteil einer relativ kleinen Schicht alter Menschen gegenüberstand. Bei einer derartigen Bevölkerungspyramide war es wichtig, «voranzudrängen», «sich zu etablieren», «materielle Werte zu sichern», «seine Ideen durchzusetzen» usw. Die jetzt langsam entstehende «kinderlose» Alten-Gesellschaft (in der Bundesrepublik mit Jahrgangsstärken der jungen Generationen um 550000 gegenüber denen der «Älteren» von bis zu 1100000) wird viele soziologische, psychologische, anthropologische, aber auch politische Verhältnisse grundsätzlich verändern. Die Macht der Alten wird deutlich zunehmen (nicht nur als Wählerpotential), die Adressaten der Konsum-Märkte werden sich verschieben, die Familie wird deutlich an Bedeutung verlieren, das «Den-Lebensabend-Genießen» wird ein wichtiger Faktor im Gesellschaftsprozeß werden.

Die vielen Alten sind vor allem auch wirtschaftlich zu sichern; sie werden dafür sorgen, daß alle Produktivitätsreserven ausgeschöpft werden, um ihr Leben zu verbessern. Sie werden zwar die neue Technik nicht selbst benutzen, aber deren Einsatz zur eigenen Altersversorgung zumindest indirekt unterstützen.

Die Technik als Mittel der Wunschbefriedigung. Da die menschliche Schaffenskraft sowohl bezüglich der physischen als auch der psychischen Leistungen durch die genetische Grundausstattung begrenzt ist, hat der Mensch schon immer in seiner Geschichte nach «technischer Unterstützung» seiner Leistungsfähigkeit gesucht. «Techniker» und «Ingenieure» haben dem Menschen in allen Phasen seiner geschichtlichen Entwicklung Werkzeuge, Apparate, Geräte, Maschinen angeboten, die es ihm erlaubten, seine Wünsche besser, leichter und «kostengünstiger» zu befriedigen. Dieses Angebot ist stets auf breiter Basis angenommen worden.

Man kann fast zu jedem Bereich menschlicher Wunsch- und Zielvorstellungen auch die «passende» Technik angeben: Der Wunsch nach beliebiger Beweglichkeit wurde auf dem Lande durch das Auto, zu Wasser durch das Motorschiff (oder auch die Taucherausrüstung) und in der Luft durch das Flugzeug befriedigt; alle diese Systeme haben die Mobilität des «nackten» Menschen um 10er-Potenzen gesteigert. – Der Wunsch nach der Verfügbarkeit flexibler Energie zum Einsatz in unterschiedlichen Anwendungsformen hat zum Aufbau eines Elektrizitätsnetzes geführt, welches heute an allen Punkten der Industrienationen die «Kraft aus der Steckdose» verfügbar macht; Milliarden von Elektromotoren verstärken die menschlichen Muskeln und erlauben Leistungen, die vom Menschen nie zu erbringen wären. – Die Mechanisierung der Produktion, vom Webstuhl über das Fließband bis hin zum automatischen Walzwerk, erfüllt den gleichen alten Wunsch des Menschen: ein Maximum an «guten Gütern» mit einem Minimum an Aufwand zu erstellen. – Das Kommunikationsinteresse des Menschen wurde durch das Telefonnetz technisch befriedigt; heute kann jeder mit jedem weltweit telefonieren, ohne daß es der unmittelbaren Anwesenheit vor Ort bedarf. – Diese Liste kann jeder für sich vervollständigen, man kommt immer dazu, daß Technik als Mittel zum Zweck relativ unreflektiert akzeptiert wurde, der Mensch machte sich in der Tat «die Erde – und deren Prinzipien – untertan».

Schäden durch Technik. Neue Techniken haben in jeder geschichtlichen Phase in den gewachsenen Strukturen menschlichen Zusammenlebens immer auch zu positiven *und* negativen Folgen geführt: Der Speer konnte zum Jagen, aber auch zum Mord benutzt werden; mit dem Hebel konnte man Häuser bauen, aber auch feindliche Gebäude zerstören; die Schrift erlaubte die

Aufzeichnung menschlichen Denkens und gleichzeitig die schriftliche Auseinandersetzung; die Pferdekutsche brachte erhöhte Transportkapazität, aber auch die ersten Verkehrstoten; die Industrialisierung befriedigte den Wunsch nach immer mehr Gütern und zerstörte die alte bäuerliche und handwerkliche Infrastruktur; mit dem modernen Automobil und einem ausgebauten Straßennetz wurden hohe Mobilität und eine blühende Volkswirtschaft unterstützt, gleichzeitig belaufen sich in der Bundesrepublik die volkswirtschaftlichen Schäden bei über 10000 Toten und 300000 Schwerverletzten auf ca. 50 Milliarden DM pro Jahr. Auch diese Liste kann man beliebig fortsetzen.

In allen Fällen läßt sich festhalten, daß Gesellschaften willens waren, zur Befriedigung ihrer «primären» Bedürfnisse andere negative Wirkungen in Kauf zu nehmen. Es ergaben sich gleichzeitig mit neuen Technologien neue Gleichgewichte und Strukturen: So haben die Römer z.B. die Wälder Italiens abgeholzt, um damit ihren hohen Holzbedarf im Schiffsbau zu befriedigen und den Mittelmeer-Raum zu beherrschen. Wir sind z.Z. an der Schwelle, daß wir unsere nördlichen Wälder einerseits dem hohen Bedarf an Mobilität und andererseits der leicht verfügbaren Energie zu opfern drohen.

Allerdings zeigt sich heute in den Industrienationen ein zunehmendes Interesse breiter Schichten der Bevölkerung, den Schaden aus technischen Anwendungen zu minimieren. Aber wo liegt das Minimum? Eine absolut «schadensfreie» Technik scheint es nicht zu geben; was man bestenfalls erreichen kann, ist eine Technik mit einem Minimum an *überschaubaren* Nebenwirkungen. – Um nicht mißverstanden zu werden, dies soll *nicht* heißen, daß man nicht *alle* Anstrengungen unternehmen muß, um diese Nebenwirkungen rechtzeitig zu erkennen und ihnen entgegenzutreten. Aber es erscheint in einer Demokratie gesellschaftlich unmöglich, wirklich *alle* Nebenwirkungen zur rechten Zeit mittelfristig und langfristig prognostizieren zu können und damit abwendbar zu machen. Zu komplex sind die Wirkungszusammen hänge zwischen Menschen, Organisationsmustern und Technik.

Die Volkswirtschaft – «Reparatur-Gesellschaft mit beschränkter Haftung»? Stete Innovationen im Bereich menschlichen Denkens und Handelns, im Aufbau neuer Organisationsstrukturen und in neu entstehender Technik führen zu einem ständigen Wandel der Gesellschaft. Solange Menschen überhaupt denken und sich mit ihrer Umwelt auseinandersetzen, führt dies stets zu Veränderungen. Neue Prozesse werden insbesondere deswegen ständig angestoßen, weil durch Alterungsprozesse immer wieder junge Menschen in die Gesellschaft eintreten und neue Positionen zu erringen versuchen. Dadurch aber entstehen u. a. permanent auch Schäden an den alten Strukturen, für die dann jeweils neue «Reparatur-Systeme» geschaffen werden. Diese ihrerseits sind wieder Komponenten einer Volkswirtschaft, auf der dann wiederum neue «Reparatur-Systeme» aufbauen usw.

Eine «ideale Volkswirtschaft», in der nur «schadensfrei» produziert wird, ist bisher auf der Welt nicht realisiert worden. Wo immer wir uns umschauen, haben wir Schadensverursacher und zugehörige Reparateure: Die Brauereien, die Tabakwaren-Hersteller produzieren Genußmittel, deren schädigender Konsum dann wieder von der Medizin und dem Sozialsystem repariert wird; die Landwirtschaft erzeugt in der Europäischen Gemeinschaft eine Überproduktion an Gütern, die dann wieder aus dem Markt herausgezogen wird, womit man unter anderem Kühlhaus-Herstellern gewaltige Möglichkeiten bietet; in der Automobilindustrie ist es bisher nicht gelungen, einheitliche Stoßstangenhöhen derart durchzusetzen, daß leichte Zusammenstöße oder Auffahrunfälle im wesentlichen schadensfrei bleiben, hiervon leben die Kraftfahrzeug-Reparaturwerkstätten; die Medien erzeugen eine künstliche Umwelt, die zu vielerlei psychischen Veränderungen führen können. Die Psychiatrie ist dann zur Hand, wenn es gilt, aufgetretene Störungen wieder zu reparieren; der Zerfall der Familien führt zu Schwierigkeiten in der Kindererziehung, hier wird das Bildungswesen als Reparaturbetrieb gerufen usw.

Verfolgt man die Entwicklung neuer Strukturen in der Gesellschaft, so hat es fast den Anschein, als ob dieser Aufbau von System und Hilfssystem einem kontinuierlichen Entwicklungsmuster zu unterliegen scheint. Keine «hochentwickelte» Gesellschaft hat es bisher geschafft, ein wirklich «reparaturfreies» System zu entwickeln. Dies wird verständlich, wenn man sich klarmacht, daß eben die Abschätzung von Folgen bestenfalls gesamtgesellschaftlich oder gesamtwirtschaftlich vorgenommen werden kann, das Handeln des einzelnen aber – zumindest in den freiheitlichen Demokratien – immer ein individuelles ist, welches nur begrenzt durch Gesetzgebung und gesellschaftliche Zwänge eingeengt wird. So bleiben Innovation, Technik und die Reparatur von Folgeschäden eng verschränkt. Es ist zum einen grundsätzliche Unfähigkeit, zum anderen aber auch der Mangel an echtem Wollen, der zu anfälligen und stets wieder reparaturbedürftigen Gesamt-Systemen führt. Die Menschen sind nicht nur Konstrukteure, viele lieben auch die Reparatur.

Resümee. Wir müssen zur Kenntnis nehmen, daß eine einfache, globale Bestimmung menschlicher Ziele unmöglich ist, zu differenziert sind die Einzelinteressen, zu weit gefächert die Wünsche, Ziele und Normen. Gleichzeitig bleibt aber festzuhalten, daß die Menschheit in ihren – unterschiedlichen – gesellschaftlichen Organisationen Rücksicht genommen hat auf diese mannigfaltigen Interessenlagen. Sie hat jeweils konstruktive und reparierende Systeme geschaffen, die eng ineinander verzahnt operieren. Der Mensch bewältigt den Konflikt der Ziele und die tägliche Überforderung der sich widersprechenden Meinungen und Konzepte mit Alltags-Pragmatismus – wenn er nicht irgendwann zum letzten Mittel, dem Krieg, greift.

In dieser komplex verspannten Welt hat die Technik einen festen Stellenwert. *Sie dient als Hilfe zur Durchsetzung von Interessen.* Es ist naiv zu glauben, daß es eine interessenfreie Technik gibt, genauso naiv ist es aber auch, sich vorzustellen, daß die Technik nur den «Mächtigen» diene. In modernen Demokratien westlicher Prägung gibt es eine hohe Technologie-Akzeptanz *breiter* Schichten. Diese kann nicht weggeredet, sie kann nicht als «kapitalistische Volksverdummung» dargestellt werden, will man nicht das Prinzip der Demokratie, nämlich die Grundannahme, daß jeder mit seinem Handeln über sich selbst und mit seiner Stimme über das Gesamtschicksal entscheiden kann, in Frage stellen.

In diesen Kontext sind Innovation und Penetranz der Informationstechnik und ihrer Folgen einzuordnen. Eines erscheint dann fast trivial: Die neue Technik, so wie sie sich heute entfaltet, kommt im Prinzip der Faulheit des Menschen außerordentlich entgegen. Sie bietet – langfristig – die Chance für eine automatische Befriedigung vieler Grundbedürfnisse: Vollautomatische Traktoren auf den Feldern und bewegliche Knecht-Roboter in den Ställen sichern die Ernährung, vollautomatische Kraftfahrzeuge erlauben volle Mobilität, automatische Webstühle und Textil-Roboter liefern die Bekleidung, mauernde und bauende Roboter die Wohnungen, vollautomatische Fabriken erzeugen alle wichtigen Konsumgüter. All dies sind mittel- bis langfristige Versprechungen der Informationstechnik, die im Prinzip ein materielles «Schlaraffenland» möglich machen – was viele durchaus für interessant halten, würde es doch tiefliegende Grundbedürfnisse des Homo oeconomicus befriedigen.

Aus dem «ursprünglichen» Wollen des Menschen heraus entstehen also keine originären Kräfte gegen die Informationstechnik, diese können nur in einem ganzheitlichen «Überbau» erzeugt, reflektiert und transportiert werden, wo Ideale - aber auch Ideologien - eine wichtige Rolle spielen.

Notwendigkeit einer Vision

Der Mensch lebt in der Gegenwart, aber er hofft auf die Zukunft. Menschliches Handeln geschieht in der Gegenwart, aber es zielt stets darauf ab, die eigene - nähere oder fernere - Zukunft zu gestalten. Diese Gestaltbarkeit war relativ einfach, als sich Zukunft und Gegenwart wenig unterschieden: In der feudalen Gesellschaft war klar, daß morgen genau dasselbe zu geschehen hatte wie heute: das Bestellen der Felder, das Einbringen der Ernte, das Versorgen der Tiere - alles immer wiederkehrende Handlungen. Mit der Zunahme von Optionen in der industriellen Revolution wandelte sich diese Situation deutlich. Maschinen und Fabriken konnten gebaut werden - oder man konnte auch darauf verzichten. Neue Produkte konnten auf den Markt gebracht oder zurückgenommen werden, Kapital konnte investiert oder gehortet werden usw. Mit dem Entstehen von Optionen wurde es immer wichtiger, Visionen von der Zukunft zu haben.

Diese Visionen waren zunächst individualistisch, solang es nur galt, relativ kleine Lebensräume zu gestalten. Mit zunehmender Verflechtung der Industrialisierung wurden die Visionen zu Gesamtplanungen; das traf für Industrieansiedlungen genauso zu wie für die sich entfaltende Energiewirtschaft, für das Straßennetz wie für das Bahnnetz, für die Entwicklung von Handelsketten genauso wie für den Aufbau des Sozial-Systemsb usw.

Die modernen Potenzen der Informationstechnik fordern nun einen neuen Schub von Visionen, wenn es überhaupt gelingen soll, sie mit einem Minimum an negativen Nebenwirkungen in der Gesellschaft zu implementieren. Ihre Nutzung in der Gegenwart bedingt Folgen für die Zukunft, seien dies die Konsequenzen des Computerspiels für die Entwicklung des Kindes oder die Wirkung des «sehenden» und «fühlenden» Roboters für den Facharbeiter. - Angesichts der starken Vernetzung von Effekten und Konsequenzen der Informationstechnik ist erkennbar, daß der Mensch als Individuum und in seiner gesellschaftlichen Einbettung immer weitere Horizonte überschauen und ganzheitlich durchdenken muß, wenn er die Zukunft planend bewältigen will. Dies aber wird um so schwieriger, je weniger wir zumindest Gedankenmodelle und Visionen der Zukunft entwickeln, bevor wir dazu übergehen, sie wirklich zu entfalten.

Wachstumsideologie oder qualitatives Gestaltungsinteresse? Die letzten Jahrzehnte waren im Westen stark geprägt durch eine weitverbreitete Wachstumsideologie. Es war das Interesse breiter Schichten, zunächst aus den Ruinen des zweiten Weltkrieges herauszukommen und neue Strukturen zu erstellen. Dabei war Wachstum identisch mit Zunahme: Zunahme an Bauten, Zunahme an Lebensmitteln, Zunahme an Straßen, Zunahme an Verkehrsmitteln, Zunahme an Genußmitteln, Zunahme an Krankenhausbetten usw. Dabei wurden *qualitatives* Wachstum, d.h. die Verbesserung der Infrastrukturen, die Weiterentwicklung funktionierender Systeme, die Reduktion von Reparatur-Systemen, die Renovierung von überholten technischen und sozialen Strukturen nur begrenzt betrieben. Wirtschaftliches Wachstum in Form der Steigerung des Bruttosozialprodukts galt als notwendige Voraussetzung und als Potential für alle Umverteilungsprozesse. Inhaltlich orientiertes Struktur-Wachstum dagegen wurde nur begrenzt in die Verteilung einbezogen (siehe z.B. die «Mitbestimmung»).

Während man einer rein quantitativen Wachstumsideologie auch ohne eine detaillierte Zukunftsvision nachkommen kann, so ist dieses bei einem qualitativen Wachstumsprozeß schwieriger. Bedeutet doch Reorganisation und Neuorientierung von inhaltlichen Zielen und Strukturen eine detailliertere, abgestimmte Konzeption für den einzuschlagenden Weg. Akzeptieren wir, daß ein rein quantitatives Wachstum über längere Zeiten – wie wir es in den 50er und 60er Jahren erlebt haben – nicht in dem Maße fortgesetzt werden kann (man denke nur an die Zahl von Produkten, die dann z.B. an der Jahrtausendwende vorhanden wären), so gilt es heute, *qualitativ* orientierte Wachstums-Visionen zu entwickeln und umzusetzen.

Die Informationstechnik bietet hier besonders reizvolle und attraktive Möglichkeiten. Gelingt es doch, mit einem relativ bescheidenen Aufwand an Material, Energie und Manpower vorhandene Systeme zu modifizieren, zu erweitern, zu ergänzen (man denke nur z.B. an die Möglichkeiten der Integration von Rechnerkapazität in das Telefonnetz – siehe Bildschirmtext-System – oder an vollautomatisch-computerisierte Kraftfahrzeuge). Ob es uns allerdings gelingt, diesen qualitativen Entwicklungsprozeß voranzutreiben, hängt davon ab, ob wir in der Lage sind, die Potenzen rechtzeitig zu erkennen und mögliche negative Folgen derart zu bedenken, daß sie bei der Realisierung des Gesamtkonzeptes weitgehend minimiert werden können.

Jede «No-Future»-Bewegung führt in den kollektiven Selbstmord. Ein Mangel an plausibel vermittelbaren und für viele Menschen reizvollen Zukunfts-Visionen führt in die «No-Future»-Bewegung. Diese beinhaltet eine sich selbst erfüllende Prophezeiung: Indem man davon ausgeht, daß man keine Zukunft hat, verdrängt man jeden Ansatz, über die Zukunft nachzudenken, und hat dann in der Tat das Ergebnis, daß Zukunft zwar stattfindet, aber ohne eigene Beteiligung. Gerade in einer Zeit, in der zum einen klassische Zukunftsziele wie Wohlstand, soziale Stellung oder Familiengründung nicht mehr im Vordergrund stehen und zum anderen die Sorge vor der individuellen Arbeitslosigkeit gerade die Jugend erfaßt hat, ist es wichtig, über neue Ziele und über die Lösung der anstehenden Grundprobleme nachzudenken. «No-Future» darf hier nicht als Entschuldigung, sondern muß als Herausforderung gesehen werden.

Makro-Planung oder Detailveränderung? Akzeptiert man die Notwendigkeit von Zukunfts-Visionen im Sinne *konstruktiver Utopien*, so gerät man schnell in die Problematik der möglichen Tiefe der Zukunftsplanung in einer Demokratie. – Alle Erfahrungen mit planwirtschaftlichen Systemen haben ja hinlänglich gezeigt, daß es praktisch unmöglich ist, eine dynamische Zukunft erfolgreich zu planen. So sind bezeichnenderweise Negativ-Wirkungen, wie z.B. die Umweltverschmutzung, auch – oder gerade – in Planwirtschaften deutlich zu beobachten. D.h. die totale Durchplanung sichert *keineswegs*, daß negative Folgen notwendigerweise vermieden werden. Es muß also ein pragmatischer Weg gefunden werden zwischen einer allgemeinen Vision als Zukunftsorientierung und ausreichender Freiheit in der Detaillierung dieser Vision in den Händen und Köpfen einzelner Menschen und gesellschaftlicher Gruppierungen. Dies ist grundsätzlich eine schwierige Gratwanderung verantwortlicher Politik im großen und im kleinen.

Es ist besonders problematisch bei der vor uns liegenden Nutzung und Integration der Informationstechnik. Gerade der Vernetzungsaspekt moderner informationstechnischer Systeme (z.B. integrierte Materialwirtschaft, elektronischer Markt, elektronischer Informationszugang für jedermann) macht es so schwierig, auf der einen Seite Rahmenbedingungen zu erstellen und auf der anderen Seite genügend Spielraum zur Verhinderung «negativer» Effekte zu schaffen. Es bedarf eines komplizierten Wechselspiels zwischen politischer Gesamtkonzeption und individuellem Handeln im Umgang mit Informationstechnik, um sicherzustellen, daß zukunftsorientierte Entwicklungen insgesamt erfolgreich sind. Diese Balance kann weder dadurch erreicht werden, daß die Politik das Gesamthandeln übernimmt (siehe die politische Diskussion um das Kabelfernsehen und die private Entstehung der «4. Programme» mit Video), noch durch eine völlige Übergabe der Entscheidungskompetenz an einzelwirtschaftliche Interessen. Wirtschaftspolitik und Sozialpolitik sind gemeinsam gefordert, hier Abstimmungs-Mechanismen zur Bewältigung der Informationstechnik herbeizuführen.

Es ist leicht erkennbar, daß im Spektrum der politischen Parteien in der Bundesrepublik die CDU/CSU/FDP-Koalition mehr dazu neigt, der freien Initiative des einzelnen zu vertrauen, während die SPD/GRÜNE-Gewerkschafts-Richtung vielleicht zuviel Gesamtplanung will. Mittelfristig erschiene eine gesunde Mischung aus beiden Ansätzen politisch sinnvoll. Es gilt Rahmenbedingungen zu schaffen, innerhalb deren individuelles Handeln mit Informationstechnik möglich ist, innerhalb deren aber auch aufgezeigt wird, wo Aktivitäten einzelner Gruppierungen zur Gefährdung des Gesamt-Systems führen können.

Die Unabdingbarkeit von Gesamtkonzepten. Auch beim Vertrauen in die Leistungsfähigkeit von individuellen Entscheidungen kann man bei der Lösung der durch die Informationstechnik bedingten strukturellen Probleme langfristig nicht auf nationale Gesamtkonzeptionen verzichten. Dies beruht insbesondere auf dem stetig zunehmenden internationalen Wettbewerbsdruck im Wirtschaftlichen, im Politischen und im Militärischen. Als Gesamtgesellschaft hat langfristig nur die Nation eine Chance, der es gelingt, im internationalen Wettbewerb in allen diesen Bereichen soweit leistungsfähig zu bleiben, daß sie in der Lage ist, die Wünsche ihrer Bürger weitgehend zu befriedigen. Daß hierbei nicht notwendigerweise nur eine quantitative Wachstumsideologie verfolgt werden muß, wurde bereits oben dargestellt. Aber auch qualitatives Wachstum bedarf der Leistungsfähigkeit, und diese muß im Wettbewerb mit anderen Nationen durchgesetzt werden. Insbesondere ist die Informationstechnik in die ökonomische Gesamtkonzeption zentral einzubeziehen.

Auch für die politische Stabilität bedarf es in einer «computerisierten» Gesellschaft als Basis gesamtgesellschaftlicher Sicherheit langfristiger Perspektiven. Hier stellt die Informationstechnik eine besondere Herausforderung an das politische System dar: Durch den Aufbau leistungsfähiger Telekommunikationsnetze einerseits und die schnelle technische Verfügbarkeit von Information andererseits ist das traditionelle System der repräsentativen Demokratie speziell herausgefordert: In einem Staate, in dem es möglich ist, einige Millionen Bürger über ein elektronisches System angemessen zu informieren und dann über ihre Meinung zu befragen, kann die «bessere» Einsicht der Repräsentanten dieses Volkes nicht notwendigerweise die letzte Entscheidung darstellen. Plebiszitäre Komponenten werden sich bei weiterer Ausdehnung der neuen Techniken zunächst auf dem Niveau der Gemeinden, dann der Länder und später der Bundesebene bemerkbar machen. Will man einen Wildwuchs und eine Zersetzung der grundgesetzlich festgeschriebenen Demokratie «von unten» vermeiden, so sollte man *rechtzeitig* über die Konsequenzen der Informationstechnik für das politische System nachdenken und daraus mittel- und langfristige Konsequenzen ziehen.

Von großer Wichtigkeit ist schließlich eine Konzeption für die Zukunft der Verteidigung bei zunehmender Verwendung von Informationstechnik im Militär. Das Konzept des «Automated Battle Field» muß im Hinblick auf die politische Beherrschbarkeit überprüft und weiterentwickelt werden. Dies aber kann nicht durch spontane Entscheidungen einzelner Verteidigungsausschüsse geschehen, sondern sollte in der NATO-Strategie und in internationalen Abrüstungsgesprächen unter Berücksichtigung aller Probleme als Gesamtkonzept vorangetrieben werden.

Resümee. Die Provokation der Informationstechnik in allen Bereichen gesellschaftlichen Handelns stellt uns vor die Notwendigkeit, eine Vision der «computerisierten», «automatisierten» und «informatisierten» Zukunft zu entwickeln. Diese Vision muß als Leitidee politisch umsetzbar sein und gleichzeitig dem Individuum und den gesellschaftlichen Gruppen ausreichenden Spielraum zum Handeln geben. Es ist eine *schwierige Gratwanderung* zwischen Gesamtplanung und kontinuierlicher Detailentscheidung notwendig. Hierzu bedarf es einer intensiven Rückkopplung zwischen den politischen und den individuellen Interessen.

Fehlt der Versuch für ein solches Gesamtkonzept, so besteht zum einen die Gefahr, daß sich Einzelinteressen zu Lasten des Gesamtwohls brutal durchsetzen, und zum anderen die Möglichkeit, daß unter staatlich-obrigkeitlicher Lenkung Innovation und Initiative an der Basis zusammenbrechen.

Während es in den letzten 200 Jahren in den heutigen Industrienationen *nicht* gelungen ist, den Sprung aus der bäuerlichen Wirtschaft des 17. Jahrhunderts in die heutige Industrialisierung *ohne tiefgreifende* soziale, politische und wirtschaftliche Verwerfungen zu schaffen, so haben wir heute eine *Chance*, durch angemessene Antizipation und Konzeption der Zukunft eine Wiederholung dieses für Hunderte von Millionen Menschen damals sehr tragischen Prozesses zu vermeiden. In der Bundesrepublik haben wir heute sowohl die intellektuelle als auch die wirtschaftliche Kapazität, um uns diesem Planungsprozeß zu stellen. Wir haben die Möglichkeit, mittel- und langfristige Visionen zu entwerfen und sie gesamtgesellschaftlich zu diskutieren. Wir haben gleichzeitig die Möglichkeit, dem einzelnen angemessene Freiheitsräume einzuräumen. Es ist *grundfalsch*, davon auszugehen, daß die Informationstechnik über uns «hereinbricht». Was uns bedroht, ist eine nicht sorgfältig durchdachte Zukunft! Dieses Defizit kann und muß durch antizipatorische Arbeit abgebaut werden. Hier sind von besonderer Bedeutung: Entwurf der Ökonomie einer «computerisierten» Gesellschaft, Konzepte ihrer militärischen Verteidigung und die Struktur ihres politischen Systems, welches den Menschen als *Individuum* verstehen und beteiligen muß.

Die «human-alternative» Gesellschaft

Denkmodell zu Ende denken. Im folgenden soll zunächst das Konzept einer «human-alternativen» Gesellschaft näher beleuchtet werden, die *bewußt* auf die Weiterentwicklung und die Nutzung der Informationstechnik verzichtet, weil diese Denkmodell von vielen als Lösung zahlreicher neuer Probleme gesehen wird. – Auf die wichtige Frage, inwieweit eine solche Gesellschaftsform überhaupt durchsetzbar ist, wird am Schluß des Abschnitts eingegangen.

Erste Grundprämisse: Keine informationstechnische Weiterentwicklung. Die Grundprämisse der «human-alternativen»

Gesellschaft ist das «Einfrieren» informationstechnologischer Entwicklung. D.h., daß z.B. keine neuen Chips mehr entworfen, keine neuen Telekommunikationssysteme aufgebaut, keine neuen integrierten Lösungen in Verwaltung oder Produktion geschaffen werden, keine neuen Medien entstehen, keine Haushaltsgeräte mit Elektronik ausgestattet werden, keine Roboter weiterentwikkelt werden usw. Die «human-alternative» Gesellschaft verzichtet bewußt auf die Option Informationstechnik, um die potentiellen Gefahren zu vermeiden. Hierbei soll allerdings im Denkmodell auf ein «Zurück zur Steinzeit» verzichtet werden. Es wird vielmehr davon ausgegangen, daß auch die «human-alternative» Gesellschaft die z.Z. existierende Ausstattung mit Informationstechnik (z.B. Telefonsystem, Fernsehen, Rechner in Verwaltungen und Banken, Warenwirtschafts-Systeme usw.) weiterhin verwendet. D.h. also konkret, daß man sich keine Gedanken darüber zu machen braucht, wie z.B. der gewaltige Zahlungsverkehr, der heute über die Bank-Rechner fließt, in Zukunft von einem Heer von Bankbeamten abgewickelt werden soll oder wie die Steuerung der Energieversorgung in der Bundesrepublik von Hand durchzuführen ist.

Zweite Grundprämisse: Es herrscht auch international Konsens über die Begrenzung der Informationstechnik. Obwohl wir wissen, daß wir weit davon entfernt sind, einen solchen internationalen Konsens in irgendeiner Weise herbeizuführen, soll im Denkmodell die Annahme gemacht werden, da nur mit dieser Annahme es überhaupt realistisch erscheint, die weitere Zukunft einer stabilen «human-alternativen» Gesellschaft zu betrachten. Andernfalls sind – wie schon angedeutet – die wirtschaftliche, die militärische und die demokratische Überlegenheit der andern Staaten so groß, daß eine einzelne «human-alternative» Gesellschaft schnell zum Untergang verurteilt wäre.

Trotz dieses Vorbehalts erscheint eine Diskussion der Realisierung einer «human-alternativen» Gesellschaft hier nicht sinnlos, denn die Ängste und Sorgen, die im ersten Kapitel aufgeführt wurden, werden sich weltweit bemerkbar machen und überall zu ähnlichen Grundüberlegungen führen, wie sie in diesem Buch angestellt werden. Auch andere Nationen werden darüber nachdenken, wie sie langfristig die Informationstechnik integrieren, auch bei ihnen – und solche Überlegungen sind durchaus in der Literatur zu finden – wird sich die Frage stellen, ob eine allgemeine Begrenzung der neuen Technik nicht vielleicht das beste

«Allheilmittel» zur Lösung aller Probleme sei. Betrachten wir deshalb einige Aspekte der «human-alternativen» Gesellschaft etwas näher:

Erhalt der *40-Stunden-Woche*. In der «human-alternativen» Gesellschaft bestehen weiterhin Möglichkeiten der Rationalisierung durch «klassische» Mechanisierung. Dies wird sicher dazu führen, daß neue und verbesserte Produktionssysteme entstehen, aber es bleibt grundsätzlich bei der jetzt vorhandenen Arbeitsteilung zwischen Mensch und Maschine im Bereich *kognitiver* Prozesse. D.h. insbesondere, daß die große Masse kognitiver Arbeiten weiterhin vom Menschen auszuführen ist: Steuerung und Kontrolle von Produktionseinrichtungen, die Kontrolle von Handarbeiten, der gesamte Bürobereich usw., alle diese Felder bleiben ein Beschäftigungsfeld des Menschen. Unter diesen Umständen kann der Wunsch nach höherem Lebensstandard sogar dazu führen, daß der Ruf nach der 42- oder sogar der 48-Stunden-Woche wieder laut wird, ist doch nur eine Leistungssteigerung menschlicher Arbeit als zusätzlicher Produktionsfaktor in die Volkswirtschaft einzuführen.

Aber nicht nur das Arbeits-Volumen wird konstant bleiben, sondern auch die Struktur menschlicher Arbeit wird sich wenig verändern. Wir werden also in der «human-alternativen» Gesellschaft wieder stabile Verhältnisse haben, wie sie aus dem Mittelalter wohl bekannt sind: Der Vater übergibt sein Gewerbe an den Sohn, und der Sohn kann es an den Enkel weiterreichen. Die Arbeitsprozesse bleiben überschaubar und stabil. Hoffnung auf Entlastung und die Befriedigung des Interesses, «sich zurückzulehnen», können in dieser Gesellschaft nur begrenzt stattfinden. Vielerlei «unerfreuliche» Arbeitsplätze bleiben erhalten, wenn es vielleicht auch an der einen oder anderen Stelle gelingt, gewisse Verbesserungen herbeizuführen.

Wenig Freizeit – Fernsehen wie gehabt. Das Freizeitverhalten des Menschen ist durch die Nutzung von Radio und Fernsehen einerseits und von Telefon und Automobil andererseits drastisch verändert worden. In der «human-alternativen» Gesellschaft perpetuiert sich dieser Zustand, d.h. zwei Stunden Fernsehen als mittlere Seh-Zeit des Bundesbürgers bleiben erhalten. Vielleicht geht die Seh-Zeit etwas zurück zugunsten anderer kommunikativer Aktivitäten, die ja in der «human-alternativen» Gesellschaft im Vordergrund des Interesses stehen. Das Volumen der Freizeit ändert sich aber nicht, nimmt doch die Arbeit nicht deutlich ab angesichts weiterhin vorhandener Forderungen an Lebensstandard und dadurch bedingter 40-Stunden-Woche. Dies heißt insbesondere, daß auch der schon heute beobachtbare große Unterschied im Freizeitverhalten derjenigen, die werktäglich arbeiten, und derjenigen, die an diesem Prozeß nicht teilnehmen, erhalten bleibt.

Der Verkehr bleibt ein wichtiger Faktor. Angesichts des nicht weiter fortschreitenden Ausbaus der telekommunikativen Infrastruktur müsen Kommunikationsprozesse weiterhin im derzeitigen Verhältnis von Mensch-zu-Mensch-Kommunikation zu technischer Kommunikation ausgeführt werden. D.h. daß der große Anteil des Personen-Individualverkehrs erhalten bleibt. Die daraus resultierenden Umweltbelastungen und Energieanforderungen werden von der Gesellschaft akzeptiert. Durch aktive Bemühungen gelingt es, in der «human-alternativen» Gesellschaft vielleicht zu einer besseren Dezentralisation zu kommen. Damit wäre es grundsätzlich möglich, die heutigen großen Verkehrsstrecken zu reduzieren. Modelle alternativer Lebensformen, die sich mehr um die Grundproduktionen gruppieren, geben hier Hinweise, wie das Problem begrenzt werden könnte.

Die Demokratie in Bedrängnis. Aus der heutigen politischen Situation wissen wir, welche Probleme mittelfristige und langfristige politische Entscheidungen bereiten. Zum einen wegen der Schwierigkeit der Einschätzung künftiger Entwicklungen und zum anderen wegen der nur begrenzt vorhandenen Daten über den Ist-Zustand. In der «human-alternativen» Gesellschaft bleibt auch dieses Problem voll erhalten. (Die durch Nutzung moderner Informationstechnik heute erkennbar werdende Verbesserung der Planbarkeit zukünftiger Entscheidungen kann nicht verwendet werden.) Insbesondere bleibt es weiterhin schwierig, breite Schichten der Bevölkerung an politischen Prozessen zu beteiligen. Dieses führt in der «human-alternativen» Gesellschaft zu einer Krise des Parteien-Systems. Es bilden sich zunehmend kleinere Gruppierungen, die sich um gemeinsame politische Interessen scharen. Diese entsprechen den sonstigen Bemühungen der «human-alternativen» Gesellschaft, dezentral zu operieren. Damit werden insbesondere auch die Spannungen zwischen zentralen und dezentralen Kompetenzen zunehmen.

Bildung und Ausbildung bleiben traditionell. Ziele und Strukturen des heutigen Bildungswesens können in der «human-alternativen» Gesellschaft im wesentlichen beibehalten werden. Es kommt in ihr weiterhin darauf an, zum einen den Menschen als soziales und politisches Wesen zu entfalten, ihn zum anderen aber schwerpunktmäßig für die Produktion zu qualifizieren. Der klassische Human-Kapital-Ansatz fordert hier weiterhin hohe Investitionen in die Qualifizierung des Menschen, insbesondere die Bereitstellung von Fertigkeiten. Man kann sogar davon ausgehen, daß die Bemühungen um eine Verbesserung von «klassischer» Bildung und Ausbildung, vor allem im Bereich der kognitiven Leistungsfähigkeit in Routineaufgaben, ein zentrales Anliegen der Bildung in der «human-alternativen» Gesellschaft sein wird. Da es hier keine Zukunft einer automatischen Verarbeitung von Routineprozessen gibt, muß der Mensch in der Lage sein, diese selbst abzuwickeln.

Es werden ferner vielerlei Anstrengungen nötig sein, um im Bildungs- und Ausbildungs-System sicherzustellen, daß alle Ideen über eine evtl. doch noch mögliche Nutzung fortgeschrittener Informationstechnik – insbesondere an den Hochschulen – rechtzeitig verworfen oder grundsätzlich negiert werden; im Bildungswesen muß mit einer klaren *indoktrinären Ideologie* gearbeitet werden. Das heißt auch, daß an dieser Stelle Zensur stattfinden muß. «Avantgardistische Ideen» sind weder in der Produktion noch in der Vermarktung von Informationstechnik erlaubt.

Was wird mit den neuen Bio-Techniken? Da zunächst in der «human-alternativen» Gesellschaft nur die Weiterentwicklung der elektronischen (und optischen) Informationstechnik untersagt ist, werden andere Technologie-Entwicklungen, wie z. B. die der Bio-Technik, weiter fortschreiten. Hier nun werden sich bald ähnlich gravierende Fragen ergeben, wie sie z. Z. bei der Mikroelektronik auf dem Tisch liegen: Ist es erlaubt, Pflanzen und Tiere gezielt genetisch zu verändern? Sollen «defekte» Embryonen abgetötet werden? Ist es erlaubt, Menschen durch künstliches Einfügen von Genen zu heilen? Ist es erlaubt, durch Implantationen von Genen in Embryonen das aufwachsende Individuum zu verändern? Ist es erlaubt, Leistungssteigerungen des menschlichen Gehirns durch Manipulation der die Gehirnfunktionen bestimmenden Gene zu ermöglichen? Dürfen Menschen geklont («identisch» redupliziert) werden? – Diese und viele ähnliche Fragen werden auch die «human-alternative» Gesellschaft bewegen.

Es ist dann nicht ausgeschlossen, daß über biologische Manipulationen Leistungssteigerungen menschlicher Informationsverarbeitung erreicht werden, die vielleicht denen der heutigen Informationstechnik vergleichbar sind («Bio-Computer»). - Es wäre dann nur konsequent, wenn die «human-alternative» Gesellschaft auch diese Entwicklungen zurückweist. Man erkennt, daß mit dem Prinzip der Begrenzung einer Technik sehr schnell Konsequenzen für andere Technologien zu ziehen sind.

Resümee und Realisations-Chancen. Die - hier vielleicht überzeichnet - skizzierte «human-alternative» Gesellschaft ist heute für viele zumindest eine «Geheimlösung» zur Bewältigung vieler durch die Informationstechnik entstehenden Probleme. Sie ist für andere vielleicht sogar ein politisches Ziel, für das sie sich entsprechend einsetzen wollen. Beide Gruppen müssen sich ernsthaft mit der Frage auseinandersetzen, wie groß die Wahrscheinlichkeit für die Realisierung der «human-alternativen» Gesellschaft ist. Hierbei gilt es drei große Problemkreise zu erörtern:

Erstens ist die Frage zu stellen, wie es international zu einer limitierenden Absprache mit den entsprechenden wirtschaftspolitischen Konsequenzen kommen könnte. Betrachtet man die Schwierigkeit derzeitiger Bemühungen um Konsens in relativ einfachen Fragen (z.B. Fischfang in der Nordsee, Agrarmarkt in der Europäischen Gemeinschaft, Nutzung der Weltmeere, Begrenzung der Luftverschmutzung), so wird deutlich, daß wir *weit* davon entfernt sind, internationale Begrenzungen der Wettbewerbsfähigkeit hinzunehmen. Dies gilt natürlich insbesondere für die Informationstechnik. Solange es eine harte internationale Konkurrenz gibt, wird es *außerordentlich* schwierig sein, jede Form internationaler «Verhandlungen über die Begrenzung der künstlichen Intelligenz» ernsthaft voranzutreiben. Dies aber heißt, daß ein Land, welches auf die Informationstechnik verzichtet, aus dem internationalen Verbund sowohl bezüglich der Leistungsfähigkeit der produzierten Produkte («Elektronifizierung») als auch der Rationalisierung der Produktionsbedingungen ausscheren müßte. Dies würde in der Bundesrepublik zu einer drastischen Senkung der Exportraten und damit des Lebensstandards führen.

Zweitens ist klar, daß bei einer Nichtübereinkunft zur Begrenzung der Informationstechnik auch der militärische Wettbewerb in diesem Bereich weiterläuft. D.h. Staaten, die auf die Informationstechnik verzichten, werden gegenüber solchen, die dies nicht tun, in kurzer Zeit militärisch unterlegen sein und damit auch politisch erpreßbar werden. Gerade für die Bundesrepublik im Herzen Europas droht hier eine grundsätzliche und tiefgreifende Gefahr der Überwältigung durch den Kommunismus.

Drittens aber gibt es - selbst wenn es gelingen sollte, die ersten beiden Probleme «irgendwie» zu lösen - ein gravierendes innenpolitisches Problem: Wie wird eine wirksame Begrenzung der Informationstechnik in einer westlichen Demokratie durchgeführt? Wie wird sichergestellt, daß kein Unternehmen neue Rechner entwickelt? Wie wird gesichert, daß keine Anwendungen von Informationstechnik stattfinden, die «nicht erlaubt» sind? Wie wird vermieden, daß neue Programme auf vorhandener Hardware zum Laufen gebracht werden?

Versucht man eine realistische Antwort auf diese Fragen zu geben, so muß man einerseits Wirtschaftsgesetze fordern, die die Weiterentwicklung der Informationstechnik verbieten und unter Strafe stellen; solche Gesetze könnte man im Prinzip mit entsprechenden Mehrheiten erreichen, sie wären vielleicht noch verfassungskonform. - Dann aber müßten die Regierungen entsprechende Überwachungssysteme aufbauen, die sicherstellen, daß diese Gesetze auch eingehalten und die Informationstechnik nicht doch weiterentwickelt wird. Vergegenwärtigt man sich insbesondere die Kleinheit der Technik - hier entstehen ja keine weithin sichtbaren Betonblöcke, wie z.B. bei der Kerntechnik -, so wird deutlich, wie subtil das Überwachungssystem sein muß: Die Vorstellungen der Installation und des Betriebes allgegenwärtiger «Tele-Visoren», wie sie in George Orwells «1984» zu finden - und mit heutiger Technik realisierbar - sind, geben ein gutes Modell für die dann notwendige staatliche Überwachungsorganisation!

Vergegenwärtigt man sich an dieser Stelle erneut die oben dargestellten Wünsche und Ziele vieler Menschen in ihrem Alltagspragmatismus und macht sich gleichzeitig klar, welche außerordentlichen Schwierigkeiten in der Realisierung der Begrenzung von Informationstechnik auftreten, so wird deutlich, daß die «human-alternative» Gesellschaft *keine* Chance der Realisierung hat.

Insbesondere auch der Übergang von unserer heutigen demokratischen Grundordnung zu dem dann notwendigen überwachungsstaatlichen Gesamtsystem erscheint demokratisch kaum vollziehbar: Welche Partei soll die Wahl mit dem Wahlversprechen gewinnen, daß ab morgen der Tele-Visor installiert wird, der die Überwachung der Gesamtbevölkerung sicherstellt, um die Entwicklung der Informationstechnik zu verhindern? Welche Partei wird die Wahlen gewinnen mit der Aussage, daß weiteres Wirtschaftswachstum aufgrund von «Modernisierung» nicht mehr möglich ist?

So bleibt die «human-alternative» Gesellschaft für alle diejenigen, die nicht bereit sind, sie realistisch zu Ende zu denken, ein Traum. Diejenigen aber, die sich wirklich klarmachen, was es heißt, in einer intellektuell wachen Bevölkerung eine derartige Begrenzung *konsequent* einzuführen, werden an deren Realisierung nicht mitwirken.

Ohne realistische Alternative: Die human computerisierte Gesellschaft

Ernüchternde Einsichten. Wir werden also nicht umhinkommen, den *dornenreichen*, *beschwerlichen* und *schwer vorausplanbaren* Weg in eine Gesellschaft zu gehen, in der die Informationstechnik eine zunehmende Bedeutung erhalten wird. Die hier anzustrebende Gesellschaftsform soll im folgenden die «*human* computerisierte» Gesellschaft genannt werden, wobei «computerisiert» für das sprachlich unhandliche «informationstechnifiziert» steht. (Das von mir früher benutzte Wort «Homuter-Gesellschaft», von *Hom*o und Comp*uter*, trifft dieselben Vorstellungen; allerdings haben viele die enge Verbindung von Mensch und Computer in dieser neuen Wortschöpfung zurückgewiesen, da sie – zurecht – fordern, daß es dem Menschen gelingen muß, weiterhin der bestimmende Faktor zu bleiben.)

In der human computerisierten Gesellschaft werden die Trends fortgesetzt, die heute bezüglich der Nutzung von Informationstechnik erkennbar sind. Damit bleibt die Gesamtheit der im ersten Kapitel dargestellten Probleme *voll* bestehen. Es wird dadurch notwendig, sich jedem einzelnen Problemkreis zuzuwenden und Lösungen zu finden, wenn die human computerisierte Gesellschaft eine lebenswerte und demokratisch akzeptable Organisationsform werden soll.

Hoffnungsvolle Visionen jenseits der Probleme. An dieser Stelle sei im Hinblick auf das dritte Kapitel vorab auf einige positive Optionen hingewiesen, die die human computerisierte Gesellschaft bietet. Dies soll als Motivation dienen, sich ernsthaft mit der Lösung der Vielzahl der im ersten Kapitel aufgeworfenen schwierigen Probleme zu befassen: *Erstens* kann man davon ausgehen, daß eine intensive Nutzung der Informationstechnik mittelfristig dazu führen kann, daß die Grundbedürfnisse des Menschen weitgehend vollautomatisch befriedigt werden können. D. h., daß das Volumen an menschlicher Arbeit, welches nötig ist, um Ernährung, Behausung und Bekleidung zu erzeugen, sehr gering sein kann. - Wenn es *zweitens* gelingt, die derart automatisch erzeugten Produkte angemessen und «sozial gerecht» zu verteilen, so werden alle eine Chance haben, auf dieser Basis materiell zufrieden zu leben. - Die konsequente Nutzung der z. Z. entstehenden Informations- und Kommunikationssysteme wird es dem Menschen *drittens* gestatten, sich in einer intellektuell außerordentlich reichhaltigen Welt psychisch mobil zu bewegen. Der Mensch wird damit die Möglichkeit haben, seine typisch menschlichen Qualifikationen weiter zu entfalten und zu nutzen. - Ein gut funktionierendes, weltumspannendes informationstechnisches Sicherheitssystem kann es *viertens* ermöglichen, den Ausbruch von Kriegen rechtzeitig zu verhindern. An die Stelle des realen, materiellen Krieges kann die Simulation des Krieges auf der Basis vorhandener Daten im Rechner gesetzt werden, um damit Abrüstung leichter zu ermöglichen. - *Fünftens* kann das demokratische System weiterentwickelt und damit die demokratische Grundordnung stabilisiert werden; dieses gilt zum einen für die Bundesrepublik, in der die notwendigen Abstimmungen mit breiten Schichten der Bevölkerung dann möglich erscheinen, zum anderen aber auch weltweit, wo es durch Nutzung von Informations-und Telekommunikations-Systemen gelingen sollte, den Wissensstand und die Entscheidungsfähigkeit der Menschen deutlich zu verbessern.

Ein «neuer» Mensch ist nicht zu beschaffen. Bei allen Vorstellungen über die human computerisierte Gesellschaft müssen wir realistischerweise davon ausgehen, daß die heute lebenden Menschen in ihren Grundeinstellungen bedingt sind durch ihre stabile genetische Ausstattung und das Milieu ihrer frühen Kindheit; sie werden sich in den nächsten Jahrzehnten *nicht* grundsätzlich verändern. D. h. daß Planungen, Visionen, Konzepte und Utopien auf diese Menschen Rücksicht nehmen müssen. Es erscheint völlig irreal, zu glauben, daß es irgendeinem Bildungssystem oder einer sonstigen «Schulung» gelingen könnte, die Menschen in ihren Grundzielen deutlich zu verändern. Insbesondere sollte man hier kein Geheimpotential für eine doch noch «irgendwie» realisierbare «human-alternative» Gesellschaft vermuten!

Resümee. Wir sind auf dem Wege in eine enge Integration der Informationstechnik in unsere Gesellschaft. – Die «human-alternative» Gesellschaft ist eine alternative Vision, über die es sich lohnt, im Detail nachzudenken. Er wird dabei aber insbesondere klar, was die Begrenzung der Informationstechnik wirklich bedeutet: Zum einen ein Einfrieren unserer heutigen Entwicklung und zum anderen eine Begrenzung vieler Wunschvorstellungen des «pragmatischen Menschen». Es wird deutlich, daß die Realisierung einer wirklichen Begrenzung der neuen Technologie nur auf der Basis scharfer Kontrollbedingungen möglich ist. Hierin liegt wohl die schwierigste Problematik: Die Informationstechnik muß genutzt werden, um ihre eigene Entwicklung zu bremsen!

Führt man die Diskussion über die «human-alternative» Gesellschaft so weit, so kommen viele ihrer Befürworter schnell dazu, von einem zu «verändernden» Menschen auszugehen: Sie glauben, daß sich der Mensch doch ändern könne und daß dann die «human-alternative» Gesellschaft durch breiten Konsens herbeizuführen sei. Für eine solche schnelle Veränderung menschlicher Grundbedürfnisse und Grundinteressen gibt es jedoch bisher keine Anzeichen.

Dies alles heißt aber, daß die Realisierung der «human-alternativen» Gesellschaft durch einen «schnellen Wandel» des Menschen mit herkömmlichen Verfahren unmöglich erscheint; Bildung und Ausbildung haben es nicht geschafft, schnelle Veränderungen in der menschlichen Psyche zu erzeugen. (Ob die Befürworter der «human-alternativen» Gesellschaft dann eines Tages die genetische Manipulation als letztes Mittel akzeptieren, erscheint sicher zweifelhaft und muß hier dahingestellt bleiben.)

Es bleibt die Einsicht, daß wir uns der Herausforderung der Informationstechnik mit allen ihren Problemen stellen müssen – auf Gedeih und Verderb! Wir müssen versuchen, die Integration von Mensch und Informationstechnik angemessen voranzubringen, dies sollte in eine *human* computerisierte Gesellschaft mit ihren positiven Optionen führen.

Exkurs in die Evolution

Versuch einer Einordnung. Wenn also der Weg in die human computerisierte Gesellschaft so unabwendbar erscheint, so bleibt die Frage, ob dieser im Rahmen der Evolution menschlicher Kulturen auf der einen Seite und biologischer und materieller Systeme auf der anderen Seite einen «plausiblen» Schritt nach vorn darstellt? Ist die Integration von Mensch und «intelligenter» Maschine ein «Fortschritt» im Sinne des Gesamt-Evolutionsprozesses?

Niemand ist heute in der Lage, hierzu einen strengen «Beweis» zu führen. Es gibt aber eine Reihe plausibler Argumente, die, wenn man die Evolution langfristig betrachtet, den Weg in die human computerisierte Gesellschaft als kontinuierliche Fortsetzung bisheriger Prozesse erscheinen läßt. – Diese Argumente sollen im folgenden in Form eines Exkurses dargestellt werden: Während nämlich die Tatsachen über die bereits abgelaufenen Entwicklungsprozesse wissenschaftlich begründet werden können, sind Extrapolationen in die Zukunft natürlich *nicht* beweisbar. Es bedarf also des *Glaubens*, daß Prinzipien, die in der Vergangenheit gegolten haben, auch zukünftig gelten werden. – Verzichtet man allerdings alternativ auf diesen antizipatorischen Ansatz, so bleibt eine Einordnung der Computerisierung unserer Welt in die Evolution gänzlich unmöglich. Man kommt dann bestenfalls zu spontaneistischen ad-hoc-Lösungen, die aber noch weniger befriedigend erscheinen als eine «plausible» Extrapolation.

Integration als Grundphänomen der Evolution. Betrachtet man den Evolutionsprozeß von seinen Ursprüngen der Entstehung der Erde bis heute, so fällt auf, daß die Evolution als eine Sequenz von Integrationen vorhandener Systeme in jeweils höhere, komplexere und leistungsfähigere Systeme erklärt werden kann: Waren am Anfang nur atomare Teilchen und Energiefelder existent, so wurden diese später zu Atomen mit strengen Ordnungsprinzipien «zusammengefügt». Die Atome ihrerseits erlaubten die Bildung von einfachen und zunehmend komplexeren Molekülen. Aus ihnen entstanden in der nächsten Integrationsstufe präbiologische Systeme, die eine «abgeschlossene» Aggregation vieler Moleküle darstellten. Mit dem Prinzip der identischen Reduplikation gelang es schließlich den frühen biologischen Systemen, Strukturen zu kopieren und damit die Voraussetzung zu schaffen für eine weite Verbreitung funktionsfähig integrierter, einfacher Organismen.

Aber die Evolution blieb nicht auf der Ebene der Einzeller stehen: Die aus der Teilung von Einzellern entstehenden Zellverbände «blieben zusammen», hieraus entstanden zunächst primitive und dann immer komplexere mehrzellige Organismen; auch hier handelt es sich wieder um einen Integrationsprozeß. Aber auch Organismen blieben nicht allein, sie bildeten Verbände, zunächst zu zweit in Form von geschlechtlichen Paaren, und dann in Gruppen, Horden und schließlich in Staaten. An dieser Stelle entstand schließlich auch die Integration vieler Menschen in soziale Systeme und in die modernen Staatswesen. So «wuchs» in der Evolution aus Einzelkomponenten eine Hierarchie immer komplexer werdender Systeme heran.

Systemvergrößerung als Evolutionsprinzip. Mit jedem Integrationsschritt nahm auch die Größe des betreffenden Systems zu. Haben atomare Bausteine «Durchmesser» im Bereich von einigen 10^{-9} cm, so liegen Atome im Bereich von 10^{-8} cm, Moleküle bis zu 10^{-6} cm (Kettenmoleküle sehr viel länger), einzellige Organismen im Bereich von 10^{-3} cm, Organismen zwischen 10^{-1} cm und vielen Metern, Horden, Rudel und primitive Staatswesen haben Ausdehnungen über Flächen eines Durchmessers von ca. 10^{2}–10^{5} m. Moderne Staatsapparate erreichten dann Durchmesser im Bereich von bis zu 10^{7} m.

Es bleibt stets zu berücksichtigen, daß die jeweils zugrundeliegenden «niederen Integrationsstufen» unter Beibehalt ihrer primären Eigenschaften in höhere Systeme integriert sind. Nie hat es in der Evolution eine *Totalablösung* eines davor liegenden Integrations- und Systemzustandes gegeben. Vielmehr ist aufbauend auf den «niederen» Aggregationszuständen jeweils das nächst höhere System implementiert worden.

Leistungssteigerung der Systeme. Hand in Hand mit der zunehmenden Integration und der Vergrößerung der Systeme stieg deren Leistungsfähigkeit. Während atomare und subatomare, ja auch molekulare Strukturen nur sehr begrenzte Möglichkeiten der Integration in ihre Umwelt und deren Nutzung haben, gelang es erst den Organismen, aus ihrer Umwelt unmittelbar Energie und Rohstoffe für sich gezielt zu entnehmen. Mit zunehmender Komplexität begannen sich die Organismen in ihrer Umwelt zu orientieren und gezielt größere Lebensräume zu erschließen. Soziale Systeme haben es dann geschafft, auch große Entfernungen zu überwinden und in diesen einen integrierten Lebensraum zu gestalten. Die bisherige Spitze in der Entwicklung stellt der moderne Industriestaat dar – wenn wir uns auch manchmal fragen, ob der Gestaltungsprozeß nicht übertrieben worden ist. Insgesamt bleibt aber festzuhalten, daß die Evolution stets eine kontinuierliche Entwicklung zunehmender Leistungen der neuen Systeme ergab.

Entfaltung der Informationsspeicherung. Physiker beschreiben die informationellen Zusammenhänge innerhalb der primitivsten Integrationsstufen, den atomaren und molekularen Systemen, mit dem Begriff des Feldes. (Inwieweit dieses letztlich auch eine – besondere – Form der Informationsspeicherung darstellt, sei hier nicht weiter erörtert.) Auf der zellulären Ebene der Evolution war es dann aber auch explizit unabdingbar, Information derart zu speichern, daß sie zur Kopie des Individuums verfügbar war. Die Speicherung genetischer Information wurde auf der Basis makromolekularer Strukturen (DNS) realisiert. Für sehr primitive Organismen reicht diese Form der Speicherung eines ersten Satzes an Informationen. Mit der Orientierung an komplizierteren Umgebungen mußte zusätzliche Information «gelernt» werden, weitere – neurale – Speicherverfahren entstanden. Für Gruppierungen aus vielen Individuen reichte die Speicherung von Information im Einzel-Organismus nicht mehr aus. Es mußten «externe» Informationsspeicher entwickelt werden, Duftmarken sind einfache Beispiele der Orientierung höherer Tiere. Dem Menschen gelang es schließlich, durch Erfindung der Schrift und durch die Ablage geschriebener Information in Form von Datenträgern – zunächst auf Stein, dann auf Papyrus und schließlich auf Papier und modernen Datenträgern – auch sehr komplizierte Sachverhalte als «externe Information» zu speichern und über die Generationen hinweg verfügbar zu machen.

Damit können wir heute grundsätzlich in modernen Systemen höchster Integration drei Schichten der Informationsspeicherung unterscheiden: 1. Die molekulare Speicherung weitgehend stabiler Information, die «automatisch» von Generation zu Generation weitergegeben wird, 2. die gelernte und modifizierbare Information, die jedes Individuum während seines Lebens aufnimmt, und 3. die «extra-somatische Information», die außerhalb des biologischen Organismus gespeichert und von vielen Organismen gleichzeitig genutzt wird.

Die Entfaltung der Informationsverarbeitung. Wechselwirkungen subatomarer und atomarer Teile, auch auf der molekularen Ebene, werden von der Physik – wie oben bereits angedeutet – mittels des Feldbegriffes beschrieben. (Inwieweit es sich hier nicht nur um Kommunikation und Speicherung, sondern auch um Informationsverarbeitungsprozesse handelt, sei hier ebenfalls nicht weiter verfolgt.) Kommunikation im «normalen» Sinne des Austausches von Nachrichten, die für die austauschenden Komponenten eine Bedeutung haben und dort verarbeitet werden, entstand spätestens in zellularen Systemen. Hier begann zunächst die gezielte Verarbeitung von Information, die aus dem genetischen Speicher entnommen wurde. Mit dem Entstehen höherer Organismen entwickelten sich weitere Formen der Informationsverarbeitung: Genetische Information wurde – «gemischt» mit Information, die aus der Außenwelt aufgenommen wurde – verarbeitet und in neue Strukturen im Organismus umgesetzt. Hierzu entstand das Nervensystem und schließlich das Gehirn als «Groß-Prozessor» aller Informationen, die über die Sensoren (Sinnesorgane) gesammelt wurden.

Wie wir in der jüngsten Geschichte der Menschheit gesehen haben, reichte offensichtlich diese biologische Informationsverarbeitung nicht aus, um kompliziertere Probleme in menschlichen Zusammenschlüssen zu lösen. Wie im Bereich der Informationsspeicherung gelang es dem Menschen schließlich auch, die Informationsverarbeitung «extra-somatisch», also außerhalb seines eigenen Körpers, technisch mit Computern zu realisieren. – So zieht sich auch bei der Informationsverarbeitung durch die Evolution ein Strang steigender Leistungsfähigkeit und zunehmender Regionalisierung der informationsverarbeitenden Bereiche. Mit der Erfindung der technischen Informationsverarbeitung erfolgt die Bildung extra-somatischer «Verarbeitungszentren».

Evolution der Kommunikation. Auf der subatomaren und chemischen Ebene sprechen die Naturwissenschaften nicht von Kommunikation der elementaren Bausteine. (Auch hier soll die Frage, ob sich das Feld als besondere Form von Kommunikationsprozessen darstellen läßt, nicht weiter diskutiert werden.) Sicher beginnt aber mit der Bildung von Einzellern die «klassische» Kommunikation; es wird dort notwendig, innerhalb einer Zelle und erst recht im zellularen Verband Information zu übertragen. Dies geschieht z. B. durch den Transport von Molekülen (RNS), die die genetische Information lesen und zu anderen Bereichen der Zelle transportieren. In größeren Organismen wurde das Kommunikationsproblem von zunehmender Bedeutung. So entstanden Nervensysteme und chemische Botensysteme, die es den Organismen gestatten, die rasche Koordination der Aktivitäten verschiedener Teilbereiche durchzuführen. Gleichzeitig nimmt die Bedeutung der Kommunikation mit der Umwelt drastisch zu. Die Kommunikation zwischen den Geschlechtern stellt einen weiteren wichtigen Entwicklungsschritt dar.

In Rudeln, Horden und einfachen Staaten gibt es vielerlei Kommunikationsformen, die auch eine Kommunikation über größere Abstände (*Tele*kommunikation) erlauben: z.B. das Hinterlassen von Nachrichten in chemischer Form, das laufende Ausscheiden von Duftstoffen oder das Anlocken durch Lichtsignale verschiedenster Art. Dem Menschen gelingt es, in dieser Evolutionsreihe zum einen die drahtgebundene Telekommunikation und dann auch die drahtlose Telekommunikation über große Entfernungen zu realisieren. Diese Schritte entsprechen den Bedürfnissen der Fernkommunikation in den sehr groß gewordenen neuen Gesamtsystemen. Technische Kommunikation und technische Telekommunikation reihen sich also in der Evolution als kontinuierliche Entwicklungsschritte aneinander.

Die human computerisierte Gesellschaft als nächster Integrationsschritt. Betrachtet man auf diesem Hintergrund die Gesamtentwicklungen der modernen Informationstechnik und ihrer Integration, so läßt sie sich in den bisherigen Entwicklungsprozeß relativ einfach einordnen: Mit dem Aufbau elektronischer und optischer Informationssysteme schaffen wir in unserer Gesellschaft neue zentrale Informationsspeicher – so wie sie im Organismus in Form des DNS-Speichers und des Gehirns geschaffen wurden. – Mit der Installation zentraler und dezentraler technischer Informationsverarbeitungskapazitäten entwickeln wir die notwendigen Voraussetzungen für die schnelle Verdichtung und Umsetzung von Information, die aus den verschiedensten Bereichen unseres Gesellschaftssystems eintreffen – vergleichbar der zentralen Verarbeitung «wichtiger» Information durch das Gehirn der Vielzeller. Mit dem Aufbau moderner Nachrichtenübertragungs-Systeme schließlich entsteht die leistungsfähige Telekommunikationsstruktur, die für ein großes Gesamtsystem angemessen ist.

In gleicher Weise wie der Organismus die verschiedenen

Teilsysteme in den Bereichen von Informationsspeicherung, Informationsverarbeitung und Telekommunikation nicht unabhängig voneinander betreibt, so integrieren wir auch in einer computerisierten Gesellschaft zunehmend diese drei technischen Strukturen und den Menschen: Informationsspeicherung findet in Gehirnen *und* technischen Systemen statt, die gleichzeitig Zugriff haben auf Informationsverarbeitungskapazität im Menschen *und* in Computern. Nachrichten werden zwischen Menschen *und* technischen Systemen laufend ausgetauscht und verarbeitet.

Es entsteht also ein «integriertes System von Informationsspeicherung, Informationsverarbeitung und Telekommunikation». Dieses nimmt, wie dies immer in der Evolution der Fall war, die bereits vorhandenen Komponenten – wie z. B. die menschliche Informationsverarbeitung und die genetische Information – in sich auf, aber überbaut sie durch weitere Systeme. Es findet keineswegs eine totale Verdrängung alter Strukturen statt, sondern es stellen sich insgesamt neue Gleichgewichte zwischen den jetzt technisch realisierten Verfahren des Umganges mit der Information und den «klassisch-biologisch» funktionierenden Komponenten ein.

Resümee. Der Mensch und die menschliche Gesellschaft sind Konsequenzen von komplexen und langwierigen Evolutionsprozessen. Versucht man das Wissen über diese Prozesse zu ordnen, so wird erkennbar, daß es in diesen eine Reihe deutlich erkennbare Trends gibt. In diese lassen sich die modernen Entwicklungen im Bereich der Informationsspeicherung, der Informationsverarbeitung und des Informationstransportes folgerichtig – wenn auch *nicht zwangsläufig beweisbar* – einordnen. Damit erscheint die computerisierte Gesellschaft *nicht* als ein Zufallsprodukt einiger genialer Informatiker, sondern sie ergibt sich als eine konsequente Fortsetzung langer Entwicklungslinien. Die Integration des Menschen in ein Gesamtsystem, bestehend aus vielen Menschen und einer informationstechnischen Infrastruktur, ist auch kein ein «toter Ast» des Evolutionsprozesses. Vielmehr ist diese Entwicklung eine konsequente Fortsetzung der Integrations-, Vergrößerungs- und Leistungssteigerungsprozesse der Evolution.

Diese Einsichten sollen – wie oben angedeutet – *nicht* verstanden werden als eine teleologische «Erklärung» des gesamten Evolutionsprozesses. Ihr Zur-Kenntnis-Nehmen kann aber dem einzelnen helfen, die Integration der Informationstechnik in die

Gesellschaft zu erhellen. – Jeder kann sich die Frage stellen, ob die Informationstechnik ein Artefakt, eine «Mißgeburt» geistiger Leistung ist. Um auf diese Frage aber eine *nicht*-zufällige Antwort zu erhalten, lohnt es sich, die großen Trends der Evolution zu berücksichtigen: Sie lassen langfristig die «human-alternative» Gesellschaft eher als potentiellen «toten Seitenast» der Evolution erscheinen und machen die Entwicklung einer human computerisierten Gesellschaft langfristig vergleichsweise «sinnvoll».

Kapitel 3
Die Gestaltung der human computerisierten Gesellschaft

Dieses Kapitel versucht Denkansätze zur Lösung der im ersten Kapitel aufgeworfenen Fragen und Probleme zu liefern. Es werden Konzepte für eine in sich konsistente Gesellschaftsentwicklung vorgelegt. Im Schwerpunkt der Überlegungen steht das ökonomische System einer human computerisierten Gesellschaft. Große Aufmerksamkeit finden daneben Ansätze zur Bewältigung der durch die Informationstechnik ausgelösten «Neuen Bildungskrise», zur Beherrschung der computerisierten Kriegsmaschine und zur Entfaltung eines menschlichen Selbstverständnisses in einer derartigen Gesellschaft. – Es ist Ziel des Kapitels, mit einem Zeithorizont von ca. 20 Jahren, konkrete Anstöße für aktives Handeln zu geben. Das Kapitel ist keine Prognose der Welt des Jahres 2000, aber es erhebt den Anspruch, Wege zu weisen, wie wir ein in sich konstistentes, akzeptables Gesamtkonzept realisieren könnten – wenn es uns gelingt, in einer kriegsfreien Welt zu leben, die die unabdingbare Voraussetzung für eine differenzierte Lösung der Probleme im Bereich der neuen Techniken ist.

Zuversicht durch eine realistische Perspektive

Lösungsansätze als Planungsrahmen. Akzeptiert man die oben ausführlich begründete Grundprämisse, daß sich die Informationstechnik angesichts der mannigfaltigen, sie vorantreibenden Kräfte in der Gesellschaft ausbreiten wird, so ist es unabdingbar, für die verschiedenen Bereiche gesellschaftlichen Handelns Lösungsansätze aufzuzeigen, mit Hilfe deren es möglich erscheint, die Zukunft positiv zu bewältigen. Es kommt darauf an, Optionen in Form realistischer und sinnvoller Handlungsspielräume darzustellen. Diese Optionen müssen in den verschiedenen Bereichen gesucht und gefunden werden. Dabei ist zu berücksichtigen, daß sie sowohl Antworten auf die drängenden Fragen des Individuums als auch Lösungsansätze für die organisatorischen Strukturen der gesamten Gesellschaft bieten müssen. – Angesichts der grundsätzlichen Unplanbarkeit der Details der Zukunft kommt es hier nicht darauf an, Szenarien im einzelnen zu entwickeln und diese als realistische Zukunftserwartungen darzustellen. Vielmehr ist es wichtig, darüber nachzudenken, welche Prozesse eigentlich anzustoßen sind, um eine positive Bewältigung der Herausforderung der Informationstechnik zu gewährleisten.

Individuelle Anreize und Perspektiven sind notwendig. Ausgehend von der Tatsache, daß wir in Westeuropa keine Planwirtschaft und keine die Politik planmäßig und langfristig bestimmende Ideologien haben, kommt es auch nicht darauf an, primär für die Regierung, die Parteien oder die gesellschaftlichen Organisationen ein gemeinsames Konzept im Detail zu erarbeiten. Vielmehr ist es wichtig, individuelle Anreize an der «Basis» zu entwickeln und den Einzelpersonen Perspektiven zu geben. Gerade an dieser Stelle sind ja auch z. Z. die eigentlichen Schwierigkeiten. Es ist das Individuum, welches verunsichert ist durch Probleme wie Arbeitslosigkeit, Datenschutz, neue Medien oder Wettbewerb mit der «Intelligenz der Rechner». Wenn es gelingt, dem Bürger ein konsistentes Instrumentarium in die Hand zu geben, welches zur Bewältigung der Herausforderung geeignet ist, so sollte dieses letztlich auch ausreichen, um dann auf den organisatorischen Ebenen Problemlösungen möglich zu machen. Nur viele optimistisch oder zumindest realistisch in die Zukunft schauende Individuen sind in einer Demokratie in der Lage, einen Bewältigungsprozeß angemessen zu transportieren. Die Vorstellung, daß es gelingen würde, durch eine große zentralistisch gelenkte Bewegung den Schub der Informationstechnik aufzufangen und in die richtigen Bahnen zu leiten, erscheint *völlig* unrealistisch. Zu komplex sind die vielen durch die Computerisierung betroffenen Zusammenhänge und zu groß ist auch die Herausforderung an jeden einzelnen.

Eine angemessene Technologie-Antizipation berücksichtigen. Von großer Wichtigkeit für den Versuch einer Vision für die human computerisierte Gesellschaft ist eine angemessene Antizipation der Technik und ihrer wissenschaftlichen Grundlagen («Technologie», hier die Informatik). Im zweiten Abschnitt des zweiten Kapitels sind die wichtigsten Eckdaten der Technologie-Entwicklung bereits zusammengefaßt worden. Hier können nur noch sehr globale, allgemeine Aussagen über die Enwicklung gemacht werden: Erstens ist zu berücksichtigen, daß wir große Bandbreiten der möglichen Technikschübe und der Marktdurchsetzungen zu erwarten haben. Zweitens ist festzuhalten, daß der Einfluß der Informationstechnik sektoral außerordentlich unterschiedlich ablaufen wird. Drittens ist es wichtig zu erkennen, daß neben der Rationalisierungsqualität der Informationstechnik zunehmend der Aspekt der Integration verschiedener Einzelkomponenten zu Gesamtsystemen («Vernetzung») eine auch die Qualitäten verändernde Rolle spielt.

Über eine human computerisierte Gesellschaft nachzudenken, heißt insbesondere zu akzeptieren, daß viele «wohl-beschreibbare» Prozesse der Informationsspeicherung und Informationsverarbeitung zunehmend auf Informationstechnik übertragen werden. Es heißt ferner, zur Kenntnis zu nehmen, daß diese Prozesse an vielen Stellen von technischen Systemen schneller, zuverlässiger und – bezogen auf die heutigen Lohnkosten – billiger abgewickelt werden können als vom Menschen.

Eine realistische Auseinandersetzung mit der Zukunft ist schließlich nur möglich, wenn man sich klarmacht, daß die Integration und Penetration der Informationstechnik wirklich in *alle* Bereiche menschlichen Handelns vorstoßen kann: Dies beginnt irgendwo beim Computerspiel im Kinderzimmer, geht über das Fern-Einkaufen mit Bildschirmtext und den Bankautomaten und endet bei der Nutzung von Informationstechnik in der vollautomatisierten Produktion und in theologischen Experten-Systemen. Es hieße sich nur mit einem Teil der Probleme, und damit nur mit einem Teil der dann notwendigen Lösungen, zu beschäftigen, wenn man diese gewaltige Bandbreite nicht zur Kenntnis nimmt –

wie dies insbesondere in den Geisteswissenschaften häufig geschieht! Es erscheint insgesamt eher hilfreich, eine zu breite Antizipation der Technik zu berücksichtigen, von der sich dann eventuell nur ein Teil realisiert, als umgekehrt vorzugehen und mit einer *Unterschätzung* der Potenzen der Informationstechnik zu arbeiten und dann von den realen Wirkungen überrascht zu werden.

Negative Konsequenzen nicht verniedlichen, sondern bewältigen. In unserer Gesellschaft gibt es mannigfaltige, sich widersprechende Interessen und Kräfte. Deshalb ist es nur zu leicht zu verstehen, daß aus gewissen Perspektiven die Konsequenzen der Informationstechnik eher gering oder sogar vernachlässigbar eingeschätzt werden können. Derartige a-priori-Bewertungen sind aber in der Regel mit Vorsicht zu betrachten. Eben weil die Zukunft nicht im Detail planbar ist, ist auch im Detail *nicht* sagbar, welche Wirkungen die Informationstechnik wirklich haben wird. Insbesondere ist dann auch nicht sicher festzustellen, daß sie nur zu vernachlässigende *negative* Wirkungen zeigen wird! So sollten in der jetzigen Phase Argumente für und gegen die Informationstechnik offen und ehrlich vorgetragen werden. Nur aus einer alle Faktoren berücksichtigenden Analyse heraus kann man mittelfristig erwarten, daß es zu einer Bewältigung der Probleme kommt. Jeder Versuch, gewisse Aspekte der Entwicklung «unter den Teppich zu kehren», führt letztlich dazu, daß unbewältigte Probleme und Spätwirkungen zurückbleiben. Diese werden dann als Hypothek von Generation zu Generation weitergegeben und führen in unserer Gesellschaft typischerweise zu immer neuen «Reparatur-Systemen», die möglichst vermieden werden sollten.

Wenn-dann-Perspektiven diskutieren. In der Frage nach der Ausformulierung und Gestaltung der human computerisierten Gesellschaft ist es heute möglich, gewisse Wenn-dann-Beziehungen anzugeben. Mit einem derartigen Vorgehen kann man die Breite des Spektrums der Probleme und der möglichen Problemlösungen darstellen. Da natürlich die verschiedenen Aspekte außerordentlich kompliziert miteinander verwoben sind, hat eine bestimmte Wenn-dann-Beziehung in einem Feld sofort Folgen für Wenn-dann-Beziehungen in anderen Bereichen. Man muß sich hier insbesondere vor monokausalen Betrachtungen hüten, darf aber auf der anderen Seite auch nicht ausweichen in ein kompliziertes vernetztes Gesamtmodell, dessen Transparenz dann für den einzelnen Bürger derart undurchsichtig ausfällt, daß er mit den Aussagen dieses Modells nichts mehr anfangen kann. Bei der Auswahl von Wenn-dann-Beziehungen muß man auch eine angemessene Kreativität und Entscheidungsbreite der in der Zukunft Handelnden berücksichtigen. Heute wird die Diskussion über die Konsequenzen der Informationstechnik häufig dadurch unnötig eingeengt, daß schon sehr frühzeitig gewisse Felder ausgeklammert werden (z. B. «der Mensch ist immer intelligenter als die Maschine» oder «Arbeitslosigkeit läßt sich durch Wachstum problemlos beseitigen»).

Blick bis ins Jahr 2000. Obwohl hier wiederholt darauf hingewiesen wurde, daß die informationstechnologische Entwicklung und Integration ein langfristiges Problem ist, erscheint es zunächst sinnvoll, sich mit Lösungsansätzen auf dem Zeithorizont der nächsten 15 bis 20 Jahre zu befassen. Nach allen jetzt erkennbaren Trends werden in diesem Zeitraum wichtige Entscheidungen über die Integration der Informationstechnik zu treffen sein und die Weichen richtig oder falsch gestellt werden.

Mit aller Vorsicht, die man bei historischen Analogien zu wahren hat, läßt sich wohl auch sagen, daß wir heute im Bereich der Ergänzung, Erweiterung und Ersetzung von kognitiven Leistungen durch Informationstechnik in einer ähnlichen Situation sind wie am Anfang der industriellen Revolution vor ca. 130 bis 150 Jahren bezüglich der manuell-motorischen Leistungen. Aber während damals zum *ersten* Mal Erfahrungen mit einer großen Automatisierungswelle gemacht wurden und eine mittel- oder sogar langfristige Konzeption ohne jegliches historisches Vorbild zu entwickeln war, so sind wir heute in einer etwas besseren Position: Obwohl die Informationstechnik mit ihren vielfältigen Anwendungen weit über das Potential der «elektro-mechanischen» Technik hinausgeht, so gibt es doch viele Prozesse, die aus der Geschichte gelernt werden können. Aber alte Ansätze, die primär Lösungen für die aus der industriellen Revolution des vorigen Jahrhunderts resultierenden Probleme angeboten haben, sind hier nicht einfach übertragbar; die Marxschen Vorstellungen gehen z. B. immer noch davon aus, daß der Mensch am Arbeitsprozeß unmittelbar beteiligt ist. Die vollautomatische Fabrik – keine Fiktion, sondern bereits heute in einigen kleinen Bereichen Realität – geht aber weit über die Perspektiven des 19. Jahrhunderts hinaus.

Neue Probleme: die Bio-Technik. Es gibt einen weiteren – pragmatischen – Grund, sich in den konstruktiven Überlegungen für eine human computerisierte Gesellschaft zunächst auf ca. 20 Jahre zu beschränken. In dieser Zeit wird die Penetranz der Informationstechnik ein bestimmendes Thema des gesellschaftlichen Wandels sein. In der gleichen Zeit wird aber auch die neue Bio-Technik insbesondere mit der Möglichkeit der genetischen Manipulation der Eigenschaften von Pflanzen, Tieren und schließlich des Menschen mehr und mehr ins Blickfeld gesellschaftlichen Handelns rücken. Hierdurch wird eine neue gewaltige Schicht an Problemen entstehen, die «jenseits» der Fragen der Informationstechnik liegen. Während es heute dringend gilt, eine positive Vision gegen Orwells «1984» zu stellen, so wird es das Anliegen der 90er Jahre sein, eine neue Konzeption gegen Huxleys bedrükkende «Schöne neue Welt» zu entwickeln. Die Zeit drängt also.

Die zentralen Probleme. Die vielfältigen Phänomene, die z. Z. in unserer Gesellschaft durch Nutzung der Informationstechnik zu beobachten sind, dürfen nicht dazu führen, daß man sich in der Bewältigung von Problemen auf *Teil*aspekte begrenzt und damit von vornherein verzettelt. Eine isolierte Kabelfernsehdiskussion ist genauso unsinnig wie überzogene Datenschutzansprüche; die Ablehnung des Bildschirms am Arbeitsplatz streift in gleicher Weise nur ein Randproblem der informationstechnologischen Konsequenzen in der Arbeitswelt, wie der Streit um den Aufbau und die Nutzung von Personalinformations-Systemen. Die Einzelfrage nach der Treffsicherheit moderner Fernlenkwaffen ist genauso nur ein Spezialproblem wie die Arbeitsplatzvernichtung durch Industrieroboter.

Zentral sind letztlich eigentlich nur drei große Themenkomplexe: *Erstens* die Frage nach einer «sozial gerechten» Verteilung der durch die Informationstechnik möglichen großen Zuwächse der Produktivität. *Zweitens* das Problem der Kontrolle der computerisierten Kriegsmaschinerie und damit der langfristigen Friedenssicherung und *drittens* die Frage nach dem menschlichen Selbstverständnis in einer Welt, in der Wissen und Information mehr und mehr in technischen Systemen und nicht mehr nur in menschlichen Gehirnen verfügbar ist und in der es eine rasch zunehmende Anzahl technischer Systeme gibt, die kognitive Prozesse abarbeiten können. In den letzteren Bereich gehören auch die tiefgreifenden Fragen an Theologie und Philosophie, was es eigentlich heißt, daß einzelne Menschen durch Schaffung «intelligenter» Systeme zum einen weit über die «mittlere» Leistungsfähigkeit des Gehirns hinausgehen und zum anderen die Basis für eine neue Schicht sozio-technischer Integration legen.

Nur wenn es gelingt, auf diese drei zentralen Fragen einigermaßen plausible und für breite Kreise akzeptable Lösungen zu finden, können diese einen Beitrag zur Stabilisierung einer lebenswerten Zukunft liefern. Mit der neuen Informationstechnik gewinnt der Auftrag des «Machet Euch die Welt untertan» eine grundsätzliche neue Perspektive; der Mensch beginnt an einer neuen sozio-technischen Integrationsstufe zu arbeiten, in die er sich selbst einbezieht. Dies gilt es zu verstehen und demokratisch und humanistisch umzusetzen.

Resümee. Wenn wir die Zukunft im Sinne einer positiven Entwicklung bewältigen wollen, so bedarf es zunächst einer gewissen Zuversicht, daß auf breiter Basis akzeptable Lösungen überhaupt möglich sind. Hierzu sind geeignete Rahmenvorstellungen und angemessene Konzepte zu entfalten. Diese müssen soweit schlüssig und in sich konsistent sein, daß sie für die nächsten 20 Jahre einen akzeptablen Planungsraum darstellen. Sie müssen die Bandbreiten möglicher informationstechnologischer Entwicklungen berücksichtigen. Potentiell negative Folgen der Informatisierung und Computerisierung sind dabei deutlich anzusprechen und zu bewältigen. – Es wird in den nächsten 20 Jahren nicht darauf ankommen, an Details herumzukurieren. Vielmehr muß das Schwergewicht einer angemessenen Antizipation und Problemlösung darin liegen, Antworten auf die zentralen Fragen – Produktivitätsverteilung, Friedenssicherung und menschliche Selbstverständnis – zu geben.

Chance zur Ausgrenzbarkeit alternativer Lebensformen

Integration oder Systemzwang? Die Computerisierung und Informatisierung darf gesellschaftlich nicht als Zwangsmaßnahme verstanden werden. Es kommt vielmehr darauf an, eine Form der Integration herbeizuführen, in der die notwendige informationstechnische Infrastruktur verfügbar und gleichzeitig eine breite Mannigfaltigkeit von Lebensformen möglich ist; Integration darf nicht mißverstanden werden als Systemzwang. Es kommt *nicht* darauf an, eine «*Computer*-Gesellschaft» zu bauen, in der der

Mensch seine Entscheidungsfähigkeit und die Kontrolle an den Rechner abgibt. Vielmehr muß es Ziel der Anstrengungen der nächsten Jahrzehnte sein, eine *human* computerisierte Gesellschaft zu entfalten, in der primär menschliche Bereiche als abgrenzbare Teilbereiche erhalten bleiben.

Das heißt, es muß ein Anliegen struktureller Entwicklung sein, die Ausgrenzbarkeit von individuellen Lebensbereichen möglich zu machen. Konkret bedeutet dies, daß es in der human computerisierten Gesellschaft möglich sein muß, Lebensformen zu erhalten, die nicht technisch eingepaßt sind. Die informationstechnologische Infrastruktur muß Angebotscharakter behalten, aber sie darf sich nicht als *Zwangs*-Maßnahme flächendeckend auf alle Lebensbereiche legen. Menschen, die sich - nachdem sie sich mit der Informationstechnik angemessen beschäftigt haben - für ein Leben ohne diese Technik entscheiden, müssen in unserer zukünftigen Gesellschaft einen angemessenen Platz finden. (Dies entspricht auch der Situation in der biologischen Evolution, wo keine neue Entwicklungsschicht alle darunterliegenden Schichten völlig verdrängt hat.)

Akzeptanz verschiedener Lebensstile. Mit der neuen Technik könnte es in der Hand einer diktatorischen Regierung in der Tat gelingen, eine *einheitliche* Lebensordnung für jedermann zu organisieren. Die Orwellsche Vision des «1984» beschreibt dies - wenn man allerdings nur diejenigen berücksichtigt, die sich dem «Großen Bruder» beugen und diejenigen vergißt, die als «Untermenschen» in den Slums außerhalb des Wirkungsbereichs des «Großen Bruders» dahinvegetieren. Allen Entwicklungen dieser Art ist entschieden entgegenzutreten.

Dies heißt insbesondere für die Bundesrepublik, die Stabilisierung und den Ausbau des demokratischen Systems voranzutreiben, welches notwendigerweise zur Pluralität und zur Vermeidung von zentralistisch-einheitlichen Konzepten führt. Insbesondere sollte die Zukunft so gestaltet werden, daß das Leben ohne Informationstechnik grundsätzlich möglich bleibt, wenn auch vielleicht unter erschwerten Umständen. Dies gilt einmal für die Teile der Bevölkerung, die es nicht mehr schaffen, die neuen Entwicklungen zu beherrschen - dies scheint insbesondere die ältere Generation zu betreffen. Dies sollte aber auch für die Kinder gelten. Ihnen sollte die Chance gegeben werden, zunächst in einer Welt aufzuwachsen, in der sie unmittelbaren Bezug zur Realität und zu den Mitmenschen haben, ohne von Anfang an unter dem «Schleier» der irrealen Repräsentation unserer Welt durch die Informationstechnik zu leben.

Wir sollten auch darauf Rücksicht nehmen, daß das «Aussteigen» einzelner aus der Nutzung der Informationstechnik möglich bleibt. D.h. es müssen Dienstleistungen erhalten bleiben, in denen z.B. der Mensch unmittelbar mit Menschen umgehen kann. Daß dies in vielen Bereichen zu Kostensteigerungen führen wird, ist wohl unumgänglich, und die Ausgrenzung aus dem allgemeinen Konsens mag für viele dann aufwendig, d.h. auch für die eigene Lebensgestaltung mühsam sein, aber sie darf nicht grundsätzlich unmöglich werden.

Erhalt einer «natürlichen» Umwelt. Mit den sich weiter ausbreitenden elektronischen Medien besteht die Gefahr, daß die Repräsentation der Welt in elektronischer Form für viele an die Stelle der realen Welt tritt: Die Kenntnisse aus der «Dallas-Serie» werden z.B. als Kenntnisse über Texas rezipiert, obwohl Texas ganz andere Aspekte beinhaltet, die in der Serie – bewußt oder unbewußt – nicht angesprochen werden. Es muß in der human computerisierten Gesellschaft möglich sein, an die ursprüngliche Welt *direkt* «heranzukommen». Dies heißt zum einen, daß die physische Mobilität erhalten bleiben muß, um die Begegnung mit der realen Welt zu ermöglichen. Zum anderen, daß die Literaturquellen über die reale Welt schneller und besser verfügbar sein müssen als heute. Es sind dabei große Anstrengungen zu unternehmen, die *primären* Quellen verfügbar zu halten und nicht Sekundär-, Tertiär- und Quartiärrepräsentation in Text, Ton und Bild als letzte Wahrheit auszugeben.

Große Aufmerksamkeit ist insbesondere dem Erhalt menschlicher Primärumgebungen zu widmen. Hier muß im Zentrum der Bemühungen die Familie stehen, bietet sie doch die Basis mitmenschlicher Kommunikation, insbesondere für das kleine Kind, aus der heraus sich gesellschaftliche Kommunikation entfaltet. Bemühungen, gerade aus diesem Bereich, die Informationstechnik stärker als bisher *heraus*zuhalten, sollten *intensiv* unterstützt werden. – Menschen, denen die unmittelbare Kommunikation wichtig erscheint, sollten immer dazu Gelegenheit haben und nicht in eine informationstechnische «Zwangsjacke der Telekommunikation» gepreßt werden.

Alternative Produktion ermöglichen. Es ist nur zu deutlich, daß die Informationstechnik sowohl einen großen Teil aller Produkte als auch viele Produktionsbedingungen nachhaltig beeinflussen wird. Um so wichtiger erscheint es, daß es möglich bleibt, in der Gesamtwirtschaft «alternative» Produkte primär menschlicher Arbeit zu produzieren und anzubieten. Menschen, die von den modernen Produktionsmitteln keinen Gebrauch machen wollen, sollten die Möglichkeit haben, traditionelle Verfahren zu nutzen und mit ihnen «alternativ» zu leben. Die Potenz zur Ausgrenzbarkeit muß durch geeignete strukturpolitische Randbedingungen ermöglicht werden – sie wird sicher ihren Preis haben.

Monopolisierung und Kartellierung vermeiden. Obwohl das Argument, daß die Informationstechnik zu Zentralisationsbewegungen führt, durchaus strittig ist, bleibt doch ein deutlicher Trend zur Konzentration: Dies gilt sowohl bezüglich der vollautomatisierten Produktion, wo natürlich große Losgrößen bei hoher Flexibilität der Einzelstücke bessere Rentabilität versprechen, als auch für Fragen der Konzentration von Information und für Aspekte der Organisation von Kommunikationsstrukturen (z.B. Monopol der Bundespost gegenüber kompetitiver Kommunikationsstruktur in privater Hand, siehe USA). Diesem Trend muß entgegengetreten werden, um sicher zu sein, daß zum einen keine Verkrustungserscheinungen auftreten, die den einzelnen fest in vorgefügte Rahmen einpassen, und zum anderen sichergestellt ist, daß sich das Gesamtsystem auf der Basis von neuen Innovationen weiterentwickeln kann.

Ausgrenzbarkeit gegen Monopolisierung jeder Art heißt also insbesondere in der human computerisierten Gesellschaft, Innovations- und Lebensfähigkeit des einzelnen sowie neue Lebensstrukturen zu erhalten und zu entfalten. Gewichtige Argumente für die Potenz der Ausgrenzbarkeit kommen zum einen aus humanistisch-individualistischen Vorstellungen in der human computerisierten Gesellschaft, wo ja der Mensch *mehr* Freiheiten und Möglichkeiten haben soll als in der derzeitigen Gesellschaftsform. Zum anderen resultieren sie aus Überlegungen zur dynamischen Weiterentwicklung derartiger Strukturen: Nur wenn es eine ausreichende Zahl «ausgegrenzter Individuen» gibt, bleibt ein Potential der Innovation. Dieses wird um so nötiger, je enger die Integration des Gesamtsystems wird – der «Erstickungstod» muß vermieden werden!

Das Konzept der «Robinson-Liste» ausbauen. Mit der Möglichkeit, große Datenbanken mit personenbezogenen Daten automatisch zu transferieren und zum Beispiel für Werbezwecke zu nutzen, kam ja relativ früh die Idee der Einführung einer «Robinson-Liste» auf, in die man sich eintragen kann, um aus dem Kreis der «automatisch Versorgten» herauszukommen. Diese Idee ist in der human computerisierten Gesellschaft weiter zu entfalten und zu verbreitern. Es muß nachgedacht werden, welche Möglichkeiten einzelne haben sollen, sich aus dem entstehenden Gesamtsystem auszugrenzen und dieses durch entsprechende Hinweise deutlich zu machen. Man kann sich z.B. vorstellen, daß Personen deutlich machen, daß sie nicht an informationstechnisch unterstützten Apparaturen arbeiten wollen. Mit der Eintragung in die entsprechende Robinson-Liste müßten sie gegebenenfalls die daraus resultierenden ökonomischen Nachteile in Kauf nehmen. (Ob diese wirklich eintreten, muß sich erst zeigen, wenn sich mittelfristig ein neues Gleichgewicht zwischen informatisierter und computerisierter Produktion einerseits und «menschlicher handwerklicher» Produktion andererseits einstellt.) Auch das bewußte Sichausklammern aus telekommunikativen Infrastrukturen sollte möglich bleiben: Dies hat sowohl bezüglich der technischen Erreichbarkeit des einzelnen als auch bezüglich der dann noch nutzbaren Dienste (z.B. Bankfiliale statt Tele-Banking, «Tante-Emma-Laden» statt Tele-Shopping, «Käseblatt»-Anzeige statt elektronische Kleinanzeigen) Konsequenzen, die auch von dem betreffenden Individuum zu tragen sind. Die Last der Konsequenzen ist allerdings volkswirtschaftlich und politisch so zu gestalten, daß sie ertragbar bleibt.

Die Medienvielfalt erhalten. Die elektronischen und zunehmend die visuellen Medien drängen sich immer tiefer in das menschliche Leben. Längst sind Kinderzimmer und Schlafzimmer von Radio und Fernsehen erobert, die Spielecomputer – mit in Zukunft automatisch generierten Bildern und Tonlandschaften – verändern die informationelle Umwelt des Menschen. Dies allein ist keine Katastrophe und keine tiefgreifende Bedrohung, *wenn* es möglich bleibt, sich aus dieser Palette technischer Informations-Repräsentanzen auszugrenzen und dennoch sein Informationsbedürfnis z.B. durch Lesen zu befriedigen. Dies heißt, daß z.B. einem *totalen* Verdrängungswettbewerb visueller gegen alphanumerische Information durch strukturpolitische Maßnahmen Einhalt zu gebieten ist.

Allerdings muß man auch zur Kenntnis nehmen, daß bei der bisherigen Medienentwicklung niemals ein neues Medium ein altes völlig verdrängt hat: Wenn auch heute die auf Büttenpapier gedruckten und in Schweinsleder gebundenen Bücher außerordentlich rar geworden sind, so sind sie doch neben dem billigen Taschenbuch immer noch verfügbar; wenn der Bundesbürger heute im Mittel pro Tag zwei Stunden fernsieht und zwei Stunden Radio hört, so sind doch Zeitungen und Zeitschriften weit verbreitet; wenn heute das vierte Programm über den Videorecorder ins Haus kommt, so gibt es doch immer noch Filmtheater, die besucht werden; wenn auch die Möglichkeiten der Filmgestaltung die des Theaters bei weitem übersteigen, so existieren doch Theater und Oper – wenn auch mit erheblichen Subventionen – weiterhin; wenn auch hoch interessante Reiseberichte über das Fernsehen oder die Print-Medien verteilt werden, so bleibt doch die Sehnsucht des Menschen wirklich vor Ort zu reisen. Dieses Konzept der Parallelität und Komplementarität muß erhalten bleiben, die «totale Audio-Vision» darf sich nicht über diejenigen decken, die sich ihr entziehen möchten.

Den realen Menschen akzeptieren. Die genetische Konstitution und frühen Kindheitserfahrungen prägen den Menschen in seiner psychischen Entwicklung in hohem Maße. Dies wegzuleugnen hat wenig Sinn, führt es doch zu einer unreflektierten Milieutheorie, die dann so tut, als ob jedermann zu jeder Zeit durch entsprechende Bildungs- und Informationsmaßnahmen beliebig «gestaltbar» sei. Da dies aber offensichtlich nicht der Fall ist, muß eine verantwortungsvolle Zukunftsgestaltung auf die jeweils *vorhandene* breite Heterogenität menschlicher Ziele, Werte, Normen und Verhaltensweisen eingehen. Dies ist insbesondere dann wichtig, wenn die Informationstechnik zum einen aus Gründen der Praktikabilität, zum anderen aber auch aus ökonomischen Gründen möglichst versucht, einen «einheitlichen Menschen» zu unterstellen. Solange wir auf gezielte genetische Manipulationen verzichten – und hierfür gibt es viele gute Gründe –, muß es Ziel gesellschaftlichen und demokratischen Handelns sein, zum einen die persönliche Entfaltung zu unterstützen, zum anderen aber den Kern einer Persönlichkeit zu akzeptieren, auch wenn sie vielleicht nicht in das «Strickmuster» der neuen Systemstruktur hineinpaßt.

Minderheiten politisch bewußt integrieren. Das strukturierte Denken der Informatiker und die auf menschliche Anpassung zielende Informationstechnik neigen unter ökonomischem

Druck dazu, Systeme für Mehrheiten zu schaffen. Dabei werden – insbesondere wenn man nur auf der betriebswirtschaftlichen Ebene rechnet – häufig gesamtwirtschaftliche und politische Konsequenzen kaum berücksichtigt. Dieser Kurzsichtigkeit ist entschieden entgegenzuwirken. In einer hochentwickelten, auf eine lange kulturelle und geistige Tradition zurückblickende Demokratie muß es möglich sein, vielfältige Pluralitäten zu erhalten. Das heißt insbesondere, daß sowohl Minderheiten im Hinblick auf ihre geistigen Einstellungen als auch auf ihre Gewohnheiten in ihrer Andersartigkeit politisch zu integrieren sind. Dies ist nicht nur ein grundgesetzlich verbürgtes Recht, sondern auch eine Forderung nach Liberalität einerseits und nach Erhalt von Entwicklungspotential andererseits.

Gerade die auf uns zukommende Vernetzung von komplexen Einzelstrukturen zu hyperkomplexen Gesamtsystemen wird es nötig machen, daß genügend Potential außerhalb dieser Strukturen erhalten bleibt, um Denkanstöße und politische Alternativkonzepte möglich zu machen. Nur wenn es dem Gesamtsystem gelingt, diese Alternativen konstruktiv zu nutzen und sie in die Entwicklung einzubeziehen, besteht die Chance einer lebensfähigen und lebenswerten Demokratie. Der Versuch, die Informationstechnik als «Homogenisierungs-Maschine» auf kultureller, geistiger oder politischer Ebene zu nutzen, muß notwendigerweise zum Zusammenbruch der Demokratie führen. Dieses aber gerade heißt es zu verhindern, wenn die *human* computerisierte Gesellschaft nicht in eine «Computer-Gesellschaft» umkippen soll.

Resümee. Die Potenz der möglichen, selbst gewollten Ausgrenzbarkeit von Individuen und Gruppen muß ein zentrales Anliegen der human computerisierten Gesellschaft sein. Nur auf der Basis einer derart differenzierten Nutzung der Informationstechnik erscheint es möglich, ein plurales, nicht-zentralistisch gelenktes System zu erhalten. Die Entfaltung individueller Persönlichkeiten muß auch innerhalb der Gesamtintegration möglich sein, dazu gehört die Akzeptanz verschiedener Lebensstile genauso wie der Anspruch auf den Erhalt einer natürlichen und unmittelbar erfahrbaren Umwelt. Sowohl im Bereich der Produktion wie auch in der Verwaltung und im Handel ist der Monopolisierung und der Kartellbildung entgegenzuwirken, um sicherzustellen, daß ausreichendes Innovationspotential erhalten bleibt und keine verkrusteten, langfristig nicht entwicklungsfähigen Strukturen entstehen.

Dies erscheint möglich, wenn Menschen z.B. die Chance gegeben wird, sich über «Robinson-Listen» aus dem Systemzusammenhang auszukoppeln. Die kostenmäßigen Nachteile, die diejenigen treffen, die sich aus dem Gesamtsystem auszugrenzen suchen, sollten im Hinblick auf ihr Innovationspotential, gemildert werden. – Alle Bemühungen um eine Integration der Informationstechnik müssen ausgehen von dem realen Bestand an heterogenen Interessen und Wünschen der Menschen und der genetischen Konstitution unserer Gesellschaft. In dieses Konzept passen weder «milieutheoretische» noch «informationstechnische» noch «genetische» Manipulationen; in dieses Konzept paßt auch keine Majorisierung oder Ausstoßung von Minderheiten (z.B. Arbeitslose). Eine positive Entwicklung der human computerisierten Gesellschaft ist nur zu erwarten, wenn sie aufbaut auf dem demokratisch organisierten Prozeß der Auseinandersetzung in einer pluralen und außerordentlich mannigfaltig gegliederten Gesellschaft.

Wirtschaftliche Randbedingungen einer human computerisierten Gesellschaft

Zahlreiche Grundbedürfnisse können mit wenig menschlicher Arbeit befriedigt werden. Das jetzt erkennbare Potential an Computerisierung und Automatisierung wird es *in den nächsten 20 Jahren ermöglichen*, zahlreiche Produkte für die Befriedigung menschlicher Grundbedürfnisse weitgehend vollautomatisch zu produzieren: Dies beginnt mit den landwirtschaftlichen Erzeugnissen, wo erhöhte Automatisierungen der Pflanzen- und Tierproduktion durch die Nutzung von automatischen Steuerungen und Robotersystemen und weitere Leistungssteigerung durch genetische Manipulation zu erwarten sind; dies betrifft den Bereich der Textilindustrie, in dem es gelingen wird, durch weitere Automatisierung der eigentlichen Nähprozesse mittels komplexer Robotersysteme Kleidung vom Entwurf bis zur Verpakkung vollautomatisch zu produzieren; dies trifft auch für den Wohnungsbau zu, in dem eine Kombination aus vollautomatisch produzierten Bauelementen einerseits und Robotereinsatz auf den Baustellen andererseits eine weitgehende Automatisierung ermöglicht. Ferner gibt es eine breite Palette technischer Produkte, angefangen von Haushaltsgeräten über Geräte der Unterhaltungselektronik bis hin zum Automobil, die weitgehend vollautomatisch produziert werden können. – Auch im Bereich des Handels und des Transports von Massengütern kann intensiv von der Informationstechnik Gebrauch gemacht werden: Der Tele-Einkauf von Routinegütern kann über Bildschirmtext abgewickelt werden; vollautomatisch vom Start zum Ziel fahrende Lastwagen erlauben eine weitgehend automatisierte Versorgung der Bevölkerung mit Gütern.

Diese Situation – die sich aus einer *konsequenten Nutzung* der Informationstechnik im Rahmen einer *bewußten Entwicklung* der human computerisierten Gesellschaft ergibt – führt ökonomisch aus der Sicht unseres *heutigen* Wirtschaftssystems zu gravierenden Problemen: Der Anteil menschlicher Arbeit, der heute notwendig ist, um in den Industrienationen die «Grundbedürfnisse» der Bürger zu befriedigen, nimmt dann *drastisch* ab. Daraus resultiert, daß die an die hier geleistete menschliche Arbeit unmittelbar gekoppelte Lohnsumme bis ins Jahr 2000 deutlich zurückgeht. Dies aber führt dazu, daß die Kaufkraft der breiten Massen drastisch fällt und damit eine «Verteilung» der automatisch erstellten Produkte der Grundversorgung über das heutige monetäre System nur schwer möglich sein wird. Damit aber fällt auch das Interesse der Eigner von Produktionsanlagen, diese zu vollautomatisieren, und die im Prinzip mit der Informationstechnik mögliche Produktivitätssteigerung wird nicht erreicht!

Aus diesem Dilemma müssen Konsequenzen gezogen werden, die zum einen Rücksicht nehmen auf das breite Interesse der Bevölkerung an einer dem Stand der Technik angemessenen und rationellen Grundversorgung. Zum anderen muß das in der Gesellschaft vorhandene Kapital sinnvoll gebunden und der Zusammenbruch des gesamten monetären Systems verhindert werden.

«Unpassende» Arbeit findet keinen Markt mehr. Mit zunehmender Leistungsfähigkeit der Informationstechnik und bei erkennbarer Stabilität der Leistungsfähigkeit des menschlichen Gehirns wird die Zahl der Substituierbaren – und damit auch die Zahl der Substituierten – in der «klassischen» Wirtschaft stetig zunehmen. In einem rein marktwirtschaftlich orientierten Wirtschaftssystem haben die «unpassend» Qualifizierten grundsätzlich keine Chance mehr, ihre Ware Arbeit zu verkaufen. – *Dies ist eine historisch neue Situation.* Während früher bei Mechanisierung und Automatisierung eine Verschiebung von manuell-motorischen zu kognitiv-intellektuellen Arbeiten möglich war – und breit praktiziert wurde –, sind bisher *keine* neuen, großflächigen Arbeitsfelder des Menschen zu erkennen. Obwohl es nicht ausgeschlossen ist, daß z.B. durch Aktivierung der rechten Gehirn-Hemisphäre des Menschen in einem darauf abzielenden Bildungswesen grundsätzlich neue Qualifikationshorizonte erschlossen werden können, so sind diese doch in der vorhandenen Menschheit – d.h. auch in den nächsten 20 Jahren – praktisch nicht vorhanden.

Bei der Geschwindigkeit, mit der sich die Informationstechnik ausbreitet, entsteht also das Problem, daß «unpassend Qualifizierte» im Vergleich zu Automaten und Unberechenbaren keine Chance haben werden, im heutigen System weiter zu arbeiten. Dieses liegt aber keineswegs nur an den in den westlichen Industrienationen generell hohen Arbeitslöhnen. Vielmehr geht es auf die technische Struktur der Produktionsbedingungen und die Qualität unserer Produkte zurück. Angesichts unseres Warenangebotes haben «primitive» und «naive» Produkte, die ja von den «Unqualifizierten» erzeugt werden könnten, auf dem Markt keine Chance: Natürlich könnte man ein Auto auch heute noch von Hand mit den Qualitätsmerkmalen des Automobils der frühen 20er Jahre erzeugen. Aber es ist eben nicht erkennbar, wie sich dieses Produkt z.B. gegenüber einem vom computergesteuerten und roboterisierten Band kommenden «Audi 80» durchsetzen soll.

Es gibt z.Z. aus der so resultierenden «strukturellen Arbeitslosigkeit» in der human computerisierten Gesellschaft im wesentlichen zwei grundsätzliche Auswege: *Erstens* kann man versuchen, eine breite «alternative» Wirtschaft außerhalb der «High-Tech-Welt» aufzubauen. Ansätze, die in den USA z.Z. als Dienstleistungsgewerbe geringer Qualität (z.B. «Hot-dog-Stände») entstehen, sind vielleicht ein Weg in diese Richtung. *Zweitens* kann man aber auch politisch zur Kenntnis nehmen, daß derart fortgeschrittene Gesellschaften ihre Bevölkerung mit einer Grundversorgung ausstatten können und müssen, *unabhängig* davon, ob die Menschen arbeiten oder nicht. Arbeitslosigkeit im Sinne von Verzicht auf Lohn ergebende Arbeit könnte damit in der human computerisierten Gesellschaft den Makel des wirtschaftlichen Abstieges verlieren.

Kann die Arbeitsgleichverteilung erzwungen werden? Die derzeitigen Diskussionen um Arbeitszeitverkürzungen, insbesondere im Bereich der Wochenarbeitszeit, gehen von der milieutheoretisch unterstützten Grundannahme aus, daß es grundsätzlich möglich ist, Arbeit in Zukunft wirklich «gleich» zu verteilen. Angesichts der Heterogenität der Qualifikationen der Bevölkerung (die auf vielerlei Ursachen zurückgeht) einerseits und der zunehmenden Leistungsfähigkeit der Informationstechnik andererseits erscheint diese Annahme aber langfristig prinzipiell *falsch* – so man von potentieller genetischer Manipulation des Gehirns absieht. Nur unter der Voraussetzung, daß eine *beliebige* und *permanente* Requalifizierung breiter Schichten möglich ist, wäre der Ansatz einer «Arbeitsgleichverteilung» ein akzeptables Konzept.

Alle unsere bisherigen Erfahrungen zeigen jedoch, daß breite Schichten der Bevölkerung diesem Weg kaum folgen können. Die stark milieutheoretisch geprägte Vorstellung, man müsse nur bildungspolitische Ziele setzen und dann werde der «neue Mensch» schon entstehen, haben sich bisher als Irrweg erwiesen. (Die Bevölkerung der DDR ist hier wohl ein besonders klares Beispiel.)

Akzeptiert man diesen Sachverhalt (siehe Details dazu auch in dem Abschnitt über Bildung und Ausbildung in diesem Kapitel), so erweist sich der Ansatz einer «Arbeitsgleichverteilung» als grundsätzlich und langfristig in die Irre führend, wenn er auch vielleicht *kurzfristig* gewisse Lösungsansätze bietet. Hier schlägt wieder das Problem durch, welches oben schon angedeutet wurde, die Arbeit der «unpassend Qualifizierten» ist auf dem Markt nicht umsetzbar. Sie wieder marktfähig zu machen, heißt eine «alternative» Produktion und geeignete Verteilungen aufzubauen – dies aber widerspricht dem heutigen Konzept der «Arbeitsgleichverteilung», welches ja gerade darauf abzielt, in der heutigen Wirtschaftsorganisation zu bleiben und dann die verbleibenden «Restarbeiten», die nicht von der Informationstechnik übernommen werden können, auf möglichst viele Arbeitnehmer zu verteilen.

So bleibt insbesondere die Forderung nach der 35- (oder 30- oder 20-)Stunden-Woche *kein langfristig sinnvolles* Konzept. Hier wird z.Z. mit «Hauruck-Pragmatismus» Tagespolitik betrieben, ohne daß irgendwelche Anstrengungen unternommen werden, langfristig die anstehenden Probleme zu analysieren und angemessene Konsequenzen zu ziehen. – An dieser Stelle benehmen sich die Gewerkschaften ähnlich konzeptlos wie die Kapitaleigner am Beginn der industriellen Revolution. Damals glaubten letztere, daß sie durch ein einfaches Ausbeutungsprinzip ihren Reichtum beliebig mehren könnten. Es zeigte sich dann aber sehr bald, daß eine «ausgewogene» Volkswirtschaft mit einem angemessenen monetären System (Lohnverteilung) notwendig ist, um überhaupt Gewinne erzielen zu können.

Für das heute von den Gewerkschaften angestrebte Konzept einer allgemeinen Arbeitszeitreduktion wäre ein gesamtwirtschaftliches *langfristiges* Konzept notwendig, welches aber nicht existiert und wegen der aufgewiesenen Widersprüche auch von den Gewerkschaften nicht erstellt werden kann. Aber auch die Arbeitgeberseite hat bisher kein konsistentes Konzept für eine weitgehend computerisierte und automatisierte Wirtschaft vorgelegt, obwohl deutlich ist, daß auch das Kapital ernste Probleme mit einer zunehmenden Automatisierung bekommen muß: Der Wettbewerb zwischen vollautomatisierten Fabriken wird viel schwieriger als z.Z., wo noch die Flexibilität der menschlichen Arbeit voll genutzt werden kann. Immer mehr Unternehmer werden sich fragen, ob es sich lohnt, kapitalintensive Produktionsautomaten aufzubauen, wenn die Gewinnmargen wegen harter Konkurrenz mit gleich stark automatisierten Konkurrenten drastisch fallen. – Wo also liegt die Zukunft für den Kapitaleigner? Nur noch im Verleihen von Geld an Staatswesen, die über große Haushaltsdefizite und daraus resultierende Zinsausschüttungen zu «Geldverteilungssystemen» werden, bei denen mehr zu verdienen ist als in der riskanten Produktion?

Ein Festhalten von Gewerkschaften und Arbeitgebern an *isolierten Einzelforderungen* ohne ein mittel- bis langfristiges Gesamtkonzept, welches die Potenzen und den Nutzen der Informationstechnik *weltweit* angemessen antizipiert, wird in ein ähnliches Chaos führen, wie es unsere Urgroßmütter und -väter in der ersten Phase der industriellen Revolution erlebt haben.

Auch Überlegungen zur «Flexibilisierung» der Arbeitszeit (z.B. Teilzeitarbeit, Job-Sharing, Lebensarbeitszeitverkürzung) stellen keine mittelfristigen Lösungen für das Problem der «Unverkäuflichkeit» unpassend qualifizierter Arbeit in einer weitergehend automatisierten und computerisierten Wirtschaft dar. Sie lösen nicht das Grundproblem der «sozial gerechten» Verteilung von Möglichkeiten der Produktivitätssteigerung.

Die sektorale Wirkung der Informatisierung und Computerisierung. Große Schwierigkeiten für eine wirtschaftspolitische Gesamtkonzeption bei zunehmender Computerisierung resultieren auch aus den großen Unterschieden der Penetranz der Informationstechnik in die verschiedenen Wirtschaftssektoren. Insbesondere die klassischen Dienstleistungen im Bereich «menschennaher» Aktivitäten (z.B. Gesundheitswesen, Schulwesen, Sozialwesen, Kunst und Unterhaltung) können kaum computerisiert werden und sollen wohl auch nach den Vorstellungen breiter Schichten nicht in größerem Umfange technisch unterstützt werden. Dies heißt aber, daß hier weiterhin Menschen wirklich unmittelbar arbeiten müssen und für ihre Arbeit «angemessen» zu entlohnen sind. Gleichzeitig ist aber auch klar, daß das Volumen der hier zu erbringenden Leistungen nicht beliebig gesteigert werden kann und sollte. Damit entsteht das Problem, wie eine neue volkswirtschaftliche und «marktgerechte» Bewertung (automatisch erstellter) materieller Produkte gegenüber menschlicher Dienstleistung entwickelt werden kann.

Eine geeignete Problemlösung ist insbesondere deswegen notwendig, weil es sich bei vielen «menschennahen» Dienstleistungen ja auch um Leistungen aus dem Feld der Grundversorgungen handelt - man denke nur an das Gesundheits- und das Schulwesen. Als wirtschaftspolitische Lösung bietet sich hier einerseits eine Gleichverteilung der hier anfallenden Tätigkeiten auf möglichst viele an («15-Stunden-Woche im Dienstleistungsbereich»). Andererseits kann durch eine angemessene Lohnpolitik des Staates auch der materielle Anreiz für diese Tätigkeitsfelder abgebaut werden. (Von den dann Angesprochenen kann man vielleicht gerade im Bereich zwischenmenschlicher Kommunikation bessere Gesamtleistungen erwarten als von den reinen «Money-Makern».

Zu überdenken ist ferner die wirtschaftliche Bedeutung und Bewertung des breiten Spektrums der Leistungen von kleinen und Kleinst-Unternehmen der Dienstleistung, z.B. im Bereich des Handwerks. Obwohl hier eine Computerisierung an vielen Stellen möglich ist, bleibt noch lange ein breites Spektrum menschlicher Arbeiten (insbesondere bei Arbeiten an existierenden Objekten). Mindestens insoweit, als die in diesem Bereich Tätigen zur Versorgung von Grundbedürfnissen beitragen, sollte die Bewertung ihrer Leistungen abgestimmt sein auf die Preis- und Lohnpolitik im Bereich der automatisch erzeugten Güter und der «menschennahen» Dienstleistungen.

Resümee. Eine *konsequente* Computerisierung und Automatisierung weiter Bereiche der Wirtschaft in der human computerisierten Gesellschaft führt unter *Beibehalt* unserer derzeitigen - letztlich aus dem Liberalismus des kapitalistischen 19. Jahrhunderts erwachsenen – Wirtschaftsordnung zu zwei gravierenden Problemen: 1. Hohe Arbeitslosigkeit der «unpassend Qualifizierten» und der «Unqualifizierbaren» und 2. Zusammenbruch des monetären Systems wegen der Unmöglichkeit, in weiten Bereichen der «Grundproduktion» ausreichende Lohnsummen zu zahlen, da kaum noch menschliche Arbeit erbracht wird. Diese Problematik muß Kapitaleigner und Gewerkschaften in gleicher Weise alarmieren: Für erstere bleibt in einem «vollautomatisierten» Wirtschaftssystem kaum noch eine Chance, Gewinne zu machen, da die jeweiligen Mitwettbewerber am Markt ähnlich hochautomatisiert arbeiten. Für die Arbeitnehmer bedeutet dies eine breite Verarmung, die aber auch den Kapitaleigentümern ungelegen sein muß, finden sie doch keine Abnehmer ihrer automatisch produzierten Produkte mehr und keinen Kapitalmarkt mit hohen Zinsen, da diese auch über Staatshaushalte langfristig nicht mehr gezahlt werden können.

Konzeption für ein neues Wirtschaftssystem der «gerechten» Verteilung hoher Produktivität

Grundversorgung als Grundrecht. Will man eine für breite Schichten akzeptable und langfristig befriedigende Lösung, die aufbaut auf unseren derzeitigen Prämissen eines sozial orientierten Staatswesens, so wird man bei intensiv fortgeschrittener Computerisierung nicht umhinkommen, die durch vollautomatisierte Produktion erzeugten Güter über ein «Grundrecht auf Grundversorgung» *sozial gerecht* zu verteilen. *Dies bedeutet eine grundsätzliche Reorganisation unserer heutigen Volkswirtschaft.* Es sind Einrichtungen zu schaffen – innerhalb deren durchaus Wettbewerb bestehen soll –, die die «Grundversorgung» sichern. Diese muß mindestens die Grundnahrungsmittel, eine gewisse Bekleidungs-Grundausstattung und Ansprüche auf Wohnung umfassen. Die für die Grundversorgungsproduktion notwendigen finanziellen Mittel sind mittel- und langfristig in geeigneten Trägerschaften zur Verfügung zu stellen.

Das Konzept einer neuen Wirtschaftsordnung in einer Zeit breiter Computerisierung geht davon aus, daß in der Tat ein tiefgestaffelter Teil der Produktionskapazitäten soweit automatisiert werden kann, daß sie ausreichen, um das Grundrecht auf Grundversorgung zu befriedigen. Das Konzept unterstellt auch, daß die für die Grundversorgungsindustrie notwendigen Rohstoffe und Energien bei äußerst sparsamer (computerisierter) Nutzung im wesentlichen aus deutscher Produktion gedeckt werden können. (Dies wird sicher zu einer gewissen Verschiebung der Palette der Produkte der Grundindustrie führen.)

Diese Konzeption beinhaltet gleichzeitig, daß es – aufbauend auf dieser Grundversorgung – weiterhin eine freie Marktwirtschaft geben soll. Jeder hat in der human computerisierten Gesellschaft das Recht, in dieser Wirtschaft seine Qualifikationen anzubieten und sie in vielfältige Produkte und Dienstleistungen umzusetzen. Damit bleibt in diesem zweiten Bereich der Wettbewerb, aber er ist nicht derart zwingend, daß Menschen, die keine ausreichenden Möglichkeiten der Arbeit mehr haben, von vornherein als «Untermenschen» in das «soziale Auffangnetz» zurückfallen. Sie können sich vielmehr bewußt auf die ihnen qua «Grundrecht» verfügbare «Grundversorgung» beschränken. Damit sind sie weder disqualifiziert im Gesamtsystem, noch nehmen sie eine besondere Rolle in der Gesellschaft ein. – Durch diese neue Situation wird nach einer über Jahrhunderttausende gelaufenen menschlichen Evolution der Kampf um das «reine Überleben» in den Industrienationen beendet: Technische Sklaven dienen vielmehr allen Menschen, um die «Grundversorgung» sicherzustellen, das über die Generationen akkumulierte Wissen wird für alle auch in Form materialisierter Güter verfügbar gemacht.

Argumente für ein Grundrecht der Grundversorgung. Der Vorschlag, zu unseren derzeitigen – immateriellen – Grundrechten ein weiteres *materielles Grundrecht* hinzuzufügen, ist für die heutigen westlichen Industrienationen unorthodox, er bedarf also einer sorgfältigen Analyse und einer tiefgehenden Begründung. In einem Buch, in dem versucht wird, die verschiedensten Aspekte der Konsequenzen der Informationstechnik in unserem Leben zu analysieren und Vorschläge zu ihrer Bewältigung zu machen, kann allerdings diesem Thema nur ein beschränkter Platz eingeräumt werden.

Deshalb soll hier zunächst nur ein Argumentationsstrang zur ersten Begründung der Grundversorgung genügen: Vergegenwärtigt man sich die Geschichte der Menschheit, so sieht man, daß es Schritt für Schritt eine Ausweitung der Grundrechte gegeben hat. Bereits in den frühesten Entwicklungsphasen war das Leben des (erwachsenen) Menschen innerhalb der Horde als sozialer Gemeinschaft geschützt. Wenn auch der Kindesmord lange Zeit nicht unter Strafandrohung stand, so lag doch die

Tötung des Nachbarn, des Freundes, des Familienmitgliedes stets außerhalb des Erlaubten. Aufbauend auf diesem Grundrecht entwickelten sich Vorstellungen über die Freiheit und Freizügigkeit der Person und die daraus resultierenden Konsequenzen für den mitmenschlichen Umgang. In einer Gemeinschaft begannen die Menschen sich nicht nur als Lebewesen, sondern auch als Persönlichkeiten zu respektieren. Dies führte dazu, daß Lebensgestaltungsvorschriften entstanden, die schließlich den Charakter von Gesetzen annahmen und sicherstellten, daß gewisse Handlungen möglich und andere aufgrund der Eingrenzung durch Grundrechte verboten waren. Erst in der jüngsten Neuzeit gelang es in den Industrienationen westlicher Prägung, die so entstandenen Ansprüche und Erwartungen auch in politische Rechte umzusetzen. In einer langsamen Ausformulierung der Grundrechte entstanden die Prinzipien, die die führenden Demokratien der Welt heute als Grundprämissen werten.

Obwohl Grundrechte in einer ausformulierten und niedergeschriebenen Form erst sehr jung sind, so stellen sie doch für uns die Basis der Organisation unserer Gesellschaft und unseres Sozialsystems dar. Vergegenwärtigt man sich die derzeitigen Grundrechte, so wird deutlich, daß sie im wesentlichen Rechtspositionen zum *ideellen* und *individuellen* Schutz des Bürgers darstellen. Sie versuchen die Rechte des einzelnen gegenüber Rechten anderer in der Gesellschaft abzugrenzen. Sie betreffen praktisch keine materiellen Grundansprüche des Individuums, die Sozialgesetzgebung ist z. Z. nur ein Umverteilungsinstrumentarium zwischen den Generationen oder eine «Krücke» für «Notfälle».

All dies entstand in einer Zeit geringer Arbeitsproduktivität, in der alle Individuen arbeiten mußten, um überhaupt im individuellen und nationalen Überlebenskampf eine Chance zu haben. Mit der sich abzeichnenden Möglichkeit, die «Grundversorgung» der Bevölkerung weitgehend durch Automaten zu sichern, erscheint es notwendig und sinnvoll, eine Ausweitung der Grundrechte des Individuums zu erörtern. Es gibt keinerlei Argumente, zu den ideellen Ansprüchen nicht auch materielle hinzuzufügen. – Einige Landesverfassungen haben Ansätze in diesem Bereich durch ein «Recht auf Arbeit» bereits eingefügt. Allerdings ist die Realisierung dieses – letztlich ja auch materiell orientierten – Anspruches bisher nicht gesichert worden. Dies beruht wohl nicht unwesentlich darauf, daß der Staat kaum Möglichkeiten wahrnehmen konnte, den Aufbau eigener Unternehmen derart zu sichern, daß Arbeit immer verfügbar ist.

Grundversorgung ist keine «Neuheit». An dieser Stelle sei auch darauf verwiesen, daß das Konzept einer «Grundversorgung» keineswegs grundsätzlich neu ist, sondern von Regierungen verschiedenster politischer Richtungen – auf dem Stande der jeweiligen Leistungsfähigkeit der Wirtschaft – schon lange praktiziert wurde und wird: Die Sozialhilfe stellt heute bereits eine – sehr bescheidene – Grundversorgung dar, die es im Prinzip jedem Bürger gestattet, ohne Arbeit zu leben, insbesondere wenn er weitere soziale Hilfen aus dem staatlichen Bereich (z.B. Wohngeld) und den privaten, kirchlichen und kommunalen Einrichtungen nutzt. Das «Ausnutzen» dieses Angebots wird zwar in unserer Gesellschaft negativ bewertet, aber niemand würde politisch so weit gehen, diese «humanitäre» Maßnahme abschaffen zu wollen. Das derzeitige «soziale Netzt» stammt aber aus einer Zeit relativ geringen Bruttosozialproduktes und einer andersartigen Beschäftigungsstruktur, es ist deshalb für die human computerisierte Gesellschaft des 21. Jahrhunderts anzupassen.

Auch im Gesundheitswesen haben wir im Prinzip eine Grundversorgung: Weitgehend unabhängig vom Einkommen (sogar wenn es formal exakt Null ist) erfährt jeder in den meisten Staaten Westeuropas eine medizinische Versorgung. Die «beitragsorientierte» ärztliche Versorgung beschränkt sich auf einen relativ kleinen Kreis privat Versicherter, bei denen zwar die Prämien relativ hoch sind, aber für die die realen Unterschiede in der Behandlung gegenüber den Pflichtversicherten nur in seltenen Situationen gravierend sind.

Ein dritter – teurer und wesentlicher – Bereich heutiger Grundversorgung betrifft die staatlichen Leistungen im Bereich der Verkehrs-Infrastruktur. Das gesamte Straßennetz steht jedem in gleicher Weise zur Verfügung, ohne daß die Qualität oder Quantität seiner Bedürfnisbefriedigung direkt von seinen Leistungen und Steuern in der Gesellschaft abhängt.

Viele weitere Beispiele könnten zitiert werden (z.B. Bildung, Kunst), die zeigen, daß wir in der Bundesrepublik, in einem «demokratischen und sozialen Bundesstaat» (Grundgesetz, Artikel 20) durchaus das Prinzip der Grundversorgung praktizieren, allerdings z.Z. mit einer Finanzierungsweise, die sich auf die unterschiedliche Leistungsfähigkeit der Bürger stützt. Wenn aber diese durch die hohe Leistung der Informationstechnik «eingeebnet» wird, so erscheint es keineswegs im Widerspruch zur Gesamtkonzeption des sozialen Bundesstaates zu stehen, die Finanzierung und Leistung einer materiellen Grundversorgung der neuen Situation anzupassen. Es handelt sich nicht um Revolution, sondern um Evolution – vor allem dann, wenn möglichst bald ein Gesamtkonzept für die Entfaltung der Ökonomie einer human computerisierten Gesellschaft entwickelt und politisch umgesetzt wird.

Verfahren zur Organisation der Grundversorgung. Geht man davon aus, daß die Konsequenzen hochentwickelter Informationstechnik in der Produktion in den Industrienationen weltweit zu ähnlichen Problemen der Verteilung von Arbeit einerseits und der Verteilung von Produktivität andererseits führen werden, so kann man Vorschläge zu der Realisierung des Grundrechtes auf Grundversorgung im Kontext einer mittel- und langfristigen internationalen Akzeptanz diskutieren. Unter dieser Prämisse gibt es im wesentlichen drei Möglichkeiten, die «Grundversorgung» zu organisieren:

Erstens könnte der Staat durch eine geeignete Steuer- und Subventionspolitik dafür sorgen, daß die «Grundversorgung» von privaten Unternehmen mit einem festen Maximalgewinn gesichert wird. – Geht man einmal modellartig davon aus, daß die «Grundversorgung» einen heutigen realen Wert von ca. 500 DM pro Einwohner und Monat ausmacht, so heißt dies, daß in der Bundesrepublik Produkte im Verkaufswert von ca. 60 Millionen × 12 × 500 = 360 Milliarden DM pro Jahr vollautomatisiert zu produzieren und zu verteilen sind. Berücksichtigt man eine Staatsquote an den Endpreisen von ca. 40%, die ja dann nicht mehr anfallen würde, so bleiben ca. 216 Milliarden DM Aufwendungen für die Grundversorgung, die dann vom Staat erbracht und an alle verteilt werden müssen. Dieser Wert geht allerdings von *heutigen* Kostenstrukturen aus, in denen die durch die Informationstechnik bedingten Produktivitätssteigerungen und Rationalisierungspotentiale nicht enthalten sind; diese sollten zu einer *deutlichen* Kostendegression für die Grundversorgung führen.

Zweitens ist es möglich, durch eine direkte Verstaatlichung der gesamten «Grundversorgungs-Wirtschaft» von vornherein die Produktionsmittel in diesem Bereich zu sozialisieren und die Produktverteilung planwirtschaftlich vorzunehmen. (Die Franzosen haben mit ihrer Verstaatlichung hier erste Versuche gemacht.) Hierzu wären gewaltige Firmenankäufe durch den Staat notwendig, die nur langfristig finanzierbar erscheinen – oder aber gezielte «Enteignungen» der «Grundversorgungs-Wirtschaft». – Die Nachteile der Verstaatlichung liegen auf der Hand: Verbürokratisierung, schlechte Effizienz und mangelnde Innovationsbereitschaft, die gerade hier besonders gefragt ist.

Drittens könnte eine allgemeine Grundversorgung dadurch sichergestellt werden, daß jeder Bürger einen angemessenen Anteil an der Grundversorgungs-Wirtschaft individuell besitzt und damit ein «Ziehungsrecht» auf die entsprechenden Produkte erhält. Dies fordert einen starken Anreiz staatlicherseits zur Veräußerung der «Grundversorgungs-Wirtschaft» an breite Schichten und eine Übernahme in Form von personengebundenen «Volksaktien». Dieses Modell der breiten Bildung von Eigentum an Produktionsmitteln könnte relativ flexibel entfaltet werden und würde eine direkte Rückkopplung zwischen «Ziehungsberechtigten» und Produktion herstellen, wodurch sich ein ständiger unmittelbarer Entwicklungsdruck auf das «Grundversorgungs-System» durch die Versorgten selbst ergeben würde.

Vorausschauende Wirtschaftspolitik und engagiertes mittelfristiges Handeln der Arbeitgeber und der Gewerkschaften werden es nötig machen, über diese - und weitere - Modelle ausführlich zu diskutieren. Hieraus sollten sich dann konkretere Planungskonzepte entwickeln, die eine Vision dafür geben, wie das «Grundrecht» auf «Grundversorgung» im Detail gesichert werden kann.

Die freie Marktwirtschaft jenseits der Grundversorgung. Wie bereits angedeutet, soll das Grundrecht auf «Grundversorgung» *keineswegs* so ausgedehnt werden, daß damit das derzeitige Wirtschaftssystem durch ein umfassendes Planwirtschafts-System ersetzt wird. Vielmehr handelt es sich bei der «Grundversorgung» nur um einen Teilbereich des gesamten Wirtschaftssystems. Außerhalb dieses Wirtschaftssektors ist es notwendig, eine auf Wettbewerb (und Export) orientierte Marktwirtschaft zu erhalten und auszubauen. Nur durch sie ist langfristig der Lebensstandard zu sichern, da sowohl unsere materiellen Ressourcen als auch unsere Energiequellen nicht ausreichen, die gesamte Grundversorgung *und* gleichzeitig einen zusätzlichen «Luxus» zu sichern.

In diesem Bereich der Wirtschaft der human computerisierten Gesellschaft sollte jeder die Möglichkeit haben, seine Qualifikationen in Produktivität und Dienstleistung umzusetzen. D.h. insbesondere, daß es neben der «High-Tech»-Wirtschaft möglich sein muß, auch eine «alternative» Wirtschaft, also eine Produktion ohne die intensive Nutzung moderner Techniken, zu organisieren. Aus einer solchen Produktion sind Anstöße für das

Gesamtwirtschafts-System zu erwarten, die dann wiederum Rückwirkungen auf die weitgehend technisch unterstützten Teilsysteme der Marktwirtschaft (und die Grundversorgung) haben werden. In diesem Teilbereich können auch die Personen Akzeptanz und Arbeit finden, die nicht willens sind, sich in das technisch orientierte Gesamtsystem einzupassen. Diese Gruppe ist dann keineswegs abgestempelt als «Untermenschen», sie arbeitet vielmehr aufbauend auf ihrem Grundrecht auf «Grundversorgung» auf einem *qualitativ* anderen Lebensniveau. Es ist davon auszugehen, daß sich in diesem Feld keineswegs nur die «Substituierbaren» finden, sondern daß gerade die «Unberechenbaren», die «rechts» und «links» von den modernen Techniken qualifiziert sind, Interesse haben werden, ihre Qualifikationen hier in Produktivität umzusetzen.

Natürlich wird eine große Fläche der freien Marktwirtschaft jenseits der «Grundversorgung» bestimmt sein durch die konsequente Nutzung modernster Technik und der daraus resultierenden Produktions- und Arbeitsbedingungen. Aber angesichts dessen, daß die wirtschaftliche Gesamtordnung keinen Bürger wegen des unabdingbaren Erhalts seines minimalen Lebensstandards in diesen Bereich hineinzwingt, wird dieser langfristig neue Gesetzmäßigkeiten entwickeln, es werden insbesondere neuartige Beziehungen mannigfaltiger Art zum Bereich «alternativer» Produktion und zur «Grundversorgung» entstehen.

Die freie Marktwirtschaft jenseits der Grundversorgung ist also nicht der «Tummelplatz der Elite», sondern ein wirtschaftlicher Sektor, der letztlich wieder allen eine Chance bietet. Bei seiner Entfaltung wird allerdings a priori Rücksicht genommen darauf, daß es in der Gesellschaft Menschen gibt, die aufgrund ihrer genetischen und milieubedingten Ausstattung nicht notwendigerweise im «High-Tech»-Wirtschaftsbereich arbeiten können. Die human computerisierte Gesellschaft ist sich also ihrer sozialen Verantwortung für *alle* Bürger voll bewußt und zieht aus dem Stand ihrer Produktivitäts-Entwicklung humane Konsequenzen.

Bewältigung der Jugendarbeitslosigkeit. In dem hier skizzierten Wirtschaftssystem besteht auch eine Chance, mit einer besonders bedrückenden Erscheinung des heutigen Wirtschaftssystems, der Jugendarbeitslosigkeit, fertig zu werden: Zunächst fällt kein junger Mensch, wenn er nicht arbeitet, auf die Sozialhilfe, sondern auf die wesentlich leistungsfähigere Grundversorgung zurück. D.h. ein nicht-lohnabhängiges Arbeiten ist *nicht* von vornherein eine soziale Diskriminierung.

Dadurch ist erstens zu erwarten, daß der Mut vieler Jugendlicher wieder zunehmen wird, Qualifikationen zu erwerben und gesamtgesellschaftlich zu nutzen, die nicht unmittelbar und sofort in Lohn umgesetzt werden können, die aber eine sinnvolle Beschäftigung ermöglichen. Zweitens bietet die sich entfaltende «alternative» Wirtschaft mannigfaltige Möglichkeiten neuer Arbeitssituationen – immer unter Berücksichtigung der materiellen Sicherheit durch die Grundversorgung. Drittens haben die Jugendlichen mehr Zeit, «typisch menschliche» Qualifikationen «jenseits» der Leistungsfähigkeit der Informationstechnik zu erwerben, die sie dann auch in der «High-Tech»-Wirtschaft nutzen können. Viertens ist zu erwarten, daß sich ein Prozentsatz Jugendlicher nicht in den Wettbewerb der freien Wirtschaft begeben, sondern interessanten Tätigkeiten nachgehen wird, ohne damit unmittelbar Geld verdienen zu wollen. Hier ist insbesondere eine intensive Zuwendung zu Fragen der Familiengestaltung sowohl im Hinblick auf die (vielen) Alten als auch im Hinblick auf die Qualifizierung zur Erziehung eigener Kinder ein wichtiges Feld.

Wichtig ist auch, daß die Grundversorgung mehr Möglichkeiten eines häufigeren Wechsels zwischen dem Bildungs- und Ausbildungssystem einerseits und dem Beschäftigungssystem andererseits eröffnet, kann man doch auch ohne zusätzliche Arbeit leben und im Bildungswesen lernen.

Allerdings muß man auch zur Kenntnis nehmen, daß es bei allgemein hohen Anforderungen an menschliche Leistung im Wirtschaftssystem der human computerisierten Gesellschaft angesichts der genetischen und frühkindlichen Ausstattung insgesamt einen zunehmenden Anteil der Bevölkerung geben wird, der nicht mehr am Wirtschaftsprozeß teilnehmen kann. Dies ist auch kein grundsätzlich neues Phänomen, die heutigen Industrienationen versorgen alle einen Bevölkerungsanteil von einigen Prozenten, der z.B. in einer primitiven landwirtschaftlichen Umgebung noch sinnvoll arbeiten könnte (z.B. körperlich Behinderte, Debile, Idioten, lebenslang Kranke), aber in unserer heutigen Arbeitswelt keinen Platz mehr findet. Der Anteil der «unpassend» Qualifizierbaren wird steigen – wenn wir nicht langfristig mit Verfahren der genetischen Manipulation eine gezielte Selektion (z.B. über das Klonen «Leistungsfähiger») betreiben wollen.

Die Integration der Unberechenbaren. Ein menschlich und letztlich politisch außerordentlich brisantes Problem in dem ökonomischen Modell der human computerisierten Gesellschaft ist natürlich die Frage, inwieweit die «Unberechenbaren» willens sein werden, dem politischen Gesamtsystem wirklich zu «dienen», und wieweit sie nicht dazu übergehen, die Macht an sich zu reißen und das System – entsprechend den Orwellschen Visionen – zu ihrem «eigenen» System umzubauen. Hierauf kann allerdings Wirtschaftspolitik *allein* keine Antwort geben; deswegen wird dieser Aspekt auch weiter unten bei der Erörterung der Möglichkeiten und Bedürfnisse der Weiterentwicklung der Demokratie ausführlicher behandelt.

Die Zukunft des monetären Systems. Geld und damit die Geldwirtschaft in weiterem Sinne entstanden, nachdem der direkte Tauschhandel nicht mehr möglich bzw. zu unhandlich geworden war. Mit der Industrialisierung und dem hohen Kapitalaufwand für Produktion und Handel wuchsen die Bedeutung der internationalen Geldwirtschaft und der Organisation und Kontrolle des monetären Systems. Der Versuch, den Entwicklungsländern durch Anleihen zu helfen, führte letztlich zu einer umfassenden globalen Vernetzung des Geld- und Kreditsystems. Hohe Produktivität und hohe Gewinne in den Industrienationen und das Ölgeld ergaben – bei gleichzeitigem Rückgang der realen Kaufinteressen wohlhabender Schichten der Industrienationen – hohe Kapitalakkumulationen, die jetzt in der Welt einerseits als Investitionen in den «Drittländern» gebunden und damit bei deren hoher Verschuldung nicht frei verfügbar sind oder andererseits als flüssiges Kapital zur Deckung von defizitären Staatshaushalten (bei hohen Zinsen) und zur Investition in den Industrienationen genutzt werden.

Diese Situation – in der Geld immer stärker zur «zinsbringenden» Ware geworden ist – ist die Basis, von der aus die monetäre Struktur in einer human computerisierten Gesellschaft organisiert werden muß. Dort wird es darauf ankommen, drei Probleme zu lösen:

Erstens ist die Verteilung der Grundversorgung zu organisieren. Wenn dies über eine frei konvertierbare geldliche «Grundfinanzierung» geschehen würde, so gäbe es bald mannigfaltige Mißbräuche dieser sozialen Grundleistung und eine nur schwer überschaubare und planbare Grundproduktion. Deshalb erscheint es sinnvoll, im Bereich der Grundversorgung nur «Ziehungsrechte» zu verteilen, die produktgruppen-spezifisch sind. D.h., daß der einzelne seine «Gutscheine» für Ernährung, Bekleidung,

Wohnung und weitere «Grundleistungen» abrufen oder verfallen lassen kann, daß er sie aber nicht unmittelbar z. B. in Urlaubsreisen oder Genußmittel konvertieren kann. In der human computerisierten Gesellschaft werden diese «Gutscheine» speziell (von Computern) verwaltet, es gibt also einen «gespaltenen» Geldmarkt.

Zweitens gilt es sowohl im Bereich der «High-Tech»-Wirtschaft als auch bei der alternativen «Low-Tech»-Wirtschaft über Geld Leistungen zu tauschen, hier also bleibt das «klassische» Geld auf dem «freien» Markt.

Drittens kommt es darauf an, die für die Grundversorgung notwendigen Produktionseinrichtungen mit dem vorhandenen Kapital zu computerisieren und zu automatisieren, um die für die Grundversorgung notwendige drastische Produktivitätssteigerung wirklich zu erzielen. Hierzu muß vorhandenes Kapital angezogen und gebunden werden. Dies heißt entweder drastisch zunehmende Staatsverschuldung (für Enteignung oder Neubeschaffung) oder aber eine gezielte Steuerpolitik zur Kapitalkonzentration bei privatwirtschaftlich organisierten «Grundversorgern» mit staatlicher Abnahmegarantie. Die Industrienationen werden für die hier notwendigen Aufwendungen einen Teil ihres im Ausland investierten Kapitals zurückholen müssen; wo sie dies nicht können, werden die «Drittländer» unmittelbar über einen mit Waren abzugeltenden Schuldendienst an der Grundversorgung (z. B. bei Textilien) mitwirken müssen.

Als Quintessenz bleibt die Einsicht, daß das derzeitige «freie» monetäre System in der Ökonomie einer human computerisierten Gesellschaft neu zu ordnen ist. Staatliche Einflüsse zur Sicherung der individuellen Grundversorgung werden zu einer Spaltung des Geldmarktes mit gewissen Auflagen im Bereich der Grundversorgung führen, gewaltige Kapitalmengen sind notwendig, um die «vollautomatisierte» Grundversorgung überhaupt erst möglich zu machen.

Den Außenhandel entfalten. Die gesamte Wirtschaft einer human computerisierten Gesellschaft ist *nicht* die Wirtschaft eines autarken und abgeschlossenen Staates – in der Bundesrepublik kann sie dies angesichts unserer Energie- und Rohstoffquellen auch gar nicht sein! Vielmehr wird es Auftrag sowohl der «Grundversorgungs-Wirtschaft» als auch der «High-Tech»- und der alternativen «Low-Tech»-Wirtschaft sein, am internationalen Markt zu bleiben und die für die Einfuhren notwendigen Devisen zu erwirtschaften sowie Gewinne für die laufende Verbesserung der Grundversorgungsindustrie zu machen. Geht man davon aus, daß mit zunehmender Computerisierung und Automatisierung weltweit die Wirtschaftssysteme im Westen ähnlicher werden und überall human computerisierte Gesellschaften entstehen, so wird der internationale Wettbewerb für die Bundesrepublik sehr stark von der Art und Qualität der Integration menschlicher und technischer Informationsverarbeitung im «High-Tech»-Feld bestimmt werden, da wir sonst wegen unserer relativ hohen Bevölkerungsdichte einerseits und unseren begrenzten Energie- und Rohstoffquellen andererseits nur geringe internationale Chancen haben. Auch in der «alternativen» Wirtschaft werden wir sonst keine Exportchancen «neuer primitiver» Produkte realisieren können.

Allerdings erscheint ein Export von Dienstleistungen – sowohl im Bereich von Forschung und Lehre wie auch im künstlerisch-musischen Bereich – durchaus möglich, wenn durch die Grundversorgung ein höherer Anreiz entsteht, für gewisse Zeit ins Ausland zu gehen und ohne gravierende Problem zurückzukehren. An dieser Stelle wird sich besonders zeigen, ob es uns gelungen ist, die «Neue Bildungskrise» zu bewältigen und die im Genom der deutschen Bevölkerung schlummernden Reserven zu aktivieren. Dies wird in der human computerisierten Gesellschaft insbesondere deswegen sehr wichtig sein, weil am Ende des Jahrhunderts der internationale Wettbewerb durch das Hinzukommen vieler Schwellenländer außerordentlich hart werden wird. Auf dieser Basis erscheint auch das Konzept einer möglichst weitgehenden Autarkie im Bereich der Grundversorgung einerseits und einer schnellen Entwicklung sowohl der «High-Tech»- als auch der «alternativen» Wirtschaft im internationalen Wettbewerb andererseits ein richtiger Ansatz.

Wieviel Produktivitätssteigerung können wir uns leisten? Die Potenzen von Computerisierung und Informatisierung erlauben langfristig eine gewaltige Veränderung der informationellen und materiellen Umwelt des Menschen. D.h., daß es zum einen telekommunikative Netzwerke von Rechnersystemen und dezentrale Persönliche Informations- und Telekommunikations-Systeme ermöglichen werden, Informationszugang, Informationsverarbeitung und Informationstransport in einem Maße zu steigern, wie wir uns das heute kaum vorstellen können. Zum anderen werden die Rationalisierung der Produktion und die Automatisierung von Dienstleistungen aller Art ein gewaltiges Potential an neuen und alten Produkten ergeben (man denke nur an die Überschüsse im weitgehend automatisierbaren Landwirtschaftsbereich, den wir bereits heute in den Industrienationen haben).

Die human computerisierte Gesellschaft muß eine Antwort finden auf die Frage, wie ein neues Gleichgewicht zwischen Produktions*potential* und wirklich *realisierter Produktivität* aussehen soll. Hierbei sind zum einen die Ressourcen und zum anderen die «Verschmutzungen» zu berücksichtigen. Es ist insbesondere abzuwägen, inwieweit *quantitatives* gegenüber *qualitativem* Wachstum entfaltet werden soll. Es erscheint dabei nicht sinnvoll, von vornherein wirtschaftspolitische Zwangsmaßnahmen als anstrebenswert einzuführen. Ganz im Gegenteil wird es notwendig sein, über die Wechselwirkungen einer zunehmenden Produktivität und der daraus resultierenden Konsequenzen langsam ein breites Bewußtsein zu entwickeln, welches dann selbstregulierende Konsequenzen im Wirtschaftsleben haben kann. Wenn man davon ausgeht, daß diese Bewußtseinsänderung nicht allein durch Revolution erreichbar ist – bisherige Revolutionen haben ja gezeigt, daß die Bewußtseinsänderung danach stets relativ klein war –, so wird es Aufgabe von Bildungs- und Weiterbildungsmaßnahmen sein, hier Entwicklungen und Visionen zu erörtern. Insbesondere wird es darauf ankommen, das qualitative Wachstum zu entfalten – d. h. insbesondere die Verbesserung aller Lebenssituationen, den Abbau von Umweltbelastungen, den Ausbau menschlicher Lebensräume, die Entfaltung von Kreativität und musischen Aktivitäten sowie die sozialen Leistungen.

Gerade die Informationswirtschaft wird in der human computerisierten Gesellschaft eine große Bedeutung haben. In dieser wird es wichtig sein, herauszukommen aus der Befriedigung von puren Unterhaltungsinteressen und zu kreativen Problemlösungen zu kommen, die dann auch vermarktbar sind. D.h., viele Produkte der Informationswirtschaft einer human computerisierten Gesellschaft sollten eben z.B. nicht synthetische Filme auf dem Niveau von «Dallas» oder «Tatort» sein, sondern sie sollten einen Beitrag zur Lösung anstehender Fragen liefern. Daß hierbei die wirklichen politischen und sozialen Verhältnisse, in die hinein «Wissens- und Problemlösungs-Export» stattfindet, zu berücksichtigen sind, versteht sich von selbst.

Es sollte in der human computerisierten Gesellschaft deutliche Grenzen des Wachstums im Bereich der materiellen Durchstrukturierung unserer Umwelt geben, aber im Bereich der Weiterentwicklung von Problemlösungen, von Einsichten, aber auch von kreativ-musisch-sozialen Gütern können gewaltige Produktivitätsentwicklungen angestrebt werden.

Resümee. Die «gerechte» Verteilung von Gütern in gesellschaftlichen Systemen war in der Geschichte der Menschheit stets ein zentrales Problem. Allerdings stand dieses Problem in einem anderen Kontext als heute: Während es angesichts wachsender Bevölkerungszahlen und schwieriger Produktionsbedingungen in allen Nationen der Welt einen harten Konkurrenzdruck im Kampf des einzelnen um das «nackte Überleben» gab und individuelle Arbeit unabdingbar war, um überhaupt das Minimum zum Überleben zu gewinnen, so stehen wir heute in den Industrienationen vor einer veränderten Situation: Wir haben im Prinzip die Ressourcen, die Technologie und die Intelligenz, um den Kampf ums «nackte Überleben» aus dem Zentrum des Interesses des *einzelnen* herauszunehmen.

Ferner werden wir zunehmend Zeuge eines bisher in der Geschichte der Menschheit nie beobachtbaren Phänomens: Es gelingt eine Technik aufzubauen, die in der Kombination von klassisch elektro-mechanischen mit informationstechnischen Systemen die Leistungsfähigkeit vieler Menschen – sowohl im Manuell-motorischen als auch im Kognitiven – *in vielen Bereichen* einstellt. Damit wird die Heterogenität der Qualifikationsstruktur unserer Bevölkerung von Tag zu Tag deutlicher sichtbar und zum Problem. Es wird erkennbar, daß in dieser Welt nicht mehr alle Qualifikationen einen Markt haben. – Will man hieraus nicht den politischen Schluß ziehen, den Orwell in seinem «1984» gezogen hat und die «Untermenschen» in die Slums der Vorstädte verdammen, so bleibt nur eine Alternative: Es muß ein Grundrecht auf allgemeine Grundversorgung in der Gesellschaft eingeführt werden, dieses ist mittelfristig durch die konsequente Nutzung «technischer Sklaven» zu realisieren.

Daraus ergibt sich für die human computerisierte Gesellschaft ein gespaltenes Volkswirtschaftssystem: Neben einem Teilbereich, der schwerpunktmäßig für die Grundversorgung arbeitet, existiert ein großer Bereich freier Marktwirtschaft, in dem eine breite Palette zusätzlicher Produkte («High-Tech» plus «alternativ Low-Tech») für das Inland und den Export erzeugt werden. Insbesondere die Entfaltung des Bereichs einer «alternativen» Wirtschaft ist zu fördern, in der auch diejenigen, die sich aus der Technik zum Teil oder ganz ausgrenzen wollen, einen Arbeitsplatz und einen Markt finden.

Das Recht auf Grundversorgung entsteht als konsequente Fortsetzung der Entwicklung klassischer Grundrechte und als ein wichtiger Schritt in eine neue menschliche Gesellschaftsform bei Nutzung leistungsfähiger technischer Systeme. – Das Gesamtvolumen der Produktivitätssteigerung, welches durch die neuen Techniken möglich wird, sollte nicht nur für die Entfaltung quantitativer Wachstumsprozesse, sondern schwerpunktmäßig für eine qualitative Entwicklung der Lebensbedingungen genutzt werden. Dies macht eine geeignete Wirtschaftspolitik und eine breite Diskussion um die wirtschaftliche Entwicklung einer sich immer weiter integrierenden human computerisierten Gesellschaft unabdingbar.

Das Bewältigen von Problemen geht weiter

Es bleiben viele Probleme. Wenn es auch in der human computerisierten Gesellschaft gelingt, die «Grundversorgung» durch eine weitgehende Automatisierung zu sichern, so darf man daraus nicht schließen, daß der «Durchschnittsmensch» aller Verpflichtungen und aller Tätigkeiten enthoben ist. Die human computerisierte Gesellschaft ist ein komplexer Organismus, in dem *ständig* Probleme zu lösen sind. Dies betrifft die private Sphäre genauso wie die Bedürfnisse jenseits der Grundversorgung. In der Gesellschaft sind unterschiedliche Interessen vorhanden, die es ständig auszugleichen gilt. Der Mensch hat Interesse, seine Umwelt zu erfahren – hier werden vielerlei Tätigkeiten auftreten, die der Wissensbefriedigung dienen. Die Umweltgestaltung wird weitergehen, dies betrifft zum einen die ökologischen Fragen und zum anderen die informationelle Umwelt. Im Bereich der freien Marktwirtschaft jenseits der «Grundversorgung» muß der Mensch zum einen mit Hilfe seiner «unberechenbaren» Fähigkeiten und zum anderen unter intensiver Nutzung der Informationstechnik weiterhin tätig bleiben. Gerade die Struktur informationstechnischer Systeme läßt erkennen, daß widersprüchliche und problembeladene Systeme entstehen werden. Diese wiederum bedürfen menschlicher Leistungen.

Nur der Mensch gestaltet die Welt. Auch bei einem intensiven Ausbau der informationstechnischen Grundstruktur, bei der Erstellung von Expertensystemen, bei der Entwicklung vollautomatischer Fabriken, bei der breiten Verfügbarkeit von Information und Informationsverarbeitungskapazität wird letztlich die Verantwortung für die Struktur dieser Systeme beim Menschen bleiben *müssen;* in der human computerisierten Gesellschaft ist dies nicht ein Artefakt, sondern ein Ziel: Der Mensch *soll* gestaltend die Verantwortung für das Gesamtsystem tragen und nicht eingebettet sein in ein sich-selbständig-machendes computerisiertes Automatensystem. Hierzu ist es notwendig – wie im folgenden dargestellt –, daß breite Schichten der Bevölkerung an den Entscheidungsprozessen beteiligt werden. Hier treten also permanente Anforderungen an *menschliche* Tätigkeit auf.

Der Mensch ist kein Automat. Viele der Schwierigkeiten gesellschaftlichen Handelns, aber auch der größte Teil kultureller Leistungen gehen darauf zurück, daß der Mensch *nicht* nach einem algorithmischen Prinzip arbeitet. Vielmehr benutzt er heuristische Verfahren, die nur mit einer gewissen Wahrscheinlichkeit zum Erfolg führen und eine Vielzahl von «Mißerfolgen» ergeben. Allerdings sind diese Störungen des rationalen Prozesses Anlaß für eine breite Palette neuen Verhaltens in der Gesellschaft. Dieses wiederum bewirkt, daß eben insgesamt keine «stur» eingeschliffenen Routinen abgewickelt werden, sondern das Gesamtsystem in einem ständigen Auseinandersetzungsprozeß lebt. Auch in der human computerisierten Gesellschaft wird der Mensch mit seinem heutigen Verhalten das Wesen der Entscheidungen prägen. In dieser Situation ist er dann auch immer wieder gefordert, in die sich entwickelnde Welt selbständig einzugreifen. Wenn es auch gelingen wird, die «Grundversorgung» zu sichern, so sind doch jenseits dieser eine Vielzahl von Aufgaben zu bearbeiten, in denen der Mensch Fehler machen wird, die durch neue «Reparatursysteme» zu korrigieren sind. Hieraus entsteht das, was auch unsere heutige Volkswirtschaft und unseren politischen Apparat prägen: das Ineinandergreifen und Aufeinander-Bezug-Nehmen menschlicher Tätigkeit.

Tätigsein ergibt Befriedigung. Es ist zwar richtig, daß es in der Geschichte menschlicher Kulturen viele Phasen gegeben hat, in denen Arbeit in dem Sinne, wie wir sie heute erleben, als «unrein» und für gewisse Schichten unakzeptabel gegolten hat. Man darf daraus aber nicht den Schluß ziehen, daß in dieser Zeit nicht von den Menschen, die auf der Basis der Grundversorgung durch andere Menschen gelebt haben, keine Tätigkeiten abgewickelt wurden. Obwohl natürlich ein großer Teil der Zeit dieser

Schichten der Muße galt, so waren doch auch in der Muße vielerlei Aktivitäten eingeschlossen. D.h., es gehörte immer zu den Grundinteressen des Menschen, Probleme aufzuspüren und diese Lösungen zuzuführen. Dies stellt eine Form der Tätigkeit dar, die vom Menschen als befriedigend und interessant empfunden wird. Neugierde ist hierbei eine wichtige Triebfeder, der Mensch ist offensichtlich interessiert, jenseits der Ist-Situation und des bereits Bekannten tiefere Einsichten und neue Zusammenhänge zu gewinnen. Dies wiederum fordert Tätigkeit, die von vielen mit großer Begeisterung erbracht wird. In der human computerisierten Gesellschaft muß man also davon ausgehen, daß die Befriedigung durch Tätigsein weiterhin einen wichtigen Stellenwert haben wird. Was entfällt, ist in vielen Bereichen die unmittelbare Kopplung der Tätigkeit an einen daraus resultierenden Lebensstandard. Aber wie vielerlei Hobbies auch heute zeigen, besteht keineswegs eine unabdingbare Korrelation zwischen Tätigkeit und Verdienst; der Mensch ist an vielen Dingen interessiert, die nicht unmittelbar zum materiellen oder ideellen «Wohlstand» beitragen.

Weit vom Paradies entfernt. Die human computerisierte Gesellschaft ist *nicht* das «Paradies auf Erden». Dies kann es und wird es in einer Zeit, in der ca. 8 Milliarden Menschen auf der Erde leben, nicht geben. Aber es wird der Versuch gemacht, herauszukommen aus der Situation nackten Überlebenskampfes und hineinzukommen in eine Phase, in der Tätigkeiten und Aktivitäten jenseits der Überlebensaktivität für den Menschen interessant werden. Es ist also in der Tat ein Sprung aus den «Mühen des Alltages» in eine nächste Schicht der Mühen um die Entwicklung einer Gesamtkonzeption. In dieser sind insbesondere Lenkungs- und Leitfunktionen des Menschen unabdingbar. Es kommt in der human computerisierten Gesellschaft darauf an, daß alle Bürger teilhaben an der Entwicklung eines Systems, welches jenseits der Arbeitswelt des 19. und des 20. Jahrhunderts dem Menschen die Möglichkeit gibt, neue Strukturen und neue Entwicklungen zu entfalten. Diese werden jedoch nicht paradiesisch in dem Sinne sein, daß sie eine Rückkehr zu einem Zustand der Welt vor vielleicht 6000 Jahren darstellen, sondern daß sie einen Schritt bilden auf dem Wege in eine höhere Integration. Auf dieser Stufe wird menschliche Tätigkeit eine andere Bedeutung gewinnen, sie ist nicht mehr allein auf das individuelle Überleben gerichtet, sondern zunehmend am Gesamtsystem orientiert.

Der selbstproduzierende Konsument. Es muß hier nochmals darauf hingewiesen werden, daß trotz einer automatisierten Grundversorgung das Wirtschaftssystem der human computerisierten Gesellschaft keineswegs nur «High-Tech» sein wird, vielmehr muß man davon ausgehen, daß unter konsequenter Nutzung «intelligenter» Maschinen viele Menschen in der Lage sein werden, ihre eigenen Produkte zu erstellen und diese direkt zu verbrauchen. Das wiederum heißt, daß Tätigkeit für den Eigenbedarf eine *wichtige* Komponente des Lebens sein wird. Die Entprofessionalisierung der Produktion durch Nutzung «intelligenter» Werkzeuge und Maschinen ergibt eine Verlagerung aus dem klassischen Produktionssektor in den privaten Sektor. Die Trennung dieser beiden wird zunehmend aufgehoben werden. Hieraus resultiert eine breite Mannigfaltigkeit von privaten Tätigkeiten: Im Einrichten neuer Maschinen, in der Beschaffung von Material, in der Korrektur der notwendigen Produktionsprogramme, in der Entwicklung neuer individueller Produkte, im Tauschhandel dieser Produkte mit anderen selbst produzierenden Konsumenten usw. Diese Art «alternativer» Produktion wird zum einen mit komplizierten Geräten und zum anderen aber auch mit primitiven Werkzeugen oder den nackten Händen erfolgen. Insbesondere mitmenschliche Dienstleistungen werden den Menschen in der human computerisierten Gesellschaft beschäftigen. Hierzu ist es allerdings notwendig, daß die entsprechenden Anreize und Qualifikationen angeboten werden. Ansonsten besteht durchaus die Gefahr, daß zumindest ein Teil der Bevölkerung sich aus der Tätigkeit in die Apathie zurückzieht.

Resümee. Die human computerisierte Gesellschaft ist *keine* vollautomatisierte «Computer-Gesellschaft». Vielmehr bestehen in ihr alle die Spannungen weiter, die durch das «Primär-Menschliche» in der Welt sind. Mit diesen müssen sich die Bürger der human computerisierten Gesellschaft ständig *persönlich* auseinandersetzen. D.h., daß das Problemlösen intensiv weitergeht; aber die Ebenen verschieben sich, während bisher das *individuelle* Problemlösen im Kampf um das *individuelle Überleben* im Vordergrund stand, tritt in der human computerisierten Gesellschaft mehr und mehr das Schicksal des «Raumschiffs Erde» in das Zentrum der zu bearbeitenden Probleme. Damit werden die ganzheitlichen Aufgaben größer und schwieriger; sie erscheinen jedoch mit einer angemessenen Arbeitsteilung zwischen Menschen und Informationstechnik nicht a priori unlösbar.

Soziale Ausgeglichenheit

Die schwierige Ausgangslage. Das soziale System – von der Rente bis zur Sozialfürsorge – stellt z. Z. bereits eine der schwierigsten Komponenten unseres Gesellschaftssystems dar. Durch eine jahrelange Tradition der Zuwächse in der Dichte des sozialen Netzes haben wir in den Industrienationen ein hohes Anspruchsdenken entwickelt. Die daraus resultierenden Lasten werden zusätzlich verschärft durch eine hohe Arbeitslosigkeit, die einen Teil der für das soziale Sicherheitssystem verfügbaren Ressourcen volkswirtschaftlich aufbraucht. Wir müssen davon ausgehen, daß auf dem langen Wege in die human computerisierte Gesellschaft zunächst die Arbeitslosigkeit weiter ansteigen wird. Daraus resultiert, daß das soziale Netz außerordentlich beansprucht werden wird – wenn wir nicht bittere Armut tolerieren wollen! Die Ausgangslage ist also düster, wenn es gilt, Konzepte für eine soziale Ausgeglichenheit in der human computerisierten Gesellschaft zu realisieren.

Eine zweite Schwierigkeit besteht in der relativ breiten Einkommensverteilung, die wir in den westlichen Industrienationen haben, wenn auch z. B. in der Bundesrepublik vielleicht nicht so ausgeprägt wie in den USA: Einer Mittelstandsschicht stehen auf der einen Seite sehr hohe Einkommen und sehr hohe Besitzstände gegenüber, während auf der anderen Seite ein nicht zu vernachlässigender Anteil der Gesamtbevölkerung in bescheidenen oder armen Verhältnissen lebt. Daraus resultiert, daß soziale Ausgeglichenheit zum einen Rücksicht nehmen muß auf den im Leben realisierten Lebensstandard und sich zum anderen zu orientieren hat an der Idee einer breiten sozialen Sicherung. Obwohl über die Grundidee des Sozialstaates wohl ein weitgehender Konsens herstellbar ist, so ist doch klar, daß wohlhabende Schichten soziale Ausgeglichenheit anders verstehen als die Armen.

Außerordentlich erschwerend für die Lösung der Probleme eines angemessen sozialen Sicherungssystems in der human computerisierten Gesellschaft wirkt sich ferner das Konzept des «Generationenvertrages» aus, welches z. Z. praktiziert wird; geht es doch davon aus, daß die jeweils arbeitende Generation die in Rente gegangene finanziell und sozial sichert. Eine ausreichende Kapitalbasis existiert hierfür bei der Rentenversicherung nicht, um Renten etwa aus Kapitaleinkünften zu bezahlen. D. h., es kommt darauf an, für ein zukünftiges System sicherzustellen, daß die insgesamt anfallende Produktivität auch angemessen in das

Sozialsystem verteilt wird, da eine direkte Ausnutzung vorhandener Kapitalwerte nicht möglich ist.

Die Gesellschaft der Alten. Die human computerisierte Gesellschaft – von der wir vielleicht erwarten können, daß sie Ende des Jahrtausends in Umrissen erkennbar ist – ist eine Gesellschaft der Alten. Die derzeitigen Geburtenraten und alle Prognosen über Geburtenentwicklungen in den hochentwickelten Ländern lassen nicht erwarten, daß es zu einem neuen und anhaltenden Baby-Boom kommen wird. Daraus resultiert, daß zum Beispiel im Jahre 2000 ca. 30% der deutschen Bevölkerung über 60 Jahre alt sein wird. Diese Struktur der Gesellschaft wird tiefe Rückwirkungen auf politische Entscheidungen haben: Wir können nicht davon ausgehen, daß eine im wesentlichen «alte Bevölkerung» bei gleichem Stimmrecht für alle hinnehmen wird, daß die Jugend nur für sich sorgt, vielmehr wird diese Gruppe der Gesellschaft versuchen, ihre Ansprüche aus dem Sozialsystem angemessen politisch umzusetzen. Hier entsteht eine neue, nie dagewesene, bedeutsame politische Macht.

Sie wird zum einen dafür sorgen, daß Automatisierung und Computerisierung bevorzugt die Grundversorgung sichern, ist doch die alte Bevölkerung gerade auf diese angewiesen, da ihr «Luxusbedarf» eher begrenzt ist. Ferner wird sie für einen deutlichen Wandel in dem Angebot der Güterwirtschaft sorgen. Die Zeiten eines an dem Jugendlichen oder an den 20- bis 30jährigen zentral orientierten Marktgeschehens werden sich zugunsten einer Marktorientierung an den Alten wandeln. Daraus resultiert, daß die Jungen alles unternehmen werden, um den Generationenkonflikt mit der Mehrheit der Alten zu vermeiden und das soziale Netz soweit zu stabilisieren, daß die Ansprüche der Alten befriedigt sind, aber der Jugend gleichzeitig ökonomische Spielräume bleiben. Dazu aber braucht die Jugend unerhörte Produktivitätssteigerungen, und für diese bietet sich gerade die neue Technik als wichtiges Hilfsmittel an. – So erscheint es fast kurios, daß die Alten, die selber die neue Technik nicht mehr indirekt akzeptieren und kaum noch umsetzen, eine politische Kraft darstellen, die dazu führt, daß die Informationstechnik genutzt werden wird, wollen doch gerade sie die Ergebnisse der angewandten Technik zur Sicherung ihres sozialen Status in der Gesellschaft nutzen.

Der Generationenvertrag auf neuer Basis. So muß sich in der human computerisierten Gesellschaft eine neue Form des Generationenvertrages ergeben: Es besteht dort keine unmittelbare Bindung mehr der Ansprüche der Alten an die direkten Leistungen der Jungen; dazwischen schiebt sich vielmehr eine weitgehend automatisierte Produktion, die sicherstellt, daß die Bedürfnisse der Alten mit einem Minimum an gesellschaftlichem Aufwand realisiert werden. Aus einem eher personengebundenen «Vertrag» wird mehr und mehr eine strukturelle Abhängigkeit der Alten von einer funktionierenden, vollautomatisierten Infrastruktur, die allerdings von den Jungen aufzubauen und zu betreiben ist. (Dieser Ansatz geht natürlich weit über eine Maschinensteuer hinaus!) Damit ergibt sich grundsätzlich ein Lösung der z. Z. fast unlösbar erscheinenden Problematik des Generationenvertrages. Diese zu entfalten und sie politisch umzusetzen, wird ein wichtiges Anliegen auf dem Wege in die soziale Ausgeglichenheit sein.

Die Frage der Bemessungsgrundlage. In der Diskussion der letzten Jahre war die Bemessungsgrundlage für Renten ein ständiges Problem. Durch «mikrochirurgische» Eingriffe hat man immer wieder versucht, das System den Möglichkeiten anzupassen. Geblieben ist allerdings die Grundidee, daß derjenige, der während seines Lebens viel verdient - und eingezahlt - hat, auch im Alter daraus entsprechende Ansprüche ziehen kann. Hierbei wird von der tradierten Vorstellung ausgegangen, daß die individuell erbrachte Arbeit eine vom Individuum direkt bestimmbare Größe ist. Es wurde bisher - vielleicht gerade noch zu Recht - immer so getan, als hätte das Individuum in der «freien» Gesellschaft einen offenen «Verhandlungsspielraum» darüber, wie groß sein Einkommen ist. Wie wir aber gesehen haben, nimmt mit zunehmenden Qualifikationsanforderungen einerseits und einigermaßen stabiler Leistungsfähigkeit des «mittleren» menschlichen Gehirns andererseits dieser individuelle Spielraum in Zukunft immer weiter ab: Die «unpassend Qualifizierten» fallen immer weiter und weiter zurück, bei ihnen schlagen genetische und milieubedingte Faktoren von Tag zu Tag stärker durch.

In dieser Situation ist es gesamtgesellschaftlich nicht mehr akzeptabel, die alte direkte Bindung der Rentenhöhe an die im Leben wirklich erbrachte Leistung in einer einfachen Form aufrechtzuerhalten - dem arbeitslosen Lehrer z. B. bliebe sonst jeglicher Rentenanspruch verwehrt. Vielmehr muß aufbauend auf der Grundprämisse der human computerisierten Gesellschaft, daß ein Teil der Produktivität als Grundversorgung gleichmäßig verteilt wird, auch die Rente sozial bemessen und eine Grundrente - mindestens in Form der Grundversorgung - garantiert werden.

In Abhängigkeit von der Aktivität des einzelnen in den verbleibenden Bereichen freien wirtschaftlichen Handelns sollten weitere Komponenten der Rente – möglichst auf Kapitalbasis – hinzukommen. Hier erscheint eine Leistungsorientierung akzeptabel, stellt sie doch u. a. sicher, daß weiterhin ein Anreiz besteht, am Wirtschaftsleben, auch am «alternativen», lebenslang teilzunehmen.

Lebenslängliche Grundversorgung. Wie bereits ausführlich dargestellt, geht das Wirtschaftssystem der human computerisierten Gesellschaft davon aus, daß es eine (weitgehend automatisierte) Grundproduktion gibt, die eine «Grundversorgung» der Gesamtbevölkerung sichert. Diese Sicherung ist auf das gesamte Leben auszudehnen, sie ist im Alter – überwiegender – Teil der Grundrente. Die unterschiedlichen Lebensphasen sind in der Grundversorgung angemessen zu berücksichtigen: Während das Kind und der Jugendliche relativ geringe Ansprüche haben, da sie in der Familie eingebettet leben, müssen die akzeptierten Ansprüche von Erwachsenen, und insbesondere von Eltern, höher sein, die Zuwendungen an die Alten können dann wieder zurückgehen. Allerdings ist sicherzustellen, daß die Leistungen auch für den alten Menschen auf einem Niveau geleistet werden, welches Armut unmöglich macht. Die hierzu notwendige gesamtwirtschaftliche Leistungssteigerung muß durch – technisch ja mögliche – intensive Entwicklung der Produktivität erreicht werden.

Die leistungsorientierte Rente. Neben der lebenslänglichen Grundversorgung tritt für den alten Menschen eine Rente, die sich aus seiner individuellen Produktivität ergibt. Hierbei sollte mittelfristig das derzeit staatlich orientierte «Generations-Vertrags-System» abgelöst werden durch eine kapitalgebundene Rentenbildung. Insbesondere, wenn sich dieses Kapital dann in Form von Produktivitätsanlagen binden läßt, ist auch eine Stabilität des Rentenanspruchs zu erwarten. Es ist klar, daß die leistungsabhängige Rente sehr stark variieren wird, je nachdem, welchen Weg der Mensch in dieser Gesellschaft wählt: Die Unberechenbaren und die Autonomen werden die Möglichkeit haben, eine höhere Wertschöpfung während ihres Lebens zu erreichen als die Substituierbaren. Entsprechend höher wird ihr für das Alter zu akkumulierendes Kapital sein. Es bedarf eines angemessenen Steuersystems, um sicherzustellen, daß die daraus entstehenden Unterschiede nicht zu groß werden, dabei ist insbesondere Wert darauf zu legen, daß auch die in der «alternativen Wirtschaft» Tätigen angemessene Reserven für das Alter aufbauen können.

Verstärkung der Familie als Sozialsystem. Alle Überlegungen über zukünftige Produktionsbedingungen zeigen, daß der Anteil menschlicher Arbeit im Bereich der «unabdingbaren Grundversorgung» zurückgehen wird. Dieses wiederum setzt grundsätzlich Zeit und Kraft bei vielen frei, um soziale Beziehungen in den Familien auszubauen und sich um die Alten zu kümmern. Im Rahmen der Entfaltung eines angemessenen Sozialsystems ist diese individuelle Komponente *stark* zu entwickeln. Dies heißt natürlich, daß die heutige Vereinzelung der Familienmitglieder einerseits und der Einfluß der neuen Medien andererseits so organisiert werden muß, daß wieder Zeit bleibt, sich um die Menschen und insbesondere um die Alten zu kümmern.

Dies ist allerdings nicht nur eine Frage der Freizeitgestaltung, sondern letztlich eine sozialpolitische. Positive Entwicklungen werden sich unter anderem dadurch ergeben, daß in der human computerisierten Gesellschaft langfristig die durch die Industrialisierung bedingte hohe Mobilität – und das daraus resultierende Zerreißen der Familienbindungen – wieder deutlich reduziert werden kann. Konsequente Nutzung der Telekommunikation einerseits und der Aufbau von verteilten Verwaltungs- und Produktionssystemen andererseits werden es langfristig gestatten, der Großfamilie wieder eine Chance einzuräumen.

Hierbei sind allerdings die Probleme potentieller «Tele-Arbeit» nicht zu unterschätzen; gerade in einer human computerisierten Gesellschaft werden die entscheidenden Produktionsfortschritte durch eine *intensive Kooperation* von Menschen *untereinander* entstehen. Die mitmenschliche Face-to-face-Kommunikation wird hierbei eine *zentrale* Rolle spielen. Tele-Arbeit kann also nur ein kleines Stück produktiver Leistung sein. – «Alternative» Arbeit dagegen kann im tertiären Sektor verstärkt in der Großfamilie entwickelt werden, Produktion und Konsum können hier verstärkt unter einem Dach erfolgen.

Die Bedeutung der Mutter verstärken. Soziales Verhalten, Kommunikations-, Zuneigungs- und Liebesfähigkeit werden stark durch die frühe Kindheit bestimmt. Wenn es in der human computerisierten Gesellschaft wirklich gelingen soll, eine angemessene Balance zwischen «praktischer Menschlichkeit» und «informationstechnischer Infrastruktur» herzustellen, so bedarf es *großer Anstrengungen*, um die hierzu notwendigen Grundfähigkeiten und -fertigkeiten des Kindes in der Familie zu entwickeln.

Ein auf «menschliche» Normen und Werte aufbauendes

Sozialsystem ist nur möglich, wenn das kleine Kind in eine akzeptierte, aktive, liebevoll behütete und bewußt verstandene menschliche Welt hineinwächst. Hieraus ergeben sich in der human computerisierten Gesellschaft *unerhörte* Anforderungen an die Familie und insbesondere an die Mutter als «Hort der Zuneigung». Eine aktive Familienpolitik unter besonderer Berücksichtigung der Position der Eltern ist unabdingbare Voraussetzung für die Funktion des Sozialsystems; dieses ist gerade in der human computerisierten Gesellschaft *nicht* primär als eine technisch-ökonomische «Geld-Versorgung» zu verstehen, sondern vielmehr aus menschlicher Zuwendung in der Familie zu entwickeln. Die heutige Position der Frau in der Gesellschaft ist durch neue Aufgaben im Bereich einer aktiven «Sozialpolitik auf Familienebene» zu stärken.

Medizinische Leistungen in die Grundversorgung einbeziehen. Einen wichtigen Anteil an der sozialen Sicherheit stellt das medizinische «Versorgungs-System» dar. Mit einem Finanzvolumen im Bereich von 300 Milliarden DM pro Jahr in der Bundesrepublik ist es eines unserer größten Dienstleistungssysteme. Für breite Schichten liefert es heute bereits eine Grundversorgung, wobei die Leistungsdifferenzierung nur noch sehr begrenzt von der persönlichen Einkommensstruktur abhängt (wenige Privatpatienten gegenüber einer breiten Schicht von AOK-Mitgliedern). Diese Grundstruktur ist in der human computerisierten Gesellschaft weiter zu entfalten. Allerdings sind gleichzeitig die medizinischen Kosten *deutlich* zu senken.

Hierzu bieten sich eine Reihe von informationstechnischen Lösungen an: Zum einen erlaubt die integrierte Verarbeitung von medizinischen Daten eine bessere Erkennung von Krankheiten und deren Therapie. Zweitens können viele Routine-Untersuchungen weiter automatisiert werden. Drittens ist es möglich, die ambulante bzw. die Selbstbehandlung durch automatisierte Unterstützungssysteme beim Patienten (z.B. Herzschrittmacher, automatische Injektion, automatische Messung von gewissen kritischen Werten) weiter auszubauen und damit den hohen Anteil klinischer Kosten zu reduzieren.

Damit soll allerdings keiner «vollcomputerisierten Medizin» das Wort geredet werden, ganz im Gegenteil: Gerade dadurch, daß viele Routineprozesse automatisiert und computerisiert werden können, wird es möglich, Ressourcen im medizinischen Bereich für die menschliche Betreuung freizusetzen. Auch an dieser Stelle wird das Grundprinzip der human computerisierten Gesellschaft, nämlich stets eine angemessene Komplementarität von technischer und menschlicher Informationsarbeit zu realisieren, wieder umgesetzt werden müssen. Die Technik unterstützt die organisch-physiologischen Funktionen des Menschen, der Arzt als Mensch kümmert sich um den Patienten als Menschen und nicht als eine «Ansammlung funktionsunfähiger Organe».

Ferner ist bei der Diskussion um das medizinische System der human computerisierten Gesellschaft zu berücksichtigen, daß bedingt durch reduzierte Arbeitszeiten auch der einzelne selbst mehr Möglichkeiten haben wird, sich selber um seine Gesundheit zu bemühen. Natürlich ist es keineswegs trivial, daß zusätzliche Zeit auch für zusätzliche Sorge um die eigene Gesundheit genutzt wird, häufig kann man heute eher das Gegenteil beobachten. Genau hier gilt es, die Vielfalt der Informationsmöglichkeiten in der human computerisierten Gesellschaft zu nutzen und zu entfalten. Dadurch sollte es zumindest langfristig möglich sein, daß die mehr oder minder selbstverursachten Krankheiten reduziert oder ganz abgebaut werden. Besonderes Augenmerk ist hierbei auf psychosomatische Wechselwirkungen zu legen: Es kommt zentral darauf an, daß – aufbauend auf dem Grundrecht auf Grundversorgung und einer angemessenen informationellen Umwelt – die Psyche des Menschen stabilisiert und in reiche soziale Beziehungen eingebettet wird. Nur dies kann langfristig dazu führen, daß der Anteil der psychisch bedingten Krankheiten und die daraus resultierenden Kosten nicht weiterhin steigen, sondern abnehmen.

Resümee. Die hohen Produktivitätszuwächse, die in der human computerisierten Gesellschaft möglich sind, und das Konzept der Grundversorgung erlauben es, grundsätzlich auch die Probleme des Sozialsystems zu lösen. In einer Gesellschaft, die sehr stark von der älteren Generation bestimmt sein wird, heißt dies, einen angemessenen Anteil der aus der automatisierten Produktion entstehenden Güter hierfür zur Verfügung zu stellen. Damit wird es möglich sein, den heutigen «Generationen-Vertrag» umzuwandeln in einen «Vertrag» zwischen der älteren Generation und den Automaten, die die Grundbedürfnisse aller Bürger befriedigen – und von der jungen Generation entwikkelt, gewartet, betrieben werden müssen.

Natürlich wird auch unter diesen Bedingungen die Frage

der quantitativen Bemessung von sozialen Leistungen ein wichtiges gesellschaftliches Thema bleiben. Geht man aber davon aus, daß es gelingt, das Konzept der Grundversorgung - bei einer Anpassung an die verschiedenen Lebensphasen - durchzusetzen, so bleibt auch im Alter eine angemessene Lebenssicherung. Zu dieser kommt in der human computerisierten Gesellschaft eine weitere, leistungsabhängige Komponente. Diese sollte allerdings nicht über den Generationenvertrag, sondern über eine entsprechende Kapitalrente gesichert werden. Damit bleibt ein lebenslänglicher Anreiz, in den Bereichen des Wirtschaftssystems, die jenseits der Grundversorgung arbeiten, mitzuwirken. Die Forderung nach sozialer Ausgeglichenheit muß dazu führen, daß die Grundversorgung auch im Alter angemessen ist, um die Verarmung oder sogar Verelendung gerade der Älteren zu vermeiden; hierfür wird aber bereits die politische Stimmenmacht der älteren Generation sorgen!

Auch für die medizinische Versorgung ist die Idee der Grundversorgung konsequent auszubauen. Hierbei wird es darauf ankommen, neben einer «computerisierten» eine stark auf die menschliche Psyche und die Einheit von Geist und Körper ausgerichtete medizinische Versorgung zu realisieren. Angesichts von mehr Freizeit besteht grundsätzlich die Chance, daß jeder auch individuell sich stärker als bisher um seine Gesundheit kümmern kann und damit die Lasten des medizinischen Versorgungs-Systems abgebaut werden können.

Freizeit mit Menschen und Computern

Mehr Freizeit. Grundsätzlich wird - wie wir gesehen haben - eine konsequente Nutzung der Informationstechnik mehr und mehr den Anteil «unabdingbarer» Arbeit zur Lebenserhaltung reduzieren. Damit wird der Mensch herausgenommen aus Arbeitsprozessen, die für die Lebenserhaltung bisher unabdingbar waren. Es entsteht mehr Zeit, in der der einzelne seinen speziellen Interessen nachgehen kann. Will er diese Zeit nutzen, um darin weiter zu arbeiten oder sogar schwer zu arbeiten («Workoholics»), so sollten hierfür Möglichkeiten in der Gesellschaft verfügbar sein. Viele Menschen haben jedoch ein großes Interesse, diese Zeit - jenseits der Befriedigung materieller Bedürfnisse - als Freizeit zu gestalten, d.h. frei von lohnabhängiger Arbeit und ausgefüllt mit Beschäftigung. Dieser Anteil des

Gesamtzeitbudgets wird in der human computerisierten Gesellschaft im Mittel deutlich zunehmen.

Schon heute ergibt in der Bundesrepublik die Addition der eigentlichen Arbeitszeit gegenüber der Gesamtheit der «Restzeit» (inkl. Urlaub) eine sehr günstige Situation: Geht man von einer 40-Stunden-Woche, von vier Wochen Urlaub sowie von einer täglichen Fahrzeit zur Arbeit von insgesamt einer Stunde aus, so ergibt dies pro Jahr ca. 2100 Stunden, die im eigentlichen «abhängigen Arbeitsprozeß» verbracht werden. Die totale «Lebenszeit» eines Jahres beträgt 8760 Stunden. Zieht man hiervon für Schlaf und Regeneration jeweils 10 Stunden pro Tag ab, so sind das insgesamt 3650 Stunden; es bleiben im frei verfügbaren «Wachzustand» 5110 Stunden. Subtrahiert man von diesen die 2100 Stunden Arbeit, so bleibt heute ein Freizeitvolumen von ca. 3000 Stunden im Jahr – oder im Mittel über 8 Stunden pro Tag für breite Schichten der Arbeitnehmer. – In der human computerisierten Gesellschaft kann man davon ausgehen, daß es in den nächsten 20 Jahren möglich sein wird, die «mittlere» Arbeitszeit (nicht die Wochenarbeitszeit!) um ca. 20% zu kürzen (formal also 32-Stunden-Woche). Dies heißt, daß pro Tag mehr als eine weitere Stunde, somit also mindestens 9 Stunden pro Tag, zur freien Verfügung des Menschen bleiben.

Das Zeitbudget wird sich verschieben. Dieser Zuwachs an freiverfügbarer Zeit wird die *Struktur* des Freizeitbudgets verändern, haben wir doch in allen Phasen, in denen mehr Freizeit verfügbar wurde, auch eine strukturelle Veränderung erlebt: Mit Realisierung des 10-Arbeitsstunden-Tages blieb im vorigen Jahrhundert erstmalig Zeit für eine politische Betätigung breiter Schichten. Mit Reduktion der 48-Stunden-Woche auf eine 42- und schließlich 40-Stunden-Woche entstand das Potential, am Tage im Mittel ca. zwei Stunden fernzusehen. Man sollte also nicht davon ausgehen, daß die nun entstehenden neuen Freizeitpotentiale etwa linear von den vorhandenen Freizeitaktivitäten aufgesaugt werden. Vielmehr ist – insbesondere bei einer 35-, 30- usw. Stunden-Woche – zu erwarten, daß der Mensch zum einen durch eine andere Anordnung der Freizeit (z.B. längere Urlaubsphasen, früherer Eintritt in die «Altersphase») insgesamt zu einer anderen Zeitorganisation kommt und daß zum anderen grundsätzlich neue Freizeitangebote gemacht und akzeptiert werden.

Hier wird in der human computerisierten Gesellschaft das Problem auftreten, daß starke Kräfte die moderne Informationstechnik auch in die neue Freizeit hineindrängen («Neue Medien»). Es wird deshalb notwendig sein, die Bevölkerung in einen großen Lernprozeß zu führen, der es ihr ermöglicht, über die Gestaltung neuer Freizeitpotentiale nachzudenken. Dieser Ansatz erscheint keineswegs grundsätzlich hoffnungslos, zeigt sich doch, daß auch heute angesichts einer breiten Palette elektronischer Unterhaltungsmedien für gewisse Gruppen klassische Formen der Freizeitgestaltung, wie Mitgliedschaft in Sportvereinen (z.B. in der Bundesrepublik ca. 20 Millionen Mitglieder!) oder Teilnahme an lokalen Ereignissen und Veranstaltungen, Museumsbesuche, etc. eine große Bedeutung haben. Auch die abendliche Fülle in Lokalen und Kneipen zeigt, daß Kommunikation mit Menschen bei «Speis» und «Trank» ein großes Interesse weckt.

Geringere Abgrenzung von Arbeit, Beschäftigung und Freizeit. Während - nach Einführung teurer Maschinen und organisierter Fabriken - der Mensch bis heute seine Arbeitsleistung in hohem Umfange ausschließlich in den Räumen des Betriebes erbrachte, ergibt sich mit einem zunehmenden Anteil «geistiger» Arbeit ein Wandlungsprozeß: Wenn auch heute nur von wenigen die «Akten» mit nach Hause genommen werden, so werden doch viele Fragen aus dem Arbeitsleben auch nach Feierabend durchdacht und weiterentwickelt. D.h., wir haben bereits in vielen Bereichen keine klare Abgrenzung mehr zwischen eigentlicher Arbeit und Tätigkeit in der Zeit außerhalb des Betriebes. Mit steigenden Anforderungen an die menschliche Informationsverarbeitungsleistung angesichts der Übernahme vieler geistiger *Routinearbeiten* durch die Informationstechnik werden diese Grenzen zwischen professioneller Arbeit im Beruf und den Tätigkeiten «außerhalb» weiter verfließen.

Der Kleinbetrieb, in dem es möglich ist, mit automatisierten Produktionseinrichtungen und wenigen Menschen praktisch im Anbau ans Wohnhaus zu produzieren, wird den Typ des Unternehmers entstehen lassen, bei dem eine Unterscheidung zwischen «betrieblicher Arbeit» und «Freizeit» immer geringer wird: Wenn ein flexibles Fertigungssystem Tag und Nacht läuft, so wird es durchaus vorkommen, daß der Kleinunternehmer nachts eine Reparatur oder eine Neuprogrammierung vornehmen muß, daß er aber am Tage anderen Tätigkeiten in der Familie nachgehen kann, ohne wirklich im Produktionsraum zu sein.

Obwohl es viele Argumente gibt, die es wahrscheinlich machen, daß sich die «Tele-Arbeit» (d.h. die lohnabhängige Arbeit zu Hause, außerhalb der Räume des Unternehmers unter Nutzung von Kommunikationstechnik) nur außerordentlich langsam durchsetzen wird - sind doch Datenschutzgründe, hohe Investitionen und das Interesse der Unternehmen, ihre kreativen Mitarbeiter unmittelbar miteinander kommunizieren zu lassen, große Hemmnisse auf dem Weg zur Tele-Arbeit -, so ist doch erkennbar, daß ein Teil der Arbeit, die der Mensch weiterhin in der Produktion, in der Verwaltung, in der Forschung oder in der Lehre vollbringen muß, mit nach Hause genommen wird und dann in die Freizeit hineinfließt. Diese Situation wird besonders durch die moderne Familienstruktur begünstigt werden, in der ja nur wenige oder gar keine Kinder mehr vorhanden sind, so daß die beiden miteinander lebenden Partner sehr viel mehr Möglichkeiten haben, ihre Gesamtlebenszeit relativ frei einzuteilen; sie können eine komplizierte Mischung der Arbeit im Unternehmen, der Arbeit zu Hause, der Arbeit unterwegs und der Freizeitgestaltung vornehmen.

Die alternative Schattenwirtschaft wächst. Geht man von der oben gemachten Prämisse einer gesicherten «Grundversorgung» in einer human computerisierten Gesellschaft aus, so muß man sich darüber klar sein, daß die auf dieser Grundversorgung aufbauende Wirtschaft eine außerordentlich komplizierte Struktur haben wird. Es werden viele Bereiche «alternativer Wirtschaftsformen» entstehen, die nicht mehr einbindbar sind in heutige rechtliche und wirtschaftspolitische Rahmenvorschriften. So wie heute bereits in der Bundesrepublik die Schattenwirtschaft nach verschiedenen Schätzungen $\frac{1}{8}$ oder $\frac{1}{10}$ des gesamten Bruttosozialproduktes ausmacht, so ist zu erwarten, daß sich gerade in der human computerisierten Gesellschaft dieser Bereich ausdehnen wird. In diesem Feld wird die Mischung von «Arbeiten zur Gewinnung zusätzlichen Einkommens», «Tätigkeiten im Bereich eigener Interessen» und «Freizeitgestaltung» immer komplizierter werden.

Der «Freizeit-Programmierer» z. B., der zu Hause sitzt und ein Spiel programmiert, welches er vielleicht zunächst nur für seinen Sohn entwickelt, dann aber dafür einen Markt findet, ist hier nur eine der vielen «High-Tech»-Möglichkeiten. Viel bedeutender werden vielfältige Formen von Unterhaltung und Dienstleistung sein, die von Menschen in den unterschiedlichsten Gruppierungen angeboten werden: Das geht vom abendlichen Diskjockey bis hin zur Kinderbetreuung oder zur nachbarschaftlichen Mithilfe bei Hausbau und Autoreparatur.

In der human computerisierten Gesellschaft werden «Nach barschafts-Hilfen» im Bereich der «Luxusgüter» (z.B. Computerprogramme, Heimroboter, erweiterte Telekommunikationseinrichtungen usw.) eine große Rolle spielen. Insbesondere «intelligente» Maschinen, die ja durch angemessene Kombination von Informationstechnik und klassischen Werkzeugmaschinen in weiten Bereichen verfügbar sein werden (z.B. im Heimwerkerbereich, wo ja heute schon computerunterstützte Werkzeugmaschinen angeboten werden), bieten neue Potenzen für die Schattenwirtschaft, die bisher überhaupt nicht zu überblicken sind. Hier vermischen sich Freizeitgestaltung, Freizeitinteressen, Beschäftigungsinteressen, Interessen an höherem Lebensstandard, Interessen an zusätzlichen Einkünften und soziale Kooperationen in zunehmendem Maße. Gerade durch die Entlastung des Menschen im eigentlichen Arbeitsprozeß werden mehr Potenzen für die «Beschäftigung in der Freizeit» freigesetzt – mit allen daraus resultierenden mannigfaltigen Konsequenzen.

Bewältigung der irrealen informationellen Umwelt. Die neuen Medien in ihrer breiten Fülle und hohen Komplexität werden zunehmend die Potenzen für die Verbreitung einer künstlichen informationellen Umwelt erhöhen. Synthetische Filme (im Rechner erzeugt) werden optische und akustische Eindrücke möglich machen, die bisher undenkbar waren: Vom 28fachen Salto mortale rückwärts eines fotografierten und im Rechner manipulierten Schauspielers bis zum bluttriefenden Zersägen eines menschlichen Körpers mit einer Kreissäge ist in den Computern der modernen Filmindustrie alles möglich! Gegen diese irreale informationelle Umwelt ist «Medienpädagogik» unbedingt *notwendig.* Nur wenn es in der human computerisierten Gesellschaft gelingt, eine ähnliche Aufklärung zu treiben, wie sie mit der Renaissance gegenüber der abgegrenzten dumpfen informationellen Umwelt des Mittelalters getätigt wurde, wird es möglich sein, durch diese Kunstwelt hindurchzustoßen und reale Probleme weiterhin im Auge zu behalten.

Die Wege zu dieser neuen Aufklärung müssen mannigfaltig sein: Zum einen wird es unabdingbar sein, Bildung und Ausbildung über Struktur und Funktion der informationellen Umwelt wesentlich zu verstärken – bisher ist es uns einfach nicht gelungen, eine vernünftige Medienkunde zu vermitteln. Zum anderen wird es in der human computerisierten Gesellschaft sicher nicht auszuschließen sein, daß es gewisse Formen der Zensur geben wird: z. B. im Jugendschutz, beim Schutz sensibler Menschen, die dieses wünschen, oder beim Schutz vor Werbung. – Allerdings kann die Bewältigung der irrealen informationellen Umwelt nicht das Ergebnis eines «zentralen Beschlußorgans» sein, vielmehr ist es notwendig, daß insgesamt die human computerisierte Gesellschaft diese Probleme erkennt, durchschaut und bewältigt.

Ein ausbalanciertes Informations-Grundangebot erhalten. Das öffentlich-rechtliche Rundfunksystem hat sich in Europa insoweit bewährt, als es eine Grundversorgung der Bevölkerung mit Information sicherstellt. Eine derartige ausgewogene Grundversorgung ist auch unter Nutzung der neuen Medien zu garantieren. Hierbei ist Heterogenität, Breite und Pluralität zu erhalten. Denkt man diese Forderungen konsequent zu Ende, so ist klar, daß eine human computerisierte Gesellschaft auch im Bereich des Angebotes von Datenbanken und elektronischen Dienstleistungen, wie sie jetzt z. B. im Bildschirmtext-System entstehen, ein *öffentlich-rechtliches Grundangebot* sicherstellen muß. Daß die Rundfunkanstalten diesen Sektor bisher nicht erkannt und genutzt haben, zeigt nur, wie wenig vorausschauend Informations-Politik in der Bundesrepublik betrieben wird.

Allerdings darf die Verfügbarkeit von öffentlich-rechtlich organisierter Informationsgrundversorgung nicht dazu führen, daß private Informationsangebote über klassische oder neue elektronische Medien aller Art grundsätzlich behindert werden. Vielmehr ist eine angemessene Pluralität in diesem Bereich zu unterstützen, bildet sie doch die Voraussetzung dafür, daß in der Gesellschaft ausreichend Information verfügbar ist, um weitere Entwicklungsprozesse voranzutreiben. Wie Erfahrungen im europäischen Ausland (z. B. mit Kabelfernsehen), aber auch amerikanische Erfahrungen mit Computerspielen zeigen, pendeln sich in der Nutzung «neue Medien» neue Gleichgewichte ein, und man muß keineswegs davon ausgehen, daß in einer informationell *kritisch* erzogenen Gesellschaft private Medien notwendigerweise das öffentlich-rechtliche System ersticken oder ganz vertreiben.

Berücksichtigt man insbesondere, daß auch bei der heutigen Kostenstruktur – und bei den Rundfunkanstalten sind sicher noch große Einsparungsmöglichkeiten vorhanden – nur knapp zwei Promille des Bruttosozialproduktes für die Informations-Grundversorgung über die öffentlich-rechtlichen Medien ausgegeben werden (weit weniger als ein Zehntel der Ausgaben für Genußmittel und Rauchwaren!), so erscheint dieser Aufwand auch langfristig politisch legitimierbar und damit das System stabilisierbar. Daß das ausgewogene Angebot genutzt wird und daß sich kein Abgleiten in eine selektive Mediennutzung («Sportfans», «Krimi-Seher», «Porno-Freunde») breitmacht, wird eine Aufgabe der Kommunikation in der human computerisierten Gesellschaft sein. Es ist kurzsichtig, zu glauben, daß eine solche Polarisierung notwendigerweise langfristig entstehen wird, muß man doch davon ausgehen, daß zum einen durch den hohen Anteil an Freizeit und zum anderen durch einen großen politischen Beteiligungsdruck mehr und mehr Begegnungen zwischen Menschen stattfinden werden; bei diesen wird es notwendig sein, kommunikationsfähig zu bleiben. Dies widerspricht einer hohen Spezialisierung im Bereich der Medien-Nutzung.

Förderung und Entfaltung von Mensch-Mensch-Beziehungen. Ein Schwerpunkt strukturpolitischer und insbesondere kultureller und bildungspolitischer Ziele der human computerisierten Gesellschaft wird die Entfaltung und Weiterentwicklung von Mensch-Mensch-Beziehungen sein müssen. D.h., gerade angesichts der vielfältigen Möglichkeiten des Zuganges zur informationellen Umwelt wird es darauf ankommen, das *unmittelbare menschliche Miteinander* zu fördern. Hierfür gilt es zum einen, primär menschliche Interessen zu wecken und zu erschließen (z.B. Feste, Vergnügungen, Veranstaltungen), und zum anderen, Rahmenbedingungen zu schaffen, durch die mitmenschliche Kommunikation unterstützt wird (z.B. Steuerentlastung des privaten PKW-Verkehrs, weitere Förderung von Vereinsgründungen und Vereinsaktivitäten usw.).

Mitmenschliche Kommunikationsfähigkeit ist im Verhalten Erwachsener nur schwer neu zu entfalten, entsteht sie doch bevorzugt im Kindesalter. Hier nun wird die human computerisierte Gesellschaft ein besonderes demographisches Problem haben: Angesichts der geringen Geburtenraten bleibt die «Dichte der Kinder» gering, und dadurch wird die unmittelbare Kind-Kind-Kommunikation erschwert. Gemeinsames Spielen auf der Straße wird schon deswegen fast unmöglich, weil da gar kein Spielkamerad mehr in der nächsten Wohnung oder im nächsten Haus wohnt! Hier muß gerade in der human computerisierten Gesellschaft Sorge dafür getragen werden, daß nicht die Telekommunikation als Lückenbüßer genutzt wird, vielmehr kommt es darauf an, durch wohnungspolitische Entscheidungen (z.B. Reaktivierung der Stadtkerne) einerseits und durch Förderung des Transports auf der anderen Seite sicherzustellen, daß Kinder mit Kindern umgehen können.

Auch in der Schule wird es wesentlich darauf ankommen, das Miteinander-kommunizieren-können zu entfalten, weil man davon ausgehen muß, daß viele Kinder aus Ein-Kinder-Ehen stammen und damit die soziale Kommunikation mit anderen Kindern kaum kennen. Der Frontalunterricht, der sich bisher an Kinder gerichtet hat, die doch noch vielerlei Möglichkeiten hatten, miteinander zu kommunizieren, ist abzuschwächen und durch einen Ausbau von Gruppentätigkeiten zu ergänzen; dies wird wahrscheinlich mittelfristig dazu führen, daß die Ganztagsschule auch in der Bundesrepublik eingeführt wird.

Wiederentdeckung der Familien. Industrialisierung, erhöhte Arbeit für zunehmenden Lebensstandard, Emanzipation der Frau, höhere Mobilität und wenig Kinder haben zu einem deutlichen Abbau der Familienstruktur als Zelle der Kommunikation und des mitmenschlichen Handelns in der Freizeit geführt. Dieser Entwicklung ist in der human computerisierten Gesellschaft entschieden entgegenzuwirken. D.h., gerade angesichts dessen, daß die materielle Sicherheit nicht mehr die in der Industrialisierung notwendige hohe Mobilität fordert, ist wieder eine Verstärkung der Großfamilie zu fördern. Hierzu bedarf es natürlich einer langfristig angelegten Familienstrukturpolitik. Insbesondere ist die aus der Evolution des Menschen resultierende Position der Familie als Zentrum sozialer Beziehungen und als Entstehungsort mitmenschlicher Kommunikation wieder stärker herauszuarbeiten. Großer Wert ist dabei auf die Einsicht zu legen, daß gerade die frühe Kindheit durch die Kommunikationsverhältnisse und die soziale Struktur in der Familie stark geprägt wird.

Wenn es wirklich gelingen soll, den Menschen komplementär und ergänzend zur hochleistungsfähigen Informationstechnik zu entfalten, so muß das insbesondere im Kindesalter versucht werden. Das kleine Kind hat als Einbettungsumgebung nur die Familie; wenn diese ihre Aufgaben nicht wahrnimmt, dann in der Tat besteht die große Gefahr, daß schon der junge Mensch von der Informationstechnik tiefgreifend geprägt wird und dann nicht mehr in der Lage ist, menschliches *jenseits* der Leistung der Informationstechnik zu entwickeln; er wird in der Freizeit ein Sklave der Technik. – In diesen Bereich gehört auch die Frage der Anerkennung der «Hausfrau» oder des «Hausmannes» als eines stabilen, die Freizeit des Kindes bestimmenden Faktors in der familiären Umgebung.

Obwohl zu erwarten ist, daß durch mehr Freizeit und mehr «alternative Wirtschaft» auch die Integration der familiären Situation wieder besser werden kann, so ist dieses keineswegs ein trivialer Prozeß; es ist auch möglich, daß früh angelegte und entfaltete individuelle Interessenbefriedigungen zu einer Zerstörung der familiären Freizeit führen. Diesem muß entgegengetreten werden, was wiederum nur durch eine langfristige konstruktive Familienpolitik möglich ist, die nicht im Zentrum materielle Anreize bieten sollte, sondern vielmehr in der human computerisierten Gesellschaft durch Aufklärung der wichtigen großflächigen Gesamtzusammenhänge neue Einsichten liefern muß.

Neue Aktivitäten stimulieren. Wenn heute viel darüber geklagt wird, daß die Menschen ihre Freizeit «vor der Glotze totschlagen», so muß man aber auch zur Kenntnis nehmen, daß viele der da Klagenden selber kaum Initiativen entfalten, dieser Tätigkeit eine Alternative entgegenzusetzen. Hier muß die human computerisierte Gesellschaft ihre Kräfte, die ja auf der Basis einer soliden Grundversorgung in reichlichem Umfange vorhanden sind, nutzen, um neue Angebote und Potenzen zu organisieren. Kommunikative Feste in der Öffentlichkeit, wie sie heute zum Beispiel im Bereich von Dorf- oder Stadtteilfesten schon entstehen, sind intensiv zu fördern. Die Idee des realen (nicht des elektronischen) Marktes, als unmittelbare Begegnung des Produzenten und des Konsumenten, kann z. B. steuerrechtlich begünstigt werden.

Vielerlei Möglichkeiten sind wahrzunehmen, um Politik in die kommunikative, unmittelbare Öffentlichkeit zu bringen. Es ist nicht einzusehen, warum nicht viele Ausschüsse der lokalen und regionalen Organe versuchen, mit der Bevölkerung in unmittelbaren Kontakt zu treten, und ihre Sitzungen dementsprechend öffentlich und kommunikativ gestalten – wie dies die antiken Griechen taten. Der heute vielleicht durch ökonomische Randbedingungen vorhandene Zeitdruck wird in der human computerisierten Gesellschaft zurückgehen. Insofern ist es möglich, *Politik mit Menschen unter Menschen* zu machen. Die Idee der Computer-Konferenz, die ja bereits im Wissenschaftsbereich seit einiger Zeit genutzt wird, um Information mittels eines für viele zugänglichen Rechners strukturiert zu organisieren und auszutauschen, sollte auch in der breiten Öffentlichkeit benutzt werden. Solche

Computer-Konferenzen sollten Anlaß sein zu direkten kommunikativen Foren, in denen die Personen, die zunächst über Computer-Konferenzen in Kontakt getreten sind, sich dann auch persönlich kennenlernen. (Amerikanische Firmen haben die interessante Beobachtung gemacht, daß nach Einführung von Video-Konferenzen die Zahl der Dienstreisen nicht ab-, sondern zugenommen hat! Man wollte sich auch «persönlich» kennenlernen!) In der Städteplanung und in der Organisation von neuen Wohngruppierungen - insbesondere im Rahmen der Stadtsanierung - sind ausreichende Räumlichkeiten für Versammlungen aller Art zu schaffen und zu unterhalten.

Der älteren Generation eine Chance geben. Angesichts der erkennbaren demographischen Entwicklung hin zu einer Alten-Gesellschaft wird die human computerisierte Gesellschaft vielerlei Anstrengungen unternehmen müssen, der Vereinsamung und Isolierung der älteren Generation entgegenzuwirken. Das, was heute als Horror-Vision für die Jugend dargestellt wird, daß sie nämlich nur noch an den Computerspielen hängt, sich telekommunikativ unterhält oder den Fernseher als Zeit-Totschlag-Maschine benutzt, trifft ja in viel höherem Maße gerade für die ältere Generation zu: Der ältere Mensch, der aufgewachsen ist in einer abgegrenzten informationellen Umwelt und einer begrenzten Kommunikationsstruktur, neigt mit zunehmendem Alter dazu, diesen sozialen Raum weiter und weiter einzuengen. Die derzeitigen rein distributiven Medien unterstützen diesen Trend leider in starkem Maße.

In der human computerisierten Gesellschaft wird es wichtig sein, daß wir die *interaktiven* Medien intensiv entfalten, um gerade die ältere Generation an den Geschehnissen der Gesellschaft unmittelbar partizipieren zu lassen: Wenn der ältere Mensch z.B. wirklich gefordert wird, eine Antwort in das Bildschirmtext-System einzugeben oder auf eine Fernsehsendung mit einer Reaktion in seinem Zwei-Wege-Kabelfernsehsystem zu reagieren, so wird er damit angeregt, über die Zusammenhänge und die dahinterstehenden Strukturen nachzudenken und am Gesamtprozeß teilzunehmen. - Wenn Veranstalter von Großveranstaltungen von vornherein auf die ältere Generation Rücksicht nehmen - und das werden sie angesichts der Kaufkraft der älteren Generation zunehmend tun -, so ist es möglich, auch hier kommunikative Strukturen und mitmenschliches Zusammensein in der Freizeit weiterzuentwickeln.

Die Entwickler moderner Informationstechnik werden sich, auch aus kommerziellen Gründen, in der human computerisierten Gesellschaft intensiv um die Entwicklung angemessener Mensch-Maschine-Kommunikationsflächen auch für die älteren Menschen kümmern; Spracheingabe und Sprachausgabe zum Beispiel sind wichtige Schritte dahin, den Computer auch diesem großen Adressatenkreis verfügbar zu machen. Dadurch entstehen grundsätzlich neue interessantere Freizeitaktivitäten auch für die ältere Generation.

Resümee. Die human computerisierte Gesellschaft ist *keine* Muße-Gesellschaft im Sinne des Schlaraffenlandes. Obwohl der Anteil der Freizeit deutlich steigen wird, bleibt doch ständig eine Vielzahl von Problemen, die nur von Menschen zu bewältigen sind, wenn es gelingt, Informationstechnik einerseits und typisch menschliches Denken und Handeln andererseits in angemessener Form zu verbinden. Gegenüber heute wird sich die Struktur des Zeitbudgets verändern, es werden zunehmend lohnabhängige und -unabhängige Arbeiten und Beschäftigungen ineinander verwoben werden. – Angesichts der Kleinheit der Familien und der regionalen Ausdünnung der Bevölkerung wird es intensiver Bemühungen bedürfen, die mitmenschliche Kommunikation in der Freizeit, insbesondere bei den Kindern, zu fördern und zu organisieren. Hier werden der Familie und den freien Zusammenschlüssen große Aufgaben zuwachsen.

Entwicklungen in diesem Bereich sind komplementär zu sehen zu den Entfaltungen des Informationszuganges und der Informationsverfügbarkeit über technische Systeme. Hierbei ist zu berücksichtigen, daß die Möglichkeiten einer «computerisierten informationellen Umwelt» ungeahnte neue und für den Menschen überraschende, aber auch erschreckende Perspektiven liefern. Es wird notwendig sein, in dieser informationellen Umwelt einen geeigneten «Umweltschutz» zu betreiben. Hierfür sind die notwendigen Strukturen und Maßnahmen noch zu entfalten; sie werden sicher sehr viel subtiler sein müssen als das, was wir unter Zensur in unterschiedlichen politischen Systemen bisher kennengelernt haben. Aber ein absoluter Verzicht auf Kontrolle über die informationelle Umwelt erscheint unmöglich, wenn es gelingen soll, Freizeit mit Menschen (und Computern) zu realisieren. Wir dürfen im Bereich der informationellen Umwelt nicht die Fehler wiederholen, die wir in der materiellen Umwelt gemacht haben, wo ganzheitliches Denken zu spät eingesetzt hat und sich erst jetzt die Vorstellung einer Bewältigung von Problemen «beim Verursacher» durchzusetzen beginnt.

Psychische Mobilität auf informationellen Straßen

Nur die physische Mobilität ist heute Realität. In seiner Umwelt hat der Mensch zwei grundsätzliche Probleme: Zum einen muß er in der Lage sein, sich in der materiellen Welt angemessen physisch zu bewegen, um seine verschiedenen Bedürfnisse befriedigen zu können. Zum anderen muß er das Wissen über die Welt verfügbar haben, um damit für sich selbst und für die Gestaltung der Umwelt (im weiteren Sinne des Wortes) die geeigneten Informationen nutzen zu können. – Blickt man zurück in die Geschichte der Menschheit, so war der Wunsch nach physischer Mobilität immer ein wichtiges Element menschlichen Handelns. Die Erfindung des Rades, die Zähmung des Pferdes, die Entwicklung von Straßennetzen, die Nutzung von Dampflokomotive, Automobil, Flugzeug und schließlich die heutige komplexe Verkehrsinfrastruktur haben im wesentlichen das Grundproblem der physischen Mobilität gelöst: Ein Einbeiniger kann die Strecke Bremen–München heute in der gleichen Zeit zurücklegen wie ein Marathonläufer, benutzen sie doch beide ein Automobil oder die Bundesbahn. – Obwohl die Transport- und Verkehrskosten relativ hoch sind, haben wir uns daran gewöhnt, für diesen Sektor einen nicht unerheblichen Teil unserer Einkünfte zu verwenden, die *physische* Mobilität ist deshalb kein grundsätzliches Problem mehr in unserer Gesellschaft.

Anders sieht es allerdings im Bereich der *psychischen Mobilität* aus: Die Vorstellung, man könne schnell eine gerade wichtige Information nachschlagen und hätte sie auch sofort zur weiteren Verarbeitung verfügbar, gilt heute schlichtweg als Utopie, wir sprechen bezeichnenderweise von «Informationslawine» und «Daten-Dschungel». Dies gilt insbesondere für aktuelle Informationen. Diese sind besonders chaotisch organisiert: Grundsätzlich nicht nachschlagbare Radiomeldungen und Fernsehansagen, gemischt mit Berichten aller Art in Tageszeitungen und Zeitschriften, stellen ein informationelles Durcheinander dar, in dem man sich keineswegs geordnet und keineswegs zu jeder Zeit zu jedem Informationspunkt bewegen kann. Obwohl – oder gerade weil? – Information Macht bedeutet, scheint sich niemand um Transparenz und einfache «Begehbarkeit» der informationellen Umwelt zu bemühen, sie ist diffus, desorganisiert, widersprüchlich und außerdem zeitabhängig!

Die Grundidee der psychischen Mobilität. Im Bereich der physischen Mobilität war es von Anfang an klar, daß ohne technische Unterstützung größere Beweglichkeit unmöglich ist. Demgegenüber haben wir uns im Bereich *psychischer* Mobilität im wesentlichen auf unsere Sinne und das Gehirn verlassen. Es galt und gilt immer noch als erstrebenswert, möglichst viele Fakten im Gehirn gespeichert zu haben, um sich damit als «autonomer Mensch» schnell in einer, allerdings relativ kleinen, abgegrenzten informationellen Umwelt bewegen zu können. Diese alte «Leitidee» erscheint angesichts des gewaltigen *quantitativen* Zuwach ses an Information einerseits und der zunehmenden Probleme der Ausdifferenzierung und Widersprüchlichkeit von Information andererseits (*«qualitativer»* Zuwachs) zunehmend unhaltbar. Es ist an der Zeit, auch im Bereich der psychischen Mobilität über ein «organisiertes Straßensystem» und eine geeignete *technische* Unterstützung des einzelnen grundsätzlich nachzudenken.

Es muß Ziel der human computerisierten Gesellschaft sein, eine informationelle Infrastruktur aufzubauen, die es *jedem* Menschen gestattet, sich in der informationellen Umwelt schnell, kostengünstig und «ungefährdet» zu bewegen. Hierzu bedarf es im wesentlichen vier wichtiger Komponenten:

Erstens sind geeignet organisierte «Zentren der Information» (elektronische Bibliotheken) zu schaffen, aus denen Information im schnellen Zugriff und gezielt abgerufen werden kann. Dies muß nicht unbedingt on-line (d.h. direkt über Draht oder Funk) möglich sein. Es reicht auch, wenn über billige Massenspeicher (z.B. Bildplatte, Textplatte) große «geordnete» Informationsblöcke im (Buch-)Laden gekauft werden können. Für aktuelle Informationen sind allerdings direkt zugreifbare Zentren zu schaffen; die Speicher der Post und die externen Rechner im Bildschirmtext-System sind hier ein erster und richtiger Einstieg. Auch der schnelle Zugang zu menschlichem Expertenwissen ist über ein «Experten-Telefonbuch» zu realisieren.

Zweitens ist es notwendig, in einem solchen Gesamtsystem den Menschen selber mit einer geeigneten informationstechnischen Unterstützung auszustatten: Dem «*P*ersönlichen *I*nformations- und *T*elekommunikations-*S*ystem» *(PITS);* dies ist ein fortgeschrittener, allerdings sehr eng verdichteter, persönlicher Computer mit einem flachen Bildschirm und der Möglichkeit der (sprecherabhängigen) Spracheingabe. Das PITS sollte ferner durch Software eine beliebige Tastatur auf dem Bildschirm erzeugen können, mittels deren über eine tastempfindliche Oberfläche beliebige Eingaben gemacht werden können. Erste Geräte dieser Art sind heute auch in der Bundesrepublik - aus amerikanischer und japanischer Produktion – verfügbar, weltweit gibt es zwei Dutzend verschiedene Produkte dieser Richtung.

Drittens ist es notwendig, eine geeignete telekommunikative Infrastruktur aufzubauen, die den *schnellen* Zugriff zu Information und Informationsverarbeitungskapazität ermöglicht. Hierzu eignet sich zunächst das Telefonnetz, welches ja bundesweit in allen Unternehmen und in einem sehr großen Teil der Haushalte verfügbar ist. Dieses Netz ist derart auszubauen, daß eine unmittelbare digitale Kommunikation möglich ist. Die Deutsche Bundespost arbeitet an entsprechenden Entwicklungen im Bereich der Schaffung des ISDN* (*I*ntegrated *S*ervice *D*ata *N*etwork). – Obwohl natürlich langfristig auch eine breitbandige Kommunikation (Glasfasernetz, BIGFON*) anstrebenswert erscheint, ist eine derartige Infrastruktur zunächst für eine drastische Erhöhung der psychischen Mobilität *nicht* unabdingbar. («Landstraßen» reichen, es braucht nicht jeder eine «Autobahn» bis ins Wohnzimmer!).

Viertens ist es notwendig, Informationsverarbeitungskapazität in großem Umfange verfügbar zu machen. Dies kann zum einen durch ein breites Angebot leistungsfähiger Persönlicher Informations- und Telekommunikations-Systeme realisiert werden (Teil der «Grundversorgung»?), zum anderen ist der Zugriff zu zentralen «Experten-Systemen» zu ermöglichen.

Die Ergänzung von menschlicher und technischer Informationsverarbeitung. Mit der Idee des «Persönlichen Informations- und Telekommunikations-Systems» wird in der human computerisierten Gesellschaft das Konzept der Komplementarität von menschlicher und technischer Informationsverarbeitung als *zentrales* Prinzip realisiert. Angesichts dessen, daß jeder mittelfristig ein solches System besitzen sollte und weiß, welche Leistungen er von diesem abrufen kann und welche er selbst zu erbringen hat, lernt er im ständigen Umgang die Qualitäten des Systems und die Notwendigkeit eigenen Denkens kennen. – So wie wir zum «Bäcker um die Ecke» zu Fuß gehen oder das Auto benutzen können, so wird auch für kognitive Leistungen eine Entscheidung von Fall zu Fall erfolgen. Die Potenz geistiger Leistung bleibt damit grundsätzlich erhalten.

Das Persönliche Informations- und Telekommunikations-System ist ein *Denkzeug*, es ist aber gleichzeitig auch ein elektronisches Buch, ein erweiterter Telefonapparat, ein Nachschlagewerk und schließlich ein Zugang zu leistungsfähigeren Rechner-Systemen, die sich z. B. in der Bundesrepublik in den externen Rechnern des Bildschirmtext-Systems befinden.

In der human computerisierten Gesellschaft wird es sehr darauf ankommen, daß man mit dem «Denkzeug» angemessen umzugehen lernt. Hierzu ist es notwendig, daß alle Bürger einen Informationstechnik-Führerschein machen, um zu vermeiden, daß das wieder passiert, was in der frühen Phase des Straßenverkehrs üblich war: Chaotisches Verhalten und daraus resultierende (vermeidbare) Unfälle. Es geht also *nicht* etwa darum, allein eine möglichst große Zahl von Heimcomputern auf dem Markt umzusetzen, sondern es geht darum, den Menschen mit fortgeschrittenen Systemen und Systemstrukturen vertraut zu machen, um damit eine angemessene Ergänzung zwischen *technischer* Informationsverarbeitung, die im System verfügbar gemacht wird, und *menschlicher* Informationsverarbeitung, die der einzelne einbringt, aufzubauen.

Ausgleich von Ungerechtigkeit. Durch die Nutzung von Persönlichen Informations- und Telekommunikations-Systemen wird es in der human computerisierten Gesellschaft gelingen, die heutigen Heterogenitäten und Ungerechtigkeiten in der Verteilung kognitiver Leistungsfähigkeit zu reduzieren. Dadurch, daß breite Schichten Zugang zu großen informationsverarbeitenden und informationsspeichernden Systemen haben, können sie ihre jeweiligen kognitiven Defizite ausgleichen. (Wir sehen das heute z. B. im Bereich des Taschenrechners, wo selbst ein erfahrener Kopfrechner bei der Aufgabe 65×341 eben nicht schneller ist als jemand, der zwar das Zahlensystem und die arithmetischen Operatoren kennt, aber keine eigentlichen Fertigkeiten im Bereich des Kopfrechnens besitzt.)

Mit dem Ansatz der breiten psychischen Mobilität kann ein gravierendes Problem der human computerisierten Gesellschaft gelöst werden, nämlich das Problem, daß angesichts eines Überschusses an Information und technischer Informationsverarbeitungskapazität in den Händen weniger genetisch und milieubedingten Defizite des einzelnen außerordentlich deutlich erkennbar werden – wenn er nicht auch in der Lage ist, sie mit technischen Systemen auszugleichen.

Langfristig mag sich die Menschheit allerdings fragen, inwieweit diese Defizite in der Gehirnleistung nicht eventuell durch populationsgenetische Manipulation grundsätzlich ausgeglichen werden könnten. Vielleicht hilft die Informationstechnik – neben ganz anderen Argumenten –, die genetische Manipulation als «Heilmittel» gegen «Krankheiten» dieser Art zunächst nicht zu benutzen, werfen diese Verfahren doch viel tiefergehendere ethische und moralische Probleme auf, als sie schon heute aus der «neuen» Technik erwachsen.

Der Informationstechnik-Führerschein für alle. Auf die Fragen der Bildungs- und Ausbildungskonzeptionen für eine human computerisierte Gesellschaft wird im nächsten Abschnitt im Detail eingegangen. Hier sei nur angemerkt, daß die Realisierung einer angemessenen Einführung *aller Bürger* der human computerisierten Gesellschaft in die Struktur von Information und Informationstechnik *unabdingbar* ist, wenn es nicht zu Mißverständnissen, Koordinationsschwierigkeiten und «Unfällen» aller Art kommen soll.

Die Grundidee des «Informationstechnik-Führerscheins» besteht deshalb im wesentlichen darin, daß alle Bürger *erstens* eingeführt werden in die Bedienung der modernen Informationstechnik (hierzu gehört das Umgehenkönnen mit der Technik). *Zweitens* muß eine angemessene Beherrschung der Mensch-Maschine-Grenzfläche erlernt werden (z.B. Nutzung von Menü-Strukturen, Fragenstellen-Können).

Drittens soll mit dem Informationstechnik-Führerschein vor allem eine *Einführung in die Struktur der informationellen Umwelt* gegeben werden, so daß eine angemessene Bewegung auf den «informationellen Straßen» und im «informationellen Verkehr» möglich ist. Dies heißt, daß wir breite Schichten einführen müssen in die Art und Weise, wie Wissen organisiert ist, wie Wissen in technischen Systemen verarbeitet wird und wie der Zugang zu allen diesen Möglichkeiten aussieht. Es kommt also beim Informationstechnik-Führerschein nicht so sehr darauf an, nur das «Handling» der Technik, sondern weit darüber hinaus vor allem die «Verkehrsregeln» und deren «Gültigkeit» kennenzulernen.

Es kann nicht angehen, daß wir im Bereich der physischen Mobilität strenge Regeln befolgen, während die psychische Mobilität chaotisch ungeordnet ist. In gleicher Weise, wie wir es nicht zulassen, daß man mit dem Auto auf der linken Straßenseite, bei einem Alkoholgehalt von 1,5 Promille in Schlangenlinien fährt, so ist es nicht akzeptabel, daß Menschen stundenlang vor der Glotze sitzen, sich berauschen an blutrünstigen Massenabschlachtungen von Menschen in Videofilmen oder computerspielsüchtig werden. Hier gilt es, in einer human computerisierten Gesellschaft Regeln, Prinzipien (und schlimmstenfalls «Bußgelder» und «Strafmandate») als ordnende Kriterien einzuführen und breit zu vermitteln, wenn gesamtgesellschaftlicher Schaden in Form von «Verschmutzung» und «Zerstörung» der informationellen Umwelt des Menschen vermieden werden soll.

Der informierte Mensch. Spätestens seit der Aufklärung sind die westlichen Kulturen bemüht, durch Wissenschaft, Forschung und durch permanentes rationales Handeln in fast allen Bereichen des Lebens die gültigen Zusammenhänge, die zentralen Prinzipien und Gesetzmäßigkeiten zu verstehen. Es besteht ein breit akzeptiertes Interesse, Einsichten in unser «Hiersein» in der Welt und zunehmend in die vernetzten Strukturen dieser Welt breiten Schichten zu vermitteln. Trotz dieser Grundintention aller modernen Kulturnationen haben sich angesichts der Begrenztheit menschlichen Denkvermögens im breiten Verstehen von Zusammenhängen nur marginale Veränderungen in den Jahrhunderten ergeben. Es ist zwar richtig, daß immer mehr Menschen über Grundzusammenhänge informiert werden können. Es ist aber gleichzeitig richtig, daß das Wissen, welches wir über die Welt und uns akkumuliert haben, derart gestiegen ist, daß jeder einzelne heute – *gemessen am Gesamtwissen* – genauso unwissend ist, wie ein Analphabet vor 300 oder 500 Jahren.

Diese Begrenztheit des Wissens, des Verstehens, des Kompetent-handeln-Könnens kann in der human computerisierten Gesellschaft durch konsequente Nutzung der Informationstechnik reduziert werden. Viele «informierte Menschen» – wie diejenigen, die in der Lage sind, sich unter Nutzung ihres Denkzeuges in der informationellen Umwelt souverän zu bewegen – erscheinen nicht grundsätzlich unmöglich. Das Mißverhältnis der Speicherkapazität des menschlichen Gehirns gegenüber dem gesamten Weltwissen kann aufgehoben werden durch die angemessene Hinzufügung geeigneter Speicherkapazitäten in technischer Form; der Mangel an synergistischem Systemverständnis des einzelnen kann reduziert werden durch eine integrierte Bearbeitung von Problemen mittels Gehirn und Informationstechnik; menschliche und technische Informationsverarbeitung können derart ineinander verwoben werden, daß sie eine vertiefte Einsicht in Fakten, Prozeduren und Strukturen ermöglichen.

Dies hat tiefgreifende Konsequenzen für das *Selbstverständnis des Menschen:* Aus der heutigen Phase breiter Uninformiertheit sind viele Menschen dann in der Lage, zu einem neuen, breiten Informiertsein hinüberzuwechseln; aus der Phase kultureller Abkopplung und schichtenspezifischer Einordnung können viele kulturell wieder integriert werden; politisch kann der einzelne auf einer Ebene an Entscheidungen mitwirken, die ihm bisher mangels geeigneter Information unvorstellbar war; im sozialen Bereich erlaubt die integrierte Nutzung der Informationstechnik tiefgreifende Einsichten in gesellschaftliche Zusammenhänge und die daraus resultierenden Schlußfolgerungen usw.

Da wir bisher den «informierten Menschen» dieser Form nicht kennen, ist für viele eine derartige Vision entweder utopisch oder gänzlich unrealistisch. Beide Einschätzungen sind aber für die human computerisierte Gesellschaft falsch! Der informierte Mensch ist keine Utopie, wenn die Dezentralisation in der Informationstechnik im Sinne des individuellen Menschen vorangetrieben wird und wenn *gleichzeitig* allen Bemühungen zur Zentralisation und damit zur Abkopplung des Menschen von Wissen und Informationsverarbeitung entgegengearbeitet wird. Die Vorstellungen über den informierten Menschen sind auch keineswegs unrealistisch, da die notwendige Technik angesichts der starken Kostenreduktion in der Tat verfügbar ist: Würde man heute darangehen und große Teile der bundesrepublikanischen Bevölkerung mit leistungsfähigen Denkzeugen ausstatten, so ließen sich selbst bei derzeitigen Kostenstrukturen für DM 1000,– pro Person gewaltige Rechnerkapazitäten realisieren, da eben die Hardware entsprechend billig ist. Auch die Erstellung geeigneter Informations- und Expertensysteme, der Ausbau der notwendigen telekommunikaten Infrastrukturen und die Einrichtung von Zentren der Information sind ökonomisch realistisch. Bereits mit einem Aufkommen, wie wir es heute für die öffentlich-rechtlichen Rundfunkanstalten aufbringen (einige Milliarden DM pro Jahr plus Werbeeinnahmen), ließe sich eine sehr komplexe informationstechnische Landschaft entfalten.

Die human computerisierte Gesellschaft wird nicht umhinkommen, allgemein zugängliche Strukturen, wie wir sie heute nur für die *distributiven* Medien (Radio, TV) kennen, auch für interaktive Systeme einzuführen. Sicher wird es dabei zu einem neuen Gleichgewicht zwischen Kosten für Distribution und Kosten für direkten Zugang zur Information kommen. Mit öffentlich-rechtlich gestalteten «Zentren der Information» ließen sich zum einen die Probleme eingrenzen, die sich daraus ergeben, daß auch im Bereich des Informationszuganges tendenziell die Reichen immer reicher und die Armen immer ärmer werden. Ferner wäre es möglich, bei angemessener Pluralität doch eine gewisse Grundordnung in der Informationsorganisation zu realisieren. Diese Grundordnung darf nicht als der Versuch mißverstanden werden, einer staatlichen Zensur Vorschub zu leisten, ganz im Gegenteil, es sollte durch Vorgabe eines angemessenen pluralen Rahmens möglich sein, «1000 Blumen blühen zu lassen», und gleichzeitig sicherzustellen, daß die für die zentralen Probleme notwendige Informationen zuverlässig, einfach und schnell verfügbar sind.

Telearbeit – Paradies oder Trauma? Kann die psychische Mobilität des Menschen in der human computerisierten Gesellschaft gesichert werden, so ergeben sich tiefgreifende Konsequenzen auch für den Arbeitsprozeß. Neben einer deutlichen Leistungssteigerung des computerunterstützten Menschen tritt die Frage nach der räumlichen Organisation von Arbeit. Werden klassische Büros, Verwaltungen und Konstruktionsbüros überflüssig, weil die Menschen im telekommunikativen Verbund apersonal miteinander umgehen? *Nein!* – Wenn das Konzept des informierten Menschen, die Idee der Komplementarität und Leistungssteigerung der «Mensch-Computer-Verbindung» wirklich trägt, wenn es gelingt, den Menschen in Bildung und Ausbildung «jenseits» der Informationstechnik zu qualifizieren, so wird gerade die persönliche Kooperation von Menschen im Berufsleben der human computerisierten Gesellschaft von *großer* Bedeutung sein: Während ja bewußt alle «wohlbeschreibbaren» Prozesse auf den Rechner abgebildet werden, bleibt das «Chaotisch-Menschliche» als Quelle von Originalität, Kreativität und Innovation. D. h. konkret, daß gerade in modernen Unternehmen Menschen zunächst mit Menschen (und erst auf der zweiten Ebene mit Computern) umgehen werden.

Damit wird die Tele-Arbeit auch in Zukunft *keine bedeutende* Rolle spielen; die heutigen Vorstellungen zur Tele-Arbeit als Arbeit vor einem Bildschirm zu Hause «im Kreise der Familie» gehen von Vorstellungen aus, die nicht für eine human computerisierte Gesellschaft gelten. In dieser ist nämlich «sture» Arbeit, die man evtl. zu Hause und abgelöst von echten Mitarbeitern machen könnte, bereits automatisiert und deshalb als (lohnabhängige) Arbeit irrelevant. Was bleibt und zählt, ist die Kreativität und Originalität des Menschen, die dieser im Team entfalten kann, hier wird der Schwerpunkt erfolgreicher Unternehmen liegen, ob im «High-Tech»-Bereich oder in «alternativen» Feldern. Damit wird Tele-Arbeit zwar in Einzelfällen auftreten und von einzelnen als Paradies empfunden werden, das Joch einer Routine-Tele-Arbeit (wie es die «klassische» Heimarbeit z.B. beim Zigarrendrehen war), wird es und *soll* es in der human computerisierten Gesellschaft nicht geben.

Information als Ware oder als breit verfügbarer Grundstoff? Die Konzeption des «informierten Menschen», eingebettet in eine transparente und überschaubare informationelle Umwelt, in der er sich nach gewissen Regeln bewegen kann und soll, schränkt die Idee ein, daß Information eine *beliebig* zu handelnde Ware sei. Vielmehr muß man in der human computerisierten Gesellschaft davon ausgehen, daß ein großer Teil des Wissens (gespeichert in den Zentren der Information) eine der Allgemeinheit verfügbare Grundkomponente menschlicher und wirtschaftlicher Umwelt ist. Ähnlich wie wir es im Bereich der physischen Mobilität erreicht haben, daß wir (fast) jeden Ort der Welt auf Straßen erreichen und uns dort frei bewegen können, so muß dies in der human computerisierten Gesellschaft auch für den Informationszugang in der informationellen Umwelt gelten. Natürlich ist dieses *kein absolutes* Postulat. Auch hier kann man in Analogie zur physischen Mobilität davon ausgehen, daß es generell geschützte Bereiche gibt (Daten der Intimsphäre des Menschen, Betriebsgeheimnisse) und Zonen, zu denen der Zugang ein besonderes «Eintrittsgeld» kostet, wie wir das auch in der physischen Umwelt z.B. für Parks oder Museen gewöhnt sind. Wichtig ist nur, daß «Verheimlichungen und Verwirrungen», sei es nun durch geeignetes Verstecken in informationstechnischen Netzen oder durch entsprechende Preisbarrieren, vermieden werden. Psychische Mobilität ist in einem Netzwerk von «Umleitungs-Straßen», «Durchfahrt-verboten-Schildern» und «Privat-Parkplätzen» nicht realisierbar. Die human computerisierte Gesellschaft wird dieses erkennen und daraus entsprechende Konsequenzen zu ziehen haben.

Resümee. In einem ähnlich grundsätzlichen Wandel, wie dies für die Verteilung der gestiegenen Produktivität in der human computerisierten Gesellschaft der Fall sein muß, werden auch der Umgang und die Nutzung von Information neu und unorthodox zu organisieren sein. Aufbauend auf der Grundidee einer produktiven Komplementarität von menschlicher und technischer Informationsverarbeitung und einer Aufhebung kognitiver Ungerechtigkeiten sind geeignete Techniken und Organisationsmuster zu finden, die es erlauben, *Zugang zum Wissen für jedermann zu gestatten.* Das persönliche Denkzeug erlaubt es in der human computerisierten Gesellschaft, bewußt und gewollt die vorhandenen Heterogenitäten in der Leistungsfähigkeit verschiedener menschlicher Gehirne auszugleichen. Damit wird ein alter humanistischer Grundanspruch, nämlich die Hoffnung auf die Kommunikation und das Miteinanderleben «Gleichgestellter», der Realisierung ein Stück näher gebracht.

Mit dem «Informationstechnik-Führerschein» für jedermann ist – in einer angemessen organisierten informationstechnischen Umwelt – der *informierte Mensch* möglich. Dieser wird zum einen aktiver Nutzer und zum anderen intensiver Produzent von Information sein. Daß er dabei intensiv von seinem Persönlichen Informations- und Telekommunikations-System unterstützt wird, ist ein bewußter Teil des Konzeptes der psychischen Mobilität im privaten und im beruflichen Leben. (Eine derartige technische Unterstützung erscheint auch langfristig sinnvoller als eine potentielle genetische Manipulation zur biologischen Veränderung und Erweiterung menschlicher Gehirnleistungen.) – Angesichts der derzeitigen Kostenstruktur der Informationstechnik ist das Konzept des informierten Menschen auch ökonomisch realistisch; es politisch durchzusetzen, wird ein *zentrales Anliegen* der Entwicklung der human computerisierten Gesellschaft sein.

Entfaltung des Menschlichen in Bildung und Ausbildung

Schule und Weiterbildung müssen zukunftsorientiert arbeiten. Jede Nation kann nur aus den menschlichen Ressourcen schöpfen, die sie besitzt und entfaltet. Diese Grundtatsache hat – neben der Verteilung von Bodenschätzen und geographischen Unterschieden – weltweit zu einer breiten Heterogenität der Kulturen, der Wirtschaftsformen und der Bruttosozialprodukte geführt. In der human computerisierten Gesellschaft müssen wir davon ausgehen, daß ein großer Bereich routinemäßig kognitiver Prozesse von der Informationstechnik übernommen werden wird, d.h., daß das «eigentlich Menschliche», welches nicht technisch abgewickelt werden kann, für den gesamten Lebensstandard eines Volkes im internationalen Wettbewerb von *außerordentlicher* Bedeutung sein wird. Die – heute oft verkürzt praktizierte – Aufgabe von Bildung und Ausbildung, ein breites «Human-Kapital» in Form von Fähigkeiten und Fertigkeiten für das Gesellschaftssystem und die Wirtschaft zur Verfügung zu stellen, ist also über viele – heute bereits vorhandene – Ansätze hinaus *deutlich* zu erweitern. Es gilt, angemessene Qualifikationen für eine Gesellschaftsform zu vermitteln, in der Information in Form von Experten-Systemen in Massenspeichern unmittelbar vor Ort oder über Telekommunikations-Systeme abrufbar ist und in der viele Informationsverarbeitungsprozesse in hochleistungsfähigen Rechnern (z.B. «Wissensmaschinen» und «intelligenten Robotern») ausführbar sind.

Hieraus resultiert, daß das Bildungswesen diese Entwicklungen im kognitiven Bereich *rechtzeitig* antizipieren und in seine Planungen aufnehmen muß. Angesichts der großen Schnelligkeit, mit der sich Informationstechnik z.Z. entwickelt *und* ausbreitet – und dieser Prozeß soll ja gerade in einer human computerisierten Gesellschaft nicht langsamer werden –, muß das Bildungswesen alles nur Mögliche tun, um einem Zerfall der Bevölkerung in zwei Schichten entgegenzuwirken, nämlich in diejenigen, die *mit*, und diejenigen, die *neben* der neuen Technik leben! Nur durch eine angemessene Antizipation besteht die Chance, den Zerfall der Bevölkerung in diese zwei Kulturen zu verhindern; nur wenn es gelingt, *breite* Schichten in die Lage zu versetzen, zum einen die Informationstechnik zu beherrschen und zum anderen jenseits der Leistungsfähigkeit der Informationstechnik eigene Leistungen zu erbringen, wird es möglich sein, die Herrschaft einer Elite zu vermeiden. (Das soll nicht ausschließen, daß eine Elite, die jenseits der Leistungen der Informationstechnik arbeitet, notwendig ist, sie muß aber politisch integrierbar sein.)

Die heutigen Planungszeiten im Bildungswesen, die ja z.B. für einfache Studiengänge im Bereich von fünf Jahren und für Ausbildungspläne bei ca. zehn Jahren liegen, sind *wesentlich* zu verkürzen. Dies heißt, daß das Bildungswesen in Zukunft sehr eng anzukoppeln ist an die gesamtgesellschaftliche Integration der Informationstechnik und die Ziele der human computerisierten Gesellschaft.

Einen der Situation angepaßten Auftrag für ein differenziertes Bildungswesen formulieren! Die unterschiedliche Integration der Informationstechnik in die verschiedensten Bereiche des gesellschaftlichen und wirtschaftlichen Lebens muß dazu führen, daß der Auftrag des Bildungswesens neu überdacht wird. Große Schwierigkeiten wird dabei die außerordentlich unterschiedliche Betroffenheit verschiedener Sektoren unserer Gesellschaft durch die Informationstechnik machen. Während das Bildungswesen der 50er und 60er Jahre noch davon ausgehen konnte, daß fast die gesamte Informationsverarbeitung in allen Bereichen nur von Menschen abzuwickeln war, muß das heutige Bildungswesen sich darauf einstellen, daß ein (laufend zunehmender) Teil der Prozesse von Automaten übernommen werden wird, aber gleichzeitig auch viele Verarbeitungsprozesse weiterhin von Menschen auszuführen sind: Während z. B. der Tischler, der in einem Haus ein altes gegen ein neues Fenster auswechseln muß, weiterhin alle seine Qualifikationen braucht, um diese Tätigkeit auszuüben (ein Roboter, der dies kann, ist in den nächsten 10 bis 20 Jahren nicht in Sicht), kann z. B. der Kraftfahrzeugmechaniker, der früher am Band gearbeitet hat, eine Tätigkeit mit den alten Qualifikationen nicht mehr ausüben, weil dort ein Roboter die Arbeit übernommen hat. Während es z. B. für die mitmenschliche Kommunikation weiterhin außerordentlich wichtig ist, Gedanken in wohlgeordneten Sätzen formulieren zu können, braucht die Sekretärin ihre Qualifikationen in Orthographie nicht mehr, wenn sie den Sprechschreiber* benutzt, der sowohl die Orthographie als auch die Grammatik überwacht usw.

Das Bildungswesen muß also stärker als je zuvor für eine *heterogene* Qualifikationslandschaft ausbilden und muß gleichzeitig zunehmend Rücksicht darauf nehmen, daß eine angemessene Komplementarität zwischen menschlicher Informationsverarbeitungsleistung und (sich entwickelnder) technischer Informationsverarbeitung möglich ist. Hierbei ist allerdings stets der Schwerpunkt darauf zu setzen, die typisch menschliche Informationsverarbeitungskapazität weiter zu entfalten. Für diese ist ein Basiskatalog an Lehr- und Lernzielen festzulegen und zu praktizieren, wobei hier viele Aspekte einer «humanistischen Bildung» eine Renaissance erleben werden.

Neue Legitimation für die Finanzierung des Bildungswesens. In den früheren,im Westen heute nicht mehr existierenden, Gesellschaften *ohne* Informationstechnik hatte das Bildungswesen bezüglich seiner Fähigkeit, Qualifikationen für das Beschäftigungs- und das Gesellschaftssystem zur Verfügung zu stellen, stets ein *Monopol*. Das Bildungswesen war der zentrale Transporteur des «kulturellen Erbes», denn nur menschliche Gehirne konnten informationsverarbeitende Probleme lösen. Deshalb herrschte weltweit ein nicht zu erschütternder Konsens darüber, daß die Finanzierung des Bildungswesens eine *un*abdingbare Voraussetzung für Wohlstand und kulturelle Entwicklung einer Gesellschaft ist. Entsprechende Investitionen gingen in das Bildungswesen, um geeignetes «Human-Kapital» für die Gesellschaft verfügbar zu machen.

Heute stehen wir vor einer neuen Situation: Es gibt neben der Verfügbarkeit von Qualifikationen aus dem Bildungswesen eine andere Möglichkeit, kognitive Leistungen für Produktion und für Verwaltung zu nutzen: den Ankauf geeigneter Hard- und Software von der informationstechnischen Industrie! An die Stelle des menschlichen Gehirns tritt das integriert operierende Computersystem, das «frozen human capital», wie es die Amerikaner nennen. Insbesondere angesichts dessen, daß die neuen Systeme in vielen Bereichen *zuverlässiger, leistungsfähiger und wirtschaftlicher* als ein Mensch sind, ist ihre Akzeptanz in vielen kommerziellen *und* privaten Anwendungen hoch. Wenn wir heute z.B. sehen, daß der Umsatz im Bereich der Computerspiele in der Bundesrepublik die Milliarden-DM-Grenze überschritten hat, während im Bildungswesen an allen Stellen gespart wird, so ist erkennbar, in welcher Richtung die Kräfte wirken!

In der human computerisierten Gesellschaft braucht das Bildungswesen eine *neue* Legitimation, die allein daraus entstehen kann, daß das Bildungswesen in sehr breitem Maße die Menschen für das Leben in einer informationstechnisch unterstützten Welt qualifiziert. Hierbei muß das Bildungswesen zum einen Qualifikationen der Beherrschung, der Kontrolle und der Nutzung der Informationstechnik vermitteln, zum anderen aber muß es schwerpunktmäßig sich darauf konzentrieren, den Menschen «jenseits» der Leistung der Informationstechnik zu entfalten. (Unter «jenseits» wird hier die Gesamtheit aller der menschlichen Möglichkeiten verstanden, die außerhalb dessen liegen, was der Computer heute und in absehbarer Zeit leisten kann.)

Ferner sollte das Bildungswesen mitwirken an der Organisation von Wissen. Wenn es gelänge, unter einem Dach das Wissen einerseits in Gehirnen über den Bildungsprozeß und andererseits in technischen Systemen zu organisieren und zu strukturieren, so kann man erwarten, daß hier eine wesentlich bessere Abstimmung und Verträglichkeit möglich ist. Der Mensch müßte sich nicht mehr an die durch die informationstechnische Industrie gegebenen Strukturen «anpassen», sondern Bildung würde beinhalten, daß der Mensch und die informationstechnischen Systeme nach *vergleichbaren* Prinzipien «ausgebildet» und damit zugunsten des «Humanen» organisierbar werden. Für eine solche Aufgabe werden sich neue Ressourcen in der Gesellschaft finden, da diese ja für den Gesamtbestand von Wirtschaft, politischem System und Privatleben gleichermaßen von außerordentlicher Wichtigkeit ist.

Die Bildungspolitiker einweihen! Bildungspolitik wird auch in der human computerisierten Gesellschaft von Menschen gemacht werden, daher ist diesen zunächst zu vermitteln, wo die gesellschaftliche Reise eigentlich hingehen soll. Da ein großer Teil der im Bildungsbereich politische Verantwortung tragenden nicht aus der Technik kommt und in der Regel nur eine sehr begrenzte Erfahrung mit der neuen Technik hat, gilt es, diesen Personen die Ansätze einer human computerisierten Gesellschaft verfügbar zu machen. Dafür bedarf es eines breiten Qualifizierungsprogrammes, wenn es gelingen soll, das Bildungswesen auf die zukünftigen Aufgaben vorzubereiten. Hierbei ist zu berücksichtigen, daß der Schwerpunkt derartiger politischer Bildungsarbeit nicht bei den Details der Informationstechnik und Informatik, sondern in der Vermittlung des vor uns liegenden Strukturwandels liegen muß. – Ähnliche Überlegungen gelten insbesondere auch für die Erziehungswissenschaftler, die sich bisher kaum um das Problem der «Neuen Bildungskrise» bemüht haben.

Lehrerqualifikationen weiterentwickeln. Mit einem heutigen Bestand von ca. 600000 beamteten Lehrern und einer vergleichbaren Zahl von Ausbildern in den Betrieben der Bundesrepublik, bedeutet ein Wandel des Bildungssystems hin auf eine neue Zielrichtung sowie die Integration der Informationstechnik in die geistige Arbeit eine «kulturelle Revolution» auf der Ebene der Fort- und -weiterbildung, für die es bisher nur *marginale* Ansätze gibt. – Wenn man sich vorstellt, daß die Gesamtbelegschaft dreier deutscher Großkonzerne ungefähr der Zahl der Lehrer in der Bundesrepublik entspricht, so sieht man, wie schwierig es ist, derartige große Schichten zu bewegen. (Man stelle sich vor, daß man z. B. die gesamten Belegschaften von VW, Daimler-Benz und SIEMENS von heute auf morgen in einen neuen Produktionsbereich überführen sollte!) – In dieser Situation steht insbesondere das öffentliche Bildungswesen vor der Frage, ob es weiter in die sich entfaltende «Neue Bildungskrise» hineinrennen und damit sowohl sich selbst als auch der Gesamtgesellschaft außerordentlichen Schaden zufügen soll, oder ob es uns gelingt, durch ein schnelles Requalifikationsprogramm und einen breiten Umdenkungsprozeß den currikularen Rahmen der Schule der betrieblichen Ausbildung und der Hochschule angemessen zu verändern.

In der human computerisierten Gesellschaft kommt es darauf an, mit einem ständig aktiven Schneeballsystem Lehrerqualifikationen in einem «rollierenden» Takt nach unten weiterzugeben. Die Engländer haben dieses mit einem zentralen Programm Anfang der 80er Jahre relativ gut begonnen: Sie haben ein System von Grundausbildungen in Zentren eingerichtet, das dazu führte, daß die dort Ausgebildeten wieder auf ihrer regionalen Ebene ausbildeten und schließlich regional ausgebildete Lehrer ihre Kollegen weiter qualifizierten.

Mit einem derartigen System, intensiv unterstützt von Rundfunk und Fernsehen, und geeigneten Handreichungen in gedruckter und elektronischer Form sollte es auch in der Bundesrepublik möglich sein, die notwendigen Anpassungen in einem angemessenen Zeitrahmen durchzusetzen. Allerdings bedarf es dazu gerade auf der Ebene der Lehrer einer Inpflichtnahme ihrer Leistungen unter Krisenbedingungen. Dies erscheint bei einem Beamtenapparat, der gewohnt ist, «Dienst nach Vorschrift» zu machen, außerordentlich schwierig, sollte aber mit Macht probiert werden, wenn es gilt, großflächige Verwerfungen zwischen menschlicher Qualifikation einerseits und informationstechnologischer Entwicklung andererseits zu vermeiden.

Eine breite Lehrerqualifizierung ist auch deswegen notwendig, um den «Knowledge Gap» zwischen Computer-Fans und «informationstechnisch analphabetischen» Lehrern nicht zum Strukturproblem werden zu lassen.

Lehr- und Ausbildungspläne schnell anpassen. Wenn es gelingt, Bildungspolitiker und Lehrer im Rahmen einer Gesamtkonzeption für die Entfaltung der human computerisierten Gesellschaft zu aktivieren, so wird es nötig sein, einen kontinuierlichen Anpassungsprozeß von Lehrplänen und Ausbildungsplänen an die sich verschiebende Verteilung von Informationsverarbeitung zwischen Gehirnen und technischen Systemen vorzunehmen. Es kommt also in der human computerisierten Gesellschaft nicht darauf an zu warten, bis sich eine neue Struktur «etabliert» hat und dann in der Bildung zu reagieren, vielmehr werden wir uns darauf einstellen müssen, daß das Bildungswesen, bedingt durch die sich schnell entfaltenden leistungsfähigen, kognitiv-technischen Systeme, unter einen *ständigen* Anpassungsdruck geraten wird. Dessen Umfang wird auch davon abhängen, inwieweit das Bildungswesen in der Lage ist, an der Reorganisation von Wissensstrukturen und deren Nutzung in Wirtschaft und Verwaltung unmittelbar mitzuwirken: Sind die Hochschulen an der Entwicklung z.B. eines medizinischen Diagnose- und Therapiesystems beteiligt, so können sie von Anfang an ihre Studenten so qualifizieren, daß sie zum einen mit dem System umgehen können und zum anderen Qualifikationen erwerben, die jenseits dieses Systems sinnvoll und langfristig nutzbar sind, etc.

Das Bildungswesen hat in seiner Geschichte in Lehr- und Ausbildungsplänen immer versucht, Schwerpunkte zu setzen in Bildung und Erziehung, die *jenseits* spezieller berufsrelevanter Fähigkeiten und Fertigkeiten lagen. Dieses muß es in Zukunft in verstärktem Maße tun! Da aber das Volumen an speziellen Fähigkeiten und Fertigkeiten, die technisch abgewickelt werden können, ständig steigt, muß das Bildungswesen in seinen Lehr- und Ausbildungsplänen intensiv immer neue Perspektiven und neue Horizonte ansteuern.

Der Informationstechnik-Führerschein für jedermann. Wie bereits im Rahmen der Konzeption für die psychische Mobilität angedeutet, bedarf es für die Bewegung im Bereich der informationellen Umwelt geeigneter Qualifikationen. Lesen- und Schreiben-können als «klassische» Kulturtechniken allein reichen hier nicht mehr aus, da unsere informationelle Umwelt komplexer geworden ist und mehr und mehr aus informationstechnischen Strukturen besteht. Für diese aber qualifiziert das heutige Bildungswesen nicht, es orientiert sich bestenfalls am klassischen Buch. Der einzuführende «Informationstechnik-Führerschein» muß deshalb *erstens* Lerninhalte umfassen, die sich mit der eigentlichen Technik und ihrer Bedienung beschäftigen. *Zweitens* aber – und dies erscheint viel wichtiger – muß vermittelt werden, wie die informationelle Umwelt eigentlich organisiert und strukturiert ist. D.h., es muß Einblick gegeben werden in die Struktur des Wissens und deren Repräsentation in den verschiedenen

Medien und Mediensystemen. *Drittens* muß allen Bürgern deutlich gemacht werden, welche Gefahren beim Mißbrauch der informationellen Umwelt entstehen. Dies gilt sowohl im Hinblick auf die «falsche Nutzung» als auch im Hinblick auf Informationsproduktion, die unter Umständen zur «Informations-Verschmutzung» beitragen kann. *Viertens* – und dies ist besonders wichtig – muß der Informationstechnik-Führerschein auch deutlich machen, wo spezifische Potenzen des Menschen sind. D.h., es muß sich um eine *kritische* Einführung in die Nutzung der Informationstechnik handeln, die aufzeigt, wie der einzelne Mensch und der von anderen programmierte Computer mittel- und langfristig miteinander umgehen müssen. *Fünftens* bleibt festzuhalten, daß der Informationstechnik-Führerschein nur nach Bestehen einer geeigneten Prüfung vergeben werden darf, diese allerdings wird in der human computerisierten Gesellschaft Pflicht sein müssen. – Den Informationstechnik-Führerschein «auf Lebenszeit» kann es wegen des raschen Wandels der informationellen Umwelt nicht geben, es ist kontinuierliche Weiterbildung zu fordern.

Wo kann man den Informationstechnik-Führerschein erwerben? Genauso wie wir heute für den (physischen) Führerschein ein durchdachtes System der Qualifizierung und der Abnahme von Prüfungen haben, so ist dies auch in Zukunft für den Informationstechnik-Führerschein zu realisieren. *Zum einen* sollte allen Schülern der Sekundarstufe I die Möglichkeiten geboten werden, bereits ihren Informationstechnik-Führerschein «Klasse A» in der Schule zu machen. *Zum zweiten* sollten die Fernsehanstalten und die Volkshochschulen ein System aufbauen, welches *allen* Erwachsenen gestattet, die notwendigen Qualifikationen für ihren Informationstechnik-Führerschein möglichst bald zu erwerben. *Zum dritten* sollten die Kultus-Ministerien gemeinsam mit den Verantwortlichen in Wirtschaft und Politik es ermöglichen, daß geeignete Prüfstellen eingerichtet werden, die den Führerschein für die breite Gruppe der Erwachsenen abnehmen und ausgeben; hierzu wird es in der human computerisierten Gesellschaft auch entsprechender gesetzlicher Grundlagen bedürfen.

«Autonome» und «Unberechenbare» qualifizieren und «Substituierbare» vermeiden. Es müssen im Bildungswesen alle Anstrengungen unternommen werden, sowohl die Autonomen, also diejenigen, die ohne Informationstechnik leistungsfähig sind, zu qualifizieren, als auch die, die jenseits der Informationstechnik und in Komplementarität zur neuen Technik als Unberechenbare arbeiten. Zu unterlassen sind insbesondere alle zeitaufwendigen Qualifizierungen in Bereichen, von denen erkennbar ist, daß sie der Substitution durch die Informationstechnik zum Opfer gefallen sind *und* daß sie auf höheren Lehr- und Lernzielebenen *keine* Bedeutung haben (z.B. einfache Fertigkeiten, die von Robotern oder Textsystemen übernommen werden). Gleichzeitig ist aber auch darauf zu achten, daß im Hinblick auf eine politische Stabilität der human computerisierten Gesellschaft alle Absolventen des Bildungswesens eine vergleichbare *Grundqualifikation*, insbesondere in ihrem politischen Verständnis unseres Staatswesens, sowie in ihrem Verhalten zum Mitmenschen bekommen. D.h., wir brauchen auf der einen Seite eine relativ frühe Differenzierung der individuellen Qualifikationsentwicklung, auf der anderen Seite einen Basiskanon an Lehr- und Lernzielen, der allen gleichermaßen verfügbar gemacht werden muß.

Auf die Entfaltung der Unberechenbaren wird ein Industrieland wie die Bundesrepublik nicht verzichten können. Dies wiederum bedeutet, daß wir Hochbegabten bereits in einer frühen Phase eine echte Chance geben müssen. Angesichts der Möglichkeiten, die Informationstechnik auch zur Qualifizierung zu nutzen, bedeutet die notwendige Elite-Qualifizierung keineswegs notwendigerweise die Bildung von Elite-Schulen und -Hochschulen. Vielmehr kann man sich auch ein differenziertes System vorstellen, in dem zwar Hochbegabte und weniger Begabte gemeinsam eine Klasse besuchen, aber den Hochbegabten eine weitere Förderung und Entfaltung unter Nutzung von Informationstechnik ermöglicht wird. Hier gilt es, grundsätzlich neue Konzepte zu entwickeln und umzusetzen.

Ähnliche Überlegungen gelten aber auch für die Autonomen, die sich ja gerade dadurch auszeichnen, daß sie «rechts» oder «links» von der Informationstechnik qualifiziert werden wollen, um eben im wesentlichen ohne diese leben und arbeiten zu können. Hier haben insbesondere «alternative» Schul-Systeme eine besondere Funktion, die ihren Schwerpunkt nicht nur in der Entfaltung von der Informationstechnik überlegenen kognitiven Prozesse und Strukturen sehen, sondern gerade darin, kognitive *und* psycho-motorische Fähigkeiten aber auch affektive, musische, soziale und kreative Qualifikationen stark zu entfalten (z.B. die Waldorf-Schulen).

Es gibt aber auch eine Reihe von gemeinsamen Qualifikationen von Unberechenbaren und Autonomen: Beide Gruppen müssen sich dadurch auszeichnen, daß sie außerhalb der in Hardware und Software festlegbaren Prozeduren und Informationen leistungsfähig bleiben. – Vermieden werden muß vor allem die Qualifizierung von «Computern auf Beinen», d.h. die Vermittlung von Fähigkeiten und Fertigkeiten, die denen entsprechen, die die Informationstechnik sowieso zur Verfügung stellt. Natürlich ergibt sich dabei die Schwierigkeit, daß ein «Meta-Wissen» nicht ohne darunter liegende Grundqualifikationen zu vermitteln ist. Dieses große Problem wird z.Z. im Bildungswesen dadurch abgefangen, daß man von vornherein allen Menschen – allerdings mit großem Zeitaufwand – einen ziemlich einheitlichen Vorrat an Basiswissen vermittelt und dann auf diesem aufbaut. Viel von diesem Basiswissen und den Basisfertigkeiten kann aber in Zukunft in Form von Persönlichen Informations- und Telekommunikations-Systemen technisch verfügbar gemacht werden. Es wird also darauf ankommen, einen Unterricht zu organisieren, in dem das Persönliche Informations- und Telekommunikations-System (vergleichbar dem heutigen Taschenrechner in der Mathematik) ständig genutzt werden kann und der Mensch, unter Nutzung dieses Systems, gerade jenseits dessen Leistungsfähigkeit gefördert und weiterentwickelt wird. Nur so ist die «Qualifizierung der Substituierbaren» vermeidbar.

Die politische Verantwortung der «Unberechenbaren» herausarbeiten. Es ist nur zu offensichtlich, daß sich die human computerisierte Gesellschaft ständig damit auseinanderzusetzen haben wird, wie die Macht der Unberechenbaren einzuschränken und politisch zu integrieren ist. Die Sorge vor einer Elite, die die Informationstechnik unter ihrem Einfluß für sich gestaltet und implementiert, ist durchaus berechtigt. Ihr kann nur begegnet werden, wenn die politische Verantwortlichkeit von Anfang an tief in die Unberechenbaren «hineingepflanzt» wird. D.h. aber insbesondere, daß das Bildungswesen den Gesamtkontext des integrierten Systems «Human Computerisierte Gesellschaft» klarmacht und dafür sorgt, daß eine Einbindung der Unberechenbaren stattfindet.

Wir haben hier ein Phänomen, welches geschichtlich vielleicht mit der gesellschaftlichen Einbindung des Militärs vergleichbar ist: Während es uns erst nach einer langen leidvollen Geschichte gelungen ist, das Militär in Form des «Staatsbürgers in Uniform» in das Gesamtgesellschafts-System zu integrieren und damit politisch kontrollierbar zu machen, so werden wir auch die Unberechenbaren - die ja keine Uniform tragen - in ihre Verantwortung für das Gesamtwesen einzubetten haben. In gleicher Weise, wie heute in den entwickelten westlichen Demokratien ein Staatsstreich der Militärs unmöglich zu sein scheint, so muß es ausgeschlossen werden, daß die Unberechenbaren einen «informationstechnischen Staatsstreich» gegen die Restbevölkerung organisieren. So wie physische Macht des Militärs durch politische Kontrolle neutralisiert wurde, so ist kognitiver Machtmißbrauch der Unberechenbaren durch das politische System zu verhindern.

Ob es von Anfang an gelingen wird, in der human computerisierten Gesellschaft diese Integration wirklich durchzusetzen, oder ob es nicht Phasen geben wird, in denen die Unberechenbaren - mit oder ohne Unterstützung durch das Kapital - versuchen werden, die Kontrolle an sich zu reißen, wird im wesentlichen davon abhängen, inwieweit es gelingt, die politische Partizipation breiter Schichten zu realisieren und damit die dauernde Rückkopplung der Unberechenbaren mit der Bevölkerung zu installieren (siehe hierzu auch die Konzeptionen im Abschnitt Weiterentwicklung der Demokratie).

Das Bildungswesen muß an der Gestaltung der Wissens-Organisation mitwirken. In der human computerisierten Gesellschaft wird es darauf ankommen, daß sich menschliche und technische Informationsspeicherung und Informationsverarbeitungsprozesse in vielen Bereichen angemessen komplementieren. Dies erscheint aber langfristig nur möglich, wenn das Bildungswesen an der Organisation des Wissens in technischen Systemen *mitwirkt.* Die Vorstellung, daß es selbst nur den Menschen komplementär zu einem in den Verlagen und der informationstechnischen Industrie entstehenden System von Wissensstrukturen (z.B. in Form von «Experten-Systemen») qualifiziert, erscheint mittelfristig unakzeptabel. Dadurch würde nämlich das ständige Hinterherhinken der Bildungsarbeit gegenüber der Organisation von Wissen in technischen Systemen zu einem gravierenden Defizit führen; die Mensch-Maschine-*Schnittstelle* würde immer mehr zum Problem.

Konkret heißt dies, daß das Bildungswesen als Institution einerseits und durch viele konkrete Projekte im Schul-, im Hochschul- und im Weiterbildungsbereich andererseits selbst aktiv wird und die Informationstechnik nutzt, um z.B. Expertensysteme zu realisieren und Problemlöseinstrumente zu schaffen, die der Mensch in der konkreten Arbeits- und Freizeitwelt braucht (z. B. «gute» Computerspiele, aus pädagogischer Verantwortung entwickelt, wären hier ein attraktiver Beitrag). Die neuen informationstechnischen Instrumente sind so zu gestalten, daß sie auch in der Schule, in der Hochschule und in der Weiterbildung als Komponente des Unterrichtes zu nutzen sind.

Diese neue Entwicklung entspricht in vielen Bereichen historisch der Entwicklung der Lehrbücher: Auch dort gibt es heute eine Komplementarität zwischen Wissensrepräsentation in Buchform und Didaktik der Lehre. In der human computerisierten Gesellschaft heißt es, das Buch um die Nutzung der Informationstechnik zu erweitern und zu ergänzen. In gleicher Weise, wie Lehrbücher weit über die Schule hinaus als Träger der Wissensorganisation eine Bedeutung haben, so können auch modern organisierte Informationssysteme weit über das Bildungswesen hinaus genutzt werden. Dies sollte dazu führen, daß das Bildungswesen aktiv im Markt der Informationsanbieter auftritt. Damit gelingt es in der human computerisierten Gesellschaft auch dem pädagogisch Wertvollen ein stärkeres Gewicht zu geben.

Es hat z. B. einfach keinen Sinn, daß die Lehrer einerseits darüber klagen, daß ihre Kinder mit schlechten Computerspielen umgehen, wenn sie andererseits selbst keine Anstrengungen unternehmen, bessere Spiele in die Welt zu setzen und den Kindern verfügbar zu machen; es geht nicht an, daß über Videofilme miesester Qualität geschimpft wird, wenn gleichzeitig aus dem Bildungswesen keinerlei Anstrengungen unternommen werden, bessere Filme zu produzieren und aggressiv auf den Markt zu bringen; es geht nicht an, sich gegen die Nutzung z. B. des Taschencomputers zu wenden, wenn das Bildungswesen nicht angemessene Konzepte vorlegt, in welcher neuen Form der Taschencomputer in die konkreten Problemlösungen in Verwaltung, Produktion und Administration integriert werden soll. – Natürlich widerspricht diese Vorstellung allen bisherigen Zielen des Bildungswesens, aber wir sind eben mit dem Schritt in die human computerisierte Gesellschaft jenseits klassischer Strukturen, und deshalb ist es notwendig, unorthodoxe Wege zu gehen.

Computerunterstützter Unterricht mit Maßen. Die Kombination von billigen Heimcomputern, leistungsfähigen Telekommunikationsnetzen und billiger, weil massenhaft genutzter Software erlaubt es grundsätzlich, computerunterstützte Lernprogramme in fast allen Bereichen zu entwickeln und anzubieten. Die Software-Industrie ist hier sehr aktiv, und im amerikanischen Raum besteht bereits für eine breite Palette von Lernzielen geeignete «Courseware» (Lernprogramme auf dem Rechner). Obwohl viele dieser Programme im Hinblick auf die Vermittlung von Fähigkeiten und Fertigkeiten leistungsfähig sind, muß man *vorsichtig* mit ihrer Nutzung umgehen. Es sieht nämlich so aus, als ob ein großer Teil der heute über Übungs- und Trainingsprogramme angebotenen Qualifikationen schon mittelfristig *nicht* mehr zu den Qualifikationen gehören werden, die der Mensch wirklich in Ergänzung zur Informationstechnik benutzen wird.

So gibt es z.B. gute Trainingsprogramme, die es gestatten, das arithmetische Rechnen zu erlernen (z.B. «Little Professor» von Texas Instruments); aber wird hierfür langfristig eine Motivation der Schüler bestehen, wenn kaum noch jemand in der Praxis im Kopf arithmetisch rechnet? Es gibt gute Programme, die die Orthographie vermitteln, aber werden die Schüler Interesse haben, sich viele Stunden mit orthographischen Regeln auseinanderzusetzen, wenn der immer richtig schreibende Sprechschreiber verfügbar ist? – Es gibt Programme zum Drillen von Vokabeln, aber werden Schüler und Erwachsene wirklich Vokabeln lernen, wenn automatische Simultanübersetzer mit Sprachein- und -ausgabe verfügbar werden?

Etwas günstiger ist die Bewertung für Programme, die die Komplementarität zwischen menschlicher und technischer Informationsverarbeitung herausarbeiten: Zum Beispiel erscheint es sinnvoll, mit einem Simulationsprogramm eines ökologischen Systems (vielleicht eines Teiches) umzugehen, weil es eben nicht möglich ist, die Entwicklung eines komplexen Systems (z.B. unter Einfluß von umweltschädigenden Einflüssen) über zehn Jahre zu verfolgen, während man dieses auf dem Rechner gut simulieren kann. – Es ist sinnvoll, in der Mathematik symbolmanipulierende Programme zu benutzen, die differenzieren und integrieren können, und damit mehr Raum zu schaffen für die eigentliche Problemlösung von Anwendungen, die deutlich machen, wofür mathematische Strukturen und mathematisches Wissen in der Gesellschaft gebraucht werden und welcher inneren Struktur sie gehorchen. – Es erscheint sinnvoll, Grammatiken mit Rechnerunterstützung zu erklären, weil es möglich ist, im Rechner sehr einfache Grammatiken zu realisieren und zu demonstrieren, die zunächst die Prinzipien grammatikalischer Strukturen darstellen, ohne von den in der natürlichen Sprache immer vorhandenen «Ausnahmen von der Regel» überladen zu sein usw.

Alles dies deutet darauf hin, daß computerunterstützter Unterricht nur dort sinnvoll eingesetzt werden sollte, wo «menschliche Qualifizierung» im Vordergrund steht und der Rechner als komplementäres Werkzeug genutzt wird. - Der Rechner zur Vermittlung von Fertigkeiten kann in *Spezialbereichen* natürlich sehr sinnvoll sein, als *allgemeines* Lehrsystem erscheint er jedoch ungeeignet: Eben weil gerade die Qualifikationen, auf die es mittel- und langfristig ankommt (z.B. soziales Verhalten, Überblickswissen-schnell-verfügbar-Haben, Kreativität, musische Fähigkeiten, Affektiv-Sinnliches), mit dem Rechner nur schwer oder überhaupt nicht zu vermitteln sind.

Computerspiele als geheime Lehrsysteme. Seit der Erfindung des Computerspiels gibt es zunehmend einen gleitenden Übergang zwischen der Nutzung des Rechners im computerunterstützten Unterricht (mit dem Ziel der Vermittlung klar abgegrenzter Lernziele) und einem gleichsam «spielend» vermittelten Lernzielhorizont über «informelle» Computerspiele. Man muß davon ausgehen, daß viele Computerspiele, Fertigkeiten, Fähigkeiten und Qualifikationen vermitteln - je nach Qualität und Quantität der Spiele. Angesichts der «Attraktivität» vieler Spiele muß man auch davon ausgehen, daß in der human computerisierten Gesellschaft weiterhin mit ihnen intensiv gespielt wird. Hier kommt es in Zukunft darauf an, die Spiele derart zu gestalten und zu vermarkten, daß sie wirklich einen Beitrag liefern zur Entwicklung menschlicher Informationsverarbeitung und daß sie nicht als Drillprogramme dazu dienen, «Computer auf Beinen» zu qualifizieren oder nur die Zeit «totzuschlagen».

Leider wissen wir bisher über Psychologie, Soziologie und Pädagogik computerunterstützter Spiele außerordentlich wenig; man kann aber davon ausgehen, daß hierüber zunehmend wissenschaftliche Untersuchungen entstehen, die es erlauben werden, die «Spreu» vom «Weizen» zu trennen.

Auch in diesem Bereich werden sich ähnliche Probleme ergeben, wie in anderen Bereichen der Organisation und Verfügbarkeit von Wissen: Die human computerisierte Gesellschaft wird es nicht hinnehmen können, daß beliebige Spielstrategien vermarktet werden, wenn damit Lernzielhorizonte erreicht werden, die gesellschaftlich nicht akzeptabel sind oder sogar - z.B. durch Suchtgefahr - Qualifikationen vernichten. Im Bereich der (fortgeschrittenen) Computerspiele wird es ähnlich wie im Bereich der Pornographie und der brutalen, kriminellen Szenen auf Video mindestens Überlegungen zum Jugendschutz geben müssen.

Informelle Bildung unterstützen und entfalten. Die heutige, gerade in der Bundesrepublik relativ strenge Aufteilung in formale Bildung (in der Jugend), Arbeit und Freizeit wird zunehmend zurückgehen. Die Verfügbarkeit des Zuganges zu Informations-Systemen und die unmittelbare Nutzung von informationsverarbeitenden Systemen werden es gestatten, an verschiedensten Orten und zu jeder Zeit in einer neuen, informellen Art zu lernen. Angesichts der entstehenden Kostenentwicklungen ist auch erkennbar, daß diese Art des Lernens preiswerter sein wird als z.B. das Kaufen – und Nichtlesen – von ganzen Büchern. Daraus resultiert, daß sich die human computerisierte Gesellschaft intensiv darüber Gedanken machen muß, wie sie *informelle* Lernprozesse in allen Bereichen des menschlichen Lebens unterstützt. Hierzu ist zum einen, wie schon oben angedeutet, ein sinnvolles und leicht zugängliches System der Wissensorganisation notwendig, an dessen Organisation das Bildungswesen in der human computerisierten Gesellschaft mitwirken muß.

Daneben aber kommt es *vor allen Dingen* darauf an, daß in sozialen Gruppen, in der Familie, in Verbänden, in Vereinen, in vielen Trägern der Weiterbildung und in den Kirchen die mitmenschliche Kommunikation entfaltet wird. Wenn der Mensch langfristig kreativ und jenseits der Informationstechnik leistungs- und arbeitsfähig bleiben soll, so ist es nötig, gerade die kommunikativen Prozesse zu entfalten. Auch hier ist darauf zu achten, daß Informationstechnik nicht von vornherein herausgenommen, sondern eine angemessene – aber kritisch reflektierte – Komplementarität zwischen den Leistungen der Technik und denen des Menschen ermöglicht wird.

Wichtig ist auch die Einsicht, daß sich in der human computerisierten Gesellschaft der heutige – extrem kostspielige – *Block des öffentlichen Bildungswesens* als Gesamtstruktur formaler Bildung nur noch begrenzt halten wird. Die human computerisierte Gesellschaft braucht zum einen Qualifizierungsmöglichkeiten, sowohl bei der konkreten Problemlösung als auch als permanente Begleitung über das gesamte Leben, und zum anderen ein «Erziehungssystem». Die derzeitige Organisationsform des Bildungswesens, die sich sehr stark an der «Einmal-Ausbildung» ausrichtet, erschien hierfür nur sehr begrenzt tauglich. Ein neues Bildungswesen jenseits der – heute erkennbaren und wohl kaum noch vermeidbaren – «Neuen Bildungskrise», wird sehr viel komplizierter zu organisieren sein und differenziertere Lehr-Verfahren nutzen müssen. – Natürlich wird es weiterhin

Schulen geben, aber in diesen ist Rücksicht zu nehmen auf die gewandelte informationelle Umwelt, in der das Kind auch *zu Hause* aufwächst. Dies heißt insbesondere, daß die Kommunikation zwischen Schule *und* Familie zu verbessern ist, um eine Abstimmung zwischen schulisch unterstützten Lernprozessen und dem durch die «neuen Medien» veränderten häuslichen Milieu zu ermöglichen.

Sehr wichtig wird es sein, daß der Jugendliche aus der Schule mit der Einsicht entlassen wird, daß Lernen nicht nur in abgeschlossenen Umgebungen, sondern in permanenter Auseinandersetzung mit global verfügbarer Information und Informationsverarbeitungsleistung erfolgen muß. Hierfür sind entsprechende Strukturen vor allem in der Aus- und schließlich in der Weiterbildung zu schaffen. Diese müssen sich zusammensetzen aus Akademie- bzw. volkshochschulartigen Organisationen und einem vom Bildungswesen getragenen informationstechnischen Basissystem, welches es erlaubt, sich schnell und problemorientiert in neue Bereiche einzuarbeiten.

Resümee. Wie für viele Bereiche des menschlichen Lebens und Handelns stellt die Informationstechnik auch für das Bildungswesen eine tiefe Provokation dar. Diese führt dazu, daß das Bildungswesen z. Z. in eine tiefe Krise hineintaumelt, da es nicht darauf vorbereitet ist, die zentrale Herausforderungen der Informationstechnik rechtzeitig zu begreifen und zu bewältigen. Das Bildungswesen verliert in der human computerisierten Gesellschaft seine Monopolstellung, es ist nicht mehr das einzige System, welches schnell verfügbare Qualifikationen und Informationen bereitstellt. Vielmehr gibt es eine breite Palette von anderen Wegen, Qualifikationen in Form von technischen Prozessen in die Produktion und Verwaltung einzufügen oder Information über informationsverarbeitende und informationsspeichernde technische Systeme unmittelbar, kostengünstig und problemorientiert abzurufen.

In dieser Situation kommt es darauf an, den Auftrag des Bildungswesens neu zu formulieren und das Bildungswesen entsprechend zu organisieren. Es müssen Strukturen entwickelt werden, die es erlauben, die Komplementarität menschlicher und technischer Informationsverarbeitung rechtzeitig zu erkennen und zu erlernen. Hierzu bedarf es zum einen einer Qualifizierung der Bildungspolitiker, die ja über unser öffentliches Bildungswesen bestimmen. Zum anderen ist es unabdingbar, eine *breite* Lehrerweiterqualifizierung zu entfalten. Dieses erscheint nur denkbar, wenn es gelingt, die Lehr- und Ausbildungspläne schnell an die neuen Situationen anzupassen und den Lehrern geeignete, fachspezifische Materialien an die Hand zu geben. Es wird sehr wichtig sein, umgehend im Bildungswesen die Nutzung der Informationstechnik und die Kenntnis der dahinterstehenden Struktur in Form eines Informationstechnik-Führerscheins *an alle* zu vermitteln.

Ein *wichtiges* Spezialproblem der Schulen und Hochschulen von morgen ist darin zu sehen, daß sehr unterschiedliche Qualifikationen zum einen für den Bereich der Autonomen und zum anderen für die Unberechenbaren gefordert werden. Es sind geeignete organisatorische und strukturelle Maßnahmen zu ergreifen, die sicherstellen, daß diese Heterogenität möglich wird. Dabei ist darauf zu achten, daß die Unberechenbaren angemessen in das Gesamtsystem integriert werden und sich nicht als Herrschafts-Elite verstehen.

Obwohl gerade die neuen Techniken eine breite Nutzung von computerunterstützten Lehrsystemen ermöglichen, so ist deren Einsatz in der Bildung der human computerisierten Gesellschaft jedoch mit Vorsicht zu sehen: Ein großer Teil der einfachen computerunterstützten Unterrichtsprogramme vermittelt nämlich nur Fähigkeiten und Fertigkeiten, die mittelfristig sowieso von Rechnern abgewickelt werden können. In den Bereichen menschlicher Qualifizierung, in denen es darauf ankommt, *jenseits* der Informationstechnik leistungsfähig zu werden, ist es in der Regel außerordentlich schwierig, computerunterstützten Unterricht zu entwickeln und zu nutzen. So sollte der Rechner komplementierend zu menschlich gesteuerten Lernprozessen genutzt werden. Nur in bestimmten Fällen ist seine Nutzung als Trainingssystem für Fähigkeiten und Fertigkeiten sinnvoll.

Langfristig ist davon auszugehen, daß mit der Entfaltung der Informationstechnik der informellen Bildung eine wesentlich höhere Bedeutung als heute zukommen wird. Das «Lernen vor Ort» in der aktuellen Problemlösung mit informationstechnischer Unterstützung wird weitverbreitet sein. Gerade die Benutzerfreundlichkeit moderner informationstechnischer Systeme zeigt, welche Möglichkeiten hier bestehen. Der Weiterbildung im menschlichen Miteinander wird eine große Bedeutung zugemessen werden müssen.

Allgemeinbildende Schule und Familie, betriebliche und staatliche Berufsausbildung, Hochschule, Berufswelt und Weiterbildung müssen sich enger aufeinander abstimmen, um die Realisierung der notwendigen gemeinsamen Leitziele sicherzustellen. Alle Bereiche von Bildung und Ausbildung müssen die vorhandenen Ressourcen der Informationstechnik sinnvoll nutzen und integrieren. Dieses bedeutet ein hohes Maß an Abstimmung zwischen Feldern in der Gesellschaft, die z.Z. relativ getrennt nebeneinanderherlaufen. Bildung und Ausbildung in der human computerisierten Gesellschaft darf vor allem nicht verstanden werden als «Einmal-Qualifizierung», sondern muß als der permanente Versuch gesehen werden, letztlich menschliche Informationsverarbeitung *jenseits* der Leistungsfähigkeit technischer Informationsverarbeitung zu entfalten. Dieses große Ziel etwa als «Sozialhygiene» im Bildungs- und Gesellschaftssytem abzuqualifizieren, hieße die Zahl der Substituierbaren drastisch zu erhöhen und mitzuhelfen, die negativen Zustände zu wiederholen, die mit der industriellen Revolution vor über 100 Jahren entstanden sind.

Sicherung des Friedens durch intensive Nutzung des Wissens

Der Frieden muß höchste Priorität haben. Die konsequente Nutzung der Informationstechnik im Militär hat zu einer erheblichen Steigerung der Kampfkraft aller Heere der Welt und zur Konzentration militärischer Macht in den Händen weniger geführt. Jeden Tag entstehen neue Systemstrukturen und Waffensysteme, die von der Informationstechnik intensiv Gebrauch machen. Es herrscht ein harter Wettbewerb in der «Nach-» und «Nach-Nachrüstung» zwischen Ost und West. Angesichts des hohen Leistungsstandes der Informationstechnik im Westen ist die NATO in diesem Bereich dem Ostblock z. Z. sicher überlegen. Dies wiederum hat stets zu einer konventionellen Kampfkraftstärkung der Armeen des Ostblocks geführt, die versuchen, durch die Masse von Ausrüstung und Menschenpotential ihre infrastrukturellen Schwächen im Bereich der Informationstechnik auszugleichen.

Hierdurch wird das politische Spannungsfeld, welches den Frieden bedroht, weiter verschärft. Deshalb gilt es, alle Kräfte der human computerisierten Gesellschaft zur Sicherung des Friedens einzusetzen. Nur wenn es langfristig gelingt, eine militärische – und insbesondere eine atomare – Auseinandersetzung zwischen

Ost und West zu verhindern, können die zahlreichen Probleme des Übergangs in die human computerisierte Gesellschaft ernsthaft angegriffen und erfolgreich gelöst werden. Ein dritter Weltkrieg wird viele Aspekte, die wir z. Z. als Problemlösungen für die Provokation der Informationstechnik anbieten können, als uninteressant und sinnlos erscheinen lassen.

Es gibt keine demokratischen Argumente für einen atomaren Weltkrieg. Berücksichtigen wir die politischen Ziele und Grundwerte westlicher Demokratien, so ist evident, daß diese Systeme unter «Normalbedingungen» als Initiatoren eines dritten Weltkrieges *nicht* in Frage kommen: Es ist z. B. nicht vorstellbar, daß der amerikanische Kongreß auf der Basis der amerikanischen Verfassung und unter Berücksichtigung der wirtschaftlichen und politischen Situation in den USA eine Aggression initiiert, politisch durchsetzt und schließlich in militärische Aktionen gegen den Osten umsetzt. In gleicher Weise ist dieses in den europäischen Ländern der NATO z. Z. undenkbar. – Auch der Ostblock hat z. Z. kein politisches Interesse an einem wohlvorbereiteten, «organisierten» Krieg in Europa – zu hoch ist das Risiko.

Offen ist allerdings die Frage, wie einer etwaigen, spontan auftretenden echten oder vermeintlichen Aggression des Sowjetblocks in Zukunft zu begegnen ist. Da die kommunistische Ideologie zum einen langfristig auf eine Vereinigung aller Länder der Welt unter der Herrschaft der Kommunistischen Partei ausgerichtet ist und zum anderen mannigfaltige wirtschaftliche und innenpolitische Instabilitäten (siehe Ungarn, Tschecheslowakei, Polen) das System immer wieder an den Rand großer innenpolitischer Unruhen führen, ist nicht a priori auszuschließen, daß die Sowjetunion einen Krieg als «letztes Mittel», – zumindest in Teilbereichen, wagen könnte. Daraus resultiert die unabdingbare Notwendigkeit einer stets wachen westlichen Verteidigungsbereitschaft.

In der human computerisierten Gesellschaft muß sich das integrierte gesamtgesellschaftliche System diesem Verteidigungsauftrag stellen und es muß versuchen, seine wirtschaftlichen und informationstechnischen Potenzen zu nutzen, ohne gleichzeitig Gefahr zu laufen, durch eine infrastrukturelle Überrüstung die *Unter*legenheit des Ostblocks so stark werden zu lassen, daß dieser zu Verzweiflungstaten greift.

Die Automatisierung der Militärmaschine gesellschaftlich reflektieren. In dieser Situation ist es unabdingbar, daß die human computerisierte Gesellschaft über die breite Nutzung der Informationstechnik zur Verstärkung der militärischen Schlagkraft intensiv nachdenkt und sie gesellschaftlich reflektiert. Dies heißt insbesondere, daß man sich politisch vergegenwärtigt, was höhere Schlagkraft erstens, bessere Zielgenauigkeit zweitens und eine wesentlich leistungsfähigere Logistik und Frühwarnung und Erkennung drittens wirklich bedeuten. Hierbei muß man davon ausgehen, daß der Ostblock diese Systeme durchschaut oder zumindestens im Detail kennt, eine «geheime» Überlegenheit gibt es nicht und sollte es nicht geben.

Es ist klar, daß der Westen in der Lage ist, durch weitere Entfaltungen der Informationstechnologien, z.B. bewegliche Kampfroboter zu bauen, leistungsfähige Abwehrsysteme gegen anfliegende Raketen aus dem Weltraum zu konstruieren oder die Aufklärung über den Ostblock wesentlich zu verbessern. Damit fühlt sich der Osten stärker bedroht, er wird stärker durchschaubar. Dieser Bedrohung wird er dadurch begegnen, daß er zum einen versucht, selber die entsprechenden infrastrukturellen Technologien zu entwickeln (siehe Weltraumrüstung) und zum anderen seine klassische Rüstung auszubauen. D.h., auch unter dem Deckmantel einer gemeinsamen Rüstungsbegrenzungspolitik im Sinne des «Gleichgewichts» von atomarer Sprengkraft werden sich durch die Informationstechnik erhebliche Verschiebungen in Art und Qualität der Waffensysteme ergeben. Dieses muß in der human computerisierten Gesellschaft verstanden und politisch bewußt in die Abrüstungsverhandlungen eingebracht werden. Das Zählen gegenseitiger Truppenstärken oder Gefechtsköpfe ist zu ergänzen durch Verhandlungen über den Abgleich von *informationstechnischen Infrastrukturen.*

Den Kriegsausgang transparent «berechenbar» machen. Insbesondere die über Satelliten und moderne computerunterstützte Telekommunikationssysteme sich ständig verbessernde Aufklärung über Details der Situation im feindlichen Territorium erlaubt es zunehmend, Daten über die aktuelle militärische Stärke und Strategie des Gegners zu sammeln. Damit hat die human computerisierte Gesellschaft ein Potential verfügbar, das in der ganzen Militärgeschichte *undenkbar* war, nämlich ein detailliertes Ausrüstungs- und Ausstattungs-Tableau der gegnerischen Positionen. – Man muß heute allerdings davon ausgehen, daß der Ostblock in diesem Bereich zum einen durch Nutzung ähnlicher technischer Systeme und zum anderen durch Spionage dem Westen nicht wesentlich unterlegen ist.

Damit entsteht langsam eine neue militärische Situation: Ausgehend von den im Detail bekannten Strukturen der Militärsysteme und unter Nutzung großer Rechenleistungen werden Kriege zunehmend vorausberechenbarer. D.h. es wird langsam möglich, groß angelegte Simulationen potentiellen Kriegsgeschehens («reale Kriegsspiele») mit geeigneten Rechenprogrammen durchzuführen. – Die human computerisierte Gesellschaft muß diese Möglichkeit *intensiv* nutzen. Mittels des «Kriegsspiels» ist es möglich, dem Osten in jeder Situation die derzeitige militärische Position deutlich zu machen. Hierzu bedarf es auch einer systematischen und transparenten Analyse der unterschiedlichen taktischen und strategischen Bewegungen des Ostens und der jeweils möglichen Reaktionen des Westens. Eine permanente Beobachtung dieser so erarbeiteten Szenarien erlaubt es, die Kriegsgefahr insgesamt niedrig zu halten, solange deutlich ist, daß das Gleichgewicht erhalten bleibt und sich deswegen niemand bedroht zu fühlen braucht. Hierzu bedarf es in der human computerisierten Gesellschaft sowohl einer hohen Transparenz der eigenen militärischen Daten als auch der Kenntnisse, die im Westen über den Ostblock verfügbar sind.

Die human computerisierte Gesellschaft muß heraustreten aus der militärischen Geheimpolitik und muß die militärischen Optionen öffentlich diskutieren, um damit dem Ostblock Gelegenheit zu geben, die unterschiedlichen Strategien kennen und einschätzen zu lernen und sich entsprechend zu verhalten. Das «Kriegsspiel» muß eine *ständige politische* Übung sein, aus der alle Beteiligten laufend die aktuelle Situation und das vorhandene Gleichgewicht erkennen können. – Möglich ist dies alles allerdings nur dann, wenn der Westen in der Tat auf eine *militärische* Überwindung des Ostblocks grundsätzlich verzichtet.

Kriegsspiel-Ergebnisse wöchentlich publizieren. Eine permanente Simulation aller strategischer Potentiale und taktischer Möglichkeiten erlaubt es, aufbauend auf einer transparenten Analyse der über die östliche und westliche Militärausstattung bekannten Daten, jeweils den aktuellen Stand im «simulierten Krieg» zu erfassen. Derartige Daten über den «Gleichgewichtszustand» werden z.Z. als geheime Verschlußsache behandelt und bestenfalls einer kleinen Minderheit des Parlaments verfügbar gemacht. Dadurch besteht sowohl beim Feind als auch bei der eigenen Bevölkerung *große* Unsicherheit darüber, wie ein potentieller Krieg eigentlich wirklich ablaufen könnte. In der human computerisierten Gesellschaft müssen diese Daten transparent werden. Um eine permanente Balance der Kräfte zu sichern, sollten die Ergebnisse der computergestützten Simulationen potentieller Kriege im regelmäßigen Abstand publiziert werden.

Dadurch würde auch das permanente Gespräch über das aktuelle militärische «Gleichgewicht» in Ost und West transparenter werden. Es könnte dazu dienen, zum einen die Balance der Kräfte zu erhalten und zum anderen *vor allem* der *Abrüstung* unter Gleichgewichtsbindungen weiterzuhelfen. Gerade die permanente Veröffentlichung der mittels geeigneter Beobachtungsverfahren im Ostblock gewonnenen Daten würde einen Beitrag dazu liefern, daß der Ostblock seine aktuellen Kampfkraftpotentiale zunehmend transparent machen wird, muß er doch auf eventuelle Fehleinschätzungen des Westens reagieren, um zu vermeiden, daß seine *eigene* Bevölkerung verunsichert wird, würde sie doch ebenfalls von den «Spielergebnissen» informiert werden.

Simulationen potentieller Kriege in den Rechnern der human computerisierten Gesellschaft sind auf andere Krisengebiete auszuweiten. Auch für diese ist transparent zu machen, welche Konsequenzen kriegerische Auseinandersetzungen haben können. Auch hier ist jeweils periodisch der aktuelle Stand zu «rechnen» und zu publizieren, was schließlich darauf hinauslaufen würde, daß ein weltweites Datenerfassungs- und Datenverarbeitungssystem zur Kriegssimulation entstehen würde. Dieses könnte gleichzeitig Basis «vertrauensbildender» Maßnahmen und politischer «Frühwarnsysteme» sein.

Abrüstung unter Wahrung der «Balance» im Kriegsspiel durchsetzen. Wenn eine – nach Anfangsschwierigkeiten – von Ost und West akzeptierte Kriegssimulationsroutine entsteht, so wird in dieser langsam erkennbar werden, wo Abrüstungspotentiale sind. Innerhalb dynamischer «Kriegs-Modelle» können systematisch Parameter variiert werden, so daß Aussagen darüber möglich werden, wo abgerüstet werden kann, ohne die «Balance» zu zerstören. Damit wird die Begrenzbarkeit weiteren Aufrüstens transparent, und es besteht die Aussicht, daß sich mit Abrüstungsmaßnahmen niemand militärisch überfordert fühlt. Abrüstung entsteht also nicht durch Auszählen relativ willkürlich herausgegriffener Kampfkraft-Komponenten, sondern in einem dynamischen Verständnis der komplexen (simulierten) Gesamtsituation. Unter diesen Bedingungen können unterschiedliche Komponenten der Kriegsmaschinerie gegeneinander aufgewogen werden: z.B. sowjetische Panzerzahlen gegen amerikanische Abwehrsysteme, sowjetische Mittelstreckenraketen gegen amerikanische Systeme zur Frühwarnung und zur schnellen Reaktion mittels zielgenauer seegestützter Raketen usw. «Genfer Verhandlungen» sind dann nicht mehr Gespräche über spezielle Aspekte der militärischen Ausrüstung, sondern Gespräche über die *Gesamt*stabilisierung von Bedingungen zum Ausgleich militärischer Interessen.

Den «Krieg aus Versehen» wirklich unmöglich machen. Informatisierung und Computerisierung der Kriegsmaschinerie führen heute dazu, daß ein Versagen im Bereich der die anfliegenden Objekte erkennenden Informationstechnik oder ein Fehlverhalten bei den politischen Entscheidungsträgern für den Einsatz atomarer «Gegenschläge» zu katastrophalen Folgen führen *können.* Das z.Z. bestehende Frühwarn- und Entscheidungssystem für atomare Reaktionen auf atomare Raketenangriffe in Europa stellt eine solche infernalische Bedrohung des Friedens dar: Kommt es – insbesondere in politisch brisanten Krisenzeiten – dazu, daß in der Bewertung eines *vermeintlichen* feindlichen Angriffes ein Fehler gemacht wird, sei dieser Fehler nun technischer oder menschlicher Natur, so kann die oberste militärische Spitze in den USA (Präsident plus Verteidigungsminister) noch *während* der Flugzeiten anfliegender Objekte einen atomaren Gegenschlag organisieren («Launch on Warning»). Wird diese Entscheidung in den wenigen zur Verfügung stehenden Minuten auf der Basis eines *Fehlers*, also in einer Situation, wo in Wirklichkeit gar keine östlichen Raketen anfliegen, getroffen, so kann es zur Auslösung eines «ungewollten Krieges» kommen. (In Europa liegen die potentiellen Flugzeiten bei 6–10 Minuten, die Entscheidungszeiten also bei ca. 2–5 Minuten!)

Obwohl natürlich heute alle erdenklichen Maßnahmen getroffen sind, um die Wahrscheinlichkeit einer solchen Fehlreaktion möglichst gering zu halten, gibt es doch kein Verfahren, um diese Fehlerrate auf *exakt Null* zu bringen. Dies liegt insbesondere in der in der NATO z.Z. praktizierten Strategie des «Flexible Response». Diese Strategie geht davon aus, daß eine militärische Aktion stets mit einer «angemessenen» Gegenaktion beantwortet wird, um sicherzustellen, daß der Gegner keinerlei

Risiko-Unterschätzung vornimmt. D.h. aber konkret, daß in einer Situation, in der (vermeintliche) atomare sowjetische Raketen erwartet werden, heute die «flexible Reaktion» auch eine atomare sein wird!

In der human computerisierten Gesellschaft müssen derartige Fehlentscheidungen in Frühwarn- und Entscheidungssystemen *grundsätzlich* ausgeschlossen werden. Bisher bieten sich drei Stoßrichtungen an, um die Probleme zu bewältigen: *Erstens* ist es möglich, die informationstechnische Infrastruktur so weit auszubauen, daß die Fehlerraten, insbesondere die der militärischen Führung, deutlich reduziert werden. Dieses Ziel kann im Rahmen einer allgemeinen Transparenz militärischer Daten verfolgt werden. Eine Fehlentscheidung erscheint dann extrem unwahrscheinlich, wenn für jedermann die militärische, strategische und politische Situation einen Angriff extrem unwahrscheinlich erscheinen läßt.

Solange aber die «Kriegssimulation» nicht ein Teil der offiziellen Verteidigungspolitik ist, bleibt der human computerisierten Gesellschaft *zweitens* nur ein *absoluter* Verzicht auf eine unmittelbare atomare Reaktion *während* der Flugzeiten anfliegender atomarer sowjetischer Raketen in Europa; die Zweitschlag-Doktrin ist deutlich zu verstärken, d.h. einer eventuellen sowjetischen Aggression in Europa muß eine sichere Überlegenheit im Zweitschlag, auch aus den USA, gegenübergestellt werden. Die Zweitschlag-Überlegenheit kann auch in Europa zum einen durch die Errichtung verbunkerter Raketensilos gesichert werden und zum anderen durch einen Ausbau des Systems moderner U-Boote mit atomaren Langstreckenraketen. Eine solche Strategie kann auch für das Territorium der Bundesrepublik wirksam werden, wenn sie in entsprechend eindeutigen Abkommen – und zu geeigneten Konditionen – mit ihren Partnern in der NATO sicherstellt, daß die Zweitschlag-Doktrin wirklich *immer* funktioniert. – *Drittens* bliebe das deutliche Auseinanderziehen der Raketenbasen, um ausreichende Entscheidungszeit zu haben. Dieser Weg erscheint allerdings z.Z. recht unrealistisch, wenn er auch der sicherste ist.

Es ist erkennbar, daß sowohl eine Perfektionierung der Frühwarn- und Entscheidungssysteme als auch eine «ganz sicher» funktionierende atomare Zweitschlagskraft außerordentlich aufwendig sind. Aber angesichts einer potentiellen sowjetischen Bedrohung muß einer der beiden Wege konsequent gegangen werden – wenn es nicht gelingt, im Rahmen kontinuierlicher

Abrüstungsgespräche das Potential von Mittelstreckenraketen in Europa grundsätzlich abzubauen und politische und technische Sicherheiten zu schaffen, daß sowjetische Mittelstreckenraketen nicht auf europäische Territorien gerichtet werden. Vor dem primären Ziel aller außenpolitischen Bemühungen um die Abrüstung muß das Ziel verfolgt werden, jegliche Art eines «Krieges aus Versehen» *hundertprozentig unmöglich* zu machen. Nur wenn dies gesichert ist, kann vermieden werden, daß in Krisenzeiten durch einen Fehler ein atomares Inferno in Europa ausgelöst wird.

Den Kommunismus friedlich überwinden. Langfristig kann der Frieden in der Welt vermutlich nur gesichert werden, wenn es gelingt, die im Konflikt stehenden Machtansprüche von Ost und West weltweit auszugleichen. Wie wir gesehen haben, ergibt die Computerisierung für die westlichen Industrienationen vielerlei *grundsätzliche* Umschichtungen, insbesondere werden im Wirtschaftsbereich Strukturveränderungen entstehen, in denen mehr soziale Komponenten enthalten sein sollten, als dieses heute der Fall ist («Grundversorgung»). Gleichzeitig ist aber kaum überschaubar, wie sich die Computerisierung der kommunistischen Staaten entwickeln wird (siehe Exkurs 1). Friedenspolitik wird deshalb weiter darauf abzielen müssen, die Gesamtentwicklungen in Ost und West durch enge wirtschaftliche Kooperation und intensiven Meinungsaustausch voranzutreiben. Obwohl z. Z. wenig von Konvergenz des westlichen und des östlichen Systems zu spüren ist, so kann man doch erwarten, daß mittelfristig – oder vielleicht erst langfristig – die durch die Informationstechnik mögliche Produktivitäts-Steigerung in beiden Welten zu gesellschaftlichen Veränderungen führen wird, die die Systeme angleichen können: Es geht dann für die Industrienationen in West *und* Ost nicht mehr um die nackte menschliche Existenz, sondern es geht um Fragen des Lebensstandards.

Der Westen wird insbesondere große Anstrengungen unternehmen müssen, um zu verhindern, daß der kommunistische Block mit einem informationstechnischen Netzwerk à la Orwells «Großem Bruder» überzogen wird. Die so entstehende Maschinerie könnte auch in einer militärischen Auseinandersetzung eine große Gefahr für den Westen darstellen, da sie besonders «stur durchprogrammiert» reagieren könnte.

Die militärische Verletzlichkeit reduzieren. Wenn heute über potentielle Kriege in Europa spekuliert wird, so stehen entweder konventionelle (Panzer-)Angriffe des Ostens oder aber ein (begrenzter) Austausch von Mittelstreckenraketen im Vordergrund der Überlegungen. Wenig berücksichtigt bleibt eine Art der Angriffsführung, die heute jederzeit möglich und außerordentlich schwer zu beherrschen ist: Die Zündung von einer (oder wenigen) Atombombe(n) außerhalb der Atmosphäre in ca. 200 - 500 km Höhe, die zu einem gewaltigen elektromagnetischen Feld (*N*uclear *E*lectro-*M*agnetic *P*uls, abgekürzt NEMP) führen würde, das praktisch die gesamte elektronische Ausrüstung der Bundesrepublik im zivilen Bereich und einen großen Teil der Militär-Elektronik und -Kommunikation zerstören würde.

Hiermit könnte der Osten den Westen außerordentlich schädigen, ohne durch einen vergleichbaren NEMP-Vergeltungsschlag in gleicher Weise getroffen zu werden, da insbesondere im zivilen Bereich die Computerisierung im Osten wesentlich geringer ist. Hinzu kommt, daß eine einzige atomare Explosion ausreicht, um verheerende Folgen in der Elektronik zu bewirken, *ohne* daß es sonst zu erheblichen Folgen käme und *eine* Explosion durchaus vom Osten als «Versehen» entschuldigt werden könnte.

Hier wird deutlich, daß die human computerisierte Gesellschaft eine besondere Form der Verletzlichkeit und der «Besiegbarkeit» beinhaltet: die Möglichkeit der Zerstörung der Infrastruktur als gezielte Maßnahme des Ostens, um die wirtschaftliche Entwicklung in der human computerisierten Gesellschaft erheblich zu stören und dadurch ein, aus seiner Sicht besseres wirtschaftliches Gleichgewicht zwischen West und Ost herzustellen. Diese Art der Kriegsführung wäre also nicht auf Landgewinn aus, sondern auf Schwächung der gegnerischen Infrastruktur zugunsten der relativen Entfaltung der eigenen Wirtschaftskraft.

Die human computerisierte Gesellschaft muß sich gegen diese - zunehmend bedeutsamere Bedrohung - dadurch schützen, daß sie ihre Infrastruktur NEMP-sicher macht. Hierfür gibt es bei der auf integrierte Schaltkreise aufbauenden elektromagnetischen Technologie nur sehr begrenzte Möglichkeiten. Demgegenüber erscheint technische Informationsverarbeitung auf optischer Basis (optische Computer, Glasfaser als Nachrichtenträger, optische Massenspeicher (à la Bildplatte)) im wesentlichen gegen einen NEMP geschützt. - Gelingt also *keine* tiefgreifende Entspannung, die den NEMP-Krieg unmöglich macht, so liegen vor der human computerisierten Gesellschaft aus Sicherheitsgründen noch gewaltige Entwicklungs- und Reorganisationsarbeiten in der Art und Weise, wie Information technisch verarbeitet, transportiert und gespeichert wird, um «unverletzlich» zu werden. Die heutige Struktur ist es sicher nicht!

Resümee. Die Bewältigung vieler Probleme, die aus der Penetranz der Informationstechnik in alle Lebensbereiche resultieren, wird die human computerisierte Gesellschaft stark beschäftigen. Es ist erkennbar, daß es in vielen Bereichen zu Konflikten und Auseinandersetzungen kommen wird. Diese erscheinen allerdings *grundsätzlich* überwindbar, wenn der Frieden gewahrt wird und die Kräfte, die z. Z. im militärischen Bereich gebunden sind, stärker zur Lösung gesellschaftlicher Probleme verfügbar werden. Wenn auch in Zukunft z. B. «Arbeitslosigkeit», «Datenschutz» oder «Neue Medien in der Freizeit» wichtige Themen sind, so muß doch *das zentrale Thema* die Bewältigung von Informationstechnologie-Folgen im militärischen Bereich sein.

Die Computerisierung der Kriegsmaschinerie erlaubt eine *gezielte* Zerstörungskraft *nie* dagewesenen Ausmaßes, sie erlaubt eine *unerhörte* Machtkonzentration in den Händen derjenigen, die *innerhalb von wenigen Minuten* über einen gewaltigen durchcomputerisierten Apparat das atomare Inferno zünden können. Diese zentralistische Militärstruktur muß mit äußerster Vorsicht unter demokratischer Kontrolle betrieben und mittelfristig abgebaut werden. – Wenn wir einerseits z. B. im Bereich des Baus von Kernkraftwerken außerordentlich komplizierte Kontroll- und Genehmigungsverfahren haben, so dürfen wir es uns andererseits nicht leisten, einer kleinen Gruppe geheim arbeitender Militärs die Entscheidung über den Ausbau von militär-technischen Superstrukturen mit informationstechnischer Ausrüstung zu überlassen. Hier sind alle Schritte zu unternehmen, um Transparenz und eine *hundertprozentige* Sicherheit dieser Systeme zu garantieren.

In der human computerisierten Gesellschaft ist es möglich und notwendig, daß Ost und West permanent ihre militärischen Stärken in Form von Simulationen potentieller kriegerischer Auseinandersetzungen aufeinander abgleichen. Dies kann auf der Basis des umfangreichen Datenmaterials geschehen, welches zum einen durch Fernaufklärung und zum anderen durch Spionage laufend verfügbar ist. Mit einem solchen Ansatz kommt die human computerisierte Gesellschaft heraus aus der derzeitigen statischen Betrachtung von Militärgleichgewichten: Es kommt dann nicht mehr darauf an, Rakete gegen Rakete oder Sprengköpfe gegen Sprengköpfe aufzurechnen, sondern es kommt darauf an, gesamtmilitärische Operationssysteme gegeneinander abzugleichen.

Wenn dies konsequent durchgeführt wird, so wird die Verletzlichkeit der eigenen Position und die des Gegners jederzeit transparent werden. Unter diesen Randbedingungen ist es möglich, schneller Ausgleich zu schaffen und langfristig ein System der Abrüstung zu entwickeln, weil durch die Kriegssimulation jede Abrüstungsmaßnahme im «Kriegsspiel» transparent wird.

Es sind alle nur denkbaren Schritte zu unternehmen, um zu verhindern, daß sich im sowjetischen System die Informationstechnik als *politisches* Kontroll- und Entscheidungssystem etabliert hat. Der dort mögliche «Große Bruder» würde für eine militärische Auseinandersetzung, bedingt durch seine sture Durchprogrammierung, ein äußerst gefährliches System darstellen. Deswegen erscheint es sinnvoll, den Ausbau *human computerisierter Gesellschaft in Ost und West* durch entsprechenden Informationsaustausch und geeignete politische Maßnahmen gleichermaßen voranzutreiben.

Für eine westliche human computerisierte Gesellschaft ergibt sich die Gefahr einer erheblichen Reduktion ihrer Leistungsfähigkeit durch einen potentiellen Angriff mit einem Nuklearen Elektronenmagnetischen Puls. Diese *hohe* Verletzlichkeit muß uns zwingen, die weltweite Abrüstung schnell und intensiv voranzutreiben, gleichzeitig wird es ggf. notwendig werden, die heutige Technik, die kaum NEMP-sicher gemacht werden kann, durch eine optische – langfristig eine molekulare – Technik zu ersetzen.

Nutzung der Informationstechnik für die «Dritte Welt»

Das gewaltige und noch ungenutzte Potential automatisierter Produktion. Die *konsequente* Nutzung der Informationstechnik in den Industrienationen führt in einer human computerisierten Gesellschaft zu drastischen Produktivitätssteigerungen der Grundprodukte, die zum einen auf dem Inlandsmarkt nicht mehr abzusetzen sind und zum anderen in den Entwicklungsländern gebraucht werden. Ferner können automatische «Grundversorgungsanlagen» auch relativ unabhängig vom Stand der Qualifikation breiter Schichten in gewissen Entwicklungsländern installiert und dort für eine «Grundversorgung» genutzt werden.

Daraus ergibt sich grundsätzlich ein zweifaches konkurrierendes Potential zur weltweiten Versorgung breiter Bevölkerungsschichten: Zum einen durch (sehr) billige menschliche Arbeit in den Entwicklungsländern und zum zweiten durch Nutzung automatisierter Produktionsanlagen. Die Möglichkeiten der Versorgung der dritten Welt stoßen dabei aber, wie schon bisher, auf Grenzen in der Verfügbarkeit von Rohstoffen und auf die Schwierigkeit einer angemessenen Kapitalausstattung der Entwicklungsländern (um überhaupt von den Möglichkeiten der Informationstechnik Gebrauch zu machen) sowie auf eine hohe Überbevölkerung.

Das Konzept der human computerisierten Gesellschaft, wenn es sich als *weltweite* Bewegung ausbreiten soll, darf allerdings die Integration der Informationstechnik in den Entwicklungsländern *nicht* unreflektiert vornehmen. Vielmehr wird es darauf ankommen, gerade in den armen und ärmsten Ländern einen gesellschaftlich akzeptablen Wandel zu unterstützen, um keine revolutionären Umbrüche im Wirtschafts- und ggf. auch politischen System gegen den breiten Willen der Bevölkerung herbeizuführen. Hierzu eignet sich insbesondere die Nutzung dezentralisierter «menschennaher» Systeme, die auch in den Entwicklungsländern dazu führen würden, daß lokale Produktivität bei angemessener Verteilung menschlicher und technischer Informationsverarbeitung entstünde.

Weltweite Grundversorgung. *Grundsätzliche* Überlegungen zur wirtschaftlichen Struktur eines hochentwickelten human computerisierten Landes können *langfristig* auch auf die Entwicklungsländer übertragen werden. Auch dort erscheint es möglich, unter *konsequenter* Nutzung eines angemessenen Systems von menschlicher Arbeit einerseits und automatisierter Produktion andererseits eine ausreichende «Grundversorgung» zu sichern. Dies kann *nicht* eine kurzfristig zu bewältigende Maßnahme sein, aber es kann eine langfristige *politische Konzeption* für die Entwicklungsländer werden. Es sollte allerdings nicht Aufgabe der Industrienationen sein, Computer und automatische Fabriken zu exportieren, ohne die dazugehörigen Randbedingungen in den Entwicklungsländern zu berücksichtigen.

Andererseits ist das bei uns entstehende Know-how aber auch hilfreich, um diesen Entfaltungsprozeß zu unterstützen. D. h. Entwicklungspolitik der human computerisierten Gesellschaft muß den Versuch machen, auf der einen Seite die Grundversorgung weltweit zu sichern und auf der anderen Seite individuelle und nationale Bedürfnisse *verstehen* und *entwickeln* zu helfen. Wenn wir wirklich zur Kenntnis nehmen, daß in der human computerisierten Gesellschaft jeder Bürger der Industrienationen auf einer materiell sicheren Basis aufbaut, so sollte bei uns die Kraft vorhanden sein, sehr viel mehr *strukturelle* Entwicklungshilfe als bisher zu leisten und damit die Basis dafür zu legen, daß es nicht zur völligen Spaltung der Welt zwischen dem «computerunterstützten Manager» einerseits und dem «analphabetischen Bauern» andererseits kommt.

Die Verteilungsproblematik in den Entwicklungsländern. In vielen Entwicklungsländern, und insbesondere in den sich langsam industrialisierenden (den «Schwellen-Ländern»), ist die Einkommensverteilung außerordentlich heterogen. Neben den Wolkenkratzern multinationaler Konzerne schlafen die Menschen auf blankem Boden; neben unvorstellbar schönen Wohngegenden mit großen Villen und gepflegten Gärten gibt es riesige Areale verwahrloster Slum-Unterkünfte, in denen in der Bundesrepublik niemand einen Hund halten dürfte. Die Nutzung der Informationstechnik in den Entwicklungsländern kann unter diesen Bedingungen zu einer weiteren Polarisierung führen: Die Reichen werden reicher, die Armen immer ärmer. Diese Entwicklung würde allen Vorstellungen einer human computerisierten Gesellschaft *deutlich* widersprechen, da das *konstitutive* Konzept des informierten, politisch integrierten Bürgers an der Perpetuierung existierender Machtinteressen scheitern würde. Das aber bedeutet, daß gerade in den Entwicklungsländern eine «naive» Implementation der Informationstechnik nicht denkbar ist. Die Nutzung der Produktivitätssteigerung kann dort im Sinne einer human computerisierten Gesellschaft nur akzeptiert werden, wenn sie einhergeht mit einer demokratischen Gesamtentwicklung. Hierzu gehört der Ausbau von physischer und psychischer Mobilität in gleicher Weise wie die dauerhafte Verankerung und Sicherung demokratischer Entscheidungsstrukturen. (Indien geht hier z. B. einen fragwürdigen Weg, wo bei extrem großer Armut der großen Massen eine Gruppe «Unberechenbarer» dabei ist, eine «elitäre» informationstechnische Industrie aus dem Boden zu stampfen.)

Informationstechnik für Bildung und Information. Der hohe Lebensstandard der Industrienationen geht historisch zu einem wesentlichen Teil auf ihren hohen Ausbildungs- und Informationsstand zurück. Der allergrößte Teil dieses Besitzes entstand zu Zeiten, in denen die Informationstechnik *nicht* existierte. Wie wir aber gesehen haben, bietet die neue Technik jetzt eine Vielzahl von Möglichkeiten, den unmittelbaren Zugriff zu Informationen für Problemlösungen aller Art wesentlich zu verbessern. Diese Ansätze müssen auch in den Entwicklungsländern verfügbar gemacht werden. Hierzu bedarf es geeigneter *spezifischer* Konzepte, die - aufbauend auf den nationalen Bedürfnissen - realisiert werden müssen. - Insbesondere die Entfaltung eines umfassenden Wissens über den Zusammenhang zwischen Lebensstandard und Bevölkerungswachstum muß vermittelt werden, um damit die Voraussetzung zu schaffen, daß Zuwächse im Bruttosozialprodukt nicht von vornherein durch Bevölkerungszuwächse aufgezehrt werden. Breite Bildung ist auch Voraussetzung für die notwendige Demokratisierung, ohne die eine Realisierung der human computerisierten Gesellschaft in Entwicklungsländern undenkbar erscheint. - Die Industrienationen sollten den Entwicklungsländern ihr hohes Wissen und die immer billiger werdende Informationstechnik schnell und kostengünstig verfügbar machen, um sicherzustellen, daß technisch unterstützte Bildungs- und Informationssysteme mit *national* relevanten Informationen entwickelt und möglichst breit angeboten werden.

Welche Techniken sollen genutzt werden? Human computerisierte Gesellschaften fordern zum einen ein telekommunikatives Netzwerk, welches es erlaubt, den Zugang zur Information schnell und gezielt zu erreichen, zum anderen aber sind Persönliche Informations- und Telekommunikations-Systeme notwendig, um die Leistungen des einzelnen individuell zu unterstützen. Geht man von den heutigen (sehr geringen) Dichten der Telefonnetze in den Entwicklungsländern aus und macht sich klar, welche gewaltigen Investitionen notwendig wären, um *neue Netzwerke breiten Schichten* verfügbar zu machen, so ist klar, daß in den Entwicklungsländern mehr Gewicht auf drahtlose Verbindungen (z.B. über Satelliten) einerseits und dezentrale technische «Intelligenz» auf Massenspeichern andererseits zu legen ist. Insbesondere die Potenzen der Spracheingabe und der Sprachausgabe, gekoppelt mit spezifischen Expertensystemen und verpackt in kleine «idiotensichere» Kästen, könnten in der Verbreitung von Information und Wissen in den Entwicklungsländern eine Revolution auslösen. Natürlich müssen diese «Kästen» *in den Ländern* selbst programmiert und mit Wissen ausgestattet werden. *Nur* ein starker regionaler Bezug sichert den wirklichen Nutzen dezentraler Intelligenz.

Daß solche Systeme keineswegs außerhalb jeglicher finanzieller Möglichkeiten liegen, kann man sich leicht verdeutlichen: Wenn man persönliche Computer mit Stückzahlen im Bereich von einigen 100 Millionen herstellen würde, so lägen die System-Preise heute im Bereich von 100 DM pro Stück. Allein das Finanzvolumen, welches nur in der Bundesrepublik *in einem Jahr* für Alkohol und sonstige Genußmittel ausgegeben wird (ca. 60 Milliarden DM), würde also ausreichen, um *600 Millionen* Geräte zu finanzieren! Geht man davon aus, daß die lokale Produktion geeigneter Software deutlich billiger wäre als heute in den Industrienationen, so ließen sich vielleicht 1000 wichtige «Expertensysteme» mit Kosten von jeweils 5 Millionen DM erarbeiten. Dies ist insgesamt ein geringer Aufwand von nur 5 Milliarden DM!

Tätigkeit von Engagierten in den Entwicklungsländern. In einer human computerisierten Gesellschaft nimmt die zum Überleben notwendige Arbeit, wie ausführlich dargestellt, deutlich ab. D.h. es stehen umfangreiche menschliche Ressourcen aus den Industrienationen zur Verfügung, um in den Entwicklungsländern tätig zu werden. Geht man davon aus, daß es gelingt, mittelfristig eine «Grundversorgung» in den Industrienationen einzuführen, so kann auch die materielle Sicherheit vieler Entwicklungshelfer nach ihrer Rückkehr garantiert werden. Deshalb sollte das Potential der Engagierten, die wirklich hinausgehen und in den Entwicklungsländern mithelfen wollen, deutlich ansteigen. Hierbei ist insbesondere zu berücksichtigen, daß es mittels moderner Informationstechnik in den entwickelten Industrienationen möglich ist, Wissen über die Entwicklungsländer an viele Entwicklungshelfer zu vermitteln; Sprachen z.B. können computergestützt schnell und sicher gelernt werden. Damit wird eine schnellere und spezifischere Ausbildung vieler Engagierten für die Entwicklungsarbeit möglich.

Berücksichtigt man ferner, daß auch die telekommunikativen Verbindungen zwischen Entwicklungsländern und der Bundesrepublik ständig billiger und besser werden (viele Postverwaltungen gehen z.B. davon aus, daß es Ende des Jahrhunderts einen weltweit einheitlichen Telefontarif geben wird), so ist auch das Phänomen des im Entwicklungsland «Abgeschnittenseins» von der Heimat ein weniger relevantes Problem, besteht doch die

Möglichkeit, über Telekommunikation auch in weiter Ferne noch mit den alten Bekannten und Verwandten zu Hause im engen Kontakt zu bleiben. – Außerdem bietet moderne (weltweite) Telekommunikation für die Entwicklungsprojekte die Möglichkeit, mit den alten Entwicklungshelfern ständig Kontakt zu halten, auch wenn diese bereits das Land wieder verlassen haben. Dies ist ein wichtiger Ansatz zur Kontinuität von Projekten und zur Vermeidung von abrupten Umbrüchen durch Mangel an Hilfe und Kommunikation, wie er heute häufig nach dem Abzug von Entwicklungshelfern zu beobachten ist.

Nutzung von Informationstechnik in Produktion und Verwaltung. Viele Entwicklungsländer sind heute dabei, die Informationstechnik in ihrem eigenen Lande zu entfalten. Dies geschieht im wesentlichen auf zwei Ebenen: Zum einen importieren sie fertige Produkte, zum anderen aber benutzen sie fertige Komponenten (z.B. Chips) zur Synthese eigener Systeme. Letzterer Weg wird um so leichter begehbar, je leistungsfähiger die Einzelkomponenten sind und je einfacher sie über «Software-Brücken» verbindbar werden. Hieraus resultiert ein großes Interesse der Entwicklungsländer an der Entwicklung einer eigenen Software-Produktion. D.h., daß eine eigene «Geräte-Produktion» im Lande möglich ist.

Die großen Schwierigkeiten, die für den Aufbau einer human computerisierten Gesellschaft in vielen Entwicklungsländern existieren, basieren heute im wesentlichen darauf, daß der für die Nutzung von Informationstechnik in Produktion und Verwaltung notwendige «Unterbau» in den Entwicklungsländern fehlt: Es sind weder die organisatorischen Grundstrukturen vorhanden noch klassische Produktionsanlagen, die etwa automatisiert werden könnten. So entstehen heute häufig «auf der grünen Wiese» neue vollautomatische Systeme, die in aller Regel nicht in die Volkswirtschaft eingepaßt sind. Dieses führt schnell zu neuen Spannungen und Disproportionalitäten sowohl in der Einkommensverteilung wie in der Produktions- und Produktpalette, insbesondere, wenn schlecht funktionierende Planwirtschaftssysteme genutzt werden.

Hier liegt die originäre Aufgabe einer aktiven, zukunftsorientierten Gesellschaftspolitik in den Entwicklungsländern, die durch beispielhafte Realisierungen human computerisierter Gesellschaften in den Industrienationen unterstützt werden könnte. Nur wenn es uns gelingt, die Herausforderung der Informationstechnik bei uns zu begreifen und sie positiv zu bewältigen, kann man dieses auch von einem Entwicklungsland erwarten.

Die alternative Vorstellung, man könnte die Entwicklungsländer als Informationstechnik freie «Idylle» im Verband der Nationen erhalten, ist absolut unsinnig. Alle Entwicklungsländer setzen sich heute mit der Technik auseinander und kommen zu unterschiedlichen Folgerungen. Leider neigen viele angesichts einer stets nur kleinen qualifizierten Minderheit in den Führungsebenen immer noch dazu, Informationstechnik als *zentralistische* Technik *miß*zuverstehen. Dies beruht wohl auch darauf, daß der Technologie-Transfer zwischen den Industrienationen und den Entwicklungsländern viele Jahre braucht und deswegen zunächst die Technik von gestern, d.h. bei der Informationstechnik die zentralistische Groß-Rechnertechnik, verstanden und integriert wird. Hier haben die Industrienationen eine wichtige Aufgabe, durch einen schnelleren Transfer ihre Einsichten in Struktur und Funktion moderner Informationstechnik einem weder wirtschaftlich noch politisch zu fördernden Zentralismus entgegenzuwirken. Vor allem die in einigen Entwicklungsländern entstandenen zentralistischen Planungs- und Budgetierungssysteme sollten abgelöst werden durch stärkere Kompetenz dezentraler Einrichtungen, die den Menschen bewußt integrieren.

Informationstechnologie-Politik nicht isoliert sehen. Um keine Mißverständnisse aufkommen zu lassen, sei hier *sehr deutlich* darauf hingewiesen, daß die Frage der Hilfe bei der Nutzung von Informationstechnik in den Entwicklungsländern kein selbständiges, abtrennbares Problem und «Entwicklungsprojekt» ist. Vielmehr muß es eingebettet sein in eine *Gesamt*konzeption von Entwicklungspolitik, die davon ausgeht, nationale und regionale Interessen zu fördern und Grundprinzipien der Humanität zu realisieren. Nur reichen diese Grundprinzipien eben häufig nicht aus, wenn es gilt, sich mit konkreten Fragen des Technologie-Transfers zu befassen, der im Bereich der Nutzung von Informationstechnik angesichts der sinkenden Hardware-Kosten besonders rasch und deswegen besonders *unreflektiert* stattfindet.

Für die Bundesrepublik ergibt sich die besondere Situation, daß sie selbst in gewissem Umfang ein Importland der Informationstechnik ist. Deswegen kann sie als Entwicklungshilfe ihr Wissen über eine angemessene Nutzung importierter Konzeptionen wieder exportieren.

Resümee. Die Nutzung der Informationstechnik zum Aufbau human computerisierter Gesellschaften in der dritten Welt ist eine besondere Herausforderung. Zum einen ist die Übergabe von fertigen Prozeduren (geronnen in Hard- und Software) an Nationen, die an der Entwicklung dieser Systeme inhaltlich kaum Anteil hatten, ein gewaltiges Problem. Zum anderen fehlen in den Entwicklungsländern in der Regel Infrastrukturen, die es erlauben, die in den Industrienationen vorhandenen Informations- und Kommunikationssysteme unmittelbar zu nutzen. Es ist also ein *besonderer* Technologie-Transfer notwendig. Ferner besteht, genauso wie bei uns, in den Entwicklungsländern die Tendenz, daß durch die unreflektierte Nutzung der Informationstechnik die Reichen reicher und die Armen ärmer werden.

Von der Sicherung einer angemessenen Grundversorgung, so wie sie bei uns in der human computerisierten Gesellschaft denkbar ist, sind die Entwicklungsländer sehr viel weiter entfernt als wir. An dieser Stelle muß eine, die besonderen Charakteristika der neuen Technik berücksichtigende, spezifische Entwicklungspolitik einsetzen. Sie muß die Potentiale der neuen Techniken in die Entwicklungsländer transportieren und gleichzeitig einen Beitrag dazu liefern, daß diese dort sinnvoll genutzt werden.

Gelingt es, in den Industrienationen human computerisierte Gesellschaften zu entfalten und eine Grundversorgung zu sichern, so kann man davon ausgehen, daß sehr viel mehr Menschen als bisher willens sein werden, in den Entwicklungsländern zu arbeiten. Auch die verbesserten Telekommunikationsverbindungen zwischen den Entwicklungsländern und den Industrienationen werden den Entschluß, in ein Entwicklungsland zu gehen, leichter machen. So könnte die Informationstechnik gerade von denjenigen für gute Zwecke sinnvoll genutzt werden, die heute häufig als Technologie-Gegner auftreten.

Den «Großen Bruder» vermeiden

Bewältigung der Angst vor Zentralismus. Viele Versuche, die human computerisierte Gesellschaft ernsthaft zu diskutieren, werden heute überschattet von der Angst vor einem neuen Zentralismus - in Deutschland auch in der Erinnerung an den Nationalsozialismus. An Stelle einer transparenten Informations- und Kommunikationslandschaft wird der von geheimen Kräften manipulierte «Datendschungel» gesehen. Pannen wie sie z.B. bei den Banken, im öffentlichen Dienst, bei der Polizei oder bei der «Volkszählung 83» aufgetreten sind, unterstützen aktuell diese Ängste. In den Produktionsstätten besteht die Horror-Vision einer in multinationalen Konzernen konzentrierten Macht über zentralisierte, automatisierte und flexible Produktionsanlagen. Dies alles erdrückt, so die Ängste breiter Kreise, die Potenzen transparenter, menschenorientierter und nur begrenzt von Informationstechnik unterstützter Produktionen in kleinen und mittleren Betrieben.

Größte Sorgen bestehen vor der Zentralisierung des politischen Systems: In Anlehnung an die gewaltigen Machtballungen, die durch Informationstechnik im Militär möglich wurden, glaubt man auch Angst haben zu müssen vor der Konzentration politischer Macht in der Hand einiger weniger, die allein nur noch die Computer programmieren und die Information verarbeiten können. Demgegenüber verblassen alle Vorstellungen, z.B. ein basisdemokratisches System, aufbauend auf modernen Strukturen der Informations- und Telekommunikationstechnik, zu entfalten.

Die human computerisierte Gesellschaft muß diese Befürchtungen durch konstruktive Maßnahmen bewältigen, sie muß zeigen, daß die breite Nutzung der Informationstechnik in einer *funktionierenden* Demokratie nicht gleichbedeutend ist mit dem Aufbau zentral kontrollierter Netzwerke. Hierzu bedarf es vor allem engagierten Eintretens für die Belange breiter Schichten – bei gleichzeitiger Berücksichtigung der technologischen und wirtschaftlichen Potenzen.

Diese Arbeit kann allerdings nicht durch einmaligen «zentralen Beschluß» geleistet werden, sie muß vielmehr ein Anliegen aller Beteiligten in den Betrieben, in den Verwaltungen und in den politischen Institutionen werden. Nur wenn sich ein breites Bewußtsein entwickelt, die Informationstechnik so zu nutzen, daß die verschiedenen Ausprägungen des «Großen Bruders» wirklich vermieden werden, so kann in der human computerisierten Gesellschaft eine «Glass-Box» entfaltet werden, in der jeder im Rahmen seiner psychischen Mobilität mittels seines Denkzeuges sich weiterhin frei bewegen und seine Position finden kann. Die human computerisierte Gesellschaft muß im wirtschafts-, im rechtspolitischen und im sozialen Bereich alles tun, um sich der Gefahr der Entwicklung von zentralistischen Strukturen bewußt zu werden und diese abzuwenden.

Einschränkung der Idee des alten Individualismus. Allerdings sollte mit gleichem Engagement, mit dem gegen den Zentralismus vorzugehen ist, auch einer *unreflektierten* Entfaltung individualistischer Vorstellungen, insbesondere kleiner Minderheiten, widersprochen werden. Die human computerisierte Gesellschaft ist *kein* loser Verband von Individuen, die jeweils einzeln und *völlig* frei und unabhängig voneinander entscheiden. Aufbauend auf den heute schon vorhandenen Zwängen wird sich in der human computerisierten Gesellschaft mehr Zwang zur Integration und Leistungssteigerung des *Gesamtsystems* ergeben. Der Aufbau dieser komplexen Gesamtstruktur ist notwendigerweise verbunden mit der Integration vieler Einzelbausteine in ein solches System und gewissen Autonomiebegrenzungen. In der human computerisierten Gesellschaft muß der einzelne als Individuum bewußt *Teil* des Ganzen sein.

Dies entspricht – als plausibles Vergleichsbild mit vielen Einschränkungen – der Situation, wie wir sie in funktionierenden Organismen seit Jahrmillionen kennen: Dort sind ebenfalls die einzelnen Organ- und Zellverbände fest in das Ganze integriert, haben aber im Rahmen ihrer Einzelfunktionen durchaus vielerlei «Freiheiten» und «Gestaltungsmöglichkeiten». – Nutzen wir in der human computerisierten Gesellschaft wirklich die Technologiepotentiale zur Produktivitäts-Steigerung, und gelingt es uns, die Produktivität gerecht zu verteilen und den Frieden mittelfristig zu sichern, so muß der einzelne zwar Teile seiner bisherigen Freiheit in das Gesamtsystem einbringen, aber in vielen anderen Bereichen gewinnt er einen *außerordentlichen Zuwachs* an persönlicher Entfaltungsmöglichkeit (z. B. Grundrecht auf materielle Grundversorgung).

Die human computerisierte Gesellschaft ist in gewissem Maße in der Tat eine Muße-Gesellschaft. Sie bietet Muße mindestens insofern, als der Anteil *der zur Lebenssicherung unabdingbaren Arbeit* gering sein wird und dadurch dem Menschen viel Freiheit außerhalb der eigentlichen Lebenssicherung bleibt. Einen Teil dieser Zeit muß der Bürger der «neuen Gesellschaft» in das Gesamtsystem einbringen, um an den notwendigen Koordinationen mitzuwirken («direktere Demokratie»). Einen großen Teil kann er allerdings für sich selbst «verbrauchen». Menschlichkeit, soziale Bezüge und politische Integration werden in der human computerisierten Gesellschaft eine neue Position bekommen (siehe auch den Exkurs 2 am Ende dieses Kapitels).

Mit dezentraler Technik gegen den «Großen Bruder». Aufbauend auf dem Grundkonzept breiter psychischer Mobilität einerseits und der Nutzung von dezentralen Persönlichen Informations- und Telekommunikations-Systemen* andererseits, kann dem potentiellen Zentralismus aktiv entgegengewirkt werden. Die Informationstechnik bietet die Möglichkeit, durch entsprechende Strukturen, von zentralistisch-distributiven Systemen wegzukommen. Sie gestattet es, Netzwerke aufzubauen, in denen jeder mit jedem (auch anonym) kommunizieren kann und damit die Kontrollmöglichkeiten und die zentrale Überwachung begrenzbar bleiben. Dies gilt für *alle* Bereiche, in denen Informationstechnik in Zukunft Bedeutung gewinnt: im Büro z. B. ist es möglich, Daten und Informationsbestände beim einzelnen Mitarbeiter verfügbar zu halten und ihm damit die Möglichkeit zu geben, seine eigene Arbeit selbst zu bestimmen und zu gestalten; in den öffentlichen Verwaltungen ist es möglich, Datenbanken transparent zu gestalten, sowohl bezüglich der Benutzerinteressen innerhalb der Verwaltung als auch gegenüber den verwalteten Bürgern und dahinterstehenden Interessen; in der automatisierten Fabrik können Steuerungen und Entscheidungen dezentralisiert werden, so daß nicht ein zentraler Prozeßrechner das ganze Werk kontrolliert, sondern vielmehr einzelne autonome «Produktions-Blöcke» von Menschen und Maschinen entstehen, die dann miteinander kommunizieren usw.

Neben technischen Vorteilen (z. B. höhere Ausfallsicherheit) bieten dezentrale Techniken insbesondere eine größere Mobilität für die Gesamtentwicklung des «Systems» human computerisierte Gesellschaft. Während zentrale Strukturen außerordentlich aufwendig in ihrer Entwicklung und starr im Betrieb sind, ist die Integration dezentral organisierter Teilsysteme einfacher und leistungsfähiger.

Das Modell des Organismus gegen das der Diktatur. Die human computerisierte Gesellschaft muß die Nutzung von Telekommunikations-Systemen als Nerven*stränge* und von informationsverarbeitenden Systemen als dezentrale und zentrale Nerven*zentren* in einer ähnlichen Weise bewußt und kritisch integrieren, wie dies in organismischen Strukturen, als Konsequenz Jahrhundertmillionen langer Evolution, der Fall ist. Wenn eine solche langfristige Entwicklung angesteuert wird, so entkräftigen sich Vorstellungen eines einheitlichen Zentralismus von vornherein: Organismen werden zwar in der Regel von einem Gehirn «geführt», aber ihr eigentliches Funktionieren und ihre hohe Leistungsfähigkeit beruht *nicht* darauf, daß ein «isoliertes Gehirn» den gesamten Apparat steuert, kontrolliert und organisiert, sondern daß eine große Harmonie bezüglich der Funktion der Einzelkomponenten besteht, die über Nervenstränge, Hormon-Systeme und Gehirnstrukturen organisiert und aufeinander abgestimmt werden.

All unser Wissen z. B. über die Funktion des zentralen Nervensystems des Menschen zeigt uns, daß es sich dort eben *nicht* um eine «monistische» Diktatur handelt, sondern daß die notwendigen Entscheidungsprozesse im Gehirn die Konsequenz außerordentlich vielfältiger Abstimmungen im Gesamtorganismus sind: Der Wille eines Menschen kann z. B. nur in außerordentlichen Extremfällen ein einzelnes Organ gezielt zugrunde richten: Beim ersten Sprung vom 10-m-Turm z. B. findet eine außerordentlich komplexe Abwägung aller möglichen Wirkungen eines solchen Sprunges durch die verschiedenen Teile des Körpers statt, die gesamte körperliche Konstitution wird geprüft; bei einem 1000-m-Lauf macht sich praktisch niemand gezielt kaputt, es gibt laufend mannigfaltige Wechselwirkungen zwischen dem Befinden verschiedener Teile des Organismus, die letztlich zur Entscheidung über die Art des Einsatzes des «Gesamtsystems» führen.

Eine derartige, sehr komplexe Gesamtkooperation ist auch in der human computerisierten Gesellschaft durch eine intensive Abstimmung aller Beteiligten zu entfalten. Die human computerisierte Gesellschaft als Gesamtsystem kann – und darf – nur das leisten, was für die *überwiegende* Mehrheit ihrer Bürger akzeptabel und sinnvoll ist. – Gleichzeitig wird daraus aber auch deutlich, daß die Vermeidung einer willkürlichen Diktatur nur möglich ist, wenn eine enge Kommunikation zwischen allen Bürgern und den Entscheidungsstrukturen besteht. Hierfür brauchen wir in der human computerisierten Gesellschaft die moderne Telekommunikationstechnik für einen schnellen Informationsaustausch zwischen dem Gesamtsystem und den Individuen. Was heute über schwerfällige, materielle Rückkopplungsprozesse abgewickelt wird (siehe z. B. Wellen der Wirtschaftsentwicklung, politische Unruhen, soziale Ungerechtigkeiten), muß in der human computerisierten Gesellschaft durch schnellere Rückkopplungen in den informationstechnischen «Nervensträngen» erfolgen.

Voraussetzung zur Vermeidung des «Großen Bruders» ist zum einen eine grundlegende Akzeptanz basisdemokratischer

Prinzipien durch breite Schichten der Bevölkerung und durch den politischen Apparat sowie zum anderen der Abbau wirtschaftlicher Macht durch unbegrenzte Konzentration von (automatischen) Produktionsmitteln in den Händen weniger.

Notwendige Kontrolle zentralisierender Kräfte. Wenn wir heute zu erahnen versuchen, wie die Machtorganisation in der human computerisierten Gesellschaft aussehen könnte, so wird häufig so argumentiert, als gäbe es heute in unserer Gesellschaft keine Balance der Kräfte und ein eindeutiges Übergewicht zentralistisch orientierter Interessen. Dies ist ein im Prinzip fragwürdiges und natürlich viel zu einfaches Bild. Schon bei der Betrachtung eines mittleren oder großen Unternehmens wird sehr deutlich, daß die dort wirkenden Kräfte keineswegs alle der einfachen Vorstellung eines «den Menschen aussaugenden Kapitalinteresse» unterzuordnen sind; vielmehr läßt sich bei vielen Unternehmen heute zeigen, daß die Lohnsumme die Gewinne bei weitem übersteigt, damit wird deutlich, daß die im Unternehmen arbeitenden Menschen zunächst für sich und erst in zweiter Hinsicht, und manchmal mit «wenig Erfolg», für die Gewinne der Kapitalseite arbeiten.

Betrachtet man die mittelständische Wirtschaft, so ist dort sehr deutlich, daß das Interesse des einzelnen, sich selbständig zu machen und selbst zu arbeiten, nicht einfach subsumierbar ist unter «allgemeine Kapitalinteressen», da ja gerade in den mittleren und kleineren Unternehmen heute die Kapitaldecke in der Regel außerordentlich gering ist und viel stärker die Arbeit des Unternehmers zählt. – Analysiert man die öffentlichen Verwaltungen, so wird auch dort erkennbar, daß es keineswegs «automatisch» zu zentralistischen Strukturen kommt, man betrachte in der Bundesrepublik nur die komplizierte Verteilung von Kompetenzen zwischen Kommunen, Ländern und dem Bund, um die ständig gerungen wird. – Untersucht man die Parteien als Träger der politischen Willensbildung, so ist nur zu klar – und von vielen wird dies ja schon bedauert –, daß die Parteien keineswegs zentralistische Organisationen sind, vielmehr findet in ihnen eine permanente Auseinandersetzung statt, mitunter sogar in einer der betreffenden Partei nicht gerade zuträglichen Form.

Wenn es also darum geht, potentielle zentralistische Kräfte zu begrenzen und zu bekämpfen, so wird es in der human computerisierten Gesellschaft im wesentlichen darauf ankommen, die vorhandenen antagonistischen und im Wettbewerb stehenden

Strukturen zu erhalten und zu entfalten. Hierzu gehört sicher eine weitere Diversifikation des Eigentums an Produktionsmitteln; hierzu gehört eine Verstärkung dezentraler Kompetenzen in Kommunen und Ländern; hierzu gehört ein Ausbau der Funktion und Mitwirkung der Untergliederungen der Parteien usw.

Allerdings gehört hierher auch ein *Mit-in-die-Verantwortung-Nehmen* derjenigen, die für dezentrale und verteilte Entscheidungsstrukturen argumentieren und diese tragen wollen. So ist es z.B. im Bereich der Mitbestimmung nicht akzeptabel, daß breite Mitbestimmung stattfinden soll, ohne daß eine angemessene *Mitverantwortung* und *Haftung* auch in Krisensituationen realisiert wird: Wer entscheidet, muß auch die Konsequenzen der Entscheidungen in voller Breite tragen. (Im Bereich der in die Krise geratenen Montanindustrie z.B. wird dies z.Z. *nicht* ausreichend betont, gibt es doch dort eine echte paritätische Mitbestimmung und dennoch gravierende Probleme der Branche, die zu leicht als «von außen gemacht» dargestellt werden!)

Die human computerisierte Gesellschaft hat, auch bedingt durch die potentiell große Transparenz entstehender Informationen, die Möglichkeit, zentralistische Trends rechtzeitig zu erkennen und ihnen zu begegnen. Im Gegensatz zu derzeitigen Strukturen, wo die Daten über die einzelnen Entwicklungen relativ intransparent sind, bietet die human computerisierte Gesellschaft die Möglichkeit, alle diese Entwicklungen schneller und breiter zu erkennen, so daß zum rechten Zeitpunkt engagiert gegengesteuert werden kann.

Den Datenschutz sichern. Die human computerisierte Gesellschaft wird an den verschiedensten Stellen und in fast allen direkten «Begegnungen» von Menschen mit Informationstechnik vor große Datenschutzprobleme gestellt werden, da eine permanente und intensive Mensch-Maschine-Interaktion vielerlei «Datenschatten» hinterlassen *kann.* Hier gilt es, das *Unabdingbare* durchzusetzen und sich mit allen Mitteln vor *Übertreibungen* zu hüten: Ein Kernbereich wirklich intimer Daten über den einzelnen muß mit allen technischen Möglichkeiten (Datensicherung) und unter voller Nutzung der geltenden und einer weiter auszubauenden Datenschutzgesetzgebung gesichert werden. Zu diesem Kernbereich gehört das eigentliche Familienleben, der physische und der psychische Zustand des einzelnen, Daten über verjährte Verfehlungen aller Art, Daten über die individuelle Mobilität. Darüber hinaus muß das gesamte Fernmeldewesen gegen automatisierte Abhörung und «Abdatung» technisch und rechtlich derart gesichert werden, daß keine Daten aus privaten Dialogen mißbräuchlich genutzt werden können.

Außerdem sollte in der human computerisierten Gesellschaft allen Trends entgegengewirkt werden, zentrale Datenbasen mit personenbezogenen Daten anzulegen. Hierzu sind Verfahren der *dezentralen* Datenhaltung beim Betroffenen einerseits und die rigorose Einschränkung zentraler Archive bei Polizei, Versicherungen, Banken, Großbetrieben usw. rechtlich zu regeln; sämtliche sensible Datenbewegungen über Einzelpersonen sollten automatisch an den Betroffenen meldepflichtig sein.

Mittelfristig muß aber *gleichzeitig* einem weiteren Grundsatz in der human computerisierten Gesellschaft zum Durchbruch verholfen werden: Weitgehende Transparenz der Daten – außerhalb des oben abgegrenzten Kernbereiches – *von allen für alle!* Damit ist sicherzustellen, daß es zu einer Ausgeglichenheit im Wissen übereinander kommt und niemand gegenüber einem anderen diskriminiert werden kann, ohne nicht selbst den anderen «durchleuchten» zu können. Außerdem können nur dadurch der (direkteren) Demokratie die zur Planung und Entscheidung notwendigen Daten verfügbar gemacht werden. (Siehe hierzu die Enwicklungen in den USA unter dem «Freedom of Information Act»).

Diese Kombination von «hartem Datenschutz im Kernbereich» und «allgemeiner Transparenz» widerspricht vielen Ansätzen heutiger Befürworter eines «breiten» und «engmaschigen» Datenschutzes. Der obige Weg erscheint in einer human computerisierten Gesellschaft aber der einzig akzeptable, ist doch dort zum einen «geheime Machtausübung» wegen der allgemeinen Transparenz und der Qualität des demokratischen Systems außerordentlich erschwert und besteht zum anderen für viele «Normal-Bürger» kein Interesse an einem exzessiven Datenschutz und dem sich daraus ergebenden «Datenschützer-Staat». Viele Bürger werden insbesondere nicht willens sein, große Aufwendungen für Datenschutz zu tragen, die sie für sich persönlich als irrelevant empfinden.

Mit den «Kleinen Brüdern» – den «Wanzen» – fertig werden. In der öffentlichen Diskussion um Datenschutz steht der «organisierte» Einbruch in die Privatsphäre, z.B. durch das Bundeskriminalamt oder die Geheimdienste, im Zentrum der Erörterungen. Völlig vergessen scheint eine schleichende Entwicklung der Mikroelektronik zu sein, die immer billiger und weiter verbreitet wird, nämlich Geräte zum intensiven Ausspionieren privater oder betrieblicher Sphären: Winzige Mikrophone, eingebaut in Werbegeschenke oder sogar Spielzeug, Richtmikrophone mit Reichweiten von Hunderten von Metern, «Abdatungs-Mikro-Computer», eingebaut in Endgeräte (z.B. TELETEX), versteckte Video-Kameras, in CCD-Technologie ausgeführt und in Armbanduhren integriert usw. stellen nur die Spitze eines «Eisbergs» moderner Fernüberwachungs- und Infiltrationstechnik dar, die zwar z.T. offiziell verboten ist, die sich aber bedingt durch ihre Kleinheit, Leistungsfähigkeit und «Preiswürdigkeit» weiter verbreitet hat, als vielfach angenommen wird.

So kann auch unter der Decke eines gut organisierten und rechtlich geregelten Datenschutzes der Nachbar belauscht, das Telefon abgehört oder an einer wichtigen Mitarbeiterbesprechung eines Unternehmens von außen teilgenommen werden. Hier wird Information gestohlen, die nicht primär personenbezogen ist, die aber häufig für das Verständnis von privaten Zusammenhängen (z.B. bei Ehescheidungen) oder in der Wirtschaft (z.B. bei Ausschreibungen) von großer Bedeutung ist. – Die human computerisierte Gesellschaft wird sich intensiv mit diesem Problem befassen müssen, weil hier die Gefahr besteht, daß viele unkontrollierte «Kleine Brüder» entstehen, illegale, und illegetime Netzwerke des Informationsaustausches und der Informationsverarbeitung.

Im Prinzip gibt es zwei Stoßrichtungen zur Bewältigung dieser Probleme: *Zum einen* kann der «Informationsdiebstahl» im Strafgesetz expliziter behandelt und unter harte Strafe gestellt werden. Hierzu bedarf es natürlich geeigneter Verfahren zur Beweiserhebung. Es ist erkennbar, daß eine systematische «Auf-» und «Nachrüstung» der «Wanzen» und «Wanzendetektoren» stattfinden wird. *Zum anderen* wird es darauf ankommen, das Delikt des «Informationsdiebstahls» moralisch stärker zu tabuisieren und durch eine kommunikative Offenheit in der «informierten» Gesellschaft das Interesse an der Geheimhaltung und damit der Spionage abzubauen. – Patentrezepte sind dies sicher nicht, aber Hinweise auf den Umgang mit einem durch die moderne Informationstechnik erzeugten und ernstzunehmenden Problematik.

Resümee. Die human computerisierte Gesellschaft entsteht in der Bundesrepublik nicht in einem unpolitischen Vakuum, sie kann vielmehr auf der *demokratischen* Nachkriegstradition aufbauen, die wir in unserem Grundgesetz festgeschrieben haben. Damit entwickelt sie sich nicht unter den Annahmen, unter denen George Orwell seinen «Großen Bruder» konzipiert hat, nämlich als eine zentralistisch-stalinistische Diktatur! Deshalb bestehen grundsätzlich mannigfaltige positive Kräfte und Ansätze, die human computerisierte Gesellschaft als eine dezentral organisierte symbiotisch-kooperative Gesellschaft zu organisieren. Gerade die hohe Transparenz von Wissen und Information in der Gesellschaft einerseits und die hohe Kommunikationsdichte andererseits erlauben es, diktatorische und zentralistische Bemühungen rechtzeitig zu erkennen und ihnen entgegenzuwirken. Insbesondere das Konzept der psychischen Mobilität (unterstützt durch dezentrale Informationstechnik) steht hierbei als wichtiger Ansatz zur Verfügung.

Natürlich darf nicht übersehen werden, daß auch in einem solchen System Kräfte unterschiedlichster Couleur am Werk bleiben werden: Die Macht des Kapitals ist auch bei einer «allgemeinen Grundversorgung» für den Bereich der kompetitiven Wirtschaft weiterhin von großer Bedeutung; die Macht der Regierung, sei es nun auf Regional-, Landes- oder Bundesebene, wird weiterhin großen Stellenwert haben; die Macht des einzelnen als Konsument wird einen erheblichen Einfluß auf das Marktgeschehen ausüben usw. Aber insgesamt erscheint es möglich, in der human computerisierten Gesellschaft ein System zu schaffen, in dem die Information und damit die Kräfte transparenter und gut balanciert werden.

Es ist weniger die Sorge davor, daß jemand den «Großen Bruder» wirklich gezielt realisieren wird, die uns beschäftigen sollte, als vielmehr die Angst vor der *Lethargie der breiten Bevölkerung*, die z. Z. gegenüber den Konsequenzen der Informationstechnik besteht. Es wird individuell versucht, Verantwortung dadurch abzuwimmeln, daß viele behaupten, es sei sowieso sinnlos sich mit Gestaltung zu befassen, da die Informationstechnik eine zentralistische Technik ist. Wer heute den Zentralismus als unausweichlich beschreibt, ist eher auf eine sich selbst erfüllende Prophezeiung aus. Es besteht durchaus die Gefahr, daß dadurch, daß immer wieder Fehlentwicklungen als unausweichlich charakterisiert werden, eine gewisse Resignation bei den Beteiligten eintritt, die dann das scheinbar Unausweichliche zum wirklich Unausweichbaren macht. Ansätze zur Diktatur und Machtballung können nur durch Engagement breiter Schichten niedergerungen werden, das hat die Geschichte nur zu deutlich gezeigt. An dieser Grundtatsache wird sich bei der Organisation einer human computerisierten Gesellschaft nichts ändern.

Weiterentwicklung der Demokratie

Breite Bildung fordert politische Partizipation. Zwischen der Verfügbarkeit von Information für breite Schichten einerseits und dem jeweiligen politischen System andererseits bestehen enge Zusammenhänge: Während in Gesellschaften, in denen die Massen ungebildet und uninformiert waren und nur eine kleine Oberschicht Zugang zum «kulturellen Erbe» hatte, es fast immer zu undemokratischen Regierungssystemen kam – und auch heute noch kommt –, entfaltet sich mit einer zunehmenden Verbreitung von Bildung und Informationszugang auch das Bewußtsein, daß der «gebildete Bürger» am politischen Prozeß beteiligt sein will und soll. Mit der Entwicklung der Bildung wurde geschichtlich auch die politische Basis der Regierungssysteme breiter, der Grundsatz des gleichen Wahlrechts und damit der politischen Mündigkeit des Bürgers wurde durchgesetzt.

Während die freien Griechen bereits ihr politisches Mandat auf dem Marktplatz unmittelbar ausübten, gelang es in den modernen Industrienationen – von der Schweiz einmal abgesehen – allerdings nicht, breite Schichten *unmittelbar* am politischen Geschehen teilnehmen zu lassen. Dies hatte und hat vielerlei Gründe: Zum einen war eine unmittelbare Beteiligung des Volkes an Detail-Entscheidungen *praktisch* nicht durchzuführen: Die Notwendigkeit schneller politischer Reaktionen erlaubte es nicht, einen langhubigen und zeitraubenden Prozeß «an der Basis» zu initiieren und dort auch entscheidungsbestimmende Willensbildung «abzufragen». Zum anderen war auch in fortgeschrittenen Demokratien eine deutliche Schichtung des Informationszuganges und der Informationsverarbeitungskapazität zwischen den «breiten Massen» und der politischen Führung vorhanden. Nur einer kleinen politischen Oberschicht war der Zugang zu den wichtigsten Daten und Entscheidungsunterlagen möglich. Deren Verteilung und Verbreitung an die Massen erschien unmöglich – vielleicht auch unerwünscht. Ferner zeigte sich sehr schnell, daß politische Entscheidungsprozesse in der Regel außerordentlich komplizierter Natur sind und häufig sowohl wirtschaftliche als auch rechtliche und außenpolitische Fragen betreffen, für die die «breite Masse» nicht ausreichend gebildet erschien.

Auf dieser politischen «Geschäftsbasis» entstand die repräsentative Demokratie, die auch das Grundgesetz als Organisationsform unseres politischen Gemeinwesens explizit vorsieht. Aber wie alle menschlichen Setzungen kann auch diese Ordnung nicht als *endgültige* Lösung politischer Organisation betrachtet werden. In der human computerisierten Gesellschaft ist zu berücksichtigen, daß der allgemeine Informationszugang und eine hohe Informationsverarbeitungskapazität breiten Massen über die psychische Mobilität und durch mehr «Freizeit» zur Verfügung stehen. Die human computerisierte Gesellschaft geht vom *informierten Menschen* aus, der in der Lage ist, mittels Informationstechnik sich in eine breite Palette von Problemen einzuarbeiten, da er ja auch das persönliche Denkzeug dazu nutzen kann. Damit entsteht das *neue* Problem, wie *dieser informierte Bürger* im politischen System mitwirken kann und soll.

Ein nur alle vier Jahre ausgeübtes Wahlrecht wird zur Farce. Die human computerisierte Gesellschaft als Fortsetzung der spätindustriellen Gesellschaft wird sich weiter differenzieren und damit sehr unterschiedliche gesellschaftliche Probleme zu bewältigen haben. Die Vorstellung, daß der informierte Bürger durch eine einmalige «globale» Entscheidung für eine Partei alle vier Jahre eine «politische Grundrichtung» wählt, in der er aber seine Interessen in Bildungs-, Wirtschafts- oder Außenpolitik jeweils nur partiell vertreten sieht, erscheint zunehmend anachronistisch.

Der *informierte Bürger* der human computerisierten Gesellschaft ist in der Tat in der Lage, sich zu Detailfragen eine Meinung zu bilden, und wird diese in politischen Entscheidungen auch differenziert berücksichtigt wissen wollen. Das heißt aber, daß das System der «groben Richtungswahl» zunächst zu ergänzen und langfristig ganz aufzugeben ist zugunsten einer «direkteren Demokratie», in der breite Schichten an einzelnen Entscheidungen direkt beteiligt sind. Die derzeitige Parteienregierung, die ja in den Parteien nur von einem sehr kleinen Anteil der Bevölkerung (in der Bundesrepublik z.Z. ca. 2 Millionen Personen) getragen wird, ist eine für die human computerisierte Gesellschaft überholte Form der Organisation von Demokratie; der «informierte Bürger» muß das Recht haben, an wesentlichen Entscheidungen unmittelbar teilzunehmen.

Die demokratischen Potenzen der human computerisierten Welt. Wie ausführlich dargestellt, wird die Penetration der Informationstechnik in Produktion, Wirtschaft und Verwaltung ständig weiter voranschreiten. In dieser Situation ist nicht erkennbar, *warum* die Politik aus diesem Prozeß der Informatisierung und Computerisierung grundsätzlich herauszuhalten ist. Wenn die Nutzung der Informationstechnik eine Leistungssteigerung bzw. eine Verbesserung des Wirtschaftssystems ergibt, so muß man zunächst erproben, ob diese Strukturverbesserungen nicht auch für das politische System nutzbar sind. Angesichts der Komplexität der auf die human computerisierte Gesellschaft zukommenden Probleme ist auch nicht zu erwarten, daß einzelne Gehirne viele schwierige Fragen in Zukunft alleine entscheiden können; auch hier wird eine angemessene Mischung aus menschlicher und technischer Informationsverarbeitung notwendig sein. Wie dieses komplexe Netzwerk politischen Handelns letztlich aussehen wird, kann man z. Z. im Detail nur erahnen; man kann aber festhalten, daß es sich eben nicht mehr um eine nur durch Menschen bestimmte Organisation handeln wird. Vielmehr wird es darauf ankommen, wichtige Einsichten in politische Prozesse in technischen Systemen zu speichern, Entscheidungen im Hinblick auf ihre Konsequenzen zu simulieren und unter Nutzung der neuen Technik zu durchdenken, bevor sie in die Tat umgesetzt werden. An die Stelle der «naiven Intuition» des heutigen Politikers wird die computer*unterstützte* Entscheidung des politischen Systems der human computerisierten Gesellschaft treten. In diesem System werden alle Bürger als Homo politicus einen wichtigen Platz haben müssen.

Direktere Demokratie zur Verhinderung der Herrschaft der «Unberechenbaren» im «Großen Bruder». Die Legitimation der direkteren Demokratie in der human computerisierten Gesellschaft resultiert zum einen aus der Konzeption des informierten Bürgers und zum anderen aus der Notwendigkeit der Verhinderung der Herrschaft der Unberechenbaren. Die human computerisierte Gesellschaft wird immer in Gefahr sein, von den Unberechenbaren – jenen, die jenseits der Leistung der Informationstechnik tätig sind und diese entwickeln – gesteuert, kontrolliert und beherrscht zu werden. Die Vorstellung, daß mittelfristig ein «Großer Bruder» entstehen kann, der als Überwachungs- und Kontrollinstrument Entscheidungen «diktatorisch-technokratisch» trifft, ist nicht irreal angesichts der gewaltigen Potenzen einer Herrschaft weniger, die eine zentrale Informationstechnik nutzen.

Dieser Entwicklung gilt es aus zweierlei Gründen politisch entgegenzuarbeiten: *Erstens* würde in einem solchen zentralistischen System nur ein Teil der «Klugheit» des gesamten Volkes genutzt werden und damit das Gesamtsystem in einen suboptimalen Zustand fallen (siehe z.B. zentralistische Strukturen im Ostblock). *Zweitens* erscheint es außerordentlich wichtig, den Menschen in der human computerisierten Gesellschaft weiterhin angemessen zu *beschäftigen*. Wie wir gesehen haben, ist ja der Faktor (abhängiger) Arbeit in vielen Bereichen nicht mehr von zentraler Bedeutung, so daß das Problem der sinnvollen Beschäftigung breiter Schichten außerordentlich kritisch wird. Es ist wichtig, dem Menschen eine neue Aufgabe zu geben, nämlich die persönliche Mitwirkung an der Gestaltung und Weiterentwicklung der Gesellschaft. Hierzu muß der einzelne (gemeinsam mit seinem Denkzeug) ständig lernen, um die human computerisierte Gesellschaft als Ganzes zu verstehen und zu entfalten.

Demokratie auf dieser Ebene ist also nicht mehr das Handeln politisch delegierter Einzelpersonen, sondern die koordinierte und kooperierende Aktion des Gesamtsystems, wobei natürlich die Ausführung dieser Gesamtentscheidungen in der Hand einzelner liegen wird. Aber nur durch die Integration aller Bürger eines Staates in das politische System und ihre permanente Konfrontation mit dem Entscheidungsdruck im System kann langfristig sichern, daß die Spaltung der Bürger in die «politisch Herrschenden» und die «Untermenschen» entsteht, wie sie George Orwell in «1984» so deutlich – und so abschreckend – charakterisiert hat.

Das konservative Denken überwinden. Wenn wir heute über eine neue Form politischer Organisation in der human computerisierten Gesellschaft und insbesondere über die Partizipation großer Massen an Einzelentscheidungen nachdenken, so verhalten wir uns ähnlich verunsichert wie die leibeigenen Bauern, als sie – vielleicht – darüber nachgedacht haben, ob es möglich wäre, eine Regierung durch freie, geheime und allgemeine Wahlen zu bestimmen. Auch damals war vermutlich der Abstand zwischen politischer Realität und denkbarer Zukunft ähnlich groß. Aber dies hat nicht verhindert, daß sich die historischen Verhältnisse durch den Willen der Massen gewandelt haben und daß wir heute eine frei gewählte Regierung besitzen. In gleicher Weise gilt es, die Praxis der direkteren Demokratie in der human computerisierten Gesellschaft zu durchdenken und Schritte zu ihrer

Realisierung zu unternehmen. In dieser Situation muß es als konservativ – wenn nicht sogar als reaktionär – gelten, wenn Versuche, derartige Strukturen überhaupt zu erproben, von vornherein verhindert werden.

Die «Learning Democracy». Wie aber kann eine breitere Partizipation der Bevölkerung an politischen Entscheidungen in der human computerisierten Gesellschaft wirklich realisiert werden? Im Zentrum eines solchen Systems muß – neben dem politischen Willen, nach vorn zu denken – eine telekommunikative Infrastruktur stehen. Das z. Z. im Aufbau befindliche Bildschirmtext-System eignet sich strukturell für dieses Ziel. Es enthält alle notwendigen Komponenten für ein direkteres demokratisches System: *Erstens* erlaubt es – mittelfristig – breiten Schichten Zugang zur politisch relevanten Information, und zwar auch in Form gezielter Nachfragen. *Zweitens* gestattet es, die Meinungen breiter Schichten zu politischen Fragen anonym und repräsentativ direkt zu erheben. *Drittens* ist es mit der Installation externer Rechner möglich, das Spektrum politischer Meinungen breiter Schichten politisch transparent auszuwerten sowie in Entscheidungsvorbereitungen oder Entscheidungen umzusetzen.

Natürlich wird niemand einen *sprunghaften* Übergang von der derzeitigen repräsentativen Demokratie zu einer direkten Demokratie erwarten oder wollen. Vielmehr wird es darauf ankommen, zunächst auf lokaler, dann auf regionaler, ferner auf Landes- und schließlich auf Bundesebene, Partizipationsmodelle systematisch zu erproben und die entsprechenden Leitideen im Grundgesetz langsam, aber stetig anzupassen.

Auf regionaler Basis ist die Überschaubarkeit politischer Entscheidungen für den einzelnen Bürger schon heute sehr viel größer als auf Bundesebene. Insofern erscheint es sinnvoll, zunächst dort mit partizipatorischen Ansätzen zu beginnen. Praktisch heißt das, daß die Parteien und die unterschiedlichen Interessengruppen die Möglichkeit eröffnen, im Bildschirmtext-System ihre politischen Positionen kurz zu charakterisieren (längere Hinweise können zusätzlich in der üblichen schriftlichen Form verfügbar gemacht werden). Aufbauend auf diesem Informationsangebot, welches vom Bürger in einem gewissen *Mindestumfang* gelesen werden muß, wenn er sich beteiligen will (z. B. automatische Kontrolle über den Zugriff zu den entsprechenden Bildschirmtext-Seiten), wird er aufgefordert, seine Entscheidung zu übermitteln. Hierbei ist es im einfachsten Falle denkbar, daß nur JA/NEIN-Entscheidungen zu relevanten Fragen abgerufen werden. – Sinnvoller erscheint ein System, in dem es möglich ist, auch individuelle Meinungen zu einem Thema zu äußern, die dann von einem geeigneten Programm ausgewertet werden. So können einerseits ein breites Wissen verteilt und andererseits die politischen Interessen der Bevölkerung in den politischen Prozeß eingebracht werden. Am Anfang sollte die so erhobene «Volksmeinung» nur ergänzend zu den Entscheidungen der Repräsentanten der normalen politischen Organe gewertet werden. Mit wachsender Erfahrung in der direkten politischen Beteiligung ist diesen «Meinungen» jedoch ein zunehmendes Gewicht im Entscheidungsprozeß zu geben. Es sollten auf den entsprechenden Ebenen *langfristig* gewählte Organe gebildet werden, die diesen Prozeß der politischen Partizipation fördernd entfalten («Bürgeranwälte»). Dies könnten z.B. auf acht Jahre gewählte «zweite Kammern» sein, die parallel zu den verfassungsmäßigen Organen bestehen und die die Interessen des Volkes zu sammeln und in geregelter Form in den Entscheidungsprozeß der derzeitigen Organe einzubringen suchen.

Keine technischen Probleme. Deutlich zu widersprechen ist allen Argumenten, die die direktere Demokratie als *technisch unrealistisch* zurückweisen: Eine *breite Beteiligung* aller wahlberechtigten Bürger ist zum einen durch eine schnelle und kostengünstige Verbreitung des Bildschirmtext-Systems in den Haushalten und zum anderen durch eine breite Verfügbarkeit des Btx-Systems in öffentlichen Einrichtungen bzw. «Telefonzellen» grundsätzlich ohne technische Schwierigkeiten möglich. – Die *Sicherung der Anonymität in der Stimmabgabe* (wenn diese langfristig wirklich gewünscht wird!) und *die jeweils nur einmaligen Stimmabgabe* durch die berechtigte Person läßt sich z.B. mittels sogenannter *Transaktionszahlen* realisieren, die die Banken im Bildschirmtext-System schon heute für Geld-Transaktionen routinemäßig nutzen. Jeder Stimmberechtigte bekommt pro Stimmabgabe eine (anonyme) vielziffrige Zahl, unter deren Angabe er seine Entscheidung an die betreffende «Zentrale» vermitteln muß.

Damit kann jeder in einer Situation sicher *nur eine Stimme* abgeben, da die betreffende Transaktionszahl unmittelbar mit der Registrierung der Eingabe im Rechner verfällt. Fälschungen von Stimmabgaben sind ausgeschlossen, wenn die Transaktionszahlen derart groß sind (z.B. 20ziffrig), daß keine Chance besteht, zufällig die Transaktionszahl eines anderen zu benutzen. Gegen systematische Bemühungen, Transaktionszahlen und damit Stimmen zu fälschen, kann das System dadurch gesichert werden, daß es z.B. an einem Tag nach Eingabe einer *falschen* Transaktionszahl keine neue Transaktionsnummer von dem gleichen Endgerät aus akzeptiert. So hat niemand die Chance, z.B. mittels eines Transaktionszahlen generierenden Rechners doch noch eine brauchbare Zahl zu finden.

Die Vergabe der Transaktionszahlen kann z.B. dadurch anonymisiert werden, daß sich jeder Wahlberechtigte (gegen Vorlage seines die Wahlberechtigung klärenden Ausweises) bei seiner Gemeinde aus einer Trommel einen – und nur einen – geschlossenen Umschlag zieht, in dem z.B. 20 Transaktionszahlen für die nächsten 20 Stimmabgaben enthalten sind.

Es gibt natürlich noch andere Sicherungsalternativen, auf die hier, aus Platzgründen, nicht eingegangen werden kann; aber ein Volk, welches in der Lage ist, z.B. ein Space-Lab zu bauen, wird derart primitive technische Probleme sicher zu lösen wissen!

Behinderung durch den Artikel 11 des Staatsvertrages zum Bildschirmtext. Zur Zeit werden Ansätze in Richtung einer direkteren Demokratie durch den Artikel 11 des Staatsvertrages zum Bildschirmtext behindert. Dieser Artikel erklärt Meinungsumfragen zu politischen Ereignissen, die in den entscheidenden Organen auf regionaler Basis, in Länderparlamenten und im Bundestag behandelt werden, für «unzulässig». In der Begründung zu diesem Artikel des Staatsvertrages wird vor einer «Knopfdruckdemokratie» gewarnt und deswegen die Meinungsumfrage als unzulässig erklärt. (Allerdings ist kaum erkennbar, daß ein politischer Willensbildungsprozeß über diese Entscheidung bisher in den Parteien stattgefunden hat.)

Ferner ist anzunehmen, daß der Artikel 11, so wie er jetzt besteht, *verfassungswidrig* ist. Stellt er doch einen tiefen Eingriff in die politische Meinungsbildung dar, da ja der einzelne plötzlich auf *elektronischer* Ebene keine Möglichkeit hat, sich politisch zu organisieren, was aber z.B. im Bereich von gemeinsamen Demonstrationen oder über den Briefverkehr ohne weiteres möglich ist.

Es wird sich zeigen, welche der Parteien rechtzeitig erkennt, daß in der humanen computerisierten Gesellschaft die Möglichkeit besteht, ihren Wählern klarzumachen, daß sie nicht nur an deren einmaliger Stimmabgabe interessiert sind, sondern daß sie wirklich den Bürger als Homo politicus verstehen und an ihrer

Arbeit beteiligen wollen. Vor allem aus den Kreisen der Bürgerinitiativen ist hier eine deutliche Nutzung der modernen Möglichkeiten einer «direkteren Demokratie» zu erwarten. (Siehe hierzu die «Volksbefragung» anläßlich der Europawahl zur Frage der Pershing-II-Stationierung in der Bundesrepublik, wo fünf Millionen Stimmen gesammelt wurden.)

Vermutlich wird erst Ende der 80er, Anfang der 90er Jahre eine Entscheidung des Bundesverfassungsgerichts klären, inwieweit eine solche direktere Demokratie als Fortschreibung unserer heutigen politischen Struktur in der human computerisierten Gesellschaft legitim und legal ist. Die jetzige Form des Artikels 11 des Bildschirmtext-Staatsvertrages kann also nur als der Versuch verstanden werden, alte Strukturen in einer Situation zu erhalten, wo die Gesamtherausforderung einer human computerisierten Gesellschaft politisch noch nicht umgesetzt ist. Es geht langfristig nicht an, auf der einen Seite dem Bürger den Zugang zu den «Neuen Medien» zu gestatten und diese zunehmend in der Wirtschaft zu empfehlen (siehe Wirtschafts- und Technologie-Politik) und ihn auf der anderen Seite in ein politisches Korsett der Demokratieorganisation zu zwängen, das dem des Deutschlands im frühen 20. Jahrhundert entspricht.

Entmachtung spektakulärer Minderheiten. Von ihrem Grundsatz her ergibt die *delegative* Demokratie eine adäquate Repräsentanz der Meinungen des Volkes. In der Praxis aber hat es sich gerade in jüngster Zeit gezeigt, daß *kleine* Minderheiten einen häufig stark überproportionalen Einfluß auf die Entscheidungen in den Parlamenten haben. Gerade durch die große Verstärkerkraft der Medien werden die Anliegen von Minderheiten mitunter scheinbar zu Anliegen großer Massen «hochentwickelt». Kaum jemand ist heute dann in der Lage, die wirklichen Kräfteverhältnisse im Volk angemessen zu bestimmen – die Demoskopie hat ihre Schwächen bei Wahlprognosen ja oft genug gezeigt.

In der human computerisierten Gesellschaft sollten derartige Informationsverzerrungen und Fehlverstärkungen nicht mehr auftreten: Dadurch, daß zu jedem Zeitpunkt sich ein breiter und repräsentativer Anteil der Bevölkerung (z.B. vielleicht 1995 schon 1 Million Btx-Haushalte) unmittelbar am politischen Geschehen beteiligen kann, ist die Gefahr der Überbewertung von Minderheiten zu bannen. Natürlich unterstellt dies, daß das Bildschirmtext-System breit genutzt wird.

Wichtig ist auch, sich klar zu machen, daß angesichts der

Möglichkeiten, seine individuelle Meinung in der direkteren Demokratie elektronisch und für jedermann zugreifbar zu äußern, auch das Zahlenverhältnis von «spektakulären» gegenüber «konservativen» Meinungen deutlicher erkennbar wird. – Insbesondere wird der einzelne auch langfristig nicht mit seinen Entscheidungen im geheimen bleiben können, vielmehr wird er ein verantwortlicher Mit-Entscheidungsträger werden. Dies wird dazu beitragen, daß das, was letztlich entschieden und gemacht wird, mittelfristig auf der Basis eines breiteren Konsenses und aufbauend auf einer transparenten Gruppe von Entscheidungsträgern geschieht. Gleichzeitig haben in einem derartig telekommunikativ unterstützten System auch Minderheiten die Möglichkeit, ihre Argumente angemessen vorzutragen und brauchen sie nicht mit spektakulären Aktionen zu vertreten. – Der politische Willensbildungsprozeß kann sich in der direkteren Demokratie verstärkt in der verteilten Groß-Familie, in den Betrieben, in den Vereinen und in den Parteien entfalten und muß nicht gleich mit «platten Parolen» auf der Straße ausgetragen werden.

Schwerfälligkeit gegenüber Leistungsfähigkeit. In der Diskussion um die Potenzen einer direkteren Demokratie wird immer argumentiert, daß das politische System durch die Anbindung der Entscheidungen an eine breite Basis außerordentlich schwerfällig wird. Das Gespenst der «Unregierbarkeit» wird als Bedrohung heraufbeschworen. – Gleiche Argumente haben natürlich z. Z. von Kaisern und Königen gegolten; auch damals war klar, daß eine breitere Machtverteilung das System schwerfälliger machen würde. Dennoch sind wir geschichtlich nach vielen Auseinandersetzungen von der diktatorischen Monarchie zur Demokratie gegangen, wobei sich insgesamt herausgestellt hat, daß zwar das System insgesamt langsamer und schwerfälliger reagiert, dadurch aber zufällige Fehler, Willkür und Störungen besser vermieden werden können.

Die Rückkehr zur Diktatur unter Adolf Hitler hat den Deutschen nur zu deutlich gemacht, was es heißt, Basisbindungen und demokratische Strukturen aufzugeben und sich einer kleinen – damals langsam verrückt werdenden – Elite auszuliefern. – Aber auch das auf dem Parteienapparat aufbauende repräsentative System ist nicht gefeit vor Fehlentscheidungen. Wenn diese etwa sogar gegen die Meinung breiter Schichten in «Richtungswahlen» getroffen werden, so arbeitet hier ein zwar schnell funktionierendes, aber langfristig doch untaugliches System.

In der human computerisierten Gesellschaft kommt es an vielen Stellen darauf an, in einem *Gesamtsystem* zu operieren, welches mittelfristig vergleichbar ist mit der Intensität der Wechselwirkungen in einem biologischen Organismus. In ähnlicher Weise wie auch dieser nur dadurch optimal funktioniert, daß seine einzelnen Komponenten ständig aufeinander abgestimmt sind und an allen Entscheidungen direkt oder indirekt beteiligt sind, so wird auch die human computerisierte Gesellschaft den langen Weg eines Lernprozesses zur Gesamtoptimierung gehen müssen. In der Tat wird die Schwerfälligkeit eines basisdemokratisch operierenden Gesamtsystems groß sein, diese Schwerfälligkeit wird aber ausgeglichen dadurch, daß das Gesamtsystem und seine Elemente schneller aus ihren Fehlern lernen. Es lernt nicht mehr nur eine kleine Elite, während «der Rest» sozusagen unbeteiligt «draußen vor bleibt», vielmehr sind alle einbezogen in den politischen Lernprozeß und haben damit eine Chance, insgesamt eine höhere Entwicklungsstufe zu erreichen.

Letztlich kommt es im politischen Handeln nicht darauf an, schnell (und fehlerhaft), sondern langfristig und im Sinne des Gesamtsystems immer *richtig* zu entscheiden. Hierfür scheint die Nutzung eines integrierten Systems, welches das Gesamtwissen eines Volkes umfaßt und nutzbar macht, besser als das repräsentative System, welches in der heutigen Form eben keine wirkliche Repräsentativität des Wissens des Volkes darstellt, sondern nur eine Delegation an wenige Personen.

Resümee. Die verschiedenen Stufen gesellschaftlicher Entwicklung haben in der Geschichte *unterschiedliche* politische Systeme hervorgebracht. Generell läßt sich wohl sagen, daß bei einer florierenden Wirtschaft und einer angemessenen Bildung des «autonomen Menschen» die freiheitliche Demokratie in der repräsentativen Form die z.Z. leistungsfähigste Organisationsform zu sein scheint. Damit ist aber keineswegs gesagt, daß diese Form auch für zukünftige Verhältnisse Gültigkeit und Bedeutung behalten muß. Vielmehr muß man davon ausgehen, daß in der human computerisierten Gesellschaft das Konzept des «informierten Menschen» mit einer individuell hohen psychischen Mobilität auch andere Formen der politischen Organisation des Regierens notwendig macht. Durch die konsequente Nutzung breit gestreuter telekommunikativer, computerunterstützter Systeme einerseits und andererseits durch die Verfügbarkeit geeigneter politischer Information sowie die direkte Verwertbarkeit der Meinungen breiter Schichten ist es möglich, in der human computerisierten Gesellschaft eine direktere Demokratie zu organisieren und diese zum langfristigen Nutzen des gesamten Volkes zu verwenden.

Es bedarf eines mühsamen Lernprozesses, um aus den heutigen Entscheidungsstrukturen in diese neue Situation hinüberzuwechseln – in gleicher Weise, wie derartige Anpassungen in anderen Bereichen des Handelns in der human computerisierten Gesellschaft notwendig sind. Das Bildschirmtext-System in seiner jetzigen Ausprägung bietet die technischen Voraussetzungen für einen Einstieg in eine direktere Demokratie. Der z. Z. gültige Artikel 11 des Bildschirmtext-Staatsvertrages kann nur ein temporäres Hindernis sein; seine Gültigkeit gilt es verfassungsrechtlich zu prüfen, er ist durch politische Praxis in der direkteren Demokratie zu überwinden.

Es erscheint mittelfristig unvorstellbar, daß auf der einen Seite neue computerunterstützte, informative und informationsverarbeitende Strukturen auf breiter Basis in der Wirtschaft entstehen und auf der anderen Seite der politische Bereich gänzlich ausgenommen werden soll. Insbesondere Bürgerinitiativen und Basisgruppen werden das neue Instrumentarium benutzen und entfalten, und die politischen Parteien werden nicht umhinkommen, auf die Herausforderung dieser neuen Potenzen zu reagieren: Es ist nicht wahrscheinlich, daß die etablierten Parteien langfristig den «informierten» Bürger zu einem nur alle vier Jahre wählenden «Stimm-Abgeber» degradieren und ihm damit keine Chancen einräumen, an der politischen Alltagsarbeit mitzuwirken.

Das System der direkteren Demokratie wird insbesondere mehr Klarheit verschaffen über die für Sachfragen in der Bevölkerung wirklich vorhandenen Mehrheiten: Zum einen durch entsprechende Meinungsabgabe, zum anderen durch die Möglichkeiten, mannigfaltige Sachinformation unmittelbar im Bildschirmtext-System verfügbar zu machen. Damit wird der Einfluß spektakulär agierender Minderheiten deutlich reduziert werden.

Im Hinblick auf eine Optimierung des Gesamtsystems und die Beteiligung breiter Schichten ist hinzunehmen, daß in der Übergangsphase Schwierigkeiten in der politischen Steuerung und Schwerfälligkeiten auftreten können. Hier gilt es geeignete Übergangsstrukturen zu erproben. – Niemand kann ferner angesichts der Geschichte der Demokratie erwarten, daß der Übergang vom repräsentativen zu einem direkteren politischen System von heute auf morgen stattfinden wird. *Dieses würde sicher kata-*

strophale Folgen haben. Die human computerisierte Gesellschaft wird aber langfristig ohne eine breite Partizipation des informierten Menschen unglaubwürdig werden. Direktere Demokratie in einer human computerisierten Gesellschaft ist *keine* «Knopfdruck-Demokratie». Wer dieses ernsthaft behauptet, hat den Weg in die human computerisierte Gesellschaft nicht verstanden oder hat ernsthafte Interessen, diesen Weg zu behindern.

Exkurs 1: Informationstechnik in den kommunistischen Ländern

Einschränkende Vorbemerkung. Die vorangegangenen Überlegungen zur Gestaltung einer human computerisierten Gesellschaft in den *westlichen* Industrienationen erheben den Anspruch, ein insgesamt konsistentes Modell, eine konstruktive Utopie zu sein. An dieser Stelle wird demgegenüber nur der Versuch unternommen, *erste Einschätzungen* darüber zu gewinnen, in welcher Richtung sich der reale Kommunismus bei einer *zukünftigen, intensiven Nutzung der Informationstechnik* entwickeln wird. – Diese deutliche Einschränkung hat zur Folge, daß es hier nicht möglich ist, alle wichtigen Bereiche des Handelns im Kommunismus detaillierter zu erörtern. Eine genauere Analyse wird auch durch eine Reihe praktischer Probleme außerordentlich erschwert: Während in den Industrienationen das langfristige Ringen um die Integration der Informationstechnik begleitet wird durch eine breite Vielzahl von Publikationen und Meinungsbildern, sind wir im Osten auf relativ wenige Quellen angewiesen. Insbesondere erlaubt sich das östliche Regime in aller Regel keine – im Westen – verfügbare Reflexionen des eigenen Handelns. Deshalb ist es auch so schwer, Prognosen über die Konsequenzen von Innovationen zu machen.

Besondere Schwierigkeiten entstehen auch dadurch, daß wir wissen, daß der Ostblock heute in der *breiten* Nutzung der Informationstechnik gegenüber dem Westen um mindestens ein Jahrzehnt zurückliegt, während die informationstechnischen *Spitzen*produkte, die z.B. im Militär oder in der Raumfahrt benutzt werden, nur vielleicht zwei Jahre gegenüber westlichen Entwicklungen zurückliegen. Trotz intensiver Anstrengungen, die Mikroelektronik auf breiter Basis zu entwickeln (z.B. hat die DDR ein großes Förderungsprogramm in diesem Bereich), ist bisher nicht erkennbar, ob und wann der «Anschluß» mittels planwirtschaftlicher Konzeptionen im Osten wirklich realisiert werden kann. – Man muß auch zur Kenntnis nehmen, daß die demographischen Verhältnisse in den Ostblock-Staaten anders als bei uns sind. Westliche Probleme, wie z. B. im Bereich der Beschäftigung, schlagen im Ostblock mitunter sogar ins Gegenteil um, es gibt dort in gewissen Bereichen durchaus noch «Facharbeitermangel».

Das Spiel der Kräfte. Während die Kräfte, die bei uns zur Nutzung und Weiterentwicklung der Informationstechnik führen, relativ transparent sind, lassen sich die einzelnen Komponenten der im Ostblock wirkenden Kräfte schwerer durchschauen. Angesichts einer zum Teil ideologisch, zum Teil pragmatisch orientierten Planwirtschaft bei «einheitlicher» Lenkung durch die Partei werden die Einzelkräfte überdeckt. Festzuhalten bleibt aber sicher, daß auch im Ostblock militärische und wirtschaftliche Fragen eine entscheidende Rolle bei der Entwicklung der Informationstechnik spielen. Genauso wie im Westen Produktivitätssteigerungen und Qualitätsverbesserungen moderner Produkte ohne Informationstechnik kaum denkbar sind, so muß sich auch der Osten am Weltmarktgeschehen orientieren. – In der Verteidigung steht der Osten schon heute einem informationstechnisch in der Breite weit besser ausgestatteten westlichen Militär-System gegenüber. Er unternimmt hier intensive Anstrengungen, gleichzuziehen.

Von anderer Bedeutung als im Westen sind im Osten die Einflüsse von Konsumentenwünschen. Während wir ein breites Interesse der Bevölkerung an moderner Informationstechnik beobachten können (z. B. Taschenrechner, Videosysteme, Computerspiele) und dies durch eine entsprechende Produktion abgedeckt wird, so fehlt es im Osten zum einen an entsprechenden Produktionskapazitäten, zum anderen aber auch an Planvorgaben für derartige Produkte. Hiermit kommt man bereits zum Kern der Frage nach den eigentlichen Kräften: Wollen die kommunistischen Parteien die Informationstechnik wirklich breit verfügbar machen oder gibt es hier bereits Gegenkräfte, die nur eine begrenzte Entfaltung dieser Technik gestatten wollen? Kann z. B. Bildschirmtext als «elektronischer Marktplatz» in der DDR auch politisch realisiert werden? Kann es darin ein zensiertes oder gar ein begrenzt «unzensiertes» Informationsangebot geben?

Steigerung der Produktivität der arbeitenden Klasse. Ausgehend von den Grundzielen kommunistischer Ideologie, durch Produktivitätssteigerung die Verarmung der Massen aufzuheben und letztlich im Wettbewerb gegenüber dem Kapitalismus auch ökonomisch zu siegen, müßten im Osten eigentlich alle Potenzen moderner Technik genutzt werden. Dies heißt konsequenterweise, daß die moderne Informationstechnik an der Spitze der Entwicklung stehen sollte, erlaubt sie es doch, die Produktivität in allen Bereichen, vom Büro über die Fabrikhalle bis hin zur Verwaltung, deutlich zu steigern. Und im Gegensatz zum Westen, wo «strukturelle Arbeitslosigkeit» und die daraus resultierenden Konsequenzen für die Verteilung von Produktivitätssteigerungen, wie wir gesehen haben, ein schwieriges Problem darstellen, sollte es theoretisch im Kommunismus möglich sein, die Gewinne der Produktivitätssteigerung unmittelbar dem Volke zuzuführen. Dies heißt, daß die politische Führung eigentlich alles unternehmen müßte, um die in der Weltraumfahrt und im Militär entstehenden informationstechnischen Systeme in Form ziviler Anwendung den Massen verfügbar zu machen.

Daß dies nicht der Fall ist, wird heute in allen Ostblockländern evident: Weder in den Konsumprodukten (z.B. Taschenrechner, Videorecorder) noch in den informationstechnischen Infrastrukturen (z.B. Telefon, TELEFAX), geschweige denn in der Entwicklung von integrierten Systemen (z.B. Bildschirmtext, automatische Fabrik) haben die Ostblockländer in den letzten Jahren deutlich erkennbare, breitere Fortschritte gemacht. Es stellt sich also die Frage, gibt es eine bewußte politische Unterdrückung der Entfaltung der Informationstechnik oder ist es schlicht wieder nur die Unfähigkeit des Systems, mit einer neuen Produktepalette planwirtschaftlich umzugehen?

Verteilung gesteigerter Produktivität unproblematisch. Es muß hier nochmals sehr deutlich darauf hingewiesen werden, daß das kommunistische Wirtschaftssystem von seiner Grundstruktur her eine ideale Voraussetzung für die konsequente Nutzung der Informationstechnik in Industrie, Wirtschaft und Verwaltung darstellt. Während im Westen einzelwirtschaftliches Handeln unter Nutzung von Informationstechnik zu deutlichen Verwerfungen in der Wirtschaftsstruktur und den Beschäftigungsverhältnissen führt, kann der Kommunismus – im Prinzip – planwirtschaftlich die Potenzen der Informationstechnik rechtzeitig und angemessen einkalkulieren und damit eine «verwerfungsfreie» Entwicklung der Volkswirtschaft organisieren.

Damit ergibt sich langfristig für den Kommunismus gegenüber dem Spät-Kapitalismus ein außerordentlicher Vorteil: Es gilt *keine* neuen Prinzipien zu finden, da ja im Sinne kommunistischer Wirtschaft im Prinzip jegliche Form von Produktivitätssteigerung immer dem gesamten Volk verfügbar wird. Der Staat ist als ständiges «Wiederverteilungs-Instrument» fester Teil des gesamten Wirtschaftssystems. In dieser Situation müßten volkseigene Betriebe Informationstechnik begeistert aufnehmen und schnell umsetzen, erlaubt sie ihnen doch, die Planziele mit einem Minimum an Arbeit zu befriedigen und langfristig die Produktivität deutlich zu steigern. Arbeitszeitverkürzungen ohne Lohneinbußen müßten die Regel sein.

Außerordentlich interessant für das kommunistische Wirtschaftssystem sollte auch die Realisation des «elektronischen Marktplatzes» sein, in dem es möglich ist, zwischen den volkseigenen Betrieben und dem Endverbraucher eine unmittelbare Kommunikation aufzubauen. Da der Handel ja keinen Beitrag zur Produktivität erbringt, sondern im Kommunismus nur ein (keine Werte schöpfendes) Transportsystem darstellt, erscheint es im Lichte kommunistischen Handelns sinnvoll, ihn völlig oder soweit wie möglich zu eliminieren. Ideal wäre im kommunistischen System eine möglichst unmittelbare und vom Endverbraucher direkt gesteuerte Versorgung der Bevölkerung, mit der auch vielerlei Pannen des derzeitigen, planwirtschaftlich organisierten Handels-Systems an der Wurzel ausgemerzt werden könnten.

Was tun mit der neu gewonnenen Freizeit? Allerdings entsteht auch in einer *kommunistisch* computerisierten Gesellschaft das Problem der Verwertung der sich erhöhenden Freizeit. Während wir unter westlichen Prinzipien eher die Sorge haben, daß der Mensch in der Freizeit in stumpfe Apathie oder in ein selektives Spezialistentum entgleitet und damit die Möglichkeiten kommunikativen Handelns nicht mehr nutzt, ergibt sich im Osten eher die Gefahr, daß ein Mehr an Freizeit vielleicht ein Mehr an Reflexion über die politischen Grundbedingungen im Kommunismus und ein Mehr an Solidarität ermöglichen würde. Damit stellt sich die Frage, inwieweit der politische Apparat wirklich in der Lage ist, z. B. einen «30-Stunden-Arbeiter» politisch im System zu halten? Besteht nicht das Problem, daß gerade in der entstehenden Freizeit mehr politische Arbeit, auch gegen das Regime, erfolgt und damit die zentralistische Lenkung in Gefahr gerät? Ist die kommunistische Partei ausreichend gerüstet, um die Massen in der so entstehenden Freizeit wirklich zu beschäftigen und «fest im Griff zu halten?» – Ist vielleicht die schleppende Nutzung von

Informationstechnik im Ostblock bereits die Konsequenz dessen, daß die Funktionäre längst erkannt haben, welche Probleme sich aus einer breiten Nutzung von z.B. Bildschirmtext oder Heimcomputersystemen ergeben könnten?

Bewußte Unterdrückung der Informationstechnologie-Entwicklung? So kann man sich wirklich fragen, ob es nicht schon heute im planwirtschaftlichen Ansatz der Ostblockländer – trotz aller Aktivitäten im einzelnen – so etwas wie einen bewußten «Slow-Go» gibt, die neue Technik für den zivilen Bereich ja nicht zu schnell voranzutreiben. Vielleicht stellt sich das System hier wieder «selbst ein Bein», wie es bei der Entwicklung der Genetik nach dem Krieg in der UdSSR geschehen ist. Damals hatte man ja durch eine ideologische Betonung der Milieutheorie zunächst grundsätzlich genetische Tatsachen vom Tisch gewischt, um sie später reuevoll «wiederzuentdecken». Vielleicht ergibt sich in der Nutzung der Informationstechnik im Osten wirklich die vertrackte Situation, daß die Produktivkraftsteigerung erkannt ist, aber gleichzeitig die politischen Gefahren nicht unterschätzt werden und daraus die Konsequenz gezogen wird, wenig zu tun, um nicht «ins Schleudern» zu geraten? – Trotz aller dieser Einschränkungen muß man sich allerdings klar darüber sein, daß eine langfristige Begrenzung der Informationstechnik angesichts des internationalen Wettbewerbs *und* der militärischen Bedeutung auch im Ostblock nur begrenzt möglich sein wird.

Perfekter Überwachungsstaat durch intensive Nutzung der Informationstechnik? Eine konsequente Nutzung der Integration von Telekommunikations- und Datenverarbeitungstechnik erlaubt es grundsätzlich, im Osten einen perfekten Überwachungsstaat zu organisieren. Orwell hat das bereits 1948 in «1984» in Form eines perfektionierten Stalinismus relativ gut beschrieben. Die Voraussetzungen für zentrale Informationssysteme, für die Überwachung durch ein Fernsehkommunikations-System («Televisor») und den unmittelbaren Eingriff in alle Geschehnisse über Datenleitungen erscheinen *heute technisch* gegeben. Allerdings belaufen sich die notwendigen Investitionen, um ein derart perfektes Gesamtsystem zu schaffen, für ein Land wie die DDR auf etwa einige 100 Milliarden DM!

Für die Staaten des Ostblocks müssen integrierte Gesamtsysteme vor allem für die konsequente Fortschreibung ihres planwirtschaftlichen Ansatzes zunächst als wichtige und richtige

Option erscheinen. Für sie entsteht in Zukunft die Frage, ob sie durch eine technische Perfektion der Datenerfassung und -verarbeitung ihr wirtschaftliches Planmodell weiterentwickeln und perfektionieren können. (Trotz vieler vereinzelter Versuche, aus planwirtschaftlichem Denken herauszukommen, scheint bisher der Grundansatz einer zentralistisch gesteuerten Wirtschaft im Ostblock ungebrochen.) Ob sich ein derartiges System wirtschaftlich realisieren läßt, hängt in zentral gelenkten Volkswirtschaften im wesentlichen von politisch bestimmten planerischen Entscheidungen und der geeigneten Lenkung von Ressourcen ab.

Probleme mit Pluralität? Wenn man sich ein sozio-informationstechnisch integriertes Gesellschaftssystem unter kommunistischer Führung vorstellt, so wird deutlich, daß dort eine weitere Machtkonzentration erlaubt ist und Ansätze zur Pluralität erstickt werden können. Die große Frage, die sich beim derzeitigen Stand des realen Kommunismus stellt, ist die, inwieweit die offensichtlich immer noch vorhandene Pluralität in solche Systeme eingebunden werden kann? Sind die Menschen in den kommunistischen Staaten wirklich ideologisch so weit vorbereitet, daß sie eine technische Integration ihres Denkens und Handelns unter Lenkung der Partei akzeptieren werden? Spielen Fragen des Datenschutzes und der Verwertung personenbezogener Daten in einem derart integrierten Gesamtsystem – in dem ja z.B. der individuelle Leistungsstand in der Fabrik, der medizinische Zustand, die privaten Einkünfte und die politische Aktivität zentral gespeichert und verarbeitet werden können – für den Bürger eine so geringe Rolle, daß kein Protest zu erwarten ist?

Die Diktatur des Proletariats. Mit Systemen à la Bildschirmtext und einer angemessenen Ausstattung mit externen Rechnern läßt sich in der Tat ein politisches System installieren, in dem die Massen über die Politik eines Landes entscheiden könnten. Das heißt, die ur-marxistische Vision der direkten Partizipation großer Volksmassen am politischen und wirtschaftlichen Geschehen würde mit der neuen Technik im Osten grundsätzlich realisierbar. Hiermit ergibt sich für den Kommunismus also eine unerhörte Entfaltungsmöglichkeit im Sinne der ursprünglich gewollten Ziele. Allerdings ist nur zu evident, daß dies in krassem Gegensatz zu der in den Ostblockländern z.Z. praktizierten Lenkung der Massen durch eine kleine Partei-Elite steht!

In dieser Situation stellt sich die Frage, ob breite Schichten der Bevölkerung aufgrund ihrer derzeitigen Bildung im marxistischen Sinne diese Technologie als Weiterentwicklung fordern oder zumindest akzeptieren werden oder ob angesichts eines sich ausbreitenden «Großen Bruders» nicht eher das Gegenteil passiert und massive Widerstände nicht nur gegen die neue Technologie in ihrer integrierenden Form, sondern auch gegen das dahinterstehende System entstehen werden? Würde das «realkommunistische System» durch die neue Technik in seinem jetzigen Zustand entlarvt? Oder wird es unter konsequenter Nutzung der neuen Möglichkeiten gewandelt und letztlich zu den Formen geführt, die Marx einmal vorgeschwebt haben?

Der «Große Bruder» – Stalinismus auf geistiger Ebene? Die Einführung des Kommunismus war insbesondere in der Sowjetunion begleitet von einem langjährigen Terror-Regime, in dem Millionen von Menschen vernichtet wurden, um den Widerstand gegen die neuen Machthaber zu zerstören. Unter Stalins Zeiten wurden im wesentlichen brutale Polizeimaßnahmen genutzt, um diejenigen physisch und psychisch zu zerbrechen, die nicht bereit waren, der neuen Ideologie zu folgen. Mit der Realisierung eines integrierten Informations- und Telekommunikations-Systems im Kommunismus könnte nun eine zweite Welle der Herrschaftsorganisation über die Länder des Ostblocks hinwegrollen: An die Stelle der physischen «Behandlung» des Menschen in Konzentrationslagern, Arbeitslagern und «psychiatrischen Kliniken» kann jetzt die subtile «Behandlung» durch Rechnersysteme und nachgeschaltete Telekommunikationseinrichtungen erfolgen. Die Gehirnwäsche muß nicht mehr «vor Ort» durchgeführt werden, sie kann vielmehr auf der Basis einer langfristigen Manipulation und Steuerung der an die Massen effizient zu verteilenden Information organisiert werden.

Natürlich geschehen diese Manipulationen auch bereits mit den klassischen Informationsmitteln. Aber das Volumen der Manipulation und die Durchsetzbarkeit zentraler Ideen auf dezentraler Ebene sind mit dem neuen Instrumentarium viel leichter umsetzbar; auch das Umschreiben der Vergangenheit wird möglich. – Der «Große Bruder» kann im Ostblock allerdings auch, entsprechend den Orwellschen Vorstellungen, als eine Infrastruktur für eine *kleine Minderheit* organisiert werden, nämlich nur für die Partei und ihre Kader. Dann könnte das entstehen, was Orwell auch unter diktatorischen Randbedingungen vorausgesehen hat, daß es viele «Untermenschen» gibt, die am Rande ihrer Existenz vor den «Toren der Wohnzentren» jener dahinvegetieren, die an den «Großen Bruder» angeschlossen sind.

Berücksichtigt man die heute schon vorhandene Abgrenzung des politischen Kaders in den kommunistischen Staaten gegenüber den breiten Schichten des Proletariats, so wird erkennbar, daß eine solche Vision für den Ostblock ebenfalls nicht undenkbar ist. Es sind insbesondere auch Mischformen möglich, derart, daß der zentrale Partei-Apparat Zugang zu allen wesentlichen Informationen hat, aber die breiten Massen weiterhin nur mit einem geringen Anteil (manipulierter) Information versorgt werden. (Wie werden dann «Hacker» behandelt, die sich Zugang zum Rechner der Partei verschaffen?)

Veränderung der weltpolitischen Lage? Bei der Erörterung von Konzeptionen für eine human computerisierte Gesellschaft in den westlichen Industrienationen wurde bereits deutlich, daß durch die neue Technologie erhebliche Umbrüche verursacht werden. Wird die neue Technik aber auch im Ostblock, wenn auch mit großer Verzögerung, konsequent genutzt, so kann man *gravierende* Konsequenzen für das Ost-West-Verhältnis erwarten. Die vorstellbaren Konsequenzen sind alledings recht unterschiedlich. Sie umfassen extrem inhumane, integrierte Systeme unter kommunistischer Herrschaft, die am Unwillen der Massen zerbrechen und das Parteiensystem hinwegspülen. Dies würde zu einer Neuorganisation des politischen Systems führen; Aufstände, wie wir sie in Polen, in der Tschechoslowakei oder in Ungarn erlebt haben, würden breite Bereiche des Ostblocks betreffen. – Man kann sich als anderes Extrem aber auch vorstellen, daß es der Partei gelingt, das sozio-technisch integrierte System so vorsichtig und so angepaßt aufzubauen, daß der «Große Bruder» ohne massive Widerstände entsteht und schließlich der Gesamtapparat als eine sozio-technische Integration unter Führung einer kommunistischen Elite eine außerordentliche Macht entfalten kann. D.h., von der totalen Instabilisierung des Systems bis zu dessen perfider Perfektionierung gibt es ein breites Spektrum an Möglichkeiten.

Es sieht z.Z. eher so aus, als würde das kommunistische Regime die Informationstechnik langsam, vielleicht sogar sehr langsam entwickeln und einführen und dabei große Sorgfalt darauf verwenden, Widerstände in der Bevölkerung zu vermeiden. Wenn dieses den kommunistischen Parteien des Ostblocks gelingt, so muß man davon ausgehen, daß wir im Anfang des nächsten Jahrtausends informationstechnisch unterstützte und wirtschaftlich stärkere, zentralistisch geführte Machtblöcke im Osten vorfinden.

Was kann der Westen tun? In dieser Situation bleibt die Frage, was der Westen eigentlich in bezug auf Export von Wissen und von neuen Techniken Sinnvolles tun kann? Die derzeitige Politik eines außerordentlich restriktiven Exports von Informationstechnik in den Ostblock bewirkt zweierlei: Zum einen wird die technische Gesamtentwicklung im Osten verzögert und zum anderen entstehen im Osten keine Märkte für informationstechnische Massengüter. Damit bleibt der Partei genügend Zeit, um die Entwicklung eines «richtig dosierten» «Großen Bruders» intern zu organisieren und zu strukturieren. Man kann also argumentieren, daß der Westen durch seine Embargopolitik – die ja primär durch militärische Sorgen begründet ist – dazu beiträgt, daß das kommunistische Regime seine Machtposition intern mit eigener Technik in Ruhe entfalten und stabilisieren kann.

Würde man andererseits die moderne Technik dem Osten in großem Volumen anbieten, so bliebe offen, ob das Regime einen breiten Import überhaupt akzeptieren würde, kämen dann doch die Fragen der Organisation und der Integration dieser Technik vielleicht zu rasch auf die politisch Verantwortlichen zu. – Man kann natürlich auch argumentieren, daß durch eine schnelle Verfügbarmachung der Informationstechnik im Ostblock die politische Stabilität des Systems angegriffen würde und damit vielleicht erste Ansätze für einen Wandel der erstarrten kommunistischen Strukturen durch Technik von außen möglich wäre. – Allerdings ist z.Z. nicht zu erkennen, daß der Westen seine Embargopolitik verändern wird, erscheinen ihm doch die militärischen Nachteile eines schnellen Transfers der Informationstechnik in die Sowjetunion gravierender als die potentiellen politischen Instabilitäten, die eventuell zu einem Zusammenbruch des politischen Systems «von innen» führen könnten.

Resümee. Während in den westlichen Nationen der Übergang von der spätindustrialisierten Gesellschaft in eine human computerisierte Gesellschaft ein schwieriger, aber mit demokratischen Mitteln prinzipiell zu bewältigender Prozeß zu sein scheint, ergeben sich im Ostblock gravierende strukturelle Probleme bezüglich der Stabilität kommunistischer Partei-Herrschaft. Eine konsequente Fortschreibung der derzeitigen Herrschaftsstruktur mit technischen Mitteln würde zu einer Welt des «Großen Bruders» führen, in der zentralistisch alle planwirtschaftlichen, politischen und sozialen Entscheidungen getroffen würden. Es bleibt offen, ob es eine einheitliche Informationsverbreitung an alle überhaupt geben würde oder ob nicht eine Abschichtung zwischen der Parteiführung einerseits und den «Untermenschen» außerhalb des eigentlichen Dunstkreises des «Großen Bruders» andererseits entstehen würde. – Es erscheint aber auch nicht unmöglich, daß eine konsequente Nutzung derartig sozio-integrativer Techniken von breiten Schichten der Bevölkerung nicht akzeptiert werden würde und damit letztlich zum Zusammenbruch der Herrschaft der Partei führt.

Angesichts des großen Rückstandes in der breiten Penetranz von Informationstechnik im Ostblock ist z. Z. eine differenziertere Analyse der zukünftigen Strukturen außerordentlich schwierig. Insbesondere bleibt die Frage offen, ob der Westen durch seine Embargopolitik im Bereich der Informationstechnik der politischen Stabilisierung des kommunistischen Systems hilft oder sie behindert. Augenblicklich sieht es eher so aus, daß durch eine sehr langsame Einführung der neuen Technik im Ostblock das politische System ausreichend Zeit haben wird, mit entsprechenden Einführungsstrategien die Struktur eines Produktion, Handel und Informationszugang umfassenden «Großen Bruders» langsam und vorsichtig aufzubauen, so daß Widerstände im Keim erstickt und ein Umbruch des politischen Systems verhindert wird.

Bei all unserer Diskussion um «Datenschutz», «Volkszählung», «Arbeitsplätze», «neue Medien» usw. findet z. Z. die Analyse der Konsequenzen der Informationstechnik für das kommunistische System *viel zuwenig* Aufmerksamkeit. Hier aber stehen mittel- und langfristig gravierende Umbrüche bevor, die erheblichen Einfluß auf die weltpolitische Situation haben werden. Wir sollten dies bei der Gestaltung einer human computerisierten Gesellschaft stärker zur Kenntnis nehmen und in die Kalküle unseres Handelns einbeziehen.

Exkurs 2: Neubestimmung der Position des Menschen?

Unbewältigte Probleme. Der Weg in die human computerisierte Gesellschaft stellt in vielen Bereichen einen grundsätzlichen Wandel gegenüber unserer heutigen Situation dar. Dies trifft insbesondere auch für alle Bereiche des menschlichen Selbstverständnisses zu. Aber in ähnlicher Weise wie die Informationstechnik im Bildungswesen als Strukturproblem kaum zur Kenntnis genommen wird, so hat eine Auseinandersetzung von Anthropologie, Psychologie, Philosophie und Theologie mit den neuen Techniken bisher im wesentlichen *nicht* stattgefunden. Viele sehr grundsätzliche Fragen – wie z.B. das Verhältnis von «dummen» Menschen gegenüber «intelligenter» Maschine, die Bedeutung «naiven» Glaubens als Weltverständnis angesichts der Möglichkeiten, vieles in Datenbanken nachschlagen zu können, oder die Bedeutung individueller Humanität in einem integrierten, soziotechnischen Gesamtsystem – sind bisher kaum behandelt worden.

Dennoch darf eine Erörterung dieser Aspekte bei der Behandlung von Perspektiven einer human computerisierten Gesellschaft nicht fehlen. In diesem Exkurs wird der Versuch unternommen, einige *erste* Gedanken – häufig in Form von Fragen – zu diesen zentralen Problemen zu formulieren. Es kann sich hierbei zunächst nur darum handeln, überhaupt Problemfelder aufzudecken, konstruktive Antworten müssen von den betroffenen Fachgebieten, insbesondere auch von den Kirchen eingebracht werden.

Überflügeln die neuen Produkte der «Krone der Schöpfung» die «Krone der Schöpfung» selbst? Ein ernstes Problem ist die Frage, wie sich ein «Durchschnitts-Mensch» einem System gegenüber verhalten und einstellen soll, welches ihn selbst in seiner Leistung weit übertrifft. – Diese Frage war natürlich schon bei der Mechanisierung in vielen Fällen zu stellen. Neu ist aber, daß die unmittelbare Konfrontation von «intelligenten» Automaten mit dem Menschen heute dazu führt, daß der Mensch sich in *breiten* Bereichen seiner Qualifikation von technischen Systemen überholt sieht: Während z.B. der Übergang von der Feile zur Drehbank immer noch die Kontrolle des Menschen notwendig machte, so kann die computergesteuerte Drehbank auf den Menschen gänzlich verzichten! Der Facharbeiter, der früher die Drehbank kontrollierte, steht nun einem «intelligenten» Gesamtsystem gegenüber, welches ihn in seinen zentralen Qualifikationen total substituiert. Diese Situation trifft auch z. B. auf die Konfrontationen zu, wo gestandene Akademiker plötzlich Expertensystemen gegenüberstehen und sich in gleicher Weise die Frage erhebt: Was ist der qualifizierte Mensch angesichts dieser neuen Systeme? – Was ist insbesondere auch der *einzelne*, das individuelle «Ebenbild Gottes», angesichts dessen, daß zunehmend Konglomerate von Menschen und Informationstechnik sehr viel höhere Leistungen erbringen und damit den «autonomen», «selbstverantwortlichen» Menschen ersetzen?

«Materialisierung Gottes» in der human computerisierten Gesellschaft? Mittel- und langfristig wird die Konzentration von Information in kompakten «Wissenssystemen» einerseits und deren breite Verfügbarkeit andererseits einen bisher unbekannten Zustand realisieren: Jeder wird im Prinzip Zugang zum Weltwissen haben und dieses nutzen können. Ist dieses die Allwissenheit Gottes auf Erden? Welche, für breite Schichten interessanten Fragen bleiben noch offen, wenn das vorhandene Wissen integriert und technisch verfügbar gemacht wird? Bleiben vor allem noch Fragen, die den Menschen in seiner *täglichen* Praxis unmittelbar betreffen? Oder entwickeln sich die «Warum-Fragen» zu Randerscheinungen für «besonders Interessierte», so daß insbesondere der Glauben als Antwort auf das Warum und damit die Religiösität noch weiter aus der Gesellschaft verschwinden?

Alle diese Fragen lassen sich weder heute noch in absehbarer Zeit in der human computerisierten Gesellschaft bündig beantworten. Aber es wird deutlich, daß der Wandel im Umgang mit Wissen und in der automatischen Verarbeitung von Wissen neue Probleme im Verhältnis zwischen Mensch und unserem Bild von Gott schaffen wird. Der Gottesbegriff des Mittelalters, aber auch der der «aufgeklärten» Theologie ist ein anderer als der, der noch in der human computerisierten Gesellschaft Gültigkeit haben kann. Zunehmend werden «göttliche Eigenschaften» von materiellen Systemen, die vom Menschen geschaffen und betrieben werden, verfügbar gemacht. Woher also den Glauben und die Motivation erbringen, an ein Wesen, ein Sein jenseits irdischer Erfahrung zu glauben?

Humanität im Kontext eines Gesamtsystems. Unser Humanitätsbegriff geht aus von der *Eigenverantwortlichkeit* und der *autonomen* Kompetenz des *Individuums.* Menschlich handeln hieß bis heute, aufbauend auf individuellen Erfahrungen und Entscheidungen, das «Human-Gerechte» zu tun und das «Verwerfliche» zu unterlassen. Diese Zielvorstellungen waren akzeptabel und vermittelbar in einer Situation, wo die Gesamtheit der Informationsverarbeitung, der Informationsbewertung und ein großer Teil der Informationsspeicherung ausschließlich in Gehirnen erfolgte. Nun aber kommen wir mit der human computerisierten Gesellschaft in eine Situation, in der der Mensch immer häufiger eingebettet ist in ein Netzwerk aus Menschen und telekommunikativen, computerunterstützten Systemen.

In diesem Netzwerk ist «Humanität» neu zu definieren. Sie ist zunächst – hoffentlich – Humanität des Gesamtsystems dem einzelnen gegenüber. Dann bleibt das zentrale Problem, wie sich der einzelne selbst erkennt und welche Möglichkeiten er zur Selbstrealisation in diesem System hat. Hier entsteht eine Spaltung des Begriffs der Humanität: Während sich «individuelle Humanität» auf den einzelnen und seine unmittelbare Umgebung bezieht, gibt es zunehmend im Gesamtsystem «humane Prinzipien», die für die integrierte Gesellschaft gelten. Die human computerisierte Gesellschaft muß alle möglichen Bemühungen unternehmen, diese beiden Zielkonzepte konfliktfrei zu vereinen – so dies möglich ist.

Datenschutz und ewiges Leben. Die (christlichen) Religionen verheißen ein Leben nach dem Tode. Nur sehr wenigen Menschen ist heute ein *diesseitiges* «Weiterleben nach dem Tode» in Form einer Einbettung ihrer irdischen Werke in das kulturelle Erbe der Menschheit gegönnt. Milliarden von Menschen haben die irdische Welt ohne jegliche Spuren verlassen. In der human computerisierten Gesellschaft entsteht ein neues, historisch völlig unbekanntes Phänomen: Es wird *möglich*, die Geschichte eines jeden Menschen in Form seiner sich akkumulierenden und technisch zu speichernden Daten der Nachwelt zu erhalten. Gibt es also eine durch die Menschheit realisierbare Form des «Weiterlebens nach dem Tode» für alle? Ist dies eine Realisierung des alten Traums von der Unsterblichkeit des Menschens?

Das Jüngste Gericht – Eine große «Computer-Endabrechnung»? Was geschieht langfristig mit den speicherbaren Daten und Schicksalen der Menschen in den Computern der human computerisierten Gesellschaft? Werden sie nach dem Tode vernichtet? Oder wollen wir die Voraussetzungen für ein «Jüngstes Gericht» dadurch schaffen, daß wir laufend die «Datenschatten» speichern und damit die Taten der Menschheit zunehmend vollständig der Nachwelt verfügbar machen? Darf – oder soll – man sich in dieser Vision vorstellen, daß das «Jüngste Gericht» eines Tages die Total-Abrechnung aller «Datenkonten» in der Zentraleinheit eines Riesencomputers ist? – All diese Fragen klingen heute provokativ, ketzerisch, ja unpassend, aber haben wir nicht erlebt, daß durch die Befunde der modernen Naturwissenschaft viele religiöse Bilder neu interpretiert werden mußten? Ist es daher nicht wahrscheinlich, daß in der human computerisierten Gesellschaft ganz neue und sehr unorthodoxe Einsichtungen über das Gott-Mensch-Verhältnis entstehen werden?

Neuordnung der Zehn Gebote? Wenn auch breite Schichten der Bevölkerung der westlichen Industrienationen heute die Zehn Gebote kaum noch *explizit* als Leitsätze akzeptieren, so ist doch unser aller Handeln z. Z. stark durch diese Grundnormen geprägt. Aber wir müssen uns auch vergegenwärtigen, daß die Zehn Gebote in einer Zeit entstanden sind, in der jeder Mensch allein für sich selbst verantwortlich war und eine Einbettung des einzelnen in ganz andersartige, viel «lockerere» politische Infrastrukturen erfolgte. – In der human computerisierten Gesellschaft wird der Mensch im Rahmen eines großen Gesamtkontextes handeln müssen. Hier stellt sich die Frage, ob die Zehn Gebote weiterhin die Grundlage des Handels sein können, ob einige entfallen dürfen oder ob neue hinzukommen müssen?

Wie kann das erste Gebot der absoluten Priorität des allwissenden, allmächtigen Gottes verstanden werden in einer Welt, in der das Wissen über die Welt und das Weltall im Überschuß vorhanden ist und immer deutlicher wird, daß dieses vom Menschen nicht konfliktfrei zu ordnen ist? – Welchen Wert hat das dritte Gebot in einer Welt, in der der Mensch in vielen Bereichen komplexe technische Systeme permanent an Sonn- und Feiertagen genauso wie an Werktagen steuern muß? – Wie kann das Keuschheitsgebot wieder Anerkennung finden, wenn alle Formen neuer Medien eine informationelle Umwelt schaffen, in der der Keuschheitsbegriff schon lange nicht mehr existiert?

Muß man andererseits in den Zehn Geboten nicht Aussagen über die Art und Weise vermissen, wie der einzelne sein

Handeln zum Nutzen des Ganzen in die Gesellschaft einzubinden hat? Ist nicht einerseits die Individualität zurückzustellen und andererseits die Gesamtverantwortung herauszuarbeiten? Was heißt es, nicht seines nächsten Hab und Gut zu begehren, wenn in der human computerisierten Gesellschaft eine «materielle Grundversorgung» als gesellschaftliche Basis gesichert wird?

Computer-Dialog statt Kirchenbesuch? Die christliche Gemeinschaft ist seit urchristlicher Zeit geprägt von dem Bewußtsein, daß die Gemeinde ein *reales* sinnliches Zusammensein von Menschen ermöglicht. Mit den neuen Informations- und Telekommunikationstechniken ist es nun aber möglich, auch virtuelle (nicht materiell realisierte) Gemeinden über technische Kommunikation «zusammenzuhalten». Ist dieses ein akzeptabler Ersatz zum realen Mitwirken in der Gemeinde? Ist es möglich, auf die unmittelbare Teilnahme am Gottesdienst zu verzichten, wenn an dessen Stelle der Dialog mit einem «computerunterstützten Priester» tritt? Welche Stellung haben die Sakramente in einer human computerisierten Gesellschaft? Kann es z.B. eine über Zweiwege-Kabelfernsehen vermittelte Tele-Hochzeit oder Tele-Taufe geben? Kann die letzte Ölung über einen Bildschirmtext-Dialog gespendet werden? Oder warum nicht?

Auch diese Fragen klingen verletzend. Sie widerstreben dem, was wir heute mit Humanität und Religiösität verbinden. Und doch gibt es bereits in den USA Kirchgemeinden, in denen die Priester zum Auflegen der Hände auf den Fernseher auffordern, um am Segen teilhaftig zu werden. Und schon gibt es (Informations-)Angebote der katholischen und der evangelischen Kirche im Bildschirmtext-System. Es ist unwahrscheinlich, daß sich die human computerisierte Gesellschaft in diesen Bereichen keine «Weiterentwicklung» leisten wird. Vielmehr ist anzunehmen, daß es vielerlei Irrungen und Wirrungen geben wird, bis ein neues Gesamtsystem auch im Bereich von Humanität und Religiösität gefunden wird.

Arbeit als Voraussetzung der Selbstverwirklichung? Seit dem Schöpfungswort «Machet Euch die Erde untertan» gibt es für viele eine Beziehung zwischen göttlichem Auftrag und menschlicher Arbeit. Arbeit wird in christlichem Sinne verstanden als Teil einer Aufgabe des Menschen auf Erden. Wenn es nun in einer fortgeschrittenen human computerisierten Gesellschaft möglich ist, ein Leben in Muße zu führen, ohne unmittelbar arbeiten zu *müssen*, so ist die Beziehung zwischen göttlichem Auftrag und menschlichem Handeln neu zu bestimmen. Können die «Mitgliedschaft» in einer human computerisierten Gesellschaft und die «basisdemokratische Mitarbeit» allein ausreichen, um den «menschlichen Arbeitsauftrag» zu befriedigen? Ist es verträglich mit einem christlichen Bild des Menschen, wenn dieser auf die unmittelbare Gestaltung der Welt verzichtet – was vielleicht der Erhaltung der Ökologie zugute käme? Ist vielleicht nicht sogar zu fordern, Beschäftigung im Sinne des Suchens nach Erkenntnis, nach Glauben, nach Gott höher einzuschätzen als Arbeit zur Befriedigung materieller Bedürfnisse? Bedeutet dies nicht eine Rückkehr zu einem sehr viel stärker religiös orientierten Leben als dies im «Jammertal der materiellen Unsicherheit» möglich war? Schließt nicht heutige Arbeit sogar die wirkliche Hingabe an Gott aus, da sie den Menschen aufzehrt und ihm nicht die Kraft läßt, den Glauben zu suchen und zu finden?

Auf alle diese schwierigen Probleme ist bisher weder die Anthropologie noch die Philosophie, geschweige denn die Theologie eingegangen. Noch finden sich Antworten in der Konzeption von Gesellschaftsorganisation, in deren Zentrum immer noch der lohnabhängig arbeitende Mensch steht, der seinen Lebensunterhalt im «Schweiße seines Angesichtes» verdient.

Resümee. Trotz vieler Kirchenaustritte, trotz Verflachung humanitärer und religiöser Werte und Normen, trotz einer oberflächlichen Gleichgültigkeit gegenüber Angelegenheiten des Glaubens wird unser tägliches Leben doch in starkem Maße durch unsere christliche Tradition geprägt. Deshalb muß man davon ausgehen, daß diese Grundeinstellungen auch in eine human computerisierte Gesellschaft mit hinübergenommen werden. – Offen ist die Frage, in welcher Weise das einerseits auf volle (materielle) Individualität und andererseits auf eine bewußte Gott-Mensch-Beziehung abgestimmte humanistische und religiöse Bild der Menschen in dieses System integriert werden kann. Mit dem Aufbau integrierter «intelligenter» Wissens- und Datenbanken entstehen auf Erden Strukturen, die vor einigen hundert Jahren unter dem Begriff der «Allwissenheit in Raum und Zeit» nur bei Gott vermutet wurden. Damit werden viele Gleichnisse und Vorstellungen, die wir aus der Zeit des «autonomen Menschen» übernommen haben, in der human computerisierten Gesellschaft neu zu interpretieren sein.

Zur Zeit besteht ein breiter Mangel an Durchdringung dieser Probleme. Es wird für die Religionen nötig sein, ein neues Konzept für die Interpretation christlicher Offenbarungen zu finden. Dabei ist zu hoffen, daß dies schneller und mit weniger tiefgreifenden «Reibungsverlusten» geschieht als die Anpassung des Glaubens an die naturwissenschaftlichen Erkenntnisse. – Offen bleibt z.Z. insbesondere die Praxis kirchlichen Handelns im Bereich der Informationstechnik. Während heute bereits der mit Fernsehen oder Rundfunk übertragene Gottesdienst zum sonntäglichen Alltag gehört, bieten die neuen *interaktiven* Medien ganz andere Zugangswege zu kirchlichem Handeln und Glauben. Offen bleibt, was hier erlaubt und was hier besser unterlassen werden sollte. Wann werden die Verantwortlichen beginnen, darüber öffentlich nachzudenken?

Kapitel 4
Was muß getan werden?

Das letzte Kapitel soll praktische Hilfen bieten, um die im dritten Kapitel aufgezeigten Wege zu gehen. In einer funktionierenden Demokratie gibt es allerdings keine «Patentrezepte», wie man mit tiefgreifenden und verschiedene Bereiche gleichzeitig betreffenden Problemen fertig wird. So gilt es, viele Ansätze, die im folgenden beschrieben werden, gleichzeitig anzugehen. – Die dargestellten Überlegungen sollen insbesondere «Mut machen», aus der derzeitigen Lethargie durch konstruktives Handeln herauszutreten und mit konkreten Schritten voranzukommen. – Das Kapitel wendet sich an alle *Bürger, die mitwirken müssen, da es sich ja nicht um «Spezialprobleme», sondern um überall auftretende Grundsatzfragen handelt. Insbesondere sind die Parteien und die gesellschaftlichen Gruppen sowie die «Verursacher» der neuen Techniken angesprochen. Letzteren kommt eine besondere Verantwortung in der Gestaltung einer human computerisierten Gesellschaft zu.*

Ein Verständnis der Informationstechnik entwickeln

Informationstechnik ist Fortentwicklung und Neuansatz. Zunächst ist gesellschaftlich zur Kenntnis zu nehmen, daß die sich entwickelnde moderne Informationstechnik sowohl eine Fortentwicklung der Automatisierung menschlicher Arbeit ist als auch ein grundsätzlich neuer Ansatz: Eine *Fortentwicklung* insoweit, als sie das Prinzip der Übertragung menschlicher Tätigkeiten auf Maschinen – die in der Industrialisierung zunächst die manuell-motorischen Fertigkeiten betroffen hat – nun auf die geistigen Fähigkeiten ausdehnt. Geistige Arbeit wird in – immer kleiner werdenden – Maschinen abwickelbar, Computer sind in der Lage, die kognitiv-rationale Arbeit des Menschen zu übernehmen und ihn damit zu substituieren. – Parallel dazu läuft jedoch ein *grundsätzlicher Neuansatz*, der über die Maschinisierung deutlich hinausgeht: Computer-Programme können Entscheidungen treffen oder Ergebnisse erzeugen, die der Mensch *im einzelnen* nicht vorausgesehen hat: Es ist eben nicht notwendig, alle möglichen Kombinationen eines Programmablaufs im Detail durchzuspielen, um ein Programm funktionsfähig zu machen, vielmehr reicht es aus, gewisse Prinzipien im Computer festzulegen, die dann dazu führen, daß das Programm auch unter im Detail nicht vorausgeplanten Bedingungen funktioniert.

Das computerunterstützte Konstruktions-System eines Autokonzerns z.B. welches den Konstrukteur unterstützt, enthält nicht alle denkbaren Karosserieformen, dennoch ist es möglich, mit ihm grundsätzlich alle Karosserieformen zu entwickeln; in dem schachspielenden Computer sind nicht alle Brettstellungen und Züge vorausprogrammiert, dennoch ist der 800 DM-Schachcomputer in der Lage, gegen 98% der deutschen Bevölkerung zu siegen; das Expertensystem, welches das Wissen eines Experten bezüglich der Wissensstrukturen und der Argumentationsketten enthält, besteht nicht aus allen denkbaren Aussagen der Experten, sondern aus einem Regelwerk und einer Wissensbank, die auch Antworten generieren kann, die ein Experte dem System vorher *nie* explizit eingegeben hat. Dieses Neuartige der Technik, Leistungen zu erbringen, die im einzelnen nicht vorprogrammiert waren, gilt es insbesondere zu verstehen. Hier liegt die eigentliche Revolution der neuen Informationstechnik.

Eine andere, ebenfalls außerordentlich wichtige Einsicht ist die, daß die Informationstechnik in einigen Bereichen die kognitive Leistung des Menschen um das Millionen-, ja das Hundertmillionenfache übersteigt (z.B. bei der Multiplikation zweier 6ziffriger Zahlen). Eine derartige Leistungssteigerung, die dem einzelnen Menschen auch zunehmend unmittelbar verfügbar ist, konnte im Bereich der manuell-motorischen Leistungen nicht realisiert werden. (Ausnahmen bilden hier bestenfalls große Düsentriebwerke, die aber nur in Ausnahmefällen einzelnen Menschen verfügbar sind.) Auch die *Menge* der von einem Rechnerprogramm gleichzeitig verarbeitbaren Daten übersteigt den Rahmen, der von menschlicher Informationsverarbeitung mit strukturierten Daten zu bewältigen ist, um das Tausend- oder Zehntausendfache. Ein Rechner ist in der Lage, hundert Meßwerte simultan im Zehntelsekunden-Takt zu bearbeiten, ein Mensch ist schon überfordert, wenn er einige wenige Meßwerte im Sekunden-Takt abarbeiten soll, d.h. es ist nicht nur der quantitative Wandel, sondern auch der daraus resultierende qualitative zu verstehen.

Anpassen statt Lernen. Wir sind aus der klassischen (elektromechanischen) Technik gewohnt, daß die Lösung eines Problems grundsätzlich transportabel ist: Der einmal erfundene Elektromotor konnte in Tausende, ja in Hunderttausende von Geräten eingebaut werden, überall funktioniert er nach dem gleichen Prinzip und erbringt die notwendigen Leistungen. Aber er muß für jede Anwendung speziell als Gerät (Hardware) gebaut werden. Das prinzipiell Neue an der Informationstechnik ist die Potenz der schnellen Umfunktionierbarkeit einer *vorgegebenen* Hardware. Mit der Informationstechnik ist es möglich, ein einziges Gerät (den Computer, den Mikroprozessor) zu außerordentlich verschiedenen Aufgaben zu nutzen: Der gleiche Rechner kann in der Medizin, in der Prozeßsteuerung oder in der Sprachverarbeitung verwendet werden. Dieses neue Phänomen, das Technik «aus dem Stand lernen» kann, muß verstanden werden. Hierbei ist besonders wichtig, zur Kenntnis zu nehmen, daß die Technik im Sekundenbereich lernt: Dies ist genau die Zeit, die man braucht, um ein Programm für eine neue Anwendung in einen Rechner zu laden. Damit unterscheidet sich der Computer grundsätzlich vom Menschen, da dieser eine lange Einführungs- und Lernphase braucht, um eine gewisse Arbeit zuverlässig in einer vorgegebenen Zeit abzuwickeln, ist der Rechner «sofort» einsatzfähig, er kann «geprägt» werden.

Nur das Ende vom Anfang ist erreicht. Auch in der klassischen Technik gab und gibt es kontinuierliche Verbesserungen: Der Otto-Motor beispielsweise hat sich in den letzten 100 Jahren deutlich gewandelt. Wenn man aber typische Charakteristika, wie z.B. den Energieverbrauch, betrachtet, so stellt man fest, daß nur relativ geringe Veränderungen möglich waren. Demgegenüber hat der Energieverbrauch elektronischer Schaltungen für eine bestimmte Aufgabe heute im Vergleich zu den 50er Jahren um den Faktor 1 Million (!) abgenommen, weitere Reduktionen sind durch weitere Hochleistungsintegration auf den Chips vorprogrammiert. – Auch das Volumen informationstechnischer Systeme konnte durch die Mikroelektronik um vergleichbare Faktoren gesenkt werden. Diese Entwicklungen gehen weiter!

Der Erfolg der «neuen» Technik wird auch im wesentlichen dadurch bestimmt, daß wir seit der Aufklärung versucht haben, alle Prozesse des Lebens rational zu erklären; ein breites Spektrum derartig rationaler Prozesse liegt heute vor und «wartet darauf», von der Informationstechnik in automatische Prozesse übertragen zu werden. Dies Potential wird um so größer, je weiter die Forschung der «künstlichen Intelligenz» fortschreitet und je mehr Kenntnisse über die Funktion des menschlichen Gehirns und deren Übertragung auf den Rechner zur Verfügung stehen. Gerade im Bereich der Heuristiken, also der Programme, die nur mit einer gewissen Wahrscheinlichkeit zum Erfolg führen, stehen wir erst ganz am Anfang der zu erwartenden Durchbrüche.

Eine weitere wichtige Einsicht, die es gilt, breiten Schichten zu vermitteln, ist der auf uns zukommende *Massenmarkt* von Informationstechnik. Während klassische Technologien Jahrzehnte gebraucht haben, ehe sie aus kleinen Anwendungsbereichen in den Massenmarkt übergegangen sind, sind die Mikroelektronik und der Mikrocomputer bereits heute ein Massenprodukt. Nur über große Käuferzahlen sind vernünftige Preise zu realisieren; deswegen werden die Hersteller von Informationstechnik alles tun, um die Massenmärkte weiter auszuweiten. Dieses führt dazu, daß immer breitere Schichten in unmittelbare Berührung mit der Informationstechnik kommen werden. Der «Computer» – und das gilt es zu verstehen – ist *nicht eine elitäre Technik* einer kleinen Gruppe, sie ist eine *dezentrale Massentechnik*, die für jedermann entwickelt und von jedermann genutzt werden kann.

Dieser Trend wird sich intensiv verstärken, wenn die Sprachverarbeitung serienreif ist, d.h. wenn der kostengünstige

«Sprechschreiber» auf dem Markt und akustische Ausgabe von Computern mit guter Qualität möglich ist. Dann wird die unmittelbare Kommunikation des Menschen mit dem Rechner sich immer stärker an die derzeitige Mensch-Mensch-Kommunikation anlehnen. Damit werden ganz neue Perspektiven der Nutzung und der Integration der Informationstechnik entstehen. – Ein weiterer außerordentlich wichtiger Bereich ist die Entwicklung der Roboter: Während wir bisher im wesentlichen den Industrie-Roboter im Auge haben, ist zu erkennen, daß in wenigen Jahren kleine bewegliche Roboter sowohl in der handwerklichen Fertigung als auch im Haushalt verfügbar sein werden. Damit werden vielerlei Montagearbeiten und «Handreichungen», die z. Z. noch eine Kombination von manuell-motorischen und kognitiven Fertigkeiten fordern, von Robotern übernommen werden können.

Hierzu wird es nötig sein, die Mustererkennung und vor allen Dingen die Verarbeitung von Bildern der realen Umwelt wesentlich zu verbessern. Aber wir müssen erkennen, daß gewaltige Kräfte an diesen Entwicklungen arbeiten: Das Militär z.B. unternimmt vielerlei Anstrengungen, die Aufklärung zu automatisieren, um schneller und sicherer zu Daten zu kommen; dabei werden die notwendigen Algorithmen für die Verarbeitung realer Umwelten im Rechner «abfallen».

Schließlich gilt es zu erkennen, daß die heutige Software-Produktion, nämlich das von Hand geschriebene Programm, nur der Einstieg in die Programmierung von Rechnern war. Die detaillierte Kenntnis gewisser Problemstrukturen einerseits und andererseits die Möglichkeit, auch sehr komplizierte Programmiersprachen unmittelbar von der Maschine verarbeiten zu lassen, werden dazu führen, daß immer «höhere» problemorientierte Sprachen verfügbar werden; sie werden letztlich die Struktur eines Programmgenerators haben. Für diesen ist es nicht mehr notwendig, das «Wie» eines Programms im einzelnen vom Benutzer zu spezifizieren, sondern nur noch anzugeben, «was» das Programm wirklich tun soll. Damit verschiebt sich die gesamte Programmierarbeit zum einen in die Köpfe von Superspezialisten, die die neuen «Super-Programmgeneratoren» schreiben, und zum anderen zu den eigentlichen Anwendern, die jetzt in der Lage sind, ihr Anwenderwissen «unmittelbar» in ein Programm zu übertragen. Der Informationstechnik-Führerschein zahlt sich hier aus: Es ist dann in der Nutzung von Informationstechnik möglich, einen Rolls-Royce zu fahren, auch wenn man zunächst nur auf einem VW-Polo gelernt hat!

Keine grundsätzlichen technischen Schranken. Auch im Gegensatz zum Verständnis «klassischer» Technik müssen wir wirklich verstehen lernen, daß die Informationstechnik für die nächsten Jahrzehnte keine grundsätzlich erkennbar technischen Grenzen hat! Die bekannten Prinzipien der Halbleiter-Physik erlauben eine weitere intensive Verdichtung der Schaltungen; es sind ausreichend neue Materialien bekannt, die die Erhöhung der Leistungsfähigkeit elektronischer Schaltkreise garantieren; angesichts billiger Massenproduktion ist die Parallelisierung vieler Prozessoren mit gewaltigen Leistungssteigerungen neuer Rechner-Architekturen grundsätzlich möglich; die vorhandenen Speicherdichten sind weder im Bereich der Festkörperspeicher noch der optischen Speicher ausgereizt, hier sind Zuwächse um Faktoren von 100 durchaus realistisch; es entwickeln sich neue, für technische Informationsverarbeitung nutzbare Strukturen, die makromolekulare Chemie auf der einen Seite und die Genetik auf der anderen Seite bereiten sich darauf vor, in vielleicht 10–20 Jahren biologisch produzierte «Halbleiterelemente» herzustellen. (Obwohl die Entwicklung des «Biocomputers» noch in den «kleinsten Kinderschuhen» steckt, kann man doch erwarten, daß hier grundsätzliche Revolutionen der technischen Informationsverarbeitung mit biologischen Methoden möglich sind.)

Wichtig ist vor allem auch, daß man sich klarmacht, daß die Informationstechnik – im Gegensatz zu allen anderen Techniken – *praktisch kein* Material und *kaum* Energie verbraucht. Damit gibt es langfristig weder Ressourcen- noch Energie-Probleme bei der Produktion und beim Betrieb von Informationstechnik. Die Glasfaser als Telekommunikationsstrang ist hier ein besonders leistungsfähiger Prototyp: Bei extrem gesteigerten Datenübertragungsraten kommt die Glasfaser mit einem der billigst verfügbaren Rohstoffe, dem Sand, aus. Außerdem ist der Energieaufwand zum Nachrichtentransport wesentlich geringer als der in Kupferleitungen. Der konsequente Übergang vom Kupfernetz zum Glasfasernetz erlaubt den Transport riesiger Datenmassen zu außerordentlich günstigen Tarifen, insbesondere, wenn derartige Netze auf den Fernstrecken durch Satelliten unterstützt werden.

Breite Vermittlung der Trends über die Medien. Trotz eines drastisch gestiegenen Buch- und Zeitschriften-Marktes im Bereich der neuen Informationstechnik ist das Wissen der *breiten* Bevölkerung über die Potentiale dieser Technik und die daraus resultierenden Konsequenzen außerordentlich gering. Das hat seine

Ursachen u.a. darin, daß ein großer Prozentsatz aller Redakteure in den Massenmedien nicht aus dem Bereich Naturwissenschaft und Technik kommt. Deshalb bereitet es ihnen außerordentliche Schwierigkeiten, die modernen Entwicklungen selbst zu verstehen und angemessen zu transportieren. Hier bedarf es also zunächst der «Aufklärung der Aufklärer», um eine Breitenwirkung zu realisieren.

Daß derartiges grundsätzlich möglich ist, hat Großbritannien eindrucksvoll vorgeführt: Margret Thatcher hat das Jahr 1982 zum «Year of Information Technology» erklärt. In dieser Zeit waren alle Medien intensiv damit beschäftigt, die verschiedenen Aspekte der Informationstechnik zu transportieren. Man fand auf der *Titel*seite seriöser Tageszeitungen z.B. Nachrichten über die Installation von Rechnern in einer Londoner Schule. Die BBC strahlte Computer-Kurse aus, an denen Millionen Briten teilnahmen. Durch ein kombiniertes Schul-Ausstattungs- und Lehrerfortbildungs-Programm der Regierung gelang es z.B. in fast allen Schulen, sowohl Qualifikationen bei der Lehrerschaft als auch eine angemessene Ausstattung zu realisieren, etc.

Wenn wir uns wirklich ernsthaft mit den neuen Technologien auseinandersetzen und insbesondere versuchen wollen, positive Aspekte herauszuarbeiten und negative aktiv zu verhindern, so wird es darauf ankommen, daß die Medien sehr viel stärker als bisher ihre Aufgabe wahrnehmen, wichtiges Wissen um zentrale Technologien, aber auch Wissen um Probleme und Problemlösungen zu transportieren. – Es ist beschämend, daß sich bisher in der Bundesrepublik die öffentlichen Diskussionen auf einige wenige, relativ uninteressante Teilaspekte wie Kabelfernsehen, Volkszählung oder maschinenlesbaren Personalausweis beschränkt haben; hier werden nur wichtige *Teil*-Probleme der Konsequenzen der Informationstechnik angesprochen.

Aber die Diskussion dieser Teilaspekte führt *nicht* dazu, das Gesamtkonzept einer human computerisierten Gesellschaft zu verstehen, da im Detail immer beliebig viele «Tricks der Technik» möglich sind und genutzt werden: Durch Verhinderung des Aufbaus großer öffentlicher Datenbanken z.B. wird noch lange nicht der Aufbau von Datenbanken über Menschen generell behindert, gibt es doch viele andere Träger, die Daten speichern (z.B. Banken, Ärzte, Krankenkassen, Versicherungen); durch die Ablehnung des Kabelfernsehens wird keineswegs gesichert, daß ein «abgewogenes» Fernseh-Programm in den Familien angeboten wird, gibt es doch schon lange den Videorecorder und das «vierte

Programm», welches sich zunehmend als selektive «Porno- und Brutalitätsszene» ausbreitet; auch die Maschinenlesbarkeit des Personalausweises ist keineswegs Voraussetzung dafür, daß Daten, die in Polizei-Informationssystemen vorhanden sind, mit Daten des Personalausweises gekoppelt werden können, jeder vorhandene Personalausweis oder Reisepaß kann mit einem einfachen optischen Lese-System auch unmittelbar automatisch gelesen werden, ohne daß er dafür die Form einer maschinenlesbaren Karte haben muß. Die Verhinderung des maschinenlesbaren Personalausweises beseitigt also nicht das *Strukturproblem* der Bindung von Daten in der Hand des Bürgers und Daten im Besitz des Staates usw.

Aufklärung tut not. Die konsequente Nutzung der Informationstechnik in einer human computerisierten Gesellschaft erlaubt im Prinzip die Erfüllung eines uralten Menschheitstraums: Es ist möglich, mit einem Minimum an Arbeit eine sichere Lebensgrundlage in Form einer «Grundversorgung» für alle zu sichern: Automatische Maschinen in der Landwirtschaft, in der Produktion von einfachen Konsumgütern und im Bereich der Produktion und Installation von Wohnraum sind in der Kombination aus moderner elektro-mechanischer Technik und Informationstechnik möglich! Dieses Wissen muß zunächst als Aufklärung über den derzeitigen Stand des möglichen Fortschrittes der Produktivität vermittelt werden. Es geht bei konsequenter Nutzung der neuen Technik in den Industrienationen *nicht* mehr um die Frage, wie nacktes Überleben gesichert werden kann, sondern es geht zunehmend um das Problem, wie kann – aufbauend auf einer weitgehend automatisch produzierten Grundproduktion – diese und der weitere Reichtum *sozial gerecht* verteilt werden.

Diese Vision widerspricht in ihrer Tragweite noch allen unseren aus dem 19. Jahrhundert stammenden Grundhaltungen. Deshalb ist es so notwendig, daß die Prinzipien der Potenzen der Informationstechnik *jedermann* vermittelt werden. – Aufklärung gilt es auch zu betreiben im Hinblick auf eine bessere Kenntnis der Komplementarität von menschlicher und technischer Informationsverarbeitung. Auch hier sind wir verhaftet in den Gewohnheiten der ersten Hälfte dieses Jahrhunderts und voriger Jahrhunderte: Wir sehen als Spitze geistiger Entwicklung nur den «geistig autonomen» Menschen. Da aber erkennbar ist, daß nur ein kleiner Teil der Bevölkerung zu den «Unberechenbaren» gehört, muß jetzt deutlich gemacht werden, daß *alle* anderen

Bürger eine echte Chance haben, an den Potentialen erweiterter Informationsspeicherung und Informationsverarbeitung teilzuhaben, wenn sie die moderne Informationstechnik nutzen. Genauso wie wir gelernt haben, das Automobil zu nutzen, um unsere physische Mobilität zu erhöhen, so müssen wir uns klarmachen, daß unsere kognitiv-psychische Mobilität durch das Persönliche Informations- und Telekommunikations-System drastisch verbessert werden *kann*.

Aufklärung heißt in diesem Sinne *kritisches* Heraustreten aus einer durch die Grenzen menschlicher Informationsverarbeitung bestimmten Welt in eine neue, in der ein durch die Informationstechnik unterstützter Mensch lebt und arbeitet. Aufklärung heißt auch, zu verstehen, wo die Grenzen menschlicher Informationsverarbeitung sind und wie diese hinausgeschoben werden können durch eine qualifizierte Bildung und Ausbildung für Leistungen «jenseits» des Kognitiv-Rationalen (Entwicklung der «rechten Gehirnhemisphäre»).

Resümee. Die gesellschaftlichen Diskussionen um die «Folgen der Informationstechnik» werden heute auf allen Ebenen im wesentlichen von *informationstechnologischen Analphabeten* geführt. Dieser Analphabetismus bezieht sich nicht nur auf die technischen Details, sondern er bezieht sich darauf, daß *Grundeinsichten in die Struktur, die Funktion und die Potentiale technischer Informationsverarbeitung bei breiten Schichten* nicht vorhanden sind. Dieser Zustand darf in hochindustrialisierten Gesellschaften nicht andauern, wenn es nicht zu gravierenden Verwerfungen kommen soll. Unter diesen Umständen ist eine breit angelegte Aufklärung über die Potenzen, aber auch die Probleme der Informationstechnik unabdingbar. Alle Organe der Meinungsbildung müssen daran teilnehmen, die Prinzipien der Informationstechnik und deren Konsequenzen zu vermitteln. Dies gilt insbesondere für die traditionellen Medien, es gilt aber in gleicher Weise für die Parteien und die großen «gesellschaftlichen Gruppen», die hier bisher weitgehend versagt haben.

Forderungen an die Gesellschaftspolitik

Basisarbeit in den Parteien. Wenn die Politik in der Bundesrepublik in Zukunft Perspektiven und konstruktive Utopien für eine human computerisierte Gesellschaft anbieten soll, so ist es notwendig, daß auch *die Basis* der Parteien entsprechende Vorstellungen entwickelt oder zumindest trägt. Dazu bedarf es zunächst eines Schneeballsystems von Informationsträgern, die dafür sorgen, daß auch auf der lokalen Ebene wirklich über den großen Themenkomplex, der hier relevant ist, gesprochen wird. Dies wird aber nur möglich sein, wenn entsprechendes Wissen aus Wirtschaft, Industrie und Wissenschaft an die Partei-Basis vermittelt wird. (Daß eine solche Basisarbeit *grundsätzlich* möglich ist, hat z.B. die CDU-Führung gezeigt, als sie versuchte, ihre Argumente für die Pershing-II-Stationierung in der Breite zu vermitteln.)

Neben vielen Seminaren und praktischen Vorführungen der Informationstechnik sowie ihrer Anwendungen sollten die Parteien ein Repertoire wichtiger Schriften mit Literaturhinweisen erstellen und ihren Mitgliedern verfügbar machen. – Es sind entsprechende Kommissionen einzurichten, die sich mit den zentralen Themenblöcken der Konsequenzen der Informationstechnik befassen. Diese Kommissionen sollten, als Baustein einer Gesamtkommission, für die Parteitage entsprechende Leitsatzanträge erarbeiten, die dann zu einem Gesamtkonzept integriert wieder nach unten vermittelt werden können. – Bei den Arbeiten in den Parteien sollte der Versuch unternommen werden, die gewaltige Problematik des Überganges aus einer «elektro-mechanischen» in eine human computerisierte Gesellschaft nicht als parteiideologische Frage zu sehen, sondern als eine generelle Herausforderung an die Leistungsfähigkeit der Demokratie. Man sollte also vermeiden, von vornherein ideologische Grundsatzpositionen zu entwickeln (wie z.B. für oder gegen die 35-Stunden-Woche), sondern vielmehr zunächst den ganzen Problemkomplex aufarbeiten und im Hinblick auf Gesamtlösungen strukturieren.

Notwendigkeit langfristigerer Konzeptionen in den Gewerkschaften. Die Gewerkschaftspolitik muß im Umgang mit den Konsequenzen der Informationstechnik zu einem langfristigen Konzept kommen. Das kurzhubige «Dafür»-, «Dagegen-»- und dann «Wieder-dafür-Sein» hilft weder der Gewerkschaftsspitze noch der breiten Schicht der Arbeitnehmer, eine Perspektive zu entwickeln. Insbesondere muß der Deutsche Gewerkschaftsbund zur Kenntnis nehmen, daß die Probleme der Automatisierung und Computerisierung in den Einzelgewerkschaften sehr unterschiedlich zu sehen sind. Es kann nicht um einen allgemeinen «Klassenkampf» oder gar einen «Krieg» um die 35-Stunden-Woche gehen, sondern es kommt darauf an, Lösungen zu finden, die in einzelnen Branchen für die Arbeitnehmer günstig *und* insgesamt volkswirtschaftlich vertretbar sind. Ein solches Konzept kann keine einheitliche branchenunabhängige Struktur haben, es kann nur Leitlinien im Rahmen eines Gesamtverständnisses entwikkeln.

Die derzeitigen Überlegungen und Forderungen zu einer einheitlichen 35-Stunden-Woche verfehlen den Kern der eigentlich notwendigen Diskussion: Fortschreitende Computerisierung und Automatisierung werden das Verhältnis von Produktivität zu Arbeit zu Lohn *grundsätzlich* verändern. In dieser Situation sind alle Versuche, durch «Hilfskonstruktionen» diese Kopplung aufrechterhalten zu wollen, mittelfristig aber spätestens langfristig zum Scheitern verurteilt. Sie werden insbesondere in den Bereichen scheitern, wo die Automatisierung sehr viel schneller fortschreitet, als man dies durch eine Arbeitszeitverkürzung kompensieren kann, für die die Gesamtarbeitnehmerschaft ein Verständnis haben kann. (Z. B. 10-Stunden-Woche bei Daimler-Benz *und* 32-Stunden-Woche im öffentlichen Dienst?)

Die Gewerkschaften sollten sich insbesondere bemühen, zur Gesamtkonzeption einer angemessenen «Grundversorgung» breiter Schichten zu kommen. Nur auf dieser Ebene erscheint eine langfristige und soziale Lösung der Automatisierungsprobleme denkbar. Hierbei müssen insbesondere die Einzelgewerkschaften darauf Bezug nehmen, daß auch die Arbeitgeber *langfristig* kein Interesse haben können, ausschließlich automatische Fabriken zu erstellen: Ergäben sich doch daraus erhebliche Probleme in Geldumlauf und in der Kaufkraft, da ja deutlich fallende Lohnanteile die Kaufkraft schwächen.

Aber auch hier sind *keine* globalen Lösungen, sondern branchenspezifische Ansätze zu suchen. Die Gewerkschaften sollten dabei alles tun, um auch ihre Basis in den Betrieben zu aktivieren, an Lösungen mitzuwirken. Das eigentliche Wissen um zukunftsorientierte Produktions- und Verwaltungsverfahren liegt in den Köpfen der Gewerkschaftsmitglieder und ist nicht notwendigerweise bei den Funktionären repräsentiert. Wenn es gelingen soll, auch in den Gewerkschaften Basisarbeit zu aktivieren, indem entsprechende Kommissionen und Seminare sowie geeignete Informationsschriften erarbeitet werden, so erscheint es mittelfristig möglich, gewerkschaftliche Positionen zu entfalten, die aufgrund ihrer stringenten *gesamt*-ökonomischen Konzeption auch für die Arbeitgeber verhandlungsfähig sind.

Insbesondere müssen sich die Gewerkschaften Gedanken darüber machen, ob es verantwortbar ist, nur die Interessen ihrer *derzeitigen* Mitglieder zu vertreten oder ob sie sich nicht im Sinne des Gemeinwohls auch verstärkt um potentielle Arbeitnehmer, d.h. vor allem die *arbeitslose Jugend*, bemühen müssen. Das Konzept der human computerisierten Gesellschaft ist eine Gesamtvision für *alle* Menschen in einem Lande, es kann also nicht nur aus der Perspektive der Arbeitnehmer entwickelt werden, die z.Z. gerade in Lohn und Brot sind. Die Arbeitslosen sollten in den Gewerkschafts-Arbeitsgruppen angemessen vertreten sein.

Notwendigkeit von Perspektiven bei den Arbeitgebern. Auch die Arbeitgeber haben es bisher versäumt, mittel- und langfristige Perspektiven zu durchdenken und vorzulegen, wie z.B. mit automatisierter Produktion, elektronischer Verwaltung und virtueller Lager-Wirtschaft (ggfs. sogar unter Aussparung der üblichen Handelsketten) eine politisch-stabile Volkswirtschaft organisiert werden soll. Ihr Augenmerk ist z.Z. – verständlicherweise – allein auf die Wettbewerbsfähigkeit am *heute* existierenden Markt gerichtet; dies *allein* aber ist keine Konzeption, um langfristig eine stabile Volkswirtschaft – und damit auch Gewinne – zu sichern. Die Arbeitgeber müssen zur Kenntnis nehmen, daß weitverbreitete vollautomatisierte Fabriken auch für sie Probleme darstellen: Wenn die Lohnanteile überall drastisch sinken, so schmilzt der Konkurrenzvorteil. Es verringert sich gleichzeitig die Kaufkraft, und die Amortisation von Investitionen in automatische Produktionsstätten ist gefährdet.

Es heißt also auch aus Sicht der Arbeitgeber, bald eine mittel- und langfristige Vision zu entwickeln, die zum einen eine automatische «Grundversorgung» realisiert und zum anderen ein darauf aufbauendes System der freien Marktwirtschaft ermöglicht. Die Arbeitgeberverbände müssen diese Fragen branchenspezifisch erörtern, d.h. sie müssen geeignete Kommissionen bilden, die zum einen den Sachverstand des Managements, zum anderen aber volkswirtschaftliche Argumente aufnehmen und umsetzen. Durch eine derartige Basisarbeit, insbesondere unter Berücksichtigung mittelständischer und kleiner Unternehmen, ließe sich eine wirtschaftliche Konzeption für die human computerisierte Gesellschaft entfalten. – Mit den Bildungswerken haben die Arbeitgeber heute bereits ein Instrumentarium, um das notwendige Know-how an die Basis der Betriebe und von «unten» nach «oben» zu transportieren. Diese Wege gilt es intensiv zu nutzen und zu entfalten.

Die Arbeitgeber müssen insbesondere versuchen, einen grundsätzlichen Anstoß dafür zu geben, daß wir aus der heutigen Importabhängigkeit im Bereich der Informationstechnik wieder in eine exportaktive Position kommen. Dieses erfordert nicht nur die notwendigen Basisinnovationen und bestes Management in den Betrieben, sondern auch eine Gesamtstrategie, wie die bundesrepublikanische Wirtschaft sich im internationalen Wettbewerb gegenüber den pragmatisch handelnden Ländern wie USA und Japan, behaupten will. Es erscheint einsichtig, daß ein unter einem gemeinsamen Konzept entwickeltes Vorgehen mittelfristig auf dem Weltmarkt mehr Chancen hat als der isolierte Einzelkampf um – letztlich zu kleine – Marktsegmente. Auch an dieser Stelle bedarf es intensiver Abstimmungen, sowohl zunächst innerhalb der Arbeitgeberverbände als auch im Kontakt mit politischen Organisationen und den Gewerkschaften, auch auf europäischer Ebene.

Entwicklungskonzepte in den Parlamenten erarbeiten. Die mannigfaltigen Wirkungen der neuen Techniken in Wirtschaft, Bildung, Freizeit, Datenschutz usw. machen es notwendig, daß sich insbesondere die Landtage viel stärker als bisher mit der sozialen und wirtschaftlichen Herausforderung der Informationstechnik befassen. Während bisher bestenfalls die Regierungen in kleinen Schritten Teilprobleme zu lösen suchen, fehlt es auf Landesebene in aller Regel an einer Gesamtkonzeption für die Integration der Informationstechnik in den Ländern. Deshalb erscheint es notwendig, daß innerhalb der vorhandenen Landtagsausschüsse besondere *Innovationsausschüsse* gebildet werden, die sich speziell der Frage der Konsequenzen der Informationstechnik annehmen. Derartige Ausschüsse sollten in ihrer interdisziplinären Zusammensetzung komplementiert werden durch Vertreter von Wirtschaft, Industrie und Wissenschaft.

Bevor es allerdings zur Bildung solcher Gruppierungen kommen kann, bedarf es einer breiten und größeren Beteiligung *aller* Landtagsabgeordneten; angesichts der Notwendigkeit, tagespolitische Ereignisse schnell «abzuarbeiten», fehlt es heute weithin an Zeit für wichtige, langfristige und grundsätzliche Überlegungen! Dieser permanenten Notsituation ist z.B. durch langfristig geplante Klausurtagungen, die mit den Landtags-Sitzungen abzustimmen sind, entgegenzuwirken. Sollen neue Krisen verhindert werden, muß antizipatorisch und nicht reaktiv gearbeitet werden.

Die Ministerien der Landesregierungen sollten sehr viel stärker als bisher durch konstruktive Vorlagen die entsprechenden Ausschüsse der Landtage unterstützen – aber auch provozieren. Konzepte einer human computerisierten Gesellschaft können auf Landtagsebene nur entstehen, wenn eine intensive, aber auch kontroverse Auseinandersetzung über die Einzelthemen mit dem Ziel einer Konsensfindung erfolgt.

Gleiche Anstrengungen sind natürlich auch im Bundestag zu unternehmen, wobei die Bund-Länder-Kooperation weiter aktiviert werden muß.

Notwendige Kooperation der Kultusminister. Die föderative Struktur der Bildungspolitik in der Bundesrepublik macht es natürlich grundsätzlich schwer, im Bereich von Bildung und Ausbildung zu einer einheitlichen Bewältigung der «Neuen Bildungskrise» zu kommen. Um so wichtiger ist es, daß die Kultusverwaltungen zunächst für ihre eigenen Länder, aber dann in Abstimmung miteinander, entsprechende Schritte in der *curricularen Revision* entwickeln. Grundsätzlich sollte man versuchen, die Erfahrungen aufzunehmen, die z.B. die Engländer bei der Bewältigung der informationstechnischen Herausforderung in der Schule gemacht haben: Zum einen sollten die Kultusminister gewisse Anreize schaffen, die es den Schulen möglich machen, die Informationstechnik (das ist viel *mehr* als ein *Schulrechner!*) in der Schule verfügbar zu machen. Ferner ist gleichzeitig sicherzustellen, daß die Lehrerqualifizierung schnell entwickelt wird – nicht nur bezüglich der neuen Techniken, sondern insbesondere für die Vermittlung von Fähigkeiten *jenseits* der Informationstechnik! Hierzu eignen sich Schneeball-Systeme für die Lehrerfortbildung, die auf der Verfügbarkeit geeigneter Anleitungen und Hilfen aufgebaut werden müssen. Dazu gehört insbesondere die Bereitstellung von geeigneten Unterrichtsmaterialien für die Schulen und von Software, die in den *verschiedenen* Unterrichtsfächern sinnvoll genutzt werden kann.

Auch die großen Lehrerverbände sind hier gefordert, ihre Mitglieder in die Problematik einzuführen und darauf zu drängen, daß im Rahmen ihrer Verbandsarbeit die notwendigen Initiativen entwickelt werden. Die Herausforderung der Informationstechnik an Bildung und Ausbildung ist *kein* Eintagsgeschäft, vielmehr muß man davon ausgehen, daß die zunehmende Aufspaltung von Informationsverarbeitung zwischen Gehirnen und technischen Systemen ein Dauerthema bleiben wird. Insofern wird das Bildungswesen notgedrungen *permanent* an dieser Stelle nachdenken müssen. *Es gibt keine endgültigen Lehrpläne irgendeines Faches*, wenn man berücksichtigt, daß die Informationstechnik in allen Bereichen leistungsfähiger wird – und über billige Preise eines Massenmarktes – leistungsfähige Systeme ständig in die Familien und in die Wirtschaft trägt.

Dies bedeutet, daß das Planungsverhalten der Kultusminister und der Berufsausbilder grundsätzlich zu verändern ist. Die heutigen Planungszeiträume im Bereich von 5 bis 8 Jahren – insbesondere bei den Ausbildungsordnungen – sind völlig ungeeignet, um eine schnelle Weiterentwicklung von Bildung und Ausbildung zu sichern. Die Kultusminister werden sich generell überlegen müssen, inwieweit sie mittels eines «Grass-Root»-Ansatzes die Basisinnovation durch mehr Freiheit in der Praxis unterstützen können. Dem Lehrer ist mehr Spielraum für die Organisation seiner mehr erzieherisch orientierten Aufgaben zu geben, die er zunehmend komplementär zur Informationstechnik verfolgen muß.

Man darf allerdings auch die Führungsfunktion der Kultusminister nicht unterschätzen! Wenn sie und die zuständigen Bildungspolitiker in den Landtagen wirklich konzeptionell klare Vorstellungen haben, wie die human computerisierte Gesellschaft aussehen soll und wie dieses in Bildung und Ausbildung umzusetzen ist, besteht eine Chance, breite Schichten der Lehrer zu motivieren und zu aktivieren.

Notwendigkeit eines Konzeptes der Bundesregierung. Bis auf einen einzigen – auf das Problem verweisenden – Satz in der Regierungserklärung von Bundeskanzler Dr. Kohl, gibt es bisher auf der Ebene der Bundesregierung keine einheitliche Vision, geschweige denn eine Planung für den Weg in die human computerisierte Gesellschaft. Obwohl in vielen Einzelmaßnahmen erkennbar ist, daß die *human-alternative* Gesellschaft für die Bundesregierung *kein* Ziel ist, und damit nur der Weg in die konsequente und sinnvolle Nutzung der Informationstechnik bleibt, so fehlen doch zentrale Aussagen über die Lösung fast aller wichtigen Probleme: Das «Bildungs-Ressort» hat bisher kein modernes Konzept für die berufliche Weiterbildung, geschweige denn für Rahmenvorstellungen zur Allgemeinbildung entwickelt; das «Familien-Ressort» hat sich der Frage der verbesserten Entfaltung von Sozialstrukturen in einer sich zunehmend computerisierenden Welt kaum zugewandt; das «Forschungs-Ressort» hat zwar mit dem Informationstechnik-Programm innovative Anstöße für die Entwicklung der eigentlichen Technik gegeben, den gesamten Bereich der Analyse und Auswertung von Konsequenzen eines technologischen Schubes für die Gesellschaft aber weitgehend ausgespart; im «Arbeits- und Sozial-Ressort» ist bisher völlig unklar geblieben, wie das Konzept einer «Grundversorgung» überhaupt aussehen kann und wie es politisch umsetzbar ist; auch aus dem «Verteidigungs-Ressort» sind bisher keine Vorstellungen entwickelt worden, wie die weitere Computerisierung und Automatisierung der Kriegsmaschinerie in einem demokratischen Staat reflektiert und kontrolliert werden kann.

Wenn es schon auf der Ebene der Einzelressorts an Konzepten und Planungen fehlt, so hat – natürlich? – auch die Gesamtregierung bisher in diesem Bereich keinen Entwurf einer mittelfristigen Konzeption erarbeitet, geschweige denn politisch zu bewältigen und umzusetzen versucht. Wirtschaftspolitisch offen erscheint insbesondere die gravierende Frage, ob sich die Bundesrepublik langfristig als Importland für Informationstechnik versteht oder ob sie zu einem Exportland für die Technik selbst oder zumindest für Konzepte zur Lösung der von der Technik verursachten Konsequenzen werden kann und will.

Die Bundesregierung sollte zumindest dem britischen Beispiel folgen und ein «Jahr der Informationstechnik» durchführen, in dem mit entsprechenden Ansätzen ein breites Bewußtsein um die Chancen einer human computerisierten Gesellschaft entwikkelt werden könnte. Wenn man sich vergegenwärtigt, daß der Aufwand, der in den Medien und in der Regierung zu isolierten, relativ belanglosen Einzelfällen (z.B. die Affäre Kießling–Wörner) getrieben wird, auch für die Behandlung der Frage eingesetzt werden könnte, wie sich die Computerisierung in der Gesellschaft bewältigen läßt, so besteht hier offensichtlich ein gewaltiges Potential – wenn es doch genutzt würde!

Vielleicht ist es wirklich erst notwendig – und dies ist keineswegs zynisch gemeint –, daß es zunächst zu einer ernsten Krise kommen muß, ehe die Politik reagiert. Vielleicht ist selbst die «Neue Bildungskrise» hier nicht ausreichend. Bedarf es wirklich gravierender wirtschaftlicher und sozialer Probleme, z. B. 20% Arbeitsloser, um die Regierung zu bewegen, über die human computerisierte Gesellschaft nachzudenken? Die Tatsache allein, daß wir in weiten Flächen der Entwicklung moderner informationstechnischer Produkte auf dem Weltmarkt bereits nicht mehr wettbewerbsfähig sind, scheint bisher kein Anstoß zu sein, über die notwendigen Schritte nachzudenken.

Resümee. Beim Übergang vom Feudalstaat zur Industriegesellschaft hat es zahlreiche tiefgreifende und schmerzvolle Verwerfungen gegeben, sowohl im sozialen Bereich als auch in der militärischen Auseinandersetzung der Nationen. Damals war der Weg in die Industriegesellschaft auch nur von wenigen ernsthaft durchdacht und konzeptionell verarbeitet worden, die «Tagespolitik» wurde dem Spiel der Kräfte überlassen. Die negativen Konsequenzen – insbesondere im persönlichen Leid von Millionen von Menschen – wurden als «Sand im Getriebe» hingenommen.

Wir stehen jetzt an einer ähnlichen Schwelle, vor einem gravierenden Wandel der Produktionsbedingungen, der Produkte und der Gesellschaftsstruktur. Wir haben heute die Möglichkeit, aufbauend auf einem *breiten Wohlstand* in den Industrienationen, *antizipatorisch* die Weichen für die Zukunft zu stellen, um Irrwege und Reibungsverluste zu vermeiden. Hierzu bedarf es eines mittel- und langfristigen politischen Konzeptes. Dieses kann nicht in den Köpfen einer kleinen elitären Minderheit entstehen, vielmehr ist in der Demokratie hierfür eine politische Gesamtbewegung zu initiieren. – Ausgehend von den Basisorganisationen der Parteien, den Gewerkschaften und den Arbeitgeberverbänden sowie allen weiteren gesellschaftlichen Gruppen, insbesondere wohl auch den Kirchen, ist es notwendig, über die human computerisierte Gesellschaft zu diskutieren und sie im Detail konzeptionell auszuleuchten.

Hierbei wird für viele erkennbar werden, daß wir an vielen Stellen vor einem drastischen Wandel stehen. Diesen rechtzeitig zu antizipieren und politisch umzusetzen, wird sowohl Angelegenheit der Landtage wie der Landesregierungen und insbesondere des Bundestages und der Bundesregierung sein. – Die Bundesregierung hat es bisher versäumt, eine konstruktive Gesamtvision der politischen Entwicklung darzustellen. Detailkonzepte – wie medienpolitische Vorstellung oder Förderungspakete im Bereich der Informationstechnik – sind *nicht* ausreichend, wenn es darum geht, breiten Schichten der Bevölkerung den Weg in eine *demokratische human computerisierte* Gesellschaft zu zeigen.

Aktivierung und Partizipation des einzelnen

Konsequente Entscheidung notwendig. Zur Zeit gibt es in der breiten Bevölkerung eine gewisse Ambivalenz bezüglich der Nutzung von Informationstechnik und deren Einschätzung. Während fast jeder ganz selbstverständlich zum Telefon greift oder täglich zwei Stunden vor dem Fernseher verbringt, sind doch viele kritisch gegenüber der modernen Technik; die Einschätzung, daß die neue Technik «eher ein Fluch sei», hat deutlich zugenommen.

Hier besteht ein innerer Widerspruch, den es aufzuhellen gilt. Jeder muß darüber nachzudenken beginnen, ob und unter welchen Bedingungen er mittelfristig die Nutzung der Informationstechnik in seinem individuellen Bereich akzeptieren will. (In einem demokratischen System ist natürlich a priori niemand gezwungen, dieses zu tun.) Die human computerisierte Gesellschaft muß, wenn sie verwirklicht werden soll, als politisches Ziel *und* als Ziel des Alltagspragmatismus akzeptiert werden. Wer andererseits die human-alternative Gesellschaft ernsthaft verfolgen will, muß dieses mit «aufgeschlagenem Visier» im politischen Raum *und* in der privaten Praxis tun.

Es geht nicht an, daß man auf der einen Seite die Informationstechnik z.B. im Herd, im Compact-Disk-Player, im Auto und am Arbeitsplatz zu seinem Vorteil nutzt, aber gleichzeitig «innerlich» - und damit *ungehört* - der Nutzung in anderen Bereichen und vor allem *bei anderen* generell widerspricht. Eine kritische und demokratisch akzeptable Auseinandersetzung über die Wege in die human computerisierte Gesellschaft kann nur stattfinden, wenn die einzelnen Interessengruppen sich wirklich artikulieren und der einzelne seine Position in diesen Gruppierungen sucht und findet. Hierzu ist es allerdings notwendig, daß ausreichend Information über die informationstechnologische Entwicklung einerseits und deren Konsequenzen für die Gesellschaft andererseits verfügbar ist. Hier sind, wie schon angesprochen, insbesondere die politischen Instanzen gefordert.

Die Balance zwischen menschlicher und technischer Informationsverarbeitung ist letztlich ein individuelles Problem. Bei der Erörterung der Möglichkeiten der Gestaltung von Informationstechnik wurde deutlich, daß diese mittelfristig als *dezentrale* Technik verfügbar sein kann und verfügbar sein muß. Dies aber heißt, daß der einzelne Bürger ein angemessenes Verhältnis zwischen eigener, menschlicher Informationsverarbeitung einerseits und technischer Informationsverarbeitung andererseits finden muß. Dieses gilt sowohl für das berufliche Leben als auch für die Freizeit!

Beim Taschenrechner hat sich diese Entwicklung schnell und relativ «reibungslos» ergeben, dort war allerdings auch nur ein extrem kleiner Anteil geistiger Arbeit betroffen. Im Bereich leistungsfähiger, informationsverarbeitender Systeme (z.B. Informationsabruf, Textbe- und -verarbeitung, Steuerung von Prozessen) ist das Verteilungsproblem und die daraus resultierenden Konsequenzen natürlich sehr viel schwieriger zu bewältigen. Hier ist der einzelne gefordert, seine Qualifikation - auch unter Nutzung der Informationstechnik - zu entfalten.

Es kommt bei jedem einzelnen und in den sozialen «Kleingruppen» darauf an, ein neues Selbstverständnis zu finden, welches es erlaubt, mit der Informationstechnik kritisch, aber auch leistungsorientiert umzugehen. Letztlich bedarf es für die dezentrale Nutzung der Informationstechnik auch einer veränderten Lebenseinstellung: Während wir uns alle im Bereich einfacher Werkzeuge und des Automobils daran gewöhnt haben, Technik als Unterstützung unserer Extremitäten im psycho-motorischen Bereich zu benutzen, gehen wir - mit der humanistischen Tradition - davon aus, daß das Gehirn nur autonom funktionieren soll. In der human computerisierten Gesellschaft wird dieser Standpunkt nicht aufrechtzuerhalten sein, vielmehr wird auch im Bereich kognitiver Prozesse eine Komplementarität zwischen menschlicher und technischer Leistung realisiert werden. Dies aber beinhaltet grundsätzliche Umstellungen und Veränderungen. Der einzelne und die Gruppe müssen angeregt werden, sich diesen Fragen zu stellen. Sie müssen an der Entwicklung von geeigneter - auf individuelle und gruppenorientierte Bedürfnisse abgestimmter - Informationstechnik mitwirken können; diese Teilnahme muß sehr viel weiter gehen als nur als «passives Objekt» für die Erstellung von Marktanalysen, es ist eine breite partizipative Technik-Entwicklung zu fordern.

Schließlich ist festzuhalten, daß die Entwicklung einer angemessenen Komplementarität zwischen menschlicher und technischer Informationsverarbeitung ein Praxisproblem ist. In gleicher Weise, wie wir den Umgang mit anderer Technik lernen mußten, so muß auch der richtige und *kritische* Umgang mit Informationstechnik erworben werden. Allerdings bietet die neue Technik in der Regel gegenüber klassischer Technik den großen Vorteil, daß man beim Lernen und Üben im Umgang mit den «neuen Medien» nichts kaputtmachen kann – während elektro-mechanische Technik in der Regel nicht durch «Versuch und Irrtum» erlernt werden kann, weil sie dabei zerstört wird. Dieser Vorteil der Informationstechnik erlaubt es, den Umgang mit ihr spielerisch zu lernen. Damit öffnet sie sich nicht nur Kindern und Jugendlichen, sondern auch der älteren Generation, wenn man ihr nur genügend Zeit läßt, «unbeaufsichtigt» mit der Informationstechnik umzugehen. (Damit soll nicht etwa einer «naiven» Nutzung der neuen Technik das Wort geredet werden, aber der Einstieg in die neue ist grundsätzlich einfacher als der in die «klassische» Technik.)

Der «Informationstechnik-Führerschein» muß erworben werden. Voraussetzung für eine breite Auseinandersetzung mit den Chancen und den Gefahren der Informationstechnik ist ein geeignetes Wissen jedes einzelnen. Dieses Wissen ist – und das zeigen hunderttausende von Schülern und Erwachsenen – vermittelbar. Aber es muß wirklich vermittelt werden, und der einzelne muß willens sein, sich mit diesem Stoff auseinanderzusetzen. Hier liegt eines der zentralen Probleme des Überganges in die human computerisierte Gesellschaft: Breite Schichten müssen durch entsprechende Qualifikationen aktiviert werden und vorausschauend an den Entwicklungen teilnehmen, nur so kann ein Mißbrauch der Technik verhindert werden. Die Kontrolle der neuen Technik fordert, daß die Prinzipien genauso Allgemeingut («Kulturtechnik») werden, wie das Wissen über andere zentrale Lebensprozesse (z.B. naturwissenschaftliche Grundlagen, wirtschaftliches Handeln, Ernährung, Politik). Der einzelne sollte auch erkennen, daß er unter Verzicht auf den «Informationstechnik-Führerschein» in einer human computerisierten Gesellschaft Gefahr läuft, ins Abseits geschoben zu werden. Obwohl es natürlich möglich sein sollte, sich auch in der human computerisierten Gesellschaft von der Informationstechnik *bewußt* auszugrenzen, so sollte dies doch – wenn die human computerisierte Gesellschaft wirklich akzeptiert wird – nur eine aktiv gewollte, aber nicht durch «passives Aussondern» bewirkte Ausnahme sein.

Das Persönliche Informations- und Telekommunikations-System muß akzeptiert und angeeignet werden. Die Konzeption der psychischen Mobilität fordert die Nutzung eines Persönlichen Informations- und Telekommunikations-Systems (PITS). Dieses ist natürlich ein sehr viel komplexerer Apparat als das Automobil, erlaubt es doch eine «nichtlineare» Bewegung in einem «vieldimensionalen» informationellen Raum. Wenn es gelingen soll, die angestrebte kognitive Mobilität zu erreichen, die notwendig ist, um in der human computerisierten Gesellschaft Probleme zu lösen, so kann dies nur realisiert werden, wenn der einzelne sein individuelles PITS seinen eigenen Bedürfnissen anpassen kann. Dieses stellt hohe Anforderungen an die Flexibilität von Hard- und Software, die aber zunehmend im Bereich von Heimcomputern und tragbaren Computern («Hand-Held-Computer») realisiert wird.

Der einzelne muß lernen, sein Persönliches Informations- und Telekommunikations-System als *technischen Sklaven* zu nutzen. Das System muß in der Lage sein, *für ihn* z. B. geeignete Recherchen in Informationsbanken zu machen, es muß Programme der Textver- und -bearbeitung verfügbar machen, es muß Telekommunikationsverbindungen herstellen können usw. Alle diese Aktivitäten des technischen Systems können *nicht* ohne die Aktivität seines Benutzers entstehen, der schließlich immer persönlich entscheiden muß, wie und wo das System für ihn arbeiten soll. Erst wenn er dieses entschieden hat, kann ein solches System – auch integriert in ein Netzwerk – wirklich Aufgaben erledigen und damit zu einer echten Hilfe werden.

Mitwirkung an der Gestaltung der informationellen Umwelt. Eine zentrale Idee der human computerisierten Gesellschaft ist die der Partizipation breiter Schichten an der richtigen Gestaltung der informationellen Umwelt. Das heißt, in der human computerisierten Gesellschaft gibt es nicht nur wenige «Meinungsmacher», die der Masse der Informations-Konsumenten gegenüberstehen, sondern *jeder* hat die Chance, selber seine Meinungen zu artikulieren und in das Gesamtsystem einzugeben. Dieser Gestaltungsprozeß braucht eine langsame Entfaltung; er bedarf insbesondere der technischen Unterstützung, die es gestatten muß, Interaktivität unter Mitwirkung des einzelnen zu ermöglichen. Der einzelne sollte z. B. in der Lage sein, eigene Programme zu produzieren und diese im Netzwerk verfügbar zu machen (amerikanische Heimcomputernetze erlauben dies heute schon in der Praxis).

Natürlich entstehen in einer solchen Welt alle Schwierigkeiten, die wir auch schon aus der heutigen Ökologie-Diskussion kennen: Verschmutzung der Umwelt, Mißbrauch, Desinformation. Hier nun gilt es, zum einen die Informationstechnik selbst zu verwenden, um die eigene Privatsphäre nicht zu «verschmutzen». Das Persönliche Informations- und Telekommunikations-System muß genutzt werden, um *die* Information zu selektionieren, die brauchbar ist, und um «Verschmutzungen» abzutrennen. Zum anderen wird es – genauso wie im Bereich der Umweltverschmutzung – auch hier mannigfaltige Probleme geben, die nur staatlich zu regeln sind. Gerade deswegen ist es so wichtig, daß der einzelne *rechtzeitig* in die *Mitverantwortung* für die Gestaltung der informationellen Umwelt einbezogen wird, um dadurch auf eine «Zensur» verzichten zu können.

Die junge Generation als neue Kraft? Weltweit sehen wir, daß die Informationstechnik gerade bei Teilen der Jugend – insbesondere bei männlichen Jugendlichen – begeistert aufgenommen wird. Hier ist also die für eine Weiterentwicklung der neuen Technik notwendige Aktivierung und der Wille zur Mitwirkung vorhanden. Ca. 10 bis 20 Prozent der «großen Generation» des Geburtenberges der 60er Jahre befaßt sich heute mit der Informationstechnik und wird diese in die Gesellschaft hineinschieben. Deshalb ist es so wichtig, *breite* Schichten der jungen Generation jetzt *angemessen* zu motivieren und ihr die *kritischen Probleme* deutlich zu machen. Es kommt nicht darauf an, einige «euphorische Computer-Freaks» zu haben, sondern viele Menschen, die in der Lage sind, unter gesellschaftlicher Verantwortung den Weg in die human computerisierte Gesellschaft zu weisen. Dieses fordert insbesondere eine eigenständige Initiative der Jugend, die es auf breiter Basis zu fördern gilt.

Dies kann zum einen in der Schule geschehen, in dem entsprechende Anreize im Unterricht geschaffen werden; zum anderen sind aber auch die Eltern hier herausgefordert. Allerdings sollte im Elternhaus die Einführung in die Welt der Informationstechnik genausowenig mit dem Kauf eines Computers enden, wie die kritische Nutzung des Fernsehers mit dessen Installation! Vielmehr kommt es darauf an, daß die Elternhäuser ein Diskussionsforum über die Nutzung der Informationstechnik bieten. Hierfür ist es notwendig, daß zumindest geeignete Materialien und das notwendige allgemeine Unterstützung von außen vorhanden sind, um das notwendige Wissen zu transferieren. – Wir können also auf Teile der «großen Generation» als Kraft auf dem Wege in die human computerisierte Gesellschaft rechnen, müssen uns aber gleichzeitig klar sein, daß diese Kraft kein Selbstläufer ist. Sie bedarf entsprechender Pflege und Entwicklung – wenn sie nicht Gefahr laufen soll, zum Irrläufer zu werden!

Ängste und Sorgen müssen sehr ernst genommen werden. Der Weg in die human computerisierte Gesellschaft ist, wie in diesem Buch oft genug betont, ein gewaltiger Sprung in der Entwicklung der Menschheit. Wenn man diese Tatsache versteht und angemessen reflektiert, so wird klar, daß dieser Sprung nicht von allen ohne Ängste und Sorgen geleistet werden kann. Deshalb ist es so wichtig, daß wir uns um jeden einzelnen kümmern und alle individuellen Bemühungen, mit den neuen Herausforderungen fertig zu werden, unterstützen. In einem demokratischen Entwicklungsprozeß dieses Ausmaßes darf es nicht Aufgabe oder Mandat der Mehrheit sein, die Minderheit «an die Wand zu drükken» und dort mit ihren Ängsten und Sorgen verkommen zu lassen. Vielmehr muß es Aufgabe derjenigen sein, die die notwendigen Einsichten haben, diese zu transportieren und damit Rahmenbedingungen zu schaffen, unter denen Ängste und Sorgen artikuliert und bewältigt werden können. Hierzu sind vielerlei Maßnahmen notwendig: z.B. die Möglichkeit, sich über die Nutzung der Informationstechnik in einzurichtenden Beratungsstellen informieren zu lassen, die ernsthafte politische Diskussion von Konsequenzen der Informationstechnik für den einzelnen, die Bewältigung auftretender Härten und Ungerechtigkeiten durch solidarisches Handeln usw.

Auch an dieser Stelle muß wieder darauf hingewiesen werden, daß die human computerisierte Gesellschaft eine *plurale* Gesellschaft sein muß. Sie darf also keinen Zwang gegenüber denjenigen ausüben, die aufgrund von Sorgen und Problemen den Weg in die human computerisierte Gesellschaft nicht gehen wollen oder nicht gehen können. Allerdings muß ihnen zunächst geholfen werden, diesen Weg überhaupt anzutreten. Es kommt nicht darauf an, alle an einen «Großen Bruder» anzunabeln. Vielmehr ist es nötig, eine Struktur aufzubauen, in der diejenigen, die die human computerisierte Gesellschaft akzeptieren, sich entfalten können und diejenigen, die mit Befürchtungen oder mit Ängsten nicht in das «Netzwerk» hineinwollen, auch außerhalb dessen einen Platz finden, der immer noch ein fester Platz im demokratischen Gesellschaftsgefüge ist. Nur wenn eine solche Möglichkeit vorhanden ist, kann man erwarten, daß mittel-und langfristig eine demokratische Gesellschaftsorganisation erhalten bleibt. Die *human* computerisierte Gesellschaft kennt keinen Orwellschen «Großen Bruder»!

An Grundfragen mitwirken lassen. Die Akzeptanz der Informationstechnik durch den einzelnen – und damit die Akzeptanz einer human computerisierten Gesellschaft – wird sehr wesentlich davon abhängen, inwieweit jeder selbst die Möglichkeit hat, die technischen Strukturen und die daraus resultierenden gesellschaftlichen Konsequenzen *mit*zugestalten. In einer Gesellschaft, in der alle den «Informationstechnik-Führerschein» besitzen, erscheint dieses möglich, hat jeder doch ausreichend Grundwissen, um zumindest die grundsätzlichen Fragen mitzuentscheiden. Allerdings fordert das eine angemessene politische Organisation. An den Grundfragen mitwirken heißt für den einzelnen, sehr viel stärker als bisher, sich über seinen eigenen Bereich hinaus zu informieren und zu engagieren.

Dies ist kein triviales Problem, erleben wir doch von Tag zu Tag, wie Menschen immer stärker versuchen, in weitgehend abgegrenzten Welten zu leben. Die human computerisierte Gesellschaft ist aber ein *Gesamt*system, in dem natürlich weiterhin Substrukturen existieren, die aber nicht im eigentlichen Sinne autonom sind, sondern nur integriert in das Gesamtgewebe sinnvoll arbeiten. Diese Integration betrifft den politischen Raum, die Wirtschaft, das Bildungswesen, die Freizeit und viele andere Bereiche.

Resümee. Die Integration von menschlicher und technischer Informationsverarbeitung ist als ein komplizierter und komplexer Vorgang zu begreifen. In diesem kommt es letztlich darauf an, Persönliche Informations- und Telekommunikations-Systeme zu kognitiven Sklaven zu machen *und gleichzeitig* das «typisch Menschliche» zu entfalten. Die Technik kann natürlich nur funktionieren, wenn sie von aktiven und qualifizierten Menschen programmiert und betrieben wird. Um dieses sicherzustellen, ist es notwendig, breiten Schichten die Möglichkeit zu geben, einen «Informationstechnik-Führerschein» zu erlangen. Im Gegensatz aber zum Automobil ist das Persönliche Informations- und Telekommunikations-System nicht nur ein «Fahrzeug», welches die kognitive Beweglichkeit unterstützt, sondern ein System, welches es dem Menschen erlaubt, *selber* seine informationelle Umwelt zu gestalten. Hieraus resultieren vielfältige Konsequenzen: Zum einen muß es möglich sein, in dem Netzwerk unterschiedlichster Informationen, Konzepte und Wissensstrukturen eine gewisse Ordnung zu schaffen. Zum anderen ist die «informationelle Umweltverschmutzung», ggf. auch mit staatlichen Maßnahmen, möglichst zu vermeiden.

Obwohl heute häufig behauptet wird, daß nur Automatisierung und Rationalisierung die Informationstechnik voranschieben, sind in Wirklichkeit breite Schichten der Bevölkerung an der Penetranz und Nutzung der «neuen Technik» beteiligt. Hierbei kommt der Jugend eine besondere Rolle zu, zeigt sie doch bisher die höchste, «spontane» Akzeptanz für die Computer. Die hier an vielen Stellen spürbare Begeisterung ist jedoch an den gesellschaftlichen Gesamtbedürfnissen zu reflektieren. Dies fordert eine breite Unterstützung der Jugend im ganzheitlichen und kritischen Verständnis der Informationstechnik. Die human computerisierte Gesellschaft darf unter keinen Umständen zum «Großen Bruder» entarten.

Deswegen ist es unabdingbar, Ängste und Sorgen des einzelnen, der den Weg in die human computerisierte Gesellschaft nicht sieht oder nicht sehen kann, ernst zu nehmen. Durch Hilfen einerseits und andererseits durch das Angebot, gewisse Dinge nicht mitmachen zu müssen, ist eine *plurale Gesellschaft* zu erhalten. Oberstes Ziel der human computerisierten Gesellschaft ist eine breite Mitwirkung vieler an vielen Entscheidungen. Hierfür sind zum einen die notwendigen Aktivitäten des einzelnen zu entwickeln und zum anderen eine geeignete technische Infrastruktur zu realisieren.

Die Verantwortung der Verursacher

Das Prinzip des Umweltschutzes übertragen. Die neue Informationstechnik sowie die mit ihr im Übermaß überall verfügbar werdende Information baut ein zunehmend dichter werdendes Netz einer «informationellen Umwelt» auf. In ähnlicher Weise, wie durch die Industrialisierung unsere Landschaft überall verändert wurde, unsere Städte sich immer weiter von der ursprünglichen Struktur entfernten, wie sich Autobahnen und Bundesstraßen ins Land fraßen, wie das Flug- und Eisenbahnnetz entwickelt wurde usw., so entsteht durch die neue Technologie eine *neue Infrastruktur*. Diese verändert langsam, aber stetig die ursprüngliche Repräsentation der informationellen Umwelt in menschlichen Gehirnen und den Bibliotheken.

Wir erleben in der human computerisierten Gesellschaft einen grundsätzlichen kulturellen Umbruch: Aus einer Zeit, in der ein kleiner Kreis personeller «Kulturträger» wichtige Informationen generiert und transportiert haben, kommen wir in ein

Zeitalter, in dem die Information, das Wissen, das kulturelle Erbe in technischen Netzwerken jedermann verfügbar ist. Daraus ergeben sich unmittelbare und gravierende Konsequenzen für die zukünftige Struktur und Entwicklung der informationellen Umwelt: In gleicher Weise, wie es bei der Gestaltung der ökologischen Umwelt Grenzen der Veränderbarkeit gibt, wenn nicht irreparable Schäden entstehen sollen, so müssen auch für die informationelle Umwelt in der human computerisierten Gesellschaft eine Reihe von Einschränkungen und Strukturvorschriften festgelegt werden. Es erscheint - selbst kurzfristig - nicht akzeptabel, daß Produzenten von Information und Informationstechnik jedes «beliebige» Produkt - und insbesondere eine Vielzahl von «Abfallprodukten» - in die informationelle Umwelt entlassen!

Die grundsätzliche Einsicht einer Kontrolle der informationellen Umwelt in der human computerisierten Gesellschaft steht rechtlich natürlich in gewissem Widerspruch zum Zensurverbot (Artikel 5 des deutschen Grundgesetzes). Dort heißt es ja sehr deutlich: «Eine Zensur findet nicht statt.» Hier nun beginnen die eigentlichen Schwierigkeiten. Das technische «Informationsland» erscheint uns heute ähnlich frei gestaltbar, wie uns die Umwelt noch vor hundert Jahren «total» zur Verfügung zu stehen schien. In der Ökologie haben wir inzwischen bittere Erfahrungen machen müssen; für die informationelle Umwelt gilt es, negative Wirkungen möglichst rechtzeitig zu antizipieren und zu vermeiden.

Will man die Grundsätze des Zensurverbotes unverändert lassen, so bleibt z.Z. im wesentlichen die Möglichkeit, sich den «Verursachern» des Wandels der informationellen Umwelt zuzuwenden. Es heißt, sie bei der Gestaltung der human computerisierten Gesellschaft zur Verantwortung aufzurufen; es heißt, ihnen deutlich zu machen, daß sie mit ihren technischen Systemen und den Informations-Produkten einen gewaltigen Einfluß auf die Gesamtentwicklung haben; es heißt, öffentlich herauszuarbeiten, welche Konsequenzen gewisse Stoßrichtungen der Produktentwicklungen haben werden; es heißt, sich kritisch auseinanderzusetzen mit allen denjenigen, die an der Gestaltung der informationellen Umwelt mitwirken; es heißt, sie darauf aufmerksam zu machen, daß sie nicht «beliebige» Produkte in diese Welt entlassen dürfen, sondern daß diese einzupassen sind in einen Gesamtrahmen.

Die Verantwortung der alten und neuen Medien. Unmittelbar und sofort betroffen sind dabei die elektronischen und die Print-Medien. Hier haben wir im Bereich der öffentlich-rechtlich organisierten Rundfunkanstalten zumindest den Ansatz, einen beliebigen Wildwuchs zu vermeiden. Wenn auch heute die Eingriffsmöglichkeiten der Anstalten in die Organisation des Wissens begrenzt sind, so hat sich das öffentlich-rechtliche Rundfunkprinzip in der Bundesrepublik doch grundsätzlich bewährt. Es garantiert in der derzeitigen Praxis zum einen eine gewisse Breite des Informationsangebotes und zum anderen eine Struktur, die sich an übergeordneten Zielsetzungen der Gesamtgesellschaft orientiert. Obwohl die Kritik, «Ausgewogenheit» neige häufig dazu, nur noch einen «grau-grünen Schleim» zu erzeugen, ernst zu nehmen ist, so muß doch festgehalten werden, daß der Versuch, Dinge ausgewogen und differenziert zu behandeln, grundsätzlich eine wichtige Voraussetzung für die Schaffung einer überschaubaren und strukturierten informationellen Umwelt darstellt.

Die Hersteller der neuen Medien, allen voran die Produzenten von Videofilmen, versuchen nun, eine reine Marktorientierung in der Entfaltung der informationellen Umwelt durchzusetzen. Hieraus haben sich bereits erhebliche Probleme im Bereich des Jugendschutzes ergeben, über die öffentlich diskutiert wird. Aber man darf nicht unterschätzen, daß auch für die Erwachsenen vielerlei neue Einflüsse entstehen, wenn sie einem beliebigen Informationsangebot ausgesetzt sind. Die human computerisierte Gesellschaft wird sich z.B. einen beliebigen freien Markt von Horror-, Gewalt- und Pornographie-Material kaum leisten können, hier können langfristig «Umweltschäden» in einem Umfang entstehen, die wahrscheinlich sehr viel gravierender sein können als z.B. das jetzt beobachtbare Waldsterben. In dieser Situation sind die neuen elektronischen Medien gefordert, ein eigenes *verlegerisches* Konzept zu entwickeln, dieses öffentlich darzulegen und der Erörterung preiszugeben.

Ähnliche Überlegungen gelten natürlich auch für die Verlage; hier gibt es, genauso wie bei den elektronischen Medien, eine relativ große Gruppe sehr verantwortungsbewußter Verlage; diese versuchen, durch ein klar strukturiertes und nach außen transparentes Konzept eine gewisse informationelle Struktur zu unterstützen. Es gibt aber auch hier die «Umweltverschmutzer», die sozusagen am Rande des wohlorganisierten Verlagswesens eine «Piratentätigkeit» ausüben. An dieser Stelle muß ein deutlicher Appell der human computerisierten Gesellschaft erfolgen, sollen nicht die «Gifte» und «Verunreinigungen» dieser Produzenten die informationellen Straßen und die Informationsverarbeitungszentren in ihrer Funktion schädigen.

Zur Zeit ist allerdings zur Kenntnis zu nehmen, daß ein Bewußtsein über diese Probleme kaum existiert. Es wird ein wesentlicher Auftrag an die Entwicklung der human computerisierten Gesellschaft sein, das Verständnis für die Probleme der «informationellen Umwelt» grundsätzlich neu zu entwickeln.

Organisation des Wissens oder informationelles Chaos? Die klassische Bibliothek war der Versuch, einen gewissen (überschaubaren) Bestand an Wissen systematisch zu ordnen und damit dem Benutzer Überblick und Anleitung zu geben. Mit dem Konzept des computerunterstützten Informationssystems ist es heute möglich, eine sehr viel flexiblere Organisation von *Wissens-Systemen* (im Gegensatz zu *Daten*banken) zu realisieren. Weltweit haben wir im Bereich der publizierten wissenschaftlichen und populären Information z. Z. etwa 1600 kommerzielle elektronische «Informations-Systeme», die sehr unterschiedlich organisiert und mit den verschiedensten Zugriffsmodalitäten ausgestattet sind. Diese stehen weltweit dem Informationssuchenden zur Verfügung.

Aber im Gegensatz zur Struktur von Bibliotheken, für die es international mittlerweile gewisse Standards gibt, sind die Ordnungsprinzipien im Bereich technischer Speicher kaum vorhanden oder noch außerordentlich defizitär; dies hat vielerlei Gründe: *Erstens* sind die Anbieter derartiger Systeme in der Regel kommerziell orientiert. Im Gegensatz zur *öffentlichen* Bibliothek spielen also ökonomische Gesichtspunkte eine wesentlich größere Rolle als strukturelle. *Zweitens* ist die Organisation einer Datenbank nach brauchbaren Strukturprinzipien eine sehr viel schwierigere Aufgabe als die sequentielle Aufstellung von Büchern auf Regalen. Da es z. Z. auch im Wissenschaftsbereich nur wenige Ansätze gibt, Wissen wirklich strukturiert zu organisieren (z. B. als «semantisches Netzwerk», bestehend aus Begriffen, Relationen und «Produktionsvorschriften»), bleibt auch den «gutwilligen» Datenbankanbietern heute nur ein begrenzter Handlungsspielraum. *Drittens* müssen wir zur Kenntnis nehmen, daß sich die elektrischen Informations-Systeme bisher im wesentlichen nur an eine sehr kleine Gruppe von Spezialisten gewandt haben. In der human computerisierten Gesellschaft sollen sie aber – über geeignete Netze oder Massenspeicher – breiten Schichten verfügbar sein. Damit sind die Benutzeranforderungen einerseits und die Wirkungen derartiger Systeme andererseits viel grundsätzlicher zu beurteilen. In der human computerisierten Gesellschaft wird es eine zentrale, langwierige, aber außerordentlich wichtige Aufgabe sein, sich um die Struktur des Wissens – und deren technische Organisation – sehr viel stärker als je zuvor in der Geschichte der Menschheit zu bemühen.

Hierbei geht es *nicht* um ein neues Schlagwortverzeichnis, mit dem man in den «Informations-Massen wühlen» kann; es geht auch nicht darum, möglichst schnell viele Literaturstellen zu finden; es geht insbesondere nicht darum, Information kommerziell möglichst effizient zu verkaufen. Vielmehr kommt es darauf an, dem Bürger der human computerisierten Gesellschaft eine «transparente» und «begehbare» informationelle Landschaft zur Verfügung zu stellen. Hierfür ist es notwendig, hinter die reine Syntax von Texten und Eintragungen in die Datenbanken schauen zu können und den Versuch zu unternehmen, semantische und pragmatische Hintergründe aufzuhellen.

Dabei sollte natürlich auch dem Prinzip der Pluralität Rechnung getragen werden. Diese ist vor allem auch explizit auszuweisen: D.h. daß man z.B. zu einem bestimmten Buch, welches man in der «elektronischen Bibliothek» der human computerisierten Gesellschaft findet, auch *sofort* die über dieses Buch erschienenen Kritiken verfügbar haben muß – ein Vorgang, der heute völlig undenkbar ist, bekommt man doch bestenfalls noch einige Ausschnitte aus *guten* Kritiken zu dem Buch auf dem Klappentext mitgeliefert, negative Stimmen versinken im Datendschungel.

Wichtig ist ferner, daß einerseits die Struktur der in einem Wissensbereich benutzten Begriffe und andererseits ihre Beziehungen untereinander verständlich gemacht werden. Aus der kognitiven Psychologie wissen wir, daß das Gehirn seine Information im wesentlichen in Form semantischer Netzwerke speichert. (Dies sind sehr komplexe Netze, bestehend aus den wichtigen begrifflichen Blöcken, die im Leben gelernt werden, und den zwischen diesen Blöcken erlernten Relationen.) «Komplementär» zu dieser Struktur ist die in der informationellen Umwelt vorhandenen Information zu organisieren. Damit ergäbe sich die Möglichkeit, daß der problemlösende oder sich unterhaltende Mensch relativ schnell und unproblematisch zwischen seiner individuellen und der technischen Informationsrepräsentanz hin und her springen kann.

Angesichts des heutigen Standes der kleinen Teildisziplin der Informatik, die sich mit Wissensorganisation befaßt, nämlich dem «Knowledge Engineering», bedarf es in der human computerisierten Gesellschaft außerordentlicher Anstrengungen, dieses Feld zu entwickeln und ihm einen entsprechenden Stellenwert zu geben.

Schließlich steht hier die Frage an, inwieweit nicht auch – neben den kommerziellen Angeboten – Informationssysteme öffentlich-rechtlich zu organisieren und beim Aufbau von Struktur-Konzepten angemessen zu kontrollieren sind. Jede Vorstellung, daß der derzeitige Dschungel der Daten-Massen in einer human computerisierten Gesellschaft erfolgreich weiterexistieren könnte, erscheint unsinnig. Die «Bibliothek der Zukunft» muß ein organisiertes Experten-System werden, welches sich strukturell und funktionell vom heutigen «Bücher-Lager» *deutlich* unterscheidet. Die Bibliotheken haben hier eine Riesenaufgabe, um die sie sich bisher allerdings kaum künmmern.

Die Verantwortung der Netzanbieter. Im Bereich der *physischen* Mobilität haben alle entwickelten Nationen das Prinzip der öffentlichen, für jedermann nutzbaren, in aller Regel gebührenfreien Straße entwickelt und realisiert. Wenn man von einigen Ausnahmen – wie z.B. dem schlechten Zustand der New Yorker Straßen oder dem Verkehrschaos in islamischen Städten (z.B. Istanbul oder Teheran) – absieht, so läßt sich festhalten, daß es möglich war, in vielen Nationen dadurch einen *freien* und *schnellen* Verkehr zu ermöglichen. Wenn wir auch z.B. in der Bundesrepublik immer noch mehr als 10000 Verkehrstote pro Jahr und ca. 50 Milliarden DM volkswirtschaftlichen Schaden zu beklagen haben, so bleibt doch festzuhalten, daß riesige Verkehrs- und Transportleistungen auf diesen physikalischen Netzwerken abgewickelt werden.

In der human computerisierten Gesellschaft werden ähnliche Anforderungen auf die *informationellen Netze* zukommen. Deshalb gilt es mit großer Weitsicht, diese Netzwerke zu planen, zu organisieren und die gültigen Regeln festzulegen. – Wenn wir heute in vielen deutschen Großstädten ein modernes Straßennetz haben, so beruht dies in aller Regel auf Konzepten und Vorstellungen des 18. und 19. Jahrhunderts. Ähnlich weit vorausschauend müssen wir die Vernetzung informationsverarbeitender, informationsspeichernder und informationstransportierender Systeme für die vor uns liegenden human computerisierten Gesellschaft entwickeln. Hierbei gilt es erstens, die großen «Verkehrslasten» auf den informationellen Trassen zu bewältigen, und zweitens, eine geeignete Netzwerkstruktur zu finden. Hierfür sind die Anbieter von Netzen verantwortlich, in Europa also die staatlichen Postverwaltungen.

Mit dem Telefon-System, welches ja heute bereits mit ca. 600 Millionen Anschlüssen weltweit die «größte Maschine» darstellt, ist eine Struktur verfügbar, die die Kommunikation von jedem mit jedem grundsätzlich ermöglicht. Welche neuen Netzstrukturen und welche Art der Organisation dieser Netze in der human computerisierten Gesellschaft gewählt werden, hängt von ihren Zielen ab. Wenn das Konzept des informierten und am Gesamtgeschehen partizipierenden Bürgers realisiert werden soll, so bedarf es eines dichten, billigen und leicht zugänglichen Kommunikationsnetzes. Dies ließe sich bereits unter Ausbau des vorhandenen Telefonnetzes (ergänzt z. B. durch ein Zellen-Netzwerk zur *drahtlosen Kommunikation*) ohne gravierende Strukturveränderungen entwickeln. Voraussetzung ist allerdings, daß die auf Kupferleitungen relativ geringen Übertragungsraten (bei digitaler Nutzung ca. 64 kbit pro Sekunde) ausreichen, was zu untersuchen ist.

Ob es wirklich notwendig ist, ein breitbandiges, d.h. bewegte Fernsehbilder übertragendes, vermitteltes Netzwerk aufzubauen, hängt sehr davon ab, wie die Strukturierung von Wissen und Wissensrepräsentation in der human computerisierten Gesellschaft fortschreiten werden. Wenn wir, was z. Z. erkennbar ist, von der Text-Repräsentation stärker und stärker zur Bild-Repräsentation des Wissens kommen, so wird es notwendig sein, breitbandige vermittelte Netze zu entwickeln.

Festzuhalten bleibt auch – in Analogie zum Straßennetz –, daß die informationstechnischen Netzwerke öffentlich frei verfügbar sein müssen. In der human computerisierten Gesellschaft muß man versuchen, die Benutzung dieser Netzwerke pauschal abzugelten und möglichst in die Grundversorgung aufzunehmen. (Überlegungen dieser Art sind keineswegs mehr Science-Fiction, da die Kosten für die Übertragungen zunehmend orts*un*abhängig werden, stecken doch die wesentlichen Kosten in der Ortsnetz-Ebene und nicht in der Fernübertragungs-Ebene, wo Glasfaser und Satelliten-Technik drastische Kostendegressionen gestatten.) Die Post-Verwaltungen tragen hier eine große Verantwortung.

Die Verantwortung für die Erstellung Persönlicher Informations- und Telekommunikations-Systeme. Große Aufmerksamkeit werden die Bürger der human computerisierten Gesellschaft ihrem Denkzeug widmen müssen, stellt dieses doch die Grenzfläche zwischen ihrer biologisch bestimmten intellektuellen Fähigkeit einerseits und der informationellen Umwelt andererseits dar. Aus dieser Grundeinsicht heraus wird verständlich, daß man in der human computerisierten Gesellschaft nicht beliebige Persönliche Informations- und Telekommunikations-Systeme zulassen kann – genauso wie wir es nicht erlauben, daß sich auf unseren Straßen beliebig konstruierte Fahrzeuge in beliebigem Zustand bewegen. Vielmehr wird es darauf ankommen, eine gewisse Mindestleistung der Persönlichen Informations- und Telekommunikations-Systeme einerseits und eine kommunikative Grundstruktur andererseits zu finden, die breiten Schichten den Zugang zur informationellen Umwelt gestattet.

Gerade angesichts unseres Mangels an konkretem Wissen über die Mensch-Maschine-Kommunikation, die ja Basis für die Gestaltung von Persönlichen Informations- und Telekommunikations-Systemen ist, wird niemand in der Lage sein, heute eindeutige Vorschriften zu entwerfen. Wichtig ist aber, daß wir deutlich an die Hardware- und Software-Hersteller derartiger Systeme appellieren, zumindest das schon vorhandene Know-How über Ergonomie zu nutzen und damit im Sinne der human computerisierten Gesellschaft einen Beitrag zum richtigen Zugang zu Wissen und Wissensverarbeitung zu leisten.

Auch hier muß das Verursacherprinzip gelten: Nicht nur ein schadhaft konstruiertes Auto, welches einen technisch begründeten Unfall verursacht, ist eine Gefahr für den Menschen, sondern auch ein schlecht organisiertes Denkzeug, stellt es doch eine gravierende kognitive Gefahr dar! Dieses Problem transparent zu machen, wird eine wichtige Aufgabe in der human computerisierten Gesellschaft sein.

Langfristige Perspektiven für eine «Informationsordnung» sind unabdingbar. In der human computerisierten Gesellschaft werden wir nicht umhinkommen, für Produktion und Transport von Information gewisse Rahmen-Ordnungen und Grenzwerte zu schaffen. Diese werden letztlich auch in einem rechtlichen Rahmen Niederschlag finden müssen. Natürlich kann man für diese Ordnung und insbesondere für die daraus resultierenden rechtlichen Konsequenzen heute keine Details angeben, man kann jedoch einige Grundprinzipien festhalten:

Zum einen erscheint es wichtig, daß Organisation und Verfügbarkeit von Wissen in der human computerisierten Gesellschaft in Abstimmung mit dem Bildungswesen erfolgen; die derzeitige Auftrennung von hier Informationsproduzenten und Informationsanbieter und dort vermittelndem Bildungswesen kann in der human computerisierten Gesellschaft wegen den Reibungsverlusten und gravierenden Störungen nicht unbegrenzt beibehalten bleiben. Vielmehr wird es notwendig werden, das Bildungswesen an der Organisation von Wissen intensiv zu beteiligen und ihm damit eine Chance zu geben, die Verteilung von Informationsverarbeitung zwischen Gehirnen und technischen Systemen mit zu gestalten.

Zum anderen wird es ein wichtiges Anliegen der human computerisierten Gesellschaft sein, breite Schichten in die Gestaltung der informationellen Umwelt mit einzubeziehen. Partizipation an der Organisation und Struktur muß ein wichtiges Ziel sein, erstens, um den Menschen eine interessante Tätigkeit zu geben, und zweitens, um sicherzustellen, daß zentralistische Machtstrukturen möglichst vermieden werden. Hierzu bedarf es einerseits einer breiten Aktivierung der Bürger der human computerisierten Gesellschaft, andererseits aber auch eines gewissen Konsenses darüber, wie die Organisation des Wissens in der human computerisierten Gesellschaft aussehen soll.

Ferner erscheint es fast trivial, daß es im Bereich der Organisation der informationellen Umwelt und der dort vorhandenen technischen und organisatorischen Strukturen auch Vorschriften und Prüfsysteme geben muß, wie wir sie heute in vielen anderen Bereichen kennen und nutzen: Wenn wir heute fordern, daß TÜV oder VDI z.B. eine Abnahme elektrischer Geräte durchführen, um die Unfallgefahr zu vermindern, so sollte es in der human computerisierten Gesellschaft auch einen «Verein der Wissensorganisatoren» geben, der ein Prüfzeichen auf Persönliche Informations- und Telekommunikations-Systeme und Datenbanken stempelt. Wenn wir heute zum Anschluß von Geräten an das informationstechnische Netz eine FTZ-Nummer brauchen (man könnte sich in einigen Fällen sicher eine liberalere Lösung vorstellen), so wird es auch in der human computerisierten Gesellschaft notwendig sein, daß *inhaltliche* Standards im Umgang mit dem Netzwerk eingehalten werden.

Von großer Bedeutung wird schließlich die Überprüfung der «Sicherheit» in der informationellen Umwelt werden. So wie heute der Technische Überwachungsverein mit einer zweijährigen Abnahme der Kraftfahrzeuge versucht, die Zahl der technischen Pannen zu minimieren, so ist erkennbar, daß auch Denkzeuge in der human computerisierten Gesellschaft gewissen Standards entsprechen müssen, die zum Schutze aller eingehalten und überprüft werden müssen («Informationstechnischer Überwachungsverein»). Auch hieraus resultiert eine große Verantwortung der Produzenten, die natürlich an der Schaffung geeigneter Standards mitwirken müssen.

Politische Steuerung und Kontrolle. Die human computerisierte Gesellschaft ist, wie wir gesehen haben, ein hochorganisiertes, aber gleichzeitig außerordentlich flexibles und leistungsfähiges Gesamtsystem. In diesem ist eine umfassende politische Konzeption über die Organisation der informationellen Umwelt zu entwickeln, die dann wiederum Konsequenzen für konkretes Handeln haben muß. Werkzeuge dieser Politik werden – wie bisher – Gesetze, Steuern, Gebühren, u.a. sein. So scheint es durchaus möglich, das Angebot gewisser Informationen mit hohen Steuern zu belegen, um dadurch eine Regulation (siehe Alkohol-Steuer) vorzunehmen. Es erscheint auch möglich, durch eine Subvention der Persönlichen Informations- und Telekommunikations-Systeme die allgemeine kognitive Mobilität zu fördern. (Die Amerikaner machen z. Z. einen ersten Schritt in dieser Richtung, wenn sie den Computerherstellern Steuererleichterungen für die Ausstattung der Schulen mit Informationstechnik gewähren.)

Gravierende Probleme sind im Bereich des *Urheberrechts* zu lösen. Es ist erkennbar, daß zum einen durch die Möglichkeit informationstechnischer Manipulation von Information die alte Abgrenzung von «Original-Werken» gegenüber «Modifikation» außerordentlich schwierig werden wird. Zum anderen sollte gerade in der human computerisierten Gesellschaft der schnelle und billige Zugriff zur Information ein konstitutives Merkmal der Gesellschaftsordnung sein. Dies darf nicht durch *starke* Abgrenzung der Ware Information und *hohe* Marktpreise konterkariert werden. – Gleichzeitig ist aber auch klar, daß in der human computerisierten Gesellschaft jeder Anbieter von Information ein Recht auf sein Informationsangebot erwirbt und dadurch letztlich Gewinne machen kann. D.h. das Prinzip der Information als Ware sollte nicht überzogen, aber auch nicht zerstört werden.

Besonders schwierig wird dieses Problem dadurch, daß in der human computerisierten Gesellschaft das Bildungswesen ja unmittelbar an der Produktion, der Organisation und der Struktur des Wissens zu beteiligen ist. Es kommt also darauf an, Ordnungsprinzipien und rechtliche Regelungen zu finden, wie dieser integrierte Prozeß von Informationsproduktion einerseits und von Nutzung andererseits zu gestalten ist. Eine «freie Informationswirtschaft» kann hier nur begrenzt durchgehalten werden. Information und Wissen sind nicht als isolierte Einzelprodukte zu sehen, sondern jeweils eingebettet in den Kontext großer Zusammenhänge. Die sich hieraus ergebende Herausforderung an den Gesetzgeber - ausgehend vom Zensurverbot und der Meinungsfreiheit - neue Konzeptionen zu realisieren, stellt eine zentrale Aufgabe der human computerisierten Gesellschaft dar. Auch hier gilt wieder das Verursacherprinzip: Der Staat als Träger der Bildungsinstitutionen muß sich auch um das Produkt der durch Bildung entstandenen «Informationslandschaft» kümmern.

Die Automatisierer in Wirtschaft, Industrie, Handel und Verwaltung einbinden. Besondere Probleme werden beim Übergang von der derzeitigen «freien sozialen Marktwirtschaft» zu einer allgemeinen Grundversorgung mit einer darauf aufbauenden Marktwirtschaft in der human computerisierten Gesellschaft entstehen. Hier gilt es, eine große Zahl von Anpassungsregelungen zu treffen, die sicherstellen, daß die Verantwortung derjenigen, die z. Z. in den verschiedenen Wirtschaftsbereichen menschliche Arbeit durch computerisierte technische Arbeit ersetzen, eingebunden und in die Verantwortung genommen werden. Es bedarf eines ganzen Netzwerkes von wirtschaftspolitischen Maßnahmen, um sicherzustellen, daß sich die human computerisierte Gesellschaft langsam aus dem derzeitigen in den neuen Zustand entwickeln kann. Nur durch eine zukunftsorientierte und kooperierende Wirtschaftspolitik des Bundes, der Länder und der Tarifparteien erscheint es möglich, revolutionsartige Umbrüche zu vermeiden.

Großes Gewicht werden in dieser Situation alle Bemühungen haben, die einzelnen Branchen-Entwicklungen differenziert zu betrachten und in ihrer Spezifität wirtschaftspolitisch zu unterstützen. Wie oben ausführlich dargestellt wurde, ist die human computerisierte Gesellschaft im überschaubaren Zeithorizont sicher keine «einheitlich computerisierbare Gesellschaft», vielmehr muß man davon ausgehen, daß *sehr unterschiedliche* Formen wirtschaftlicher Organisation nebeneinander und ineinander verzahnt existieren werden. Unter Berücksichtigung langfristiger Rahmenkonzeptionen sind entsprechende politische Entscheidungen zu treffen. Es bleibt dabei insbesondere zu fragen, inwieweit die derzeitigen Instrumentarien (z.B. Tarifautonomie, Steuersystem) ausreichen, um den notwendigen Reorganisations- und Umstrukturierungsprozeß zügig voranzubringen.

Dieses Problem wird noch dadurch erschwert, daß wir versuchen, im europäischen Verbund nicht nur eine nationale, sondern gleichzeitig auch eine europäische Politik zu machen. Da aber erkennbar ist, daß der Übergang in die human computerisierte Gesellschaft unter unterschiedlichen politischen Voraussetzungen und aufbauend auf unterschiedlichem Stand der Wirtschaftssysteme und der Entwicklungen von Informationstechnik in den verschiedenen Ländern der Europäischen Gemeinschaft sehr unterschiedlich vollzogen werden wird, müssen auch diese Rahmenbedingungen mit berücksichtigt werden. Insbesondere die Wirtschaftswissenschaften sind hier außerordentlich gefordert, wissenschaftlich begründbare Konzepte für eine Wirtschaftsordnung der human computerisierten Gesellschaft zu entwickeln und Vorschläge zu machen, wie «harmonische Übergänge» vom heutigen in das neue System realisiert werden können.

Auch im Bereich der wirtschaftlichen Neuordnung und des Überganges in die Automatisierung ist das «Verursacher-Prinzip» grundsätzlich anzuwenden; d.h. auch hier muß die Mitverantwortung für Maßnahmen der Reorganisation unter gesamtwirtschaftlichen Gesichtspunkten an diejenigen gebunden werden, die diese durch ihr wirtschaftliches Handeln notwendig machen. Zur Zeit gibt es hier viel Zögern und Zaudern – mangels einer geeigneten Langfrist-Konzeption –, dieses ist abzulösen durch engagiertes Handeln *im Rahmen* einer leistungsfähigen Langfrist-Perspektive.

Alle Bereiche des gesellschaftlichen Handelns sind ähnlich betroffen. Mit den Beispielen der Notwendigkeit einer bewußten Gestaltung der informationellen Umwelt einerseits und mit den Hinweisen auf die Verantwortung der Verursacher im Bereich des Wirtschaftslebens andererseits, sollte das Prinzip der Verantwortung der Verursacher demonstriert werden. Es muß in gleicher Weise für alle Bereiche der human computerisierten Gesellschaft gelten, von der Gestaltung der Familie bis hin zum Militär. Für alle Gebiete sind Prozesse zu entwickeln, die es ermöglichen, den Übergang aus der jetzigen Situation in eine human computerisierte Gesellschaft zu finden. Wenn es in der Tat ein Gesamtkonzept für den Übergang als politische Vision gibt – so wie dies im Kapitel 3 vorgelegt wurde – so muß man für alle Bereiche daraus Konsequenzen ziehen. Da in unserem heutigen Gesellschaftssystem für die verschiedensten Bereiche auch die unterschiedlichsten Träger verantwortlich sind, läßt sich bei diesen die Verantwortung festmachen. Für möglichst viele Bereiche muß es einen expliziten, transparenten und politisch einzuordnenden Prozeß geben. Ein beliebiger Wildwuchs neuer Produkte, neuer Strukturen, neuer Systeme und neuer Produktionsbedingungen allein wird den Weg in die human computerisierte Gesellschaft letztlich versperren.

Resümee. In einem weder planwirtschaftlich noch politisch zentralistisch gesteuerten Staat kann eine Bewegung in die *human* computerisierte Gesellschaft *nur* erzielt werden, wenn alle, die an den Gestaltungsprozessen beteiligt sind, *direkt* in die Verantwortung genommen werden und im Rahmen einer an alle vermittelten und einigermaßen konsensfähigen Konzeption mitarbeiten. Daraus resultiert auch das Grundanliegen, die «Verursacher» in die Pflicht zu nehmen. Am Beispiel der Entfaltung einer transparenten, leicht verfügbaren informationellen Umwelt läßt sich das Verursacherprinzip relativ gut darstellen: Die «alten» und die «neuen Medien» sind «Verursacher» der entstehenden Information, die informationstechnische Industrie bietet die Informations- und Telekommunikations-Systeme an, die Deutsche Bundespost ist für die Netze verantwortlich. Sie alle können durch eine mittelfristige, verantwortliche Politik einen Beitrag für die Gestaltung einer angemessenen informationellen Umwelt liefern – sie können aber auch durch gravierende Fehler erhebliche Langzeitschäden in der Gesellschaft verursachen.

Wir werden für den Übergang in die human computerisierte Gesellschaft nicht darum herumkommen, eine Ordnung für die Struktur von Information und die Informationsverarbeitung zu entwickeln, genausowenig wie wir auf wirtschaftspolitische Konzeptionen und die daraus resultierenden Steuerungsinstrumente werden verzichten können. – Gleiche Überlegungen mit einem Gemisch aus Appell an die Verantwortung der Verursacher einerseits und politischem Handeln andererseits gelten für alle anderen gesellschaftlichen Bereiche. Überall gilt es, die «Verursacher» zu erkennen und sie unter sozialen, gesellschaftlichen und volkswirtschaftlichen Rahmenbedingungen in die Verantwortung zu nehmen. Hierbei sollte allerdings *nicht* gebremst werden – wie wir dies in der Bundesrepublik so gerne tun –, vielmehr sollte die Entwicklung in die human computerisierte Gesellschaft zügig und verantwortungsbewußt «nach vorne» vorangetrieben werden.

Das demokratische Mitwirken verbessern

Das Prinzip des integrierten Systems – Der Organismus als Analogie. Die human computerisierte Gesellschaft wird sich langsam zu einem integrierten «Gesamtorganismus» entfalten. In analoger Weise, wie der biologische Organismus in seiner Umwelt nur dadurch leistungsfähig wird, daß alle seine Teile in außerordentlich enger Abstimmung miteinander am Überleben des Gesamtsystems mitwirken, so kann auch die human computerisierte Gesellschaft nur durch intensive Kommunikation und intensive Partizipation aller ihrer «Elemente» existieren. Dieses bedeutet eine *intensive Mitwirkung* aller Menschen am Gesamtsystem.

Obwohl wir weit davon entfernt sind, in biologischen Organismen den Prozeß der Abstimmung und der «Mehrheitsfindung» im Detail zu verstehen, so ist doch erkennbar, daß z. B. eine sportliche Hochleistung oder das Lösen eines komplizierten kognitiven Problems nur möglich sind, wenn der gesamte Körper daran teilnimmt («mens sane in corpore sane»). In der human computerisierten Gesellschaft ist der «Geist» die Gesamtheit des im «menschlich-technischen» System gespeicherten Wissens und der dort verfügbaren kognitiven Leistungen. Die «psychische Leistungsfähigkeit» der human computerisierten Gesellschaft ist die Gesamtheit ihrer «Produktivitäts- und Transport-Kapazität». Um sicherzustellen, daß das Gesamtsystem in jedem Zustand funktioniert, ist es unabdingbar, daß alle Teile, d. h. in einem demokratischen System alle Bürger, über die Gesamtziele des Systems informiert sind – in ähnlicher Weise wie jede Einzelzelle den gesamten genetischen Bestand des Organismus im Prinzip verfügbar hat, wenn sie jeweils auch nur kleine Teile davon direkt nutzt.

Wenn es gilt, Entscheidungen zu fällen, so sind die Bürger, die in Einzelbereichen betroffen sind, an diesen angemessen zu beteiligen. Wie auch im Organismus kann kein «Willensziel» gesetzt und erreicht werden, ohne daß die «körperliche Konstitution» es erlaubt.

Natürlich ist diese biologische Analogie nur mit *großer* Vorsicht zu benutzen, aber sie weist darauf hin, daß integrierte Systeme langfristig nur funktionieren – und dies hat die Milliarden Jahre dauernde Evolution gezeigt – wenn sie aus partizipativ mitwirkenden Komponenten aufgebaut sind. – In gesellschaftlichen Systemen sind allerdings auch *individuelle Prinzipien* neben der Funktionsfähigkeit des Gesamtsystems als *zentrale* Aspekte zu berücksichtigen. Diese gilt es im Auge zu behalten, wenn die *human* computerisierte Gesellschaft mit einem partizipatorischen Ansatz realisiert werden soll. Auf vier zentrale Prinzipien sei im folgenden eingegangen:

Das Prinzip der Humanität. Unser politisches Selbstverständnis und unsere kulturelle Entwicklung sind in den westlichen Industrienationen geprägt vom Prinzip der Humanität; jeder Mensch wird als selbstverantwortliches Individuum und als gleichberechtigter Partner in der Gesellschaft akzeptiert. Das Humanitätsprinzip mit seiner Ausprägung z. B. im Mitleid, in der Liebe, in der Solidarität, in der Zuneigung zu einem Wesen, welches «einfach ein Mensch» ist, steht im gewissen Widerspruch zu der breiten Heterogenität der Menschheit: Der Idiot auf der einen Seite, der populäre Politiker «in der Mitte» und der Nobelpreisträger auf der anderen Seite sind extreme Ausprägungen eines außerordentlich breiten Spektrums von Menschen, die in der Regel «wenig miteinander zu tun haben». Bisher haben wir aber, von einigen unseeligen Ausnahmen abgesehen, die ganze Palette von unterschiedlichen Persönlichkeitsausprägungen als gleichberechtigte Menschen akzeptiert und in unsere Gesellschaft integriert. *Von diesem Prinzip werden wir auch bei der human computerisierten Gesellschaft nicht abweichen dürfen*, weil es keine «Klassifikations-Kriterien» gibt. Deshalb ist es so wichtig, zum einen den «Schwachen» – auch durch angemessene informationstechnische Unterstützung – zu helfen und zum anderen sicherzustellen, daß *alle* am demokratischen Entscheidungsprozeß weiterhin partizipieren können. Die Informationstechnik bietet die Chance, das Prinzip der Humanität durch die «Krücke» des Persönlichen Informations- und Telekommunikations-Systems weiter zu entwickeln; zumindest biologische «Probleme» können damit z. T. kompensiert werden. (Daß an dieser Stelle später eventuell die genetische Manipulation ansetzen wird, ist erkennbar, bedarf aber einer besonderen Betrachtung.)

Das Prinzip der Gleichheit. Unser Grundgesetz räumt allen Menschen die Gleichheit vor dem Gesetz ein. Übertragen auf die Funktion und die Struktur einer human computerisierten Gesellschaft, muß dies heißen, daß alle das gleiche Recht haben, am Wirken des Gesamtsystems mitzuarbeiten. Während heute das Recht als «Individualrecht» des einzelnen in Abgrenzung gegenüber anderen Individuen verstanden wird, so muß sich in der human computerisierten Gesellschaft ein Rechtswesen entwikkeln, welches intensiver prüfen muß, inwieweit sich das Individuum im Sinne des Gesamtsystems verhält.

Auch an dieser Stelle sehen wir, daß die praktische Fortführung der Rechtsposition des einzelnen nur möglich ist, wenn der Mensch auf dezentraler Ebene intensiv von Informationstechnik Gebrauch machen kann und sich dadurch in der Auseinandersetzung mit seiner informationellen und materiellen Umwelt in einen Zustand versetzt, daß «Gleichheit» (wieder) hergestellt werden kann. Zerfiele die Bevölkerung jedoch - wie heute ansatzweise erkennbar - langfristig in «Autonome», «Substituierbare» und «Unberechenbare», und würde die Kluft zwischen diesen Gruppen zunehmend unüberwindbarer, so entstehen gravierende Probleme mit dem Gleichheitsgrundsatz. Es würde z. B. die Frage auftauchen, inwieweit der Substituierbare, der substituiert ist, angesichts seiner materiellen Anhängigkeit von der Gesamtgesellschaft etwa noch das gleiche Recht hat wie der Unberechenbare, der die Gesamtentwicklung vorantreibt und verantwortliche Entscheidungen zu treffen hat. Einer derart massiven Differenzierung der Menschheit ist in der human computerisierten Gesellschaft unter Nutzung der Informationstechnik entgegenzuwirken, um den Grundsatz der Gleichheit aller zu erhalten.

Der Grundsatz der Freiheit. Im Zentrum der Vorstellungen westlicher Demokratien steht das Prinzip der persönlichen Freiheit. Dieses bezieht sich zum einen auf die Freiheit der Meinungsbildung und Meinungsäußerung und zum anderen auf die Freiheit, sein Leben individuell zu gestalten. Bezüglich dieses Grundsatzes werden in der human computerisierten Gesellschaft neue Prinzipien entstehen und damit neue Probleme aufgeworfen. Freiheit wird nicht mehr allein begrenzt sein durch die Vermeidung von Auseinandersetzungen mit anderen Individuen, Freiheit wird zunehmend auch begrenzt werden durch den Anspruch des *Gesamtsystems*, leistungsfähig und überlebensfähig zu bleiben. Hieraus scheint eine Einschränkung individueller Freiheit zu resultieren. Dies ist aber nur insoweit richtig, als es sich hierbei um Aspekte handelt, die im Hinblick auf die Aktivität des einzelnen *für das Ganze* von Bedeutung sind. In den Bereichen, in denen das Individuum Tätigkeiten nachgeht, die für das Gesamte irrelevant sind, entstehen dagegen neue Spielräume der Freiheit, die es auszuloten und menschlich zu gestalten gilt. (Vielleicht kommen wir in der human computerisierten Gesellschaft z. B. aus der «Freiheits-Vergeudung» heraus, jeden Tag zwei Stunden durch Fernsehen zu «vernichten»?)

Das Prinzip der Mitverantwortlichkeit. Nach Jahrzehnten intensiver Diskussion über die Mitbestimmung gilt es in der human computerisierten Gesellschaft, diese auf das Niveau der *Mitverantwortung* zu heben. In einem stark vernetzten und von den Entscheidungen vieler abhängigen Gesamtsystem darf es nicht nur Mitbestimmung in dem Sinne geben, daß Menschen an Entscheidungen beteiligt werden, sondern es muß auch eine *unmittelbare Verantwortung* für die so getroffenen Entscheidungen geben. Hierfür ist es allerdings notwendig, daß die Entscheidungsstrukturen transparent sind. Verantwortung und Kompetenz müsssen trotz der intensiven Integration in das informationstechnische Netz überschaubar und an den einzelnen anbindbar gehalten werden. – Diese Überlegungen, die zunächst für gesamtgesellschaftliche Zusammenhänge gelten, müssen natürlich in gleicher Weise auf den Betrieb und die Familie übertragen werden.

Für die «Grundversorgung» ist es fast trivial, daß man in der human computerisierten Gesellschaft davon ausgehen muß, daß breite Schichten mitverantwortlich sind, d. h. sie alle müssen die Entscheidungen treffen, wie und wo Grundversorgung realisiert werden soll, und sie müssen sich bewußt sein, daß bei Fehlern in diesem System *ihre* Grundversorgung gefährdet wird. – Eine ähnlich breite Partizipation und Mitverantwortung breiter Schichten gilt es für andere zentrale Fragen der Existenz der human computerisierten Gesellschaft herzustellen: Im Bereich der Friedenssicherung, beim Aufbau von integrierten Informationsnetzen, bei den notwendigen Datenschutzmaßnahmen, in der Entwicklung eines leistungsfähigen Bildungswesens, bei der Entfaltung einer jenseits der Grundversorgung aufbauenden Marktwirtschaft usw.

Mitverantwortung heißt auch, daß Fehlverhalten eine direkte oder indirekte Bestrafung durch das Gesamtsystem nach sich zieht: Während z.B. wirtschaftliche Einbrüche im Bruttosozialprodukt und in der Grundversorgung eine «milde Strafe» darstellen, bedeutet die militärische Zerstörung die härteste Strafe für falsches Verhalten in der Mitverantwortung am Gesamtsystem, das letztlich ein irreversibles Chaos bewirken kann.

Notwendigkeit der Aktivierung des einzelnen. Während wir heute mit dem Prinzip der repräsentativen Demokratie nur einen sehr kleinen Anteil der Gesamtbevölkerung an den Detailentscheidungen partizipieren lassen, wird dieses in der human computerisierten Gesellschaft nicht mehr sinnvoll sein. Wie oben ausführlich diskutiert, gibt es hierfür mehrerlei Gründe: *Erstens* kommt es darauf an, den einzelnen nicht zum «Schmarotzer» der Grundversorgung werden zu lassen; dieses wiederum fordert, daß er selber an den notwendigen Entscheidungen teilnimmt. *Zweitens* würde die Macht der Unberechenbaren, d.h. einer kleinen Gruppe von Menschen, die jenseits der Leistungen der Informationstechnik besonders qualifiziert sind, zu einem «Orwellschen Staat» führen, wenn nicht alle regelmäßig am Entscheidungsprozeß beteiligt sind. *Drittens* muß man davon ausgehen, daß auch bei breiter Übernahme der Informationsverarbeitung durch Informationstechnik die Kreativität *breiter* Schichten als «unberechenbare Leistung» genutzt werden muß. Der «human computerisierte Staat» wird die besten Chancen im internationalen Wettbewerb haben, der die *Gesamtheit dieser Potenzen* wirklich umsetzt. Diese Nutzung ist aber nur möglich, wenn auch alle Bürger tatsächlich in das Geschehen hineingezogen werden. Dabei muß man berücksichtigen, daß der Arbeits-Anteil, den der einzelne für sich *individuell* erbringen muß, in einer human computerisierten Gesellschaft zurückgeht. Dafür benötigt aber das Gesamtsystem immer breitere Leistungen.

Resümee: Partizipation statt Repräsentativität. Vergleicht man z.B. den Haushalt der Bundesregierung aus dem Jahre 1950 mit dem des Jahres 1984, so wird bereits aus der Struktur des Haushaltes deutlich, um wieviel komplexer unser Staatswesen geworden ist. Dieser Komplexitätsgrad wird in der human computerisierten Gesellschaft weiter zunehmen. In dieser Situation wird das Parteiensystem, welches heute versucht, über große Flächen notwendiger Entscheidungen ein einheitliches «politisches Netz» zu legen, nicht mehr ausreichen, um dem differenzierten Entscheidungsbedarf auf der Basis breiter Mehrheiten gerecht zu werden. Vielmehr wird es darauf ankommen, daß alle «Glieder» des Gesamtsystems einem Lernprozeß unterworfen werden, der wiederum fordert, daß die Bürger in Einzelsituationen an Einzelentscheidungen lernen können. Dies ermöglicht nur eine «direktere Demokratie», in der sich der einzelne auch für eine bestimmte Entscheidung mitverantwortlich fühlen kann und muß.

So bleibt als letzte und wohl wichtigste Forderung für die Realisierung der human computerisierten Gesellschaft die Forderung nach dem Erhalt der demokratischen Grundidee und gleichzeitig die Forderung nach einer Weiterentwicklung der demokratischen Ordnung. Nur durch eine breite und intensive Beteiligung der Mitglieder eines Volkes, dessen Bürger die Grundrechte der Freiheit, der Gleichheit und der Mitverantwortlichkeit respektieren, besteht eine Chance, den schwierigen Weg in die human computerisierte Gesellschaft zu gehen. Wird auf diese Grundsatzentscheidung verzichtet oder versucht man überalterte Strukturen der politischen Entscheidungsfindung in die neue Gesellschaftsform hinüberzuretten, so besteht die große Gefahr, daß zentralistische Strukturen entstehen, die den Menschen beherrschen und breite Schichten zu Untermenschen abqualifizieren.

Es ist letztlich nicht die Informationstechnik an sich, die unsere Zukunft bedroht, sondern es ist die Frage, inwieweit es uns gelingt, unsere gesellschaftliche Organisation so zu gestalten, daß wir die Informationstechnik als Mittel zur Realisierung einer weiteren Integrationsstufe nutzen können. – Die Informationstechnik ist eine außerordentliche Provokation, von wenigen «Unberechenbaren» in die Welt gesetzt und von relativ kleinen Gruppen verbreitet. Sie zu verstehen und gesellschaftlich derart zu verarbeiten, daß daraus eine neue Integrationsstufe menschlicher Entwicklung wird, stellt eine derart breite politische Herausforderung dar, daß sie nur mit der Mitwirkung aller bewältigt werden kann.

Dem Pessimismus konstruktiv entgegentreten

Die Welt geht nicht unter – wenn der atomare Krieg vermieden wird. Allgemeiner Pessimismus und gesellschaftliche Zukunftsangst erscheinen insbesondere in der Bundesrepublik heute mehr als unsinnig, haben wir doch – verglichen mit fast allen anderen Staaten Europas, den USA oder Japan, ganz zu schweigen von den sich entwickelnden Ländern – eine *außeror-*

dentlich solide Basis, auf der wir aufbauen können: Unser Pro-Kopf-Einkommen gehört mit zu den höchsten auf der Welt. Die sozialen Unterschiede zwischen den Armen und den Reichen sind relativ gering – im Vergleich z.B. zu den USA. Trotz des – sehr ernst zu nehmendem – Waldsterben, trotz verseuchter Seen und Flüsse, trotz Luftverschmutzung und Industrialisierung gibt es in ganz Europa weite Flächen idyllischer Landschaften. Unsere Wohnungen haben bezüglich Ausstattung und Größe ein nie dagewesenes Niveau erreicht. Veraltete, verrostete Autos sieht man selbst bei armen Studenten kaum. Unsere Demokratie hat eine Stabilität erreicht, wie sie weder im Deutschland des 19. Jahrhunderts noch in der Weimarer Republik und schon gar nicht unter Hitler vorstellbar gewesen wäre.

Alle diese Tatsachen muß man sich *deutlich* vergegenwärtigen, wenn man sich fragt, wie eine zukünftige Entwicklung aussehen kann; sie wird unter allen Umständen eine *Fortsetzung* der derzeitigen Situation sein. Betrachten wir die wechselhafte Vergangenheit Europas, so ist sie – trotz vieler Wirren und Kriege – insgesamt eine Geschichte der Integration, der Entfaltung von Humanität, der Entwicklung von Wohlstand, ja in jüngster Zeit sogar der Verbannung des Krieges als letzten Mittels der politischen Auseinandersetzung zwischen den Staaten Westeuropas. Diese Situation wird sich *nicht* schlagartig ändern. Wir können von dieser Basis aus weiterarbeiten, auch wenn wir festhalten müssen, daß es Wellen in der geschichtlichen Entwicklung gibt, die sich rückblickend als Fehler herausgestellt haben.

Trotz aller kleinen und großen politischen Pannen, trotz vieler Skandale hat die politische Führung in den Staaten Westeuropas bisher keine grundsätzlichen, gravierenden Fehler gemacht und damit dem Wohlstand, der Demokratie und dem Frieden gedient. Auch hier besteht in unserem politischen System eine breite Plattform, von der aus weitergebaut werden kann. – Der «Untergang des Abendlandes» hat bisher *nicht* stattgefunden, und es gibt keine Anzeichen, daß er aufgrund wirtschaftlicher, gesellschaftlicher oder politischer Ereignisse in absehbarer Zeit stattfinden wird. Wir haben also allen Grund, von unserer gesunden Basis aus nach vorne weiterzuarbeiten und hierbei optimistisch zu sein. – Ob mit diesem Optimismus allerdings die Zustände realisiert werden können, die wir uns wünschen, hängt *nicht* von den «Umständen» ab, sondern wird zunehmend davon bestimmt, daß die Gesamtheit der Bevölkerung aktiv an der Entfaltung der sich rasch entwickelnden Zukunft mitwirkt. Ein resignierendes «Sichzurücklehnen» und ein «apathisches Zusehen» wird die Situation nicht verbessern, sondern verschlechtern.

Es gibt nur eine einzige *wirklich tiefgreifende* Bedrohung, die es zu beseitigen gilt: Einen atomaren Krieg in Europa oder an irgendeinem anderen Punkt der Erde. Nur dieser kann in einer auch geschichtlich völlig unbekannten – und deshalb so beängstigenden – Art und Weise die Entwicklung der Menschheit beenden oder zumindest um Jahrtausende zurückwerfen. Aber auch dieser apokalyptischen Vision gegenüber hilft resignativer Pessimismus nichts. Vielmehr kommt es gerade hier darauf an, alle Kräfte zu mobilisieren, damit diese Situation von niemandem, selbst wenn er im Besitz eines noch so gut ausgestatteten atombombensicheren Bunkers ist, für «überschaubar», «lenkbar» oder gar «durchstehbar» gehalten wird.

Es erscheint ziemlich sinnlos, so zu tun, als ob irgend jemand den atomaren Krieg wolle und sich «die anderen» dagegen nicht wehren könnten. Viel realistischer ist die Einsicht, daß breite Schichten der Weltbevölkerung an *langfristigen* politischen Fragen desinteressiert sind und daß deswegen auf der Basis kleinkarierter Konflikte zum letzten Mittel gegriffen werden kann, weil eine gefährliche Mischung aus Inkompetenz und mangelndem Verantwortungsbewußtsein bei einzelnen zum Tragen kommt. Dieses von vornherein zu verhindern, muß Aufgabe allen zukunftsorientierten Denkens sein. Es gilt als wichtigstes den Krieg zu vermeiden und sich erst dann dem Tagesgeschäft zuzuwenden. Vor allem der «Krieg aus Versehen», als Unfall gigantischen Ausmaßes, ist zu verhindern.

Die Interessen offen diskutieren. Aufklärung, Rationalität und Demokratisierung haben dazu geführt, daß in unserer Gesellschaft Interessen transparenter sind und deswegen Auseinandersetzungen öffentlich geführt werden können; die Zeiten wirklich «geheimer Mächte» sind vorbei. Dies darf allerdings nicht darüber hinwegtäuschen, daß das Machtinteresse des Menschen auch in unserer Gesellschaft von großer Bedeutung ist. Die moderne Informationstechnik bietet – wie wir gesehen haben – vielerlei Möglichkeiten, Macht zu verstärken; sie erlaubt aber angesichts ihrer Kostenstruktur gleichzeitig breiten Schichten der Bevölkerung die Möglichkeit der Aneignung und Nutzung dieser Technik. Diese Situation hebt natürlich die vorhandenen Gegensätze und Ungleichheiten nicht von vornherein auf: Es bleibt der Unterschied zwischen dem «Reich-» und «Arm-Geborenen», es bleibt –

mit einigen Einschränkungen – der Unterschied zwischen dem «Begabten» und dem «Unbegabten» usw.

Diese grundsätzliche Heterogenität menschlicher Ausgangssituation muß zur Kenntnis genommen werden. Es ist zu fragen, welche Konsequenzen dies im Hinblick auf die Funktion des Gesamtsystems der human computerisierten Gesellschaft hat. Keineswegs trivial ist es, daß z.B. eine Ausbeutung der Armen durch die Reichen für dieses Gesamtsystem letztlich sinnvoll ist, entstehen doch dann *unter Beibehaltung* demokratischer Prinzipien und bei Erhalt des Konzeptes der Humanität Gesamtlasten, die dann ihrerseits wieder von den Reichen getragen werden müssen. – Auch eine Durchsetzung der «Unberechenbaren» gegenüber den «Substituierbaren» erscheint für erstere nur begrenzt sinnvoll, ist doch nur zu klar, daß die «Unberechenbaren», wenn sie weiter agieren und die Rationalität und die Automatisierung immer weiter vorantreiben, letztlich auch sich selbst zu «Substituierbaren» machen.

Auch die Sorge vor der Macht des Staates als eines anonymen Systems, welches den einzelnen zu vereinnahmen und zu knechten versucht, erscheint wenig hilfreich, wenn man sich rechtzeitig klarmacht, daß diese Macht ja in der Demokratie wieder zurückzuführen ist auf die Entscheidungen von einzelnen und diese nur gewonnen werden können, wenn der Staat den einzelnen nicht erdrückt.

Viele unserer heutigen Diskussionen über die neue Informationstechnik und ihre gesellschaftliche Integration gehen von der Vorstellung aus, daß die «Mächtigen» ohne Rücksicht auf das Gesamtsystem die Durchsetzung ihrer eigenen Interessen mit aller Macht vorantreiben werden. Hier aber fehlt eine reflektierte Einsicht in die kybernetischen Zusammenhänge zwischen der Wirkung solchen Vorgehens und der Reaktion des Gesamtsystems. Es ist ja gerade Charakteristikum einer «computerisierten Gesellschaft», daß durch die Nutzung der Informationstechnik die Abhängigkeiten aller von allen stärker *und damit auch die Rückkopplungen intensiver werden.* In dieser Situation wird es nur möglich sein, zu einem funktionierenden Gesamtsystem für alle zu kommen, wenn zum einen die Interessen offen benannt werden und zum anderen gemeinsam versucht wird, diese im Gesamtsystem auszugleichen.

Hierbei ist allerdings zu berücksichtigen, daß der Interessenausgleich eben immer schwieriger wird je komplexer und komplizierter die Vernetzungen der verschiedenen Abhängigkeiten sind: Einfache Argumente z.B. nach mehr Lohn, wie sie zu Beginn der Industrialisierung noch gewerkschaftlich erfolgreich durchgesetzt werden konnten, sind *allein* z.Z. relativ unsinnig, da es nicht gilt, einfache Verteilungsprobleme zu lösen, sondern vernetzte und mit starken Wechselwirkungen ausgestattete Zusammenhänge zu verstehen und zu ordnen. Die 35-Stunden-Wochen-Diskussion zeigt dies überdeutlich: An Stelle einer differenzierten Diskussion um die Frage, wie die sich abzeichnende *Entkopplung* von Teilhabe an Arbeit einerseits und Lohn andererseits gesamtwirtschaftlich zu bewältigen ist, wird ein veraltetes Instrumentarium perpetuiert, nämlich die Forderung nach Arbeitszeitverkürzung zugunsten der Arbeitnehmer. Hier haben die Gewerkschaften die Komplexität der Problematik nicht durchschaut, sie haben vermutlich auch die Interessen ihrer eigenen Mitglieder an übergeordneten politischen Zielen der kurzfristigen Taktik untergeordnet. Sie haben versäumt, ihre Gesamtinteressen offen zu diskutieren: Diese bestehen bei vielen Arbeitnehmern nicht darin, Routine-Arbeit der Arbeit wegen zu behalten, sondern einen *gesicherten Lebensunterhalt* zu haben und die Möglichkeit zur gestaltenden *Tätigkeit* zu bekommen. Diese Tatsachen müßten auf den Tisch gelegt werden, um dann z.B. das Problem der «Grundversorgung» wirklich anzugehen.

Die Interessen breiter Schichten zur Kenntnis nehmen. Es ist zur Kenntnis zu nehmen, daß die mit der Informationstechnik mögliche Produktivitätssteigerung das lang ersehnte «Schlaraffenland» wirklich möglich machen *kann* – zumindest in den Industrienationen. Damit läßt sich im Prinzip ein uralter Traum verwirklichen, der sowohl im individuellen Hoffen als auch im Streben ganzer Völker und Religionen ein permanentes Ziel war. Die Ausformulierung dieses «Schlaraffenlandes» ist allerdings bisher sowohl politisch wie publizistisch in der Regel vermieden worden, anstelle dessen wurde viel lieber eine düstere Vision à la Orwells «1984» *veröffentlicht und von vielen gelesen.* Damit wurden die Interessen breiter Schichten konterkariert! An die Stelle des Versuchs, ein positives Szenario zu zeichnen und die Schritte dorthin zu beschreiben, wurde eine negative Zukunft ausgemalt und der Weg dorthin als unvermeidbar dargestellt!

Mit derartigen apokalyptischen Weltbildern widerspricht man den Interessen breiter Schichten in eklatanter Weise. Diese haben, wie wir gesehen haben, immer ein Interesse gehabt, zum einen ihre eigenen materiellen Bedingungen alltagspragmatisch zu verbessern und zum anderen sich selbst weiter zu entfalten. Dies erscheint nun zunehmend möglich. Allerdings unterstellt es, daß der Mensch in der Lage ist, die ihm gebotenen Möglichkeiten aktiv und selbstbestimmend zum Positiven zu nutzen. Hierbei darf es nicht zur Resignation des einzelnen kommen, der von Anfang an den «Mächten» gegenüber verzagt, vielmehr ist es wichtig, die Interessen des einzelnen zu formulieren und diese in die gesellschaftliche Auseinandersetzung einzubringen. Dabei geht es allerdings nicht an, Interessen auf die heutige – oder sogar gestrige – Situation zu reduzieren, vielmehr ist es wichtig, Interessen zukunftsorientiert zu formulieren. Nur aus einem Strang relativ stabiler und zukunftsorientierter Anliegen kann sich langfristig eine angemessene Struktur entwickeln.

Es sieht z. Z. so aus, als ob der Mensch mit den ihm gebotenen Potenzen der neuen Techniken *nicht* fertigzuwerden droht. *Dies ist die eigentliche Herausforderung der Informationstechnik!* Es ist viel weniger der böse Wille einer kleinen herrschaftsgierigen Minderheit, die da versucht, sich die anderen mit Technik untertan zu machen. Es ist vielmehr die Apathie, das Desinteresse und die Willenslosigkeit breiter Schichten, die heute die Freiräume schaffen, in denen sich die materiell und intellektuell Mächtigen einnisten können. Der Weg in die human computerisierte Gesellschaft kann nur gegangen werden, wenn die Interessen aller explizit dargestellt und in die notwendige Synthese aktiv und engagiert eingebracht werden.

Gesamtkonzept anstelle widersprüchlicher Teillösungen entwickeln. Es ist für jede große Neuentwicklung charakteristisch, daß zunächst nur Teilaspekte belichtet werden, liegt doch das Gesamtkonzept zunächst im dunkeln. Genau dieses beobachten wir auch in allen Fragen des Überganges in die human computerisierte Gesellschaft: Es werden keine «großen Würfe» gesucht, vielmehr wird an Details «herumgebastelt». Dies muß notwendigerweise dazu führen, daß widersprüchliche Teillösungen entstehen: Überhöhter Datenschutz kann zu Schwierigkeiten in der Planbarkeit führen; ein starres Festhalten an der Bindung von abhängiger Arbeitszeit und Lebensstandard behindert die Bewältigung der Produktivitätsverteilungsprobleme; eine konservative (nur «humanistische») Bildungspolitik wird weiterhin «Computer auf Beinen» erzeugen, die dann im Wettbewerb mit der realen Informationstechnik unterliegen usw.

Wenn es wirklich gelingen soll, breite Schichten für einen

gesellschaftlichen Aufbruch in eine lebenswerte Zukunft zu gewinnen, so bedarf es der *gleichzeitigen* und *aufeinander abgestimmten* Lösung vieler Probleme. Hier mag in der Tat bereits die intellektuelle Kapazität des einzelnen nicht mehr ausreichen, und wir werden die Informationstechnik als Denkzeug brauchen, um insgesamt konfliktfreie Lösungen zu erarbeiten. Dieser Aspekt macht auch den Übergang so schwierig, bedarf es doch mehr als isolierter Einsichten einzelner Menschen, um die human computerisierte Gesellschaft zu schaffen.

Reichten beim Übergang zur industrialisierten Gesellschaft noch Insellösungen, um eine positive Ordnung zu schaffen (z.B. Bildungsexpansion, Sozialgesetze, Mitbestimmungsgesetze), so gilt es in der human computerisierten Gesellschaft große Flächen neu zu ordnen: Z.B. die Frage nach dem menschlichen Selbstverständnis und der Integration des Menschen in ein sozio-technisches Gesellschaftsbild, z.B. die Frage nach der «sozial-gerechten» Verteilung der automatisch erzeugten Produkte, z.B. die Frage der direkteren Partizipation aller an vielen Prozessen.

Ein Wettbewerb konstruktiver Modelle tut not. In dieser Situation ist es notwendig, daß von den großen gesellschaftlichen Gruppen - aber auch insbesondere von der Wissenschaft - positive Szenarien gezeichnet und in einen intensiven Wettbewerb zur Bewältigung der Gesamtheit der anstehenden Probleme geschickt werden. Wir müssen wegkommen vom heutigen Sich-Überbieten in negativen Vorstellungen und versuchen - immer *unter Berücksichtigung* aller in diesem Buch ja ausführlich dargelegten *Probleme* –, positive Lösungen zu schaffen, die sich an den Interessen breiter Schichten orientieren.

Es gibt nicht *das* Konzept *der* human computerisierten Gesellschaft, vielmehr muß es in demokratischen Prozessen als Konsequenz der Auseinandersetzungen der Interessen entstehen - vorausgesetzt allerdings, daß diese ein gemeinsames Ziel haben, nämlich die anstehende Integration überhaupt vorzunehmen. - Auch die Bewertung des Integrationsbegriffes ist zu reflektieren. Hier besteht ein breites Kontinuum möglicher Ausprägungen: Von einer monistischen Struktur mit sehr strengen Regeln und einem hohen Organisationsgrad bis hin zu einer losen Föderation dezentralisiert organisierter Subsysteme. Eine Entscheidung für die Extreme oder für dazwischenliegende Mischformen unterstellt Erfahrungen mit diesen Modellen, diese gilt es konkret zu machen.

Gerade für die Bundesrepublik mit ihrer föderativen Struktur bietet sich hier die Möglichkeit, durch alternative Entwicklungen in verschiedenen Ländern mit unterschiedlicher politischer Führung Modelle zu erproben – immer vorausgesetzt, es sind überhaupt positive Modelle für eine Bewältigung der realen Probleme unter realen Randbedingungen. (Ein Kriterium für eine positiv zu bewertende Problemlösung besteht sicher immer darin, inwieweit es gelingt, den Schritt zu einem integrierten, leistungsfähigeren Gesamtsystem zu schaffen und gleichzeitig individuelle Freiheiten und ursprünglich menschliche Ziele zu erhalten.)

Resümee. Der euphorischen Stimmung, die heute bei steigenden Umsätzen und hohen Gewinnen in der informationstechnischen Industrie herrscht, entspricht *keine* Aufbruchstimmung gesellschaftlichen Handelns. Vielmehr ergibt sich aus der Vielzahl der entstehenden Probleme eher eine breite, z. T. pessimistische Apathie. Obwohl viele Menschen rational verstehen, daß eine Begrenzung oder gar Abschaffung der Informationstechnik in den Industrienationen unmöglich ist, glauben sie doch noch mit einem «blauen Auge» davonzukommen. D. h. viele Gruppen sind nicht daran interessiert, konstruktive Perspektiven zu entwickeln, die unter intensiver Ausnutzung der Potenzen der Informationstechnik einen Weg ins «Schlaraffenland» ermöglichen, sondern sie bemühen sich bestenfalls an Einzelphänomenen herumzubasteln, um Individualschäden zu verhindern.

Da auch die Massenmedien grundsätzlich stärker daran interessiert sind, negative Konsequenzen darzustellen und durch Wiederholung «breitzuwalzen», existiert z. Zt. insgesamt ein eher düsteres Bild der Zukunft. Diesem muß durch den Vorschlag konkurrierender *positiver* Modelle zur Bewältigung der Konsequenzen der Informationstechnik entschieden begegnet werden. Hierbei ist es allerdings auch nötig, zunächst alles zu tun, um die Welt nicht durch einen atomaren Krieg schwer zu schädigen. Hier – und eigentlich nur hier – liegt die große Gefahr, daß es uns nicht gelingt, Konsequenzen der Informationstechnik zu bewältigen. Wenn wir aber mit dieser gravierenden und zentralen Problematik fertig werden, so ist die Welt weder morgen noch übermorgen zu Ende!

Vielmehr muß man davon ausgehen, daß die Entwicklungen zu höherem Lebensstandard, zu größerer persönlicher Freiheit und zu mehr Selbstverwirklichung weitergehen können, *so wie sie das in den letzten Jahrhunderten stetig getan haben.* – Da die Menschen mit ungleicher genetischer Ausstattung und aus unterschiedlichem Milieu in die Welt eintreten, hat es immer Unterschiede gegeben und es wird sie weiterhin geben. In dieser Situation ist es wichtig, die Interessen der Individuen, ausgehend von ihrer Basis, zu verstehen und offen zu diskutieren. Hierbei zeigt sich, daß in der human computerisierten Gesellschaft auch für die Mächtigen das Interesse an der Stabilität des Gesamtsystems ein überragendes Ziel ist. Daraus resultiert, daß sie letztlich auch bereit sein werden, einen Teil ihrer Macht abzugeben, um im Gesamtsystem weiterhin stabil zu leben.

Hierzu bedarf es allerdings eines Ausbaus der demokratischen Grundstruktur und einer konsequenten Nutzung dieses Instrumentariums. – Demokratie und Mitbestimmung allein werden gleichwohl wenig weiterhelfen, wenn es nicht gelingt, Gesamtkonzeptionen für die human computerisierte Gesellschaft zu entwickeln und diese an die Stelle von isolierten Teillösungen zu setzen. Dabei ist zu berücksichtigen, daß es *die* Gesamtlösung als «großen Wurf» natürlich nicht gibt. Vielmehr stehen wir am Anfang eines komplexen Prozesses, in dem verschiedene Vorstellungen des Überganges in die human computerisierte Gesellschaft miteinander in Wettbewerb treten werden und treten müssen. Was wir z. Z. aber haben, ist nicht ein Zuviel an positiven Konzeptionen und ein Ringen dieser Konzeptionen untereinander, sondern ein deutliches *Zuwenig* an Zukunftsorientierung! Daraus resultiert der beobachtbare Pessimismus, dem wir uns konstruktiv entgegenstellen müssen.

Danksagung

Zunächst gilt mein Dank den zahlreichen Diskussionsteilnehmern bei Vorträgen, die ich auf Einladung vieler Institutionen nach Erscheinen meines Buches «Die neue Bildungskrise» halten durfte. Diskutanten und einladende Institutionen haben mich zum konsequenten Nachdenken über viele Probleme gezwungen.

Meinen Studenten – insbesondere in der Veranstaltung «Informatik und Gesellschaft» – muß ich ebenfalls für viele «bohrende» Diskussionen danken, mit denen sie mir geholfen haben, Fragestellungen zu verschärfen und nach besseren Lösungen zu suchen.

Ein Rohentwurf des Manuskripts ist von über zwanzig Persönlichkeiten aus den verschiedensten Bereichen von Wirtschaft, Politik und Wissenschaft kritisch gelesen worden, wofür ich hier herzlich danken möchte. Hieraus entstanden vielerlei Anregungen, die in der Endfassung verarbeitet wurden.

Trotz einiger Ermunterungen durch Vertreter großer gesellschaftlicher Gruppen hat mich gerade die Hilflosigkeit, mit der in diesen Organisationen mit dem Rohmanuskript umgegangen wurde, stark motiviert, das Manuskript schnell zu publizieren, um dort vielleicht mit einem fertigen Buch eine Hilfe zu bieten.

Mein Dank gilt auch den Mitgliedern der Kommission «Zukunftsperspektiven gesellschaftlicher Entwicklungen» der Landesregierung Baden-Württemberg, die mir während meiner Arbeit in der Kommission vielerlei Anregungen für das Buch gegeben haben.

Frau E. Dreyer danke ich – neben vielen ihrer Kolleginnen, die an den verschiedenen Fassungen des Manuskripts mitgearbeitet haben – für die aufwendige redaktionelle Arbeit. Diese war deswegen besonders mühsam, weil Text-Automaten in der – von vielerlei «human-alternativen» Kräften bewegten – Universität Bremen bisher *nicht* benutzt werden dürfen.

Literaturhinweise

Mit den folgenden *ausgewählten Hinweisen* auf wichtige neuere Buchveröffentlichungen soll dem Leser die Möglichkeit geboten werden, einerseits einen Teil des «Informationshintergrundes» des Autors kennenzulernen und andererseits selbst Themen vertieft nachzulesen. Angesichts der Fülle relevanter Publikationen – z.Z. machen Druckwerke über Informationstechnik bereits ca. 4% des Buchmarktes aus – ist die folgende Liste bewußt unvollständig. Da sich aber in jedem Buch wieder neue Verweise finden, kann der Leser sich leicht weiter «voranhangeln».

An dieser Stelle sei auch darauf verwiesen, daß es weltweit ca. 1600 elektronische Datenbanken gibt, über die der *gezielte* Zugang zu der gesamten aktuellen Literatur möglich ist. In vielen Bibliotheken gibt es mittlerweile öffentliche Anschlüsse an diese Datenbanken, die relativ preiswert genutzt werden können; es lohnt ein Versuch!

Die Literaturhinweise sind in fünf große Themenblöcke gegliedert. Dies entspricht nicht der Feingliederung der Abschnitte des Buches, vermeidet aber – mit wenigen Ausnahmen – eine Wiederholung von Titeln. Die gesamte Auswahl richtet sich an den «interessierten Laien» und *nicht* an die Spezialisten im betreffenden Fachgebiet, für die insbesondere ein Verweis auf viele relevante Zeitschriften-Artikel notwendig wäre, der hier nicht geleistet werden kann und soll.

Themenkreis 1: Die neue Informationstechnik und die menschliche Informationsverarbeitung

Aleksander, I: und P. Burnett: Die Roboter kommen. Wird der Mensch neu erfunden? Basel 1984

Balzert, H.: Informatik I und II. München 1980

Barr, A. and E. Feigenbaum (Eds.): The Handbook of Artificial Intelligence. Stanford, CA 1982

Beauclair, W. de: Geschichtliche Entwicklung (der Informatik). *In: Steinbuch, K. u. W. Weber:* Taschenbuch der Informatik, Bd. 1. Berlin 1974

Bundesminister für Forschung und Technologie: Informationstechnik. Konzeption der Bundesregierung zur Förderung der Entwicklung der Mikroelektronik, der Informations- und Kommunikationstechniken. Bonn 1984

Carbonell, J.G.: Subjective Understanding. Computer Models of Belief Systems. Ann Arbor, MI 1979

Card, S.K., Moran, T.P. and A. Newell: The Psychology of Human-Computer Interaction. Hillsdale, N.J. 1983

Cline, H. and L. Sinnott: The Electronic Library. Aldershot, England 1984

Computer Books and Serials in Print 1984. ISBN 0-8352. 1984

Davis, R. and D. Lenat: Knowledge-Based Systems in Artificial Intelligence. New York 1982

Diepold, P. und B. Borg (Hrsg.): Wirtschaftsinformatik an kaufmännischen Schulen. München 1984

Dreyfus, H.L.: What Computers Can't Do. The Limits of Artificial Intelligence. Revised Edition. New York 1979

Dworatschek, S.: Einführung in die Datenverarbeitung. Berlin 1984

Elias, D.: Telekommunikation in der Bundesrepublik Deutschland 1982. Heidelberg 1982

Enquette-Kommission des deutschen Bundestages «Neue Informations- und Kommunikationstechniken»: Zwischenbericht. Drucksache 9/2442, Bonn 1983

Expertenkommission Neue Medien - EKM: Abschlußbericht, 3 Bände. Stuttgart 1981

EUROFUTURES - The Challenge of Innovation. Sevenoaks 1984

Feigenbaum, E.A. and P. McCorduck: Die Fünfte Computer-Generation. Künstliche Intelligenz und die Herausforderung Japans an die Welt. Basel 1984

Forester, T. (Ed.): The Microelectronics Revolution. Oxford 1980

Fellbaum, K. et al.: Elektronische Textkommunikation. Berlin 1983

Geretschläger: Medientechnik I - Nonprint-Medien. München 1983

Gesellschaft für Information und Dokumentation: Forschungs- und Entwicklungsprojekte in Informationswissenschaft und -praxis. Frankfurt 1983

Gewald, K. et al.: Software Engineering - Grundlagen und Techniken rationeller Programmentwicklung. München 1982

Goldschlager, L. u. A. Lister: Informatik - Eine moderne Einführung. München 1984

Hoffmann, J.: Das aktive Gedächtnis. Berlin 1983

Hansen, H.R. (Hrsg.): Büroinformations- und Kommunikationssysteme. Berlin 1982

Hansen, H.R.: Wirtschaftsinformatik. Stuttgart 1983

Hayes-Roth, F. et al. (Eds.): Building Expert Systems. London 1983

Kaiser, W. (Hrsg.): Interaktive Breitbandkommunikation. Berlin 1982

Kaiser, W., Marko, H. and E. Witte (Eds.): Two-Way Cable Television. Berlin 1977

Karchner, H.: Büro der Zukunft. Baden-Baden 1982

Kasschau, R.A. et al. (Eds.): Information Technology and Psychology-Prospects for the Future. Praeger 1983

Kilian, W.: Personalinformationssysteme in deutschen Großunternehmen. Berlin 1982

Koch, F.: Bürgerhandbuch Datenschutz. Reinbek 1981

Kommission für den Ausbau des technischen Kommunikationssystems (KtK): Telekommunikationsbericht und Anlagebände. Bonn 1976

Kunii, T. (Ed.): VLSI Engineering - Beyond Software Engineering. Berlin 1984

Lachman, R. et al.: Cognitive Psychology and Information Processing. Hillsdale, N.J. 1979

Lindsay, P.H. und D.A. Norman: Einführung in die Psychologie – Informationsaufnahme und -verarbeitung beim Menschen. Berlin 1981

Loftus, G. and E. Loftus: Mind at Play - The Psychology of Video Games. New York 1983

Lockemann, P.C. et al.: Systemanalyse - DV-Einsatzplanung. Berlin 1983

Masadu, Y.: The Information Society. Tokio/Bethesda 1981

Mayer, R.: Thinking, Problem Solving and Cognition. San Francisco 1984

Meyer, W. et al.: Bildschirmtext und seine Anwendungen. Kempfenhausen 1982 (mit Fortsetzungen)

Michalski, R. et al.: Machine Learning - An Artificial Intelligence Approach. Palo Alto, CA 1983

Moto-oka, T. (Ed.): Fifth Generation Computer Systems. Amsterdam 1982

Mumford, E. und G. Welter: Benutzerbeteiligung bei der Entwicklung von Computersystemen. Berlin 1984

Nagel, K.: Büro-Kommunikation heute und morgen – Einflüsse, Techniken, Systeme. München 1982

Newell, A. and H. Simon: Human Problem Solving. Englewood Cliffs 1972

Nilsson, N.: Principles of Artificial Intelligence. Palo Alto, CA 1980

Nora, S. und A. Minc: Die Informatisierung der Gesellschaft. Frankfurt 1979

Norman, D. (Ed.): Perspectives on Cognitive Science. Norwood, N.J. 1981

Pool, de Sola, I. et al.: Communication Flows – A Census in the United States and Japan. Amsterdam 1984

Raab, H.H.: Handbuch Industrieroboter. Wiesbaden 1981

Ratzke, D.: Handbuch der Neuen Medien. Stuttgart 1983

Rauch, W.D.: Büro-Informations-Systeme. Wien 1982

Schlageter, G. und W. Stucky: Datenbanksysteme: Konzepte und Modelle. Stuttgart 1983

Schmidbauer, M. und P. Löhr: Die Kabelpilotprojekte in der Bundesrepublik. Ein Handbuch. München 1983

Seetzen, J. et al.: Wissenschaftliche Begleituntersuchung zur Btx-Erprobung in Berlin. HHI, Berlin 1983

SIEMENS: Chancen mit Chips. Zwischenbilanz einer Basistechnologie. Berlin 1984

Short, J. et al.: The Social Psychology of Telecommunications. London 1976
Shortliffe, E.: Computer-Based Medical Consultations: MYCIN. New York 1976
Smolawa, C., Toepfer, A. und K. Haefner: Bibliographie zur interpersonalen Telekommunikation. Projekt CIT, FB 3, Universität Bremen, Bremen 1983
Springer, S.P. and G. Deutsch: Left Brain, Right Brain. San Francisco 1981
Spur, G. und F.-L. Krause: CAD-Technik. München 1984
Strauch, D. und G. Vowe (Hrsg.): Bildschirmtext. München 1980
Studiengruppe Bildschirmtext: Bd. 1: Verhaltenswissenschaftliche Grundlagen (Wiesenbauer), Bd. 2: Personalsuche und Personalvermittlung (Stolte), Bd. 3: Bildschirmtext bei Kreditinstituten (C. Warnecke), Bd. 4: Informationsverhalten der Konsumenten (Kaps), Bd. 5: Verbraucherinformation (Grunert). Verlag Fischer, fortlaufende Jahre
Teichmann, H.-J. et al.: Neue Technische Kommunikation in der Druckindustrie. Bundesverband Druck, Wiesbaden 1982
Vallee, J.: Computer Message Systems. Hamburg 1984
Wickelgren, W.: Cognitive Psychology. Englewood Cliffs, N.J. 1979
World Videotex Report. Online Publications. Pinner, England 1984

Themenkreis 2: Informationstechnik und Ökonomie/Arbeit

Blüm, N.: Die Arbeit geht weiter - Zur Krise der Erwerbsgesellschaft. München 1983
Brandt, G. et al.: Computer und Arbeitsprozeß - Eine arbeits-soziologische Untersuchung. Frankfurt 1978
Bravemann, H.: Die Arbeit im modernen Produktionsprozeß. Frankfurt 1977
Brinkmann, H. et al.: Automatisierte Verwaltung. Frankfurt 1981
Bundesminister für Forschung und Technologie: Informationstechnologie und Beschäftigung - Eine Übersicht über internationale Studien. Düsseldorf 1980
Electronic Services Unlimited (New York, N.Y.): Telecommuting: Its Potential Effects on Profits and Productivity. 1984
Giersch, H. (Hrsg.): Wie es zu schaffen ist. Agenda für die deutsche Wirtschaftspolitik. Stuttgart 1983
Gorz, A.: Wege ins Paradies. - Thesen zur Krise, Automation und Zukunft der Arbeit. Berlin 1983
Hafner, K.: Die Möglichkeiten des Home Banking und sein Einfluß auf die Geschäftspolitik der Kreditinstitute. Frankfurt 1984
Hentschel, B. und G. Wronka (Hrsg.): Personalinformationssysteme in der Diskussion. Köln 1984
Huber, J.: Die zwei Gesichter der Arbeit - Ungenutzte Möglichkeiten der Dualwirtschaft. Frankfurt 1984
Industriegewerkschaft Metall: Rationalisierung in der Metallwirtschaft. Eine Bestandsaufnahme. Kurzfassung. Frankfurt 1983
Kilian, W.: Personalinformationssysteme in deutschen Großunternehmen. Berlin 1982

Krebsbach-Gnath, C. et al.: Frauenbeschäftigung und neue Technologien. München 1983
Machlup, F.: Knowledge and its Production. Princeton 1980
Meade, J.: Efficiency, Equality and the Ownership of Property. London 1964
Lockemann, P.C. et al.: Systemanalyse - EDV-Einsatzplanung. Berlin 1983
Rationalisierungskuratorium der Deutschen Wirtschaft; Bierbaum, H. et al.: Rationalisierung und menschengerechte Arbeitsgestaltung im Öffentlichen Dienst. Eschborn 1980
Rationalisierungs-Kuratorium der Deutschen Wirtschaft; G. Freund et al. (Hrsg.): Einsatzmöglichkeiten, Anwendungen und Auswirkungen der Mikroelektronik in der Praxis. (Loseblattsammlung), Berlin 1983ff.
Sonnenberg, H.: Betriebslehre und Arbeitsvorbereitung. Braunschweig 1978
Spitzley, H.: Wissenschaftliche Betriebsführung, REFA-Methodenlehre und Neuorientierung der Arbeitswissenschaft. Köln 1980
Stobbe, A.: Volkswirtschaftslehre I und II. Berlin 1983
Zimmermann, L. (Hrsg.): Computereinsatz: Auswirkungen auf die Arbeit. Reinbek 1983
Zimmermann, L. (Hrsg.): Belastung und Streß bei der Arbeit. Reinbek 1982

Themenkreis 3: Informationstechnik und menschliches Selbstverständnis/Bildung

Alex, L. und G. Weißhuhn: Ökonomie der Bildung und des Arbeitsmarktes. Hannover 1980
Anders, G.: Die Antiquiertheit des Menschen. Über die Zerstörung des Lebens im Zeitalter der dritten industriellen Revolution. München 1980
Arlt, W. (Hrsg.): EDV-Einsatz in Schule und Ausbildung. München 1978
Bammé, A. et al.: Maschinen-Menschen und Mensch-Maschinen. Grundrisse einer sozialen Beziehung. Reinbek 1983
Beyer, L., Smolawa, C., Toepfer, A. und K. Haefner: Kommunikation, Computer und Alltagswelt. Projekt CIT, FB 3, Universität Bremen, Bremen 1984
Bosler, U. und K.-H. Hansen (Hrsg.): Mikroelektronik, sozialer Wandel und Bildung. Weinheim/Kiel 1981
Bolder, A.: Ausbildung und Arbeitswelt. Eine Längsschnittuntersuchung zu Resultaten von Bildungsentscheidungen. Frankfurt 1983
Briefs, U.: Arbeiten ohne Sinn und Perspektive? Gewerkschaften und «Neue Technologien». Köln 1980
Bund-Länder-Kommission für Bildungsplanung; Hery, G. und K. Weber (Hrsg.): Modellversuche zur Informatik sowie zur Bereitstellung und Erprobung audio-visueller Medien für die Schule. Bonn 1983
Chartrand, M. und C. Williams: Educational Software Directory: A Subject Guide to Microcomputer Software. Libraries Unlimited 1983
Control Data GmbH (Frankfurt): Higher Education PLATO Courseware. Jeweils aktuelle Ausgabe
Deken, J.: Computerbilder. Kreativität und Technik. Basel 1984

Donaldson, M. (Ed.): Early Childhood Development and Education. Oxford 1983

Dostal, W.: Bildung und Beschäftigung im technischen Wandel. IAB Beitrag AB 65, Nürnberg 1982

Dunlop, F.: The Education of Feeling and Emotion. London 1984

Evangelische Akademie Loccum (Hrsg.): Neue Technologien und Schule. Loccum 1984

Forschungsgruppe Kammerer: Ergebnisse der Mediennutzungs- und Medienforschung unter besonderer Berücksichtigung bildungspolitisch relevanter Aspekte. München (Kaiserstr. 36) 1982

Franke, H. (Hrsg.): Computer-Grafik-Galerie. Köln 1984

Furian, M. und P. Wittemann (Hrsg.): Television total? – Leben und Erziehen an der Schwelle zu einer neuen Medienwelt. Heidelberg 1982

Haas, H.-W. et al. (Hrsg.): Mikroelektronik und Schule. FEoLL/BMBW. Paderborn/Bonn 1983

Haefner, K.: Die neue Bildungskrise – Herausforderung der Informationstechnik an Bildung und Ausbildung. Basel 1982. – Mit Stellungnahmen deutscher Kultusminister: Reinbek 1985

Haefner, K. (Hrsg.): Schulrechner 1985. Stuttgart 1980

Hartmann, N.: Teleologisches Denken. Berlin 1952

Hawkridge, D.: Information Technology in Education. London 1983

Heidegger, M.: Über den Humanismus. Frankfurt 1949

Kagelmann, H. und G. Wenniger: Medienpsychologie. München 1982

Michel, K. und T. Spengler (Hrsg.): Kursbuch 75 – Computer-Kultur. Berlin 1984

Papert, S.: Mindstorms – Kinder, Computer und Neues Lernen. Basel 1982

Peccei, A. (Hrsg.): Club of Rome: Das menschliche Dilemma – Zukunft und Lernen. München 1979

Pietschmann, H.: Das Ende des naturwissenschaftlichen Zeitalters. Wien 1980

Pogrow, S.: Education in the Computer Age. Beverly Hills 1983

Popper, K. und J. Eccles: Das Ich und das Gehirn. München 1982

Prueitt, M.: Art and the Computer. Hamburg 1984

Rolff, H.-G.: Schule im Wandel – Kritische Analysen zur Schulentwicklung. Essen 1984

Roston, A. and D. Sewell: Microtechnology in Special Education – Aids to Teaching and Learning. Beckenham 1983

Rushby, N.J. (Ed.): Computer Based Learning. Computer State of the Art Report, Series II, Number 4. Oxford 1983

Schauer, H. und M. Tauber (Hrsg.): Kommunikationstechnologien – Neue Medien in Bildungswesen, Wirtschaft und Verwaltung. Wien 1982

Simon, J.-C.: L'education et l'informatisation de la société. Rapport au Président de la Republique. La Documentation Française. Paris 1980

Skinner, B.F.: Jenseits von Freiheit und Würde. Reinbek 1973

Taylor, R.P.: The Computer in the School – Tutor, Tool, Tutee. New York 1980

Tinsley, J.D. and E.D. Tagg (Eds.): Informatics in Elementary Education. Amsterdam 1984

Vieweg: Programmbibliothek Mikrocomputer – Zahlreiche Bände für Spiel und Lehre. Braunschweig

Wang, A.C.: Index to Computer Based Learning. University of Wisconsin-Milwaukee. Jeweils aktuelle Ausgabe

Winn, M.: Die Droge im Wohnzimmer. Reinbek 1979

Themenkreis 4: Informationstechnik und Verteidigung

Boston Study Group: Winding Down - The Price of Defense. San Francisco 1979

Carnesale, A. et al., The Harvard Nuclear Study Group: Living with Nuclear Weapons. Cambridge, Mai 1983

Frei, D.: Risk of Unintentional War. Genf 1982 - In deutsch, gekürzt: Der ungewollte Atomkrieg. München 1983

Haefner, K.: Weit höhere Fehlerrate als bei Kernreaktoren - Frühwarn- und Entscheidungssysteme in Europa. *In: Alfvén, H. et al. (Hrsg.):* Naturwissenschaftler gegen Atomrüstung. Reinbek 1983

Haefner, K. et al.: Verfassungsbeschwerde gegen den Betrieb von Frühwarn- und Entscheidungssystemen für atomare militärische Auseinandersetzungen in Europa. Eingereicht 14. 11. 1983. Bremen 1983

Hofmann, H. W. et al.: Führungs- und Informationssysteme. München 1982

NATO's Fifteen Nation: Air Defense in NATO. Special Issue 1/82. 1982

Stratmann, P.: NATO-Strategie in der Krise. Baden-Baden 1981

United States General Accounting Office: NORAD's Missile Warning System: What Went Wrong? Washington, May 1981

United States General Accounting Office: The World Wide Military Command and Control Information System - Problems In Information Resource Management. Washington, October 1981

Themenkreis 5: Informationstechnik und politisches Denken und Handeln

Becker, J.: Informationstechnologie in der dritten Welt. Frankfurt 1984

Bell, D.: Die Zukunft der westlichen Welt. Kultur und Technologie im Widerstreit. Frankfurt 1979

Bessant, J.R. et al.: The Impact of Micro-Electronics - A Review of the Literatur. Birmingham 1981

Beyer, L., Smolawa, C., Toepfer, A. und K. Haefner: Kommunikation, Computer und Alltagswelt. Projekt CIT, FB 3, Universität Bremen, Bremen 1984

Björn-Andersen, N. et al. (Eds.): Information Society for Richer, for Poorer. Amsterdam 1982

Bölsche, J.: Der Weg in den Überwachungsstaat. Reinbek 1979

Bresch, C.: Zwischenstufe Leben. Evolution ohne Ziel? München 1977

Browa, H. (i.A. Schweizerischer Nationalfonds): Auswirkungen der technischen Entwicklung in der Mikroelektronik auf Wirtschaft und Arbeitsmarkt in der Schweiz. Basel 1983

Bucheli, M.: Die direkte Demokratie im Rahmen eines Konkordanz- oder Koalitionssystems. Bern 1979

Bull, A. et al.: Biotechnology - Internationale Trends and Perspectives. OECD, Paris 1982

Bull, H.: Datenschutz oder Die Angst vor dem Computer. München 1984

Bundesverband der deutschen Industrie: Neue Informations- und Kommunikationstechniken und ihre gesamtwirtschaftlichen Auswirkungen. Köln 1982

Capra, F.: Wendezeit. Bern 1983

Cetron, M. and T. O'Toole: Begegnungen mit der Zukunft – Eine Prognose über das Leben bis ins 21. Jahrhundert. Wiesbaden 1983

Degkwitz, P.: Gesellschaftliche Bedeutung der Bürorationalisierung und gewerkschaftliche Angestellten-Politik. München 1982

Didsbury, H.F. (Ed.): Communications and the Future. Bethesda 1982

Dizard, W.P.: The Coming Information Age. Harlow 1983

European Conference of Ministers of Transport: Transport and Telecommunications. OECD, Paris 1983

Friedrichs, G. und A. Schaff (Hrsg.): Auf Gedeih und Verderb. Mikroelektronik und Gesellschaft. Wien 1982

Gesellschaft für Mathematik und Datenverarbeitung (Hrsg.): Auswirkungen des Datenschutzes. München 1979

Gyzicki, R.V. und I. Schubert: Microelectronics: A Challenge for Europa's Industrial Surrival (A FAST Report). München 1984

Haefner, K.: Der «Große Bruder» – Chancen und Gefahren für eine informierte Gesellschaft. Düsseldorf 1980

Henkel, D. et al.: Informationstechnologie und Stadtentwicklung. Stuttgart 1984

Jantsch, E.: Die Selbstorganisation des Universums. Vom Urknall zum menschlichen Geist. München 1979

Jonas, H.: Das Prinzip Verantwortung. Frankfurt 1979

Kettle, J.: The Big Generation. Toronto 1980

Kerr, E. and S. Hiltz: Computer-Mediated Communication Systems. New York 1982

Koch, F.: Bürgerhandbuch Datenschutz, Reinbek 1981

Kommission «Zukunftsperspektiven gesellschaftlicher Entwicklungen»: Zukunftsperspektiven gesellschaftlicher Entwicklungen. Staatsministerium Baden-Württemberg, Stuttgart 1983

Krauch, H.: Computerdemokratie. Düsseldorf 1972

Lange, B.-P. et al.: Sozialpolitische Chancen der Informationstechnik. – Zur staatlichen Forderung einer sozialen Informationstechnologie. Frankfurt 1982

Lange, K.: Das Image des Computers in der Bevölkerung. GMD. St. Augustin 1984

Linnack, J. and J. Stamps: Networking. Poeple Connecting with Poeple. Garden City, N.Y. 1982

Lutz, C.: Westeuropa auf dem Weg in die Informationsgesellschaft. Duttweiler Institut, Zürich 1984

Miller, J.G.: Living Systems. New York 1978

Mosco, V.: Pushbutton Fantasies - Critical Perspectives on Videotex and Information Technology. Norwood, N.J. 1982

Martin, J.: Viewdata and the Information Society. Englewood Cliffs, N.J. 1982

Marloth, H.: It 82 – Jahr der Informationstechnologie in Großbritannien. Frankfurt 1983

Naisbit, J.: Megatrends – Ten Directions Transforming Our Lives. London 1984

Niemann, H. et al. (Hrsg.): Mikroelektronik, Information, Gesellschaft. Berlin 1983

Österreichisches Institut für Wirtschaftsforschung et al.: Mikroelektronik – Anwendung, Verbreitung und Auswirkung am Beispiel Österreichs. Wien 1981

Orwell, G.: 1984. Frankfurt 1976

Pool, I. de Sola: The Social Impact of the Telephone. Cambridge, MA 1981

Ring, W.-D. und R. Hartstein: Bildschirmtext heute – Neues Recht und Praxis. 1984

Rorvik, D.: In His Image – The Cloning of Man. London 1978

Sonntag, P. (Hrsg.): Die Zukunft der Informationsgesellschaft. Frankfurt 1983

Späth, L.: Das Kabel – Anschluß an die Zukunft. Stuttgart 1981

Toffler, A.: Die Zukunftschance – Von der Industriegesellschaft zu einer humaneren Zivilisation. München 1980

Warrick, P.: The Cybernetic Imagination in Science Fiction. MIT-Press, Boston 1980

Weizenbaum, J.: Die Macht der Computer und die Ohnmacht der Vernunft. Frankfurt 1977

Wersig, G. (Hrsg.): Informatisierung und Gesellschaft. München 1983

Witte, E.: Ziele deutscher Medienpolitik. München 1982

Wohlgemuth, H.: Datenschutz für Arbeitnehmer – Eine systematische Darstellung. Köln 1983

Schlagworte zur Informationstechnik

*Im folgenden sind einige wichtige Schlagworte aus dem Bereich der Informationstechnik und der Informatik ausführlicher erläutert, um dem Leser das Verständnis technischer Teile des Buches zu erleichtern. Die Auswahl ist bewußt sehr begrenzt gehalten und bezieht sich nur auf die Schlagworte, die im Text der Kapitel 1 bis 4 verwendet werden und dort jeweils mit einem * gekennzeichnet sind. – Weitere Vertiefungen findet der Leser in den zahlreichen Lexika zur Datenverarbeitung.*

ADA

Diese sehr moderne Programmiersprache wurde durch Aktivitäten des Department of Defense in Washington initiiert und ist eine «allumfassende» Sprache, die es erlauben soll, sowohl die Standardverarbeitungen im Bürobereich als auch in der Prozeßverarbeitung abzuwickeln. Bedingt durch den großen Druck des Militärs entstanden schnell vielfältige ADA-Implementationen, insbesondere auch eine ADA-Maschine, dies ist ein Computer, bei dem der Prozessor unmittelbar ADA-Befehle ausführen kann. ADA zeichnet sich durch besonders gute Lesbarkeit und Strukturierung aus, um den Austausch und die Verbreitung von Programmen zu vereinfachen.

ALGOL

Hierbei handelt es sich um eine ganze Familie von Programmiersprachen, die in europäischer Zusammenarbeit in den 50er Jahren und danach entstanden ist. In ALGOL wurden die Grundprinzipien des strukturierten Programmierens zum ersten Mal realisiert. Die ALGOL-Familie wurde allerdings nie in breitem Maße genutzt, da insbesondere Schwächen in der Ein- und Ausgabe vorhanden waren.

Algorithmus

Ein Algorithmus ist ein Verfahren, welches es erlaubt, unter Benutzung von einfachen Grundoperationen in einer endlichen Zeit einen Informationsverarbeitungsprozeß eindeutig abzuwickeln. D.h., im Algorithmus werden die notwendigen Daten und der Fluß der Verarbeitung dieser Daten sowie die notwendige Kontrollstruktur eindeutig festgelegt. Algorithmen können zum einen z.B. in Form von Flußdiagrammen (das sind Ablaufpläne mit einzelnen definierten Bausteinen) oder zum anderen in Form sprachlicher Formulierungen, insbesondere unter Nutzung von Programmiersprachen, festgelegt werden. Wichtig ist es, daß bei der Definition von Algorithmen keine logischen Widersprüche auftreten. Um dies zu vermeiden, gibt es auf modernen Rechnern entsprechende Systeme, die den Ablauf von Algorithmen analysieren und Fehler aufzeigen können.

Automatisierte Fabrik

In der automatisierten Fabrik fließen alle Potenzen der automatischen Verarbeitung von Information und von Materialien zusammen. Beginnend mit computerunterstützter Konstruktion über die automatische Erstellung von Werkstücken und ihre Weiterbearbeitung in sogenannten «flexiblen Fertigungssystemen» (FFS) bis hin zur Montage mit Robotern ist die automatisierte Fabrik weitgehend frei von menschlicher Arbeit.
Voraussetzung zur Schaffung automatisierter Fabriken ist eine starke Strukturierung der Produktion und eine gewisse Sicherheit des Absatzes auf dem Markt, bedingt durch außerordentlich hohe Kapitalbindungen in den automatischen Produktionsanlagen. – Die Zahl vollautomatisierter Fabriken ist auf der Welt noch außerordentlich klein und betrifft in der Regel nur Spezialanwendungen. In aller Regel findet man einen fließenden Übergang zwischen der vom Arbeiter geprägten «klassischen Fabrik» zu einer mehr oder minder vollautomatischen Situation.
Von der Informationsverarbeitung und -steuerung her ließen sich sehr viele Prozesse automatisieren, man muß sich jedoch vergegenwärtigen, daß in der Produktion sehr viele materialverformende Tätigkeiten auszuüben sind, die letztlich mechanische Apparate fordern. Deren Leistung und Flexibilität sind allerdings noch sehr begrenzt. Große Schwierigkeiten bestehen immer noch in der Erkennung von Mustern, entweder optisch oder taktil, so daß der Einsatz von Robotern in freibeweglicher Montage noch große Schwierigkeiten bereitet.
Die Kosten für automatische Produktionseinrichtungen sind relativ hoch, so kosten leistungsfähige Systeme zum computerunterstützten Konstruieren einige hunderttausend DM, ein flexibles Fertigungssystem mit mehreren computergesteuerten Werkzeugmaschinen liegt leicht im Bereich von 1 Million DM. Roboterkosten beginnen, wenn sie nur sehr einfache Tätigkeiten mit geringem Gewicht ausüben sollen, im Bereich von einigen fünftausend DM, aber gehen leicht bis zu einigen hunderttausend DM, wenn komplizierte Arbeiten zu verrichten sind.

BIGFON

Siehe Glasfasernetze.

Bildschirmtext-System (Interactive Videotex)

Das Bildschirmtext-System ist eine Struktur, bestehend aus Rechnern und Telekommunikationsleitungen, welches von der Deutschen Bundespost als öffentlicher Dienst angeboten wird. Der Teilnehmer hat Zugang zu diesem System über seine Ortsnetz-Telefonleitung, ein entsprechendes Modem und ein passendes Endgerät. In zentralen Rechnern speichert die Deutsche Bundespost Information von «jedermann», der als Informationsanbieter auftre-

ten will. Es entsteht also ein «dickes Buch» mit z. Z. einigen hunderttausend Seiten mehr oder minder aktueller Information, in dem jeder von seinem Bildschirmtext-Endgerät aus blättern kann.
Daneben gestattet die Deutsche Bundespost die Integration sogenannter Externer Rechner, d. h. private Dienstleistungen anbietende Rechner-Systeme in das Bildschirmtext-Netzwerk. Versandhäuser, Banken und Verlage haben hier schnell einen Markt erkannt und bieten Dienstleistungen über ihre eigenen Rechner an.
Obwohl sich z. Z. angesichts geringer Endgerät-Zahlen das Bildschirmtext-System noch nicht als ein flächendeckendes System darstellt, so sind seine Potenzen doch erkennbar: Es ermöglicht den elektronischen Marktplatz! In diesem kann jeder Produzent jedem Konsumenten jede Art von Leistung über ein Netzwerk anbieten. Der Konsument kann z. B. direkt Bestellungen vornehmen, er kann Bankdienste zu Hause nutzen oder sich über aktuelle Ereignisse informieren. (Hierbei hat alles seinen Preis, so daß die Informationsanbieter insgesamt im Bildschirmtext-System Gewinne machen können.)
Die Benutzergebühren für das Bildschirmtext-System setzen sich zusammen aus: 1. Miete des Modem, 2. den Telefonkosten auf Ortsnetzebene und 3. den Kosten, die durch Anwahl von Informationen oder von Dienstleistungen entstehen. Bei einer «mittleren» privaten Nutzung des Systems kann man von Kosten von ca. 25 DM pro Monat ausgehen.

Büroautomatisierung

Während in den letzten Jahrzehnten im Bereich der Produktion durch Nutzung modernster Techniken erhebliche Arbeitsproduktivitätssteigerungen erreicht werden konnten, zeigt sich für das Büro nur ein sehr schwacher Anstieg der Arbeitsproduktivität. Angesichts dessen erscheint es sinnvoll, die modernen Informationstechniken gerade im Bürobereich intensiv zu nutzen. Zielvorstellung ist dabei, zu einer Struktur zu kommen, in der eine Vielzahl von Routineaufgaben im Büro von automatischen Systemen abgewickelt wird.
Zu diesen Aufgaben gehört das Erstellen, das Speichern, das Transportieren und das Aussortieren von Texten aller Art. Daneben ist insbesondere die Kommunikation ein zentraler Punkt der Büroautomatisierung. Hier ist es das Ziel, den Prozeß der Kommunikation verschiedener Gruppen im Büro so weitgehend zu strukturieren, daß schneller Informationszugang möglich ist und Leerlauf vermieden wird.
Wie allerdings betriebswirtschaftliche Untersuchungen zeigen, herrscht im Büro häufig ein «organisiertes Chaos», welches für die Produktivität des Unternehmens von großer Wichtigkeit ist. Die dort genutzten heuristischen Verfahren auf den Rechner zu übertragen, ist erfahrungsgemäß außerordentlich schwierig. Deshalb gelang es bisher auch noch nicht, wirklich «automatisierte» Büros zu erstellen, insbesondere scheiterten viele Versuche, das höhere Management durch Management-Informationssysteme (MIS) unmittelbar zu unterstützen. Heute konzentriert sich der größte Teil der Büroautomatisierung auf relativ einfache Grundaufgaben.

Chips

Unter Chips versteht man eine hochintegrierte elektronische Schaltung auf der Basis von Halbleiterbauelementen, integriert in einen einzigen kleinen Körper der Größe des Bruchteils einer Briefmarke. Heutige Chips bestehen in ihrer Grundsubstanz aus Silizium. Durch Aufbringen geeigneter Aufdampfungen und durch Abätzen von Bahnen sowie die Injektion von leitenden Molekülen werden im Siliziumkristall Leiterbahnen, Transistoren, Widerstände und Induktivitäten erzeugt. Dadurch ist es möglich, jede beliebige elektronische Schaltung auf einem Chip zu realisieren. Voraussetzung hierfür ist allerdings die Entwicklung geeigneter Schaltungen in einem Computer-Aided-Design-System und die Abbildung dieser Schaltungen im entsprechenden Verkleinerungsmaßstab auf die Vorstufen der Chips.
Chips werden heute großtechnisch in Form von sogenannten Wafern als Massenprodukt produziert. Angesichts der hohen Ansprüche an Genauigkeit und Sauberkeit ist die Ausbeute relativ gering, nur ca. 10 bis 20% aller produzierten Chips funktionieren einwandfrei. Dennoch gelingt es, die Stückkosten bei einigen Dollar zu halten, wenn größere Stückzahlen erreicht werden. Die Investitionen in Chip-Straßen, also automatische Fabriken zur Chip-Erzeugung, liegen im Bereich von einigen hundert Millionen Dollar pro Fabrik (neben sehr hohem Fachwissen).
Neben integrierten Schaltungen, die für breite Anwendungen (z.B. Mikrocomputer) hergestellt werden, ist es möglich, «kundenspezifische» Chips aus allgemeinen Schaltungen durch Nachbehandlung der Chips zu erstellen. Dadurch können vielerlei Programme auch für kleine Serien unmittelbar in Hardware umgewandelt werden.

CNC-Maschine

Das CNC steht für *C*omputer *N*umeric *C*ontrol, d.h. es handelt sich um Maschinen, die numerisch kontrolliert und über einen Computer mit den geeigneten Programmen und Anweisungen versorgt werden. Klassische CNC-Maschinen sind Drehbänke und Fräsmaschinen mit entsprechender Computersteuerung.
Um ein Werkstück auf einer CNC-Maschine herzustellen, bedarf es zunächst der Übertragung der Werkstückzeichnung in ein Programm, welches die Maschine steuert. Derartige Programme können entweder unmittelbar im Konstruktionsrechner erstellt oder aber von einem Facharbeiter an der Maschine selbst aufgrund der Zeichnung programmiert werden («Werkstattprogrammierung»). Angesichts der Kostenstrukturen hat sich allerdings die Werkstattprogrammierung nicht durchgesetzt, dies führt dazu, daß Facharbeiter an CNC-Maschinen mehr und mehr in die Situation geraten, nur noch Bedienungs- oder Wartungsfunktionen an der Maschine auszuführen.
Die Kosten für den Steuerungsteil einer CNC-Maschine sind relativ bescheiden. Sie machen in der Regel deutlich weniger als 10% des Anschaffungspreises aus. Damit sind sie – in einer entsprechend computerisierten Umgebung – gegenüber dem Lohn eines Facharbeiters einzelwirtschaftlich wesentlich ökonomischer. Darüber hinaus lassen sich derartige Systeme 24 Stunden betreiben, und ihre Zuverlässigkeit übersteigt die eines Facharbeiters in aller Regel.
CNC-Maschinen werden in der Regel ergänzt durch Meßautomaten, die ihre Daten wiederum automatisch an den Konstruktionsrechner zurückgeben, so

daß auch materialabhängige Korrekturen automatisch vorgenommen werden können. – Während CNC-Maschinen zunächst nur für die Großserienfertigung interessant waren, erkennt man zunehmend eine Nutzung derartiger Systeme auch bei kleinen Losgrößen.

COBOL

Diese Programmiersprache entstand in den 60er Jahren unter der Obhut des Department of Commerce in den USA. Die Sprache sollte es erlauben, die gesamten in der amerikanischen Wirtschaft anfallenden kommerziellen Anwendungen einheitlich abzuwickeln. COBOL hat in der Notation ein stark am Englischen orientiertes Format, so daß man COBOL-Programme relativ gut lesen kann. Schwächen besitzt die Sprache insbesondere in der Verarbeitung von arithmetischen und grafischen Problemen.

Computer

Das Wort Computer kommt aus dem Amerikanischen von «compute» = rechnen. Es wird immer mehr synonym zum Wort «Datenverarbeitungsanlage» genutzt. – Jeder Computer besteht im wesentlichen aus den folgenden Elementen: 1. Prozessor oder Zentraleinheit, in der die logischen Grundoperationen abgewickelt wereden. 2. Arbeitsspeicher, in dem die vom Prozessor unmittelbar abzuwickelnden Prozeduren niedergelegt sind und die wichtigsten Daten im schnellen Zugriff gespeichert werden. 3. Ein- und Ausgabegeräte, die es erlauben, mit dem Prozessor zu kommunizieren; hier hat sich weltweit der Bildschirm und die Eingabetastatur als wesentliches Element herausgestellt, allerdings sind bei Prozeßrechnern auch Sensoren und Aktuatoren von großer Wichtigkeit. 4. Externe Speicher, dies sind große Speicher (Speicherkapazität ab ca. 100000 Zeichen), die es erlauben, Daten oder große Programme außerhalb des Arbeitsspeichers im schnellen Zugriff verfügbar zu haben. 5. Betriebssystem, dies organisiert den gesamten Fluß von Information im Computer und sorgt insbesondere dafür, daß Anwenderprogramme, die in einer Programmiersprache geschrieben sind, angemessen übersetzt werden, so daß sie vom Prozessor abgearbeitet werden können.
Wir unterscheiden heute im wesentlichen vier Klassen von Computersystemen: 1. Mikro-Computer, die auf jedem Schreibtisch oder sogar in der Aktentasche Platz haben und einem Kostenbereich von einigen hundert bis einigen tausend DM liegen. 2. Mini-Computer, die bequem in einem kleinen Schreibtisch untergebracht werden können und in der Regel den Anschluß von mehreren Ein-/Ausgabegeräten erlauben. Diese Systeme liegen heute im Bereich von einigen zehntausend bis einigen hunderttausend DM. 3. Großrechner mit hohen Rechnerleistungen, die es erlauben, auch große Computernetzwerke mit einigen hundert oder einigen tausend Dialogstationen zu betreiben. Derartige Systeme beginnen je nach Ausbau bei einigen hunderttausend und können bis zu einigen zehn Millionen DM kosten. 4. Jumbo-Computer sind Spezialsysteme für extrem hohe Leistungen, die z. B. in der Kernphysik oder der Meterologie benutzt werden; die Anschaffungskosten liegen hier deutlich über zehn Millionen DM.
Es ist festzuhalten, daß die verschiedenen Computer grundsätzlich jeweils alle Arten von Programmen abwickeln können. Nur das Volumen der zu bewältigenden Daten einerseits und die Schnelligkeit andererseits machen

es sinnvoll, den einen oder anderen Typ aus ökonomischen Gründen vorzuziehen.

Computergrafik

Unter Computergrafik wird die Gesamtheit der Verfahren verstanden, die es ermöglichen, auf einen Bildschirm «einfache» Bilder zu generieren. Im einfachsten Falle handelt es sich hierbei um sehr grobe schwarzweiß-Grafiken. Allerdings können durch Nutzung modernster Methoden auch sehr feingerasterte, hochauflösende Bilder mit einer breiten Farbpalette erzeugt werden. Man unterscheidet zum einen «Vektorgrafik», wobei jeweils Linien als Vektoren definiert und abgebildet werden. Zweitens gibt es «Mosaikgrafik», in der auf dem Bildschirm kleine rechteckige Bereiche einzeln definierbar sind (z. B. beim Bildschirmtext-System realisiert). Drittens besteht die Möglichkeit, jeden einzelnen Bildpunkt (Auflösung bis zu einigen tausend mal einigen tausend Bildpunkten pro Bildschirm) anzusteuern. Bei dieser Technik können auch Bilder individuell an beliebigen Punkten gestaltet werden. Während es bei Vektor- und Mosaikgrafik nur darauf ankommt, die entsprechenden Bausteine im Rechner abzuspeichern und zu «übersetzen», ist eine bildpunktweise Verarbeitung außerordentlich speicherintensiv.
Moderne Computergrafik wird insbesondere für die Filmindustrie große Bedeutung haben. Dort hat man erkannt, daß durch synthetische Produktion von Bildern und Bild-Sequenzen erhebliche Rationalisierungsgewinne gegenüber klassischen Filmaufnahmen möglich sind.
Computergrafiken lassen sich heute durch geeignete Plotter oder spezielle Kopiermaschinen auch farbig auf Papier ausgeben.

Computer-Tomograph

Die Tomographie ist ein medizinisches Verfahren, welches es ermöglicht, das Innere von lebenden Objekten sichtbar zu machen. Grundsätzlich werden die im Körper vorhandenen Strukturen physikalisch «angeregt», die daraus resultierenden Reaktionen mit Hilfe sehr aufwendiger Detektoren richtungsabhängig aufgenommen und von einem Computer ausgewertet. Eine Möglichkeit besteht z. B. darin, daß man den Körper aus verschiedenen Richtungen mit einer sehr geringen Dosis Röntgenstrahlen durchstrahlt, die jeweiligen Absorptionsmuster speichert und mit dem Rechner auswertet. Dadurch gelingt es, ein dreidimensionales Absorptionsbild zu erzeugen, welches dann wiederum vom Rechner interpretiert und auf einem Bildschirm ausgegeben werden kann. Moderne Verfahren benutzen die Kernspinresonanz («Anregung» von Atomkernen) und vermessen die entstehenden Spinveränderungen.
Computer-Tomographen erlauben es heute, den Menschen «scheibenweise» zu analysieren und damit dem Mediziner vielfältigen Einblick in die menschliche Anatomie und Physiologie zu geben.

Computerunterstütztes Konstruieren (CAD, CAE)

Unter dem Schlagwort «Computerunterstütztes Konstruieren» wird heute eine Vielzahl von Rechner-Leistungen zusammengefaßt, die Ingenieure, Konstrukteure und technische Zeichner in den Entwicklungs- und Konstruktionsbüros unterstützen. Das Grundprinzip ist in allen Fällen das gleiche: Im

Rechner werden die wichtigsten Bauelemente der entsprechenden Konstruktion verfügbar gehalten, der Konstrukteur oder Ingenieur synthetisiert am Bildschirm aus diesen sein neues Konstrukt. Hierbei erledigen entsprechende Programme im Rechner die Anpassung der geeigneten Teile und die Vermaßung. Wenn es gilt, komplizierte mathematische Probleme zu lösen, so kann sich der Ingenieur auf entsprechende Experten-Systeme (z. B. MACSYMA) stützen. Damit werden viele Berechnungsaufgaben sowohl im numerischen als im algebraischen Bereich von Computern übernommen.
Computerunterstütztes Konstruieren erhöht die Leistung des Ingenieurs außerordentlich. Allerdings erfordert es auch hohe eigene psychische Anstrengungen, so daß in der Regel in einer Schicht von nur jeweils 4 Stunden am Bildschirm gearbeitet wird.
Während computerunterstützte Konstruktions-Systeme zunächst nur im Flugzeugbau und dann in der Automobilindustrie üblich waren, dringt dieses Verfahren mehr und mehr auch in kleinere Betriebe ein. Eine wichtige neue Anwendung ist z. B. die Architektur. Dort ist es u. a. möglich, mit einem solchen System baugenehmigungsfähige Zeichnungen direkt am Bildschirm zu erstellen.

Computerunterstütztes Produzieren

Siehe automatisierte Fabrik.

Datenbanken

Die systematische Sammlung und Ordnung von Daten in einem Computersystem erfolgt sinnvollerweise in Form einer Datenbank. Ideal wäre eine Organisation, in der die Daten jeweils unter dem Namen abgelegt werden, der unmittelbar ihren Inhalt charakterisiert, d. h. z. B. die Daten des Kontos von «Ernst Meier» sollten unmittelbar unter «Ernst Meier» zugreifbar sein. Technische Randbedingungen erlauben derartige – assoziative – Speicher bisher praktisch nicht. Um dennoch mit Daten effektiv umzugehen, gibt es verschiedene Organisationsprinzipien, nach denen man große Datenmengen in Rechnern organisiert.
Hierzu gibt es spezielle Datenbanken-Software-Systeme, mit denen die Daten aufgenommen und verwaltet werden. Es ist notwendig, alle Informationen nach den dort festgelegten Prinzipien zu organisieren, dies tut in der Regel ein Datenbankverwalter. Das Einlesen der Daten kann automatisch geschehen, wenn die Datenorganisation einmal festgelegt ist. Bei vorgegebener Datenorganisation in der Datenbank können verschiedene Programme gleichzeitig zu den gleichen Daten zugreifen, dies ist z. B. wichtig, wenn Materialdaten sowohl vom Konstruktionsbüro als auch von der Materialverwaltung abgefragt werden sollen. Mit abnehmenden Speicherkosten ist es zunehmend möglich, auch sehr umfangreiche Daten (jenseits vieler Milliarden Zeichen) in Form von Datenbankensystemen zu organisieren und damit mannigfaltig verfügbar zu machen. Mit speziellen Programmen können einzelne Datenbestände in Datenbanken sehr schnell gefunden werden.
Um die Schwierigkeit der physikalischen Abspeicherung von Daten auf physikalischen Trägern von deren Organisation in logischer Hinsicht zu trennen, unterscheidet man für den Nutzer zwischen physischer und logischer Speicherung. Datenbankensysteme arbeiten für den Benutzer zunächst ausschließ-

lich auf der logischen Ebene. Ein spezielles System übernimmt dann automatisch die Abspeicherung der Daten auf dem physikalischen Träger (z.B. Magnetplatte).

Datennetze

Mit den Verfahren der Nachrichtentechnik ist es möglich, beliebige Nachrichtensignale zu übertragen. Wenn es darum geht, Daten in digitalisierter Form (als 0-1 Sequenz) zu übermitteln, so sind hierfür besonders hohe Anforderungen in der Sicherheit der Übertragung zu erfüllen, um Fehler auszuschließen. Deshalb haben die Postverwaltungen international eine Reihe von eigenen Netzwerken entwickelt, in denen Daten mit hoher Sicherheit transportiert werden. In der Bundesrepublik sind dies im wesentlichen die DATEX-Netze. Man unterscheidet zwischen sogenannten «leitungsvermittelten» Netzen (DATEX-L), bei denen eine direkte Leitungsverbindung zwischen den kommunizierenden Partnern aufgebaut wird, und den sogenannten «paketvermittelten» Netzen (DATEX-P), bei denen jeder Teilnehmer seine Nachricht in Form eines «Pakets» an das Netz abliefert und im Netz der Transport entsprechend der Belastung des Netzes optimal organisiert wird. Wenn das «Paket» beim Kommunikationspartner ankommt, wird es elektronisch «aufgeschnürt» und steht damit wieder als Datenmaterial zur Verfügung.

Insbesondere die Nutzung von Satelliten auf der einen Seite und von Glasfasern auf der anderen Seite ermöglichen es heute, auch außerordentlich hohe Datenübertragungsraten (im Bereich von einigen Millionen Zeichen pro Sekunde) zu realisieren.

Eine große Schwierigkeit in Datennetzen besteht in der Kommunikation zwischen unterschiedlichen Computersystemen. Hier bemühen sich die Postverwaltungen und die Hersteller, geeignete Übergänge, sogenannte Protokolle, zu entwickeln (das sind im wesentlichen Software-Systeme), die die standardisierte Umwandlung von Daten sicherstellen. Im DATEX-Netz gibt es mittlerweile eine Reihe solcher Protokolle, die es erlauben, z.B. bestimmte Endgeräte an Rechner fremder Hersteller anzuschließen.

Die Kosten der Datenübertragung richten sich zunehmend nach der Menge der zu übertragenden Daten, Entfernungen spielen eine abnehmende Rolle. Dieses erlaubt es auch, über sehr große Entfernungen relativ kostengünstig zu kommunizieren. Man geht davon aus, daß Ende des Jahrhunderts Daten weltweit zu einem einheitlichen Tarif transportiert werden können. Dies ist insbesondere durch intensive Nutzung der Satelliten und der Glasfasertechnik möglich.

Digitalisierung

Unter Digitalisierung versteht man ganz allgemein die Überführung einer beliebigen Information in eine Sequenz aus Nullen und Einsen. Im einfachsten Falle handelt es sich um die Codierung der Zeichen des Alphabets in 0-1-Sequenzen. Benutzt man acht Nullen bzw. Einsen, so ist es möglich, $2^8 = 256$ Zeichen zu codieren. Dies ist auch die allgemein übliche Verschlüsselung von Zeichenketten im Rechner. Schwieriger wird die Codierung von Tonsignalen oder Bildern. Bei der Digitalisierung von Tönen wird die jeweilige «Schallamplitude» in sehr kurzen Zeitabständen ermittelt und in eine digi-

tale Zahl umgewandelt. Durch eine möglichst schnelle Abtastung der Amplitudenveränderungen kann man das Tonsignal dann sehr genau registrieren und digital übertragen oder speichern. – Bei Bildern findet die Digitalisierung dadurch statt, daß man das Bild in möglichst viele Bildpunkte (Pixel) auflöst. Jedes Pixel wird dann bezüglich Helligkeit und Farbe durch eine digitale Angabe beschrieben.
Es ist erkennbar, daß das Abspeichern von Tonsignalen (Musik) oder Bildern (insbesondere Filmen) außerordentlich speicherintensiv ist. In den heute verfügbaren Rechnern können nur begrenzte Ton- oder Bild-Volumina gespeichert und verarbeitet werden. Als Massenspeichertechnik haben sich für Ton und Bild die optischen Speicherverfahren («Compact Disk» und «Bildplatte») durchgesetzt. – Der Aufbau eines ausschließlich digitale Information übertragenden Telekommunikations-Netzes wird weltweit vorangetrieben (ISDN). Cumputerisierte Endgeräte müsen dann jeweils die ursprünglichen Signale in digitale umwandeln bzw. zurückübersetzen.

Elektronisches Wörterbuch

Das elektronische Wörterbuch ist bisher die einzige auf dem Markt befindliche Form des «elektronischen Buches». Beim elektronischen Wörterbuch werden z. Z. ca. 4000 Worte und ihre Übersetzungen in einem Chip gespeichert. Durch Drücken entsprechender Tasten auf einem taschenrechnerartigen Gerät ist es möglich, im elektronischen Wörterbuch zu blättern und die richtige Übersetzung zu finden. Daneben gestattet das System zufallsmäßig Worte angeboten zu bekommen («Üben»). Man muß sich die richtige Übersetzung selber denken und kann dann jeweils abfragen, ob sie richtig ist. Dadurch ist das elektronische Wörterbuch auch ein Trainer zum Lernen von Vokabeln.

Expertensystem

Unter Expertensystemen werden Rechnerprogramme verstanden, die in der Regel auf größeren Rechnern laufen und einen Frage-Antwort-Dialog in einer «Mikrowelt» gestatten. Der Benutzer stellt eine Frage, das System antwortet unter Nutzung der in der Mikrowelt vorhandenen Wissensstrukturen.
Um dieses auf dem Rechner zu realisieren, sind eine Reihe von Software-Paketen nötig: Syntax und Semantik analysierende Programme versuchen die Frage des Benutzers in eine formatierte Frage umzuwandeln, die einer Regel- und einer Datenbasis zugeführt wird. Unter Nutzung der in der Regelbank vorhandenen Regeln wird mittels der Daten eine formatierte Antwort generiert. Diese wird wieder zurückübersetzt in eine (weitgehend) natürlichsprachliche Ausgabe für den Benutzer.
Die Qualität der Sprachverarbeitung ist außerordentlich unterschiedlich. Unterschiedlich ist auch die Qualität der verschiedenen Expertensysteme bezüglich des Umfangs an Daten und Regeln. In Gebieten, wo strenge Regeln gelten (z.B. Mathematik), ist es möglich, sehr leistungsfähige Expertensysteme zu produzieren (z.B. MACSYMA oder – auf Kleinrechnern lauffähig – muMATH). Schwieriger wird die Realisierung von Expertensystemen in Gebieten mit offenen Regeln (Heuristiken). Hier sind Realisationen z.B. in der Medizin (MYCIN) oder im Auffinden von Bodenschätzen (PROSPECTOR) erfolgreich gewesen. Insgesamt gibt es z.Z. weltweit ca. 50 verschiedene Expertensysteme recht unterschiedlicher Qualität.

Expertensysteme werden von einer Spezialdisziplin der Informatik, der «künstlichen Intelligenz-Forschung», entwickelt. Schwerpunkte der Entwicklungsarbeiten liegen in den USA und in Japan, in der Bundesrepublik werden erst seit kurzer Zeit derartige Entwicklungen gezielt gefördert.

Flexibles Fertigungssystem (FFS)

Flexible Fertigungssysteme sind Produktionsanlagen, in denen mehrere Werkzeugmaschinen unter Computerkontrolle zusammengeschaltet werden. Dadurch ist es möglich, sehr unterschiedlich Bearbeitungsprozesse (z. B. vom Drehen über das Fräsen und das Bohren bis hin zum Schleifen) in einer einzigen Anlage unter gemeinsamer Kontrolle an einem Werkstück vornehmen zu lassen.
Die Funktion von flexiblen Fertigungssystemen fordert eine hohe Strukturierung der Organisation der notwendigen Arbeiten. Das eigentliche Entwicklungsziel flexibler Fertigungssysteme besteht darin, mit einem Minimum an Umrüstungszeit von einem Produkt auf ein anderes überwechseln zu können. In diesem Bereich sind in den letzten Jahren außerordentliche Fortschritte erreicht worden.

FORTRAN

Dies ist eine Programmiersprache, die Ende der 50er Jahre von der Firma IBM für mathematisch-naturwissenschaftliche Probleme entwickelt und erfolgreich verbreitet wurde. Sie ist heute auf fast allen gängigen Rechnern unmittelbar verfügbar. In FORTRAN ist auch Zeichenkettenverarbeitung möglich, dies macht allerdings gewisse Schwierigkeiten.

Glasfaser-Netze

Im Gegensatz zur klassischen, drahtgebundenen Nachrichtenübertragung, bei der elektrische Impulse über eine Kupferleitung transportiert wurden, werden in Glasfaser-Netzen elektronische Blitze aus Laser-Gebern transportiert. Der Transport dieser Blitze erfolgt mit Lichtgeschwindigkeit unter Ausnutzung von Reflexionsbedingungen in haardünnen Glasfaseradern, deren Brechungsindex nicht homogen ist. Vielfältige Tricks erlauben es, in einer Glasfaser Datenübertragungsraten im Bereich von 10^9 bis 10^{11} Nullen oder Einsen pro Sekunde zu realisieren.
Aus ca. 1000 derartigen Fasern aufgebaute Kabel können zu Glasfaser-Netzen zusammengeschlossen werden. Die Deutsche Bundespost arbeitet an einem Pilotsystem (BIGFON = *B*reitband *I*ntegriertes *G*las*f*aser *O*rts-*N*etz). Dieses Netzwerk wird z. Z. mit passenden Endgeräten in Pilotversuchen untersucht. Langfristig geht man davon aus, daß es möglich ist, die vorhandenen Kupferleitungen ganz durch ein Glasfaser-Netz zu ersetzen. In diesem wären insbesondere die Integration des Telefonverkehrs in den Datenverkehr und das Bildfernsprechen möglich. Die Aufwendungen für ein derart umfassendes Netzwerk sind allerdings gewaltig: Bisherige Schätzungen gehen für die Bundesrepublik von einem Investitionsbedarf von einigen hundert Milliarden DM aus.

Hardware

Unter Hardware versteht man in der Informationstechnik die Gesamtheit aller physikalischen Geräte, die für Verarbeitung, Speicherung und Transport von Information genutzt werden. Insbesondere gehören zur Hardware die Chips, die Speicher in magnetischer Form (z. B. Floppy Disc, Festplatte, Magnetband), Ein-/Ausgabegeräte wie Bildschirme oder Druckwerke sowie die Gesamtheit der physikalischen Netzwerke, bestehend aus Kupferleitungen oder neuerdings Glasfaser.

Angesichts der Flexibilität von integrierten Schaltungen in Form von Chips ist es möglich, immer weitere Problemlösungen in Form von Hardware unmittelbar zu realisieren, d. h. daß die alte Trennung zwischen Gerät einerseits und Programm (Software) andererseits zunehmend aufgehoben wird, das Gerät bringt bereits das Programm mit (z. B. in Form eines ROM, eines *R*ead *O*nly *M*emory). – Durch Verbesserung der Produktionsbedingungen auf der einen Seite und durch zunehmende Märkte auf der anderen Seite fallen die Kosten (bei konstanter Leistung) im Bereich der Hardware um ca. 10% pro anno. Diese Entwicklung scheint im wesentlichen auch im nächsten Jahrzehnt anzuhalten.

Ein großes Problem stellt die Kompatibilität verschiedener Hardware-Bausteine dar. Hier gibt es zum einen physikalische Konvertierer (Interface, Bus) und zum anderen die Idee des standardisierten Protokolls (Software-Paket, das Umwandlungen vornimmt), welches es gestattet, grundsätzlich alle Geräte miteinander kommunizieren zu lassen. Trotz anstrengender Bemühungen aller Beteiligten gibt es allerdings bisher keine einheitlichen Protokolle für alle Übergänge, sondern eher eine herstellerorientierte Abgrenzung. Die internationalen Standardisierungsgremien sind hier intensiv beschäftigt, um die Kommunikationsfähigkeit unterschiedlicher Hardware zu verbessern.

Heimcomputer/Mikrocomputer

Unter Mikrocomputer versteht man eine besonders «handliche» Verpackung eines kompletten Rechners. Diese Systeme sind in den späten 70er und frühen 80er Jahren unter dem Titel «Home-Computer» auf den amerikanischen Markt gebracht worden. Die Grundidee war, mit einem Minimum an Prozessorleistung und einem kleinen Arbeitsspeicher kleine Programme für den Heimbereich billig abzuwickeln. Angesichts fallender Kosten im Bereich der Prozessoren und der Speichertechnologie sind diese Systeme immer aufwendiger geworden, so daß wir heute in der Regel von Mikrocomputer-Systemen sprechen. Mit einem derartigen System können alle Anwendungen abgewickelt werden, die auch ein großes System leistet, nur sind in der Regel die Verarbeitungszeiten sehr viel höher und die Speicher für externe Daten begrenzt.

Heute werden Heimcomputer zum einen als Einführung in das Programmieren von Schülern und «Fans» genutzt, zum anderen laufen auf Heimcomputer-Systemen viele Programme, die die häuslichen Aktivitäten (z. B. Schallplattensammlung, Steuerung von Anlagen im Haus) unterstützen. – Seit Jahren existiert ein gleitender Übergang zwischen Heimcomputern und Systemen, die in Klein- und Kleinstunternehmen, z. B. für Gehaltsbuchhaltung oder Materialwirtschaft, benutzt werden («Small Buisiness Systems»).

Nach einer starken Entwicklung dieses Marktes Anfang der 80er Jahre erwartet man eine deutliche Bereinigung der breiten Marktpalette von z. Z. einigen 100 Systemen auf einige Dutzend am Ende des Jahrzehnts. Mit der Marktbereinigung wird gleichzeitig die Leistungsfähigkeit von Heimcomputer-Systemen weiterhin steigen, so daß dann z.B. auch komplizierte Expertensysteme zu Hause lauffähig sein werden.

Heuristik

Unter Heuristiken versteht man informationsverarbeitende Prozeduren, die nicht nach einem endlichen und sicheren Verfahren arbeiten, sondern nur mit einer gewissen Wahrscheinlichkeit zum Erfolg führen. Dies wird dadurch erreicht, daß man Prozesse im Rechner abwickelt und diese während der Abwicklung durch sogenannte «Evaluationsfunktionen» überwacht. Werden bestimmte Werte in dieser Überwachung erreicht, so steuert das System selbständig den Prozeß. Da es außerordentlich schwierig ist, bei komplizierten Prozessen geeignete Evaluationsfunktionen zu finden, sind die Steuerungen nicht immer optimal.
Heuristiken sind immer dann unabdingbar, wenn die Leistungsfähigkeit auch großer Rechner überstiegen wird, oder die grundsätzliche Beschreibung eines Verfahrens Schwierigkeiten macht.
Heuristische Verfahren sind aus der menschlichen Problemlösung wohl bekannt, das menschliche Informationsverarbeitungssystem arbeitet in der Regel heuristisch. Die Implementation solcher Verfahren auf dem Rechner bietet noch mannigfaltige Schwierigkeiten. Dennoch gelingt es der künstlichen Intelligenz-Forschung immer besser, derartige Prozesse zu beschreiben und auf dem Rechner zu realisieren, typische Beispiele sind der Schachcomputer und moderne Expertensysteme.

Höhere Protokolle

Aus dem täglichen Leben sind wir es gewöhnt, daß sich ein Franzose und ein Russe nicht unmittelbar verständigen können. Sie sprechen verschiedene Sprachen. In ähnlicher Weise können verschiedene informationstechnische Systeme in der Regel nicht unmittelbar miteinander kommunizieren. Dies beruht zum einen darauf, daß die Hersteller versuchen, ihre Systeme nur untereinander kompatibel zu machen, zum anderen aber auch darauf, daß sehr unterschiedliche Konzepte der Kommunikation in der Technik realisiert worden sind. Um nun die Kommunikation auch sehr unterschiedlicher Systeme zu ermöglichen, ist das Konzept des «Höheren Protokolls» eingeführt worden. Im wesentlichen handelt es sich dabei um ein Programm, welches als «Dolmetscher» zwischen unterschiedlichen Systemelementen dient. Ein derartiges Programm muß natürlich auf einem entsprechenden Prozessor laufen. Höhere Protokolle sind mittlerweile auch in gewissem Umfang standardisiert, man unterscheidet mindestens sechs verschiedene Schichten dieser Protokolle, die untereinander aufwärts kompatibel sein müssen; während auf der untersten Ebene nur physikalische Signale übersetzt werden, können auf der höchsten Ebene auch sehr komplizierte Umwandlungen von Datenstrukturen und Prozeduren vorgenommen werden.

Informatik

Informatik ist die relativ junge Wissenschaft, die sich zum Ziel gesetzt hat, die wissenschaftlichen Grundlagen für die Informationstechnik zu liefern. In den USA spricht man im Gegensatz zu unserer Prägung «Informatik = *Infor*mation + Auto*matik*» von «Computer Sciences». Aus der Wortprägung wird bereits deutlich, daß die Informatik mehr ist als die Wissenschaft vom Computer. Informatik versucht eine theoretische und praktische Grundlage für alle Formen technischer Verarbeitung von Information zu geben.

Man unterscheidet zunächst die *Kern-Informatik*, in der insbesondere an allen Formen neuer Rechner-Architekturen und deren Theorie gearbeitet wird, und die *Praktische Informatik*, in der vielerlei Überlegungen zur Nutzung dieser Strukturen z.B. auf der Ebene von Programmierung und Datenbank-Systemen vorgenommen werden. Im Bereich der *Angewandten Informatik* werden dann Prinzipien erarbeitet, um den Rechner in einem Anwendungsgebiet optimal zu nutzen.

In der Bundesrepublik entstanden die ersten Informatik-Lehrstühle in den frühen 70er Jahren. Seitdem haben ein großer Teil der großen deutschen Universitäten Informatik-Fachbereiche. Dort erfolgt die Ausbildung zum Diplom-Informatiker. Auch an Fachhochschulen gibt es eine Vielzahl von Studiengängen, in denen versucht wird, das Kerngebiet der Informatik einerseits und die Anwendungen andererseits zu vermitteln.

Angesichts der sehr kurzen Zeit von nur ca. 30 Jahren, die die Informatik gehabt hat, um sich zu entfalten, ist ihr theoretisches Gebäude noch bei weitem nicht geschlossen. In vielen Bereichen wird notwendigerweise pragmatisch gearbeitet. Hier entstehen Theorien häufig nach oder parallel mit der Praxis. Damit unterscheidet sich die Informatik deutlich z.B. von den klassischen Naturwissenschaften, aber auch von der Mathematik. Zum einen ist die Informatik eine Ingenieurwissenschaft – im Sinne des Auffindens von neuen Konstruktionsprinzipien –, zum anderen aber ist sie auch eine Geisteswissenschaft, die versucht, abstrakte Konstrukte konsistent zu organisieren.

Information

Unter Information wird eine Nachricht verstanden, die – von einem Empfänger empfangen – für diesen eine Bedeutung hat und ihn selbst verändert.

Man kann sich diese abstrakte Definition relativ leicht an einem Beispiel klarmachen: Wenn sich ein Russe und ein Amerikaner ohne jegliche Fremdspachenkenntnisse zu unterhalten versuchen und auf Zeichensprache jeder Art verzichten, so können sie gesprochene Nachrichten aussenden. Diese geben aber für den jeweiligen Empfänger keinerlei Sinn, d.h., die Nachrichten stellen keine Information dar. Unterhalten sich dagegen zwei Deutsche in deutsch, so stellen Sätze, die der eine äußert, für den anderen eine Information dar; der Information Aufnehmende wird verändert, er «weiß» nach dem Gespräch etwas, das vorher nicht verfügbar war.

Diese *umfassende* Defintion der Information hilft sowohl technische Prozesse als auch die Informationsverarbeitung des Menschen einheitlich zu beschreiben.

Aufbauend auf dem Informationsbegriff kann man dann *Wissen* definieren als die einem informationsverarbeitenden System unmittelbar verfügbare Information, die von ihm zur Lösung eines Problems direkt genutzt werden kann. D.h., Wissen umfaßt nicht nur die Information, sondern auch deren

Verfügbarkeit und strukturierte Nutzbarkeit in Situationen, in denen auf Fragen Antwort gegeben werden müssen.

Informationstechnik

Unter Informationstechnik wird heute die Gesamtheit der Technik und der Verfahren verstanden, die es ermöglichen, zum einen Information automatisch zu speichern und zu verarbeiten und zum anderen digitale Information über Nachrichtenleitungen zu übertragen. Wichtig ist dabei, daß Informationsverarbeitung und Transport von Information zunehmend ineinandergreifen. Dadurch ist es möglich, sogenannte «intelligente» Netzwerke zu bauen – eines dieser neuen Netzwerke ist z.B. das Bildschirmtext-System.
Zentrales Bauelement der Informationstechnik ist heute die Mikroelektronik in Form des Chips. Durch eine unerhörte Konzentration elektronischer Bauelemente ist es auf dem Chip gelungen, auf außerordentlich kleinem Raum sehr hohe informationstechnische Leistungen zu erbringen (einige hunderttausend Schaltfunktionen pro Chip). Da gleichzeitig die Produktionskosten für Chips deutlich gesenkt werden konnten, stehen mit modernen integrierten Schaltkreisen für die Informationstechnik außerordentlich leistungsfähige Bauelemente zur Verfügung.
Die Masse der Informationstechnik entsteht im wesentlichen in der Großindustrie, insbesondere, wenn es sich um Gerätestrukturen handelt. Es gibt allerdings eine Vielzahl kleinerer und mittlerer Unternehmen, die speziellere Systeme herstellen. Während die Software-Technik bisher noch stark mittelständisch war, sind hier auch erhebliche Konzentrationen, insbesondere im Anwendungsbereich, zu beobachten. Der Weltmarkt der Informationstechnik (1980: ca. 80 Milliarden Dollar) steigt z.Z. um ca. 10 bis 15% pro Jahr, es ist die Branche mit den höchsten Wachstumsraten.
(In der deutschen Sprache wird häufig – fälschlicherweise – das Wort Informationstech*nologie* synonym mit Informations*technik* verwendet; die Tech*nologie* ist aber die Kunde von der Technik, also hier die Informatik.)

ISDN *(Integrated Service Data Network)*

ISDN steht für ein Konzept eines einheitlichen integrierten digitalen Netzwerkes, welches es erlaubt, Sprache, Ton, Text und Bild über einheitliche Leitungen zu übertragen. Voraussetzung für eine derartige Struktur sind elektronische Vermittlungen und passende Endgeräte, die jeweils die analogen Signale digital wandeln und dann wieder aus dem digitalen Eingangssignal eine analoge Ausgabe machen. Die Deutsche Bundespost hat konkrete Pläne, solche Netzwerke (zunächst in Inseln) im kommerziellen Bereich verfügbar zu machen; Pilot-Systeme arbeiten bereits. Darüber hinaus ist erkennbar, daß ein Teil der dort möglichen Dienste auch für den privaten Bereich interessant ist.

Kommunikationstechnik

Siehe Nachrichtentechnik.

Kanban

Dieses japanische Wort steht für ein außerordentlich komplexes logistisches System der Materialwirtschaft in der Automobilindustrie oder in anderen Industrien, die mit relativ vielen Zulieferern, vielen Einzelteilen und komplexen Produkten arbeiten. Während in der klassischen Fabrik große Zwischenlager gehalten werden, aus denen jeweils die Materialien ans Fließband kommen, organisiert das Kanban-System im Rechner die logistische Struktur der Zulieferung, wodurch vermieden wird, daß überhaupt Lager entstehen: Jeder Zulieferer hat computergesteuert dafür zu sorgen, daß zur rechten Zeit an der rechten Stelle das richtige Teil oder Rohprodukt vorhanden ist (in den USA JIT = *J*ust *I*n *T*ime genannt).
In der japanischen Industrie sind solche Systeme bis zur 4. Schicht des Zulieferers organisiert und erlauben eine im wesentlichen lagerfreie Produktion. Dadurch werden erhebliche Kapitaleinsparungen erreicht. Vergleichbare logistische Systeme entstehen heute weltweit in allen Industrien, in denen es darauf ankommt, die komplizierten Zusammenhänge zwischen Materiallieferung, Materialdisposition und Materialverbrauch logistisch derart zu ordnen, daß sie mit einem Minimum an gebundenem Kapital abgewickelt werden können.

Künstliche Intelligenz

Dieses aus dem Amerikanischen übernommene Schlagwort («Artificial Intelligence») umfaßt eine Vielzahl von Ansätzen, die versuchen, die Leistungen des menschlichen Gehirns auf einem Rechner nachzuvollziehen. Hierbei wird zum einen von empirischen Daten ausgegangen, die man durch eine systematische Analyse menschlicher Aktivitäten gewinnt, zum anderen werden neue Verfahren entwickelt, von denen man glaubt, daß sie die Intelligenz des menschlichen Gehirns erreichen könnten. Zu den wichtigsten Arbeitsgebieten der künstlichen Intelligenz gehören u.a.: Mustererkennung, Organisation und Struktur von Wissen, Frage-Antwort-Systeme, Experten-Systeme, automatisches Problemlösen, Textanalyse und komplexe Heuristiken.

Management-Informations-Systeme (MIS)

Unter dem Begriff des Management-Informations-Systems wird eine Vielzahl von Datenbanken und Zugriffssystemen verstanden, die im Bereich der Unternehmen implementiert wurden, um das Management bei Entscheidungen zu unterstützen. In einer ersten Welle euphorischer Hoffnungen hatten derartige Systeme in den 60er Jahren erhebliche Schwierigkeiten. Insbesondere war es unklar, welche Information das Management wirklich benötigt und wie diese aufzubereiten ist. In jüngster Zeit wird der Aspekt der Kommunikation stärker betont, und so entstehen neue Strukturen unter dem Schlagwort *D*ecision *S*upport *S*ystems (DSS), in denen sowohl entscheidungsunterstützende Information als auch vorzügliche Telekommunikationsmöglichkeiten integriert sind. Im Zentrum aller Bemühungen um Management-Informations-Systeme steht das Interesse, menschliche und technische Informationsverarbeitung im Management angemessen zu komplementieren. Dies ist deswegen besonders schwierig, weil es sich bei Management-Arbeiten im wesentlichen um heuristische Verfahren handelt.

Maschinensprache

Die Maschinensprache ist die unterste Ebene aller Programmiersprachen, in der ein Prozessor direkt programmierbar ist. Es handelt sich dabei um Anweisungen, die ziemlich unmittelbar umgesetzt werden in den eigentlichen Fluß elektronischer Impulse im Prozessor. Die eigentliche Maschinensprache besteht aus Befehlen im 0-1-Format. Da eine Programmierung auf dieser Ebene außerordentlich mühsam ist, gibt es auch für Maschinensprachen Übersetzer, so daß die Programmierung in Maschinensprache auch in einer symbolischen Form stattfindet. In der Maschinensprache wird stets angegeben, an welcher Adresse im Arbeitsspeicher sich der betreffende Befehl aufhalten soll, was er bewirkt und (ggf.) wo die durch seine Abarbeitung ausgeführte Informationsänderung abgespeichert werden soll. Zur Steuerung eines Prozessors werden in der Regel ca. 100 verschiedene Befehle in Maschinensprache benötigt.

Massenspeicher

Für die schnelle Verarbeitung von Information ist es außerordentlich wichtig, große Informationsmengen im schnellen Zugriff zum Rechner verfügbar zu haben. Außerdem ist es wichtig, große Informationsmengen archivsicher zu speichern. Daher wurden vielerlei Ansätze versucht, große Speichersysteme zu entwickeln, die einige Milliarden Zeichen in einem Volumen von einigen tausend Kubikzentimetern unterbringen. Neben den klassischen Verfahren der elektromagnetischen Aufzeichnung (wie beim Tonbandgerät) haben sich in den letzten Jahren optische Verfahren in den Vordergrund gedrängt. Mit diesen ist es möglich, ungefähr 10^6 bis 10^7 Zeichen in 1 mm^3 unterzubringen. D.h. es ist im Prinzip möglich, das gesamte Weltwissen von 10^{16} Zeichen in ca. 1 m^3 abzuspeichern. Diese optischen Massenspeicherverfahren erlauben über ihre hohen Speicherdaten hinaus auch eine Archiv-Sicherheit, da die Speicherung durch Einbrennen von Löchern mittels eines Lasers in eine Oberfläche geschieht und eine Korrektur später im Gegensatz zu den magnetischen Verfahren unmöglich ist.
Angesichts der Herausforderung der optischen Speicherverfahren gibt es in jüngster Zeit auch sehr leistungsfähige magnetische Speicher mit außerordentlich hoher Speicherdichte im Bereich von 10^5 bis 10^6 Zeichen pro mm^3. Dadurch können große Massenspeicher auch in «klassischer» Technik aufgebaut werden.

Mikroelektronik

Durch die Erfindung des Halbleiter-Transistors und die Integration vieler Bauelemente auf einem Silizium-Chip ist es möglich geworden, die Prinzipien klassischer technischer Informationsverarbeitung in außerordentlich kleinen integrierten Schaltkreisen zu realisieren. Die Gesamtheit der Verfahren und Produkte, die unter Nutzung dieser integrierten Schaltungen auf Chips angeboten werden, bezeichnet man als Mikroelektronik.
Während die zugrundeliegenden physikalischen Prozesse in mikroelektronischen Schaltungen (z.B. Halbleiter-Effekte) sich wesentlich von den Prozessen in klassischen Bauelementen (z.B. Elektronenröhre, Widerstand, Kapazität) unterscheiden, so sind die logischen Operationen von mikroelektronischen Schaltungen jedoch nicht grundsätzlich von klassischen Schaltwerken

unterscheidbar. Der wesentliche Unterschied besteht in den außerordentlich kleinen Ausmaßen mikroelektronischer Systeme und ihrer großen Preiswürdigkeit gegenüber klassischen Konfigurationen. Die zentralen Grundprinzipien der Informatik gelten in der Mikroelektronik unverändert.

Mustererkennung

Die Erkennung von Mustern stellt eine der größten Leistungen des menschlichen Gehirns dar: Sind wir doch in der Lage, ein Gesicht im Bruchteil einer Sekunde aus jeder beliebigen Perspektive richtig zu erkennen oder z. B. «genuschelte» Sprache zu erkennen. Bei der technischen Mustererkennung versucht man Verfahren, die sich offensichtlich beim Gehirn bewährt haben, auch auf den Rechner zu implementieren (Erkennung gesprochener Sprache und Verarbeitung von Bildern).
Bei der Spracherkennung kann man heute davon ausgehen, daß es möglich ist, die Sprache eines bestimmten Sprechers derart zu verarbeiten, daß ein einfacher Satz in eine alphanumerische Zeichenkette umgewandelt werden kann («Sprechschreiber»). Wenn das Vokabular jedoch groß wird und der Sprecher große Variationen in seiner Stimme aufweist, so macht auch dies noch erhebliche Schwierigkeiten. – Die Bilderkennung ist so weit, daß Bilder von Gesichtern in der Tat auch von «automatischen Pförtnern» erkannt werden können. Allerdings sind hierzu gewaltige Rechenleistungen nötig, und nur ein kleines Repertoire von Vergleichsmustern kann zügig bearbeitet werden.
Es ist erkennbar, daß technische Spitzenleistungen im Bereich der Mustererkennung die gesamte technische Informationsverarbeitung drastisch weiterentwickeln werden: Die Kommunikation mit dem Rechner könnte dann wie die Kommunikation mit dem Menschen akustisch erfolgen, Rechner könnten Gesichter und Texte unmittelbar erkennen.

Nachrichtentechnik

Die Nachrichtentechnik umfaßt alle Geräte und Systeme, die geeignet sind, um physikalische Signale von einem Ort zu einem anderen zu transportieren. Während in der klassischen Nachrichtentechnik im wesentlichen elektrische Impulse über Kupferleitungen transportiert oder drahtlos übertragen wurden, ergeben sich durch Nutzung von Glasfasertechnik, optischen Impulsgebern und Empfängern heute auch Verfahren der optischen Übertragung von Nachrichten.
Man unterscheidet grundsätzlich analoge und digitale Nachrichtentechnik. Bei der analogen Technik wird das zu sendende Signal entsprechend seiner ursprünglichen Form über die Leitungen transportiert, bei der digitalen Technik wird es zunächst in eine Sequenz von Nullen und Einsen umcodiert, die dann über die Leitungen geschickt und von einem Decoder wieder umgewandelt werden in die ursprüngliche Signalform. Zur Zeit ist weltweit ein deutlicher Trend zur digitalen Technik zu beobachten.
Mit dem über hundert Jahre alten Telefonsystem, welches z. Z. ca. 600 Millionen Anschlüsse weltweit besitzt, ist die größte Maschine der Welt installiert worden. Aufbauend auf diesem Netzwerk gibt es eine Reihe spezieller Netze. Insbesondere für den Datentransport sind entsprechende Datenübertragungs-Netze gebaut worden. Neben der draht- bzw. kabelgebundenen Übertragungstechnik hat sich in der letzten Zeit die drahtlose Übertragungs-

technik via Satellit ökonomisch durchgesetzt. Hier sind zum einen sehr große Übertragungsleistungen möglich, zum anderen sind die Übertragungskosten heute bereits derart gering, daß es bei Abständen von über ca. 400 km ökonomischer ist, via Satellit zu kommunizieren als über eine terristische Kupferleitung.
Die Nachrichtentechnik entwickelt sich weltweit unter starkem Einfluß der nationalen Postverwaltungen. Während auf dem europäischen Kontinent und im Ostblock die gesamte Nachrichtentechnik unter staatlicher Aufsicht ist, gibt es in den angelsächsischen Ländern mehr Privatisierung («Deregulation»). Diese hat dazu geführt, daß sich dort insbesondere die Endgeräte an nachrichtentechnischen Netzen sehr schnell entwickelt haben. (In der Bundesrepublik bedarf jedes Endgerät, welches an ein öffentliches nachrichtentechnisches Netz angeschlossen werden soll, einer besonderen Postgenehmigung (FTZ-Nummer)).

PASCAL

PASCAL ist eine Programmiersprache, die von einem einzelnen Autor (N. Wirth) entwickelt, und implementiert und dann weltweit schnell verbreitet wurde. Sie hat sich zunächst im wesentlichen im akademischen Bereich ausgebreitet. Heute wird ein großer Teil der Studenten in der Informatik mit PASCAL als Grundsprache qualifiziert. PASCAL erlaubt sehr geschlossene Programme zu schreiben, die gut lesbar und stark strukturiert sind. PASCAL dient häufig zur Realisierung von Programmen, die den eigentlichen Betrieb von Rechner-Architekturen organisieren (Betriebs-System).

PEARL

Diese Programmiersprache entstand in der Bundesrepublik als spezielle Sprache für die Programmierung von Prozessen, bei denen es darauf ankommt, Real-Zeit-Phänomene direkt zu verarbeiten (z. B. Steuerung einer Walzstraße). PEARL stand allerdings von Anfang an im Wettbewerb mit anderen prozeßorientierten Sprachen und erreichte nie eine weltweite Anwendung.

Persönliches Informations- und Telekommunikations-System (PITS)

Das persönliche Informations- und Telekommunikations-System ist eine Weiterentwicklung des heutigen Heim-Computers. Es handelt sich hierbei um ein leistungsfähiges, *tragbares* Rechnersystem, welches mit einem flachen Bildschirm, mit Massenspeicher-Laufwerk und Telekommunikationsbaustein ausgestattet ist. Ein derartiges System erlaubt es dem Benutzer, dezentral jederzeit zu großen Informationsmengen, zu stattlichen Informationsverarbeitungsleistungen und zu beliebigen Informationsrepräsentationen zuzugreifen.
Erste Systeme dieser Art sind mittlerweile auf dem Markt (z. B. das billige «Model 100» von Radio Shack oder das aufwendige Modell PC-5000 von Sharp). Diese Modelle haben z. Z. eine Größe von ca. 20 × 30 × 4 cm. In Zukunft kann man bei weiterer Verdichtung der Bauelemente und leistungsfähiger, flacher und tastempfindlicher Anzeigen davon ausgehen, daß sie noch weiter verkleinert werden. Damit wird es möglich sein, ein leistungsfähiges transportables «Denkzeug» stets mit sich zu führen.

Plotter

Plotter sind spezielle Geräte zur Ausgabe von Information aus dem Rechner auf Papier. Zunächst war der Plotter im wesentlichen ein Gerät zur Erstellung von Zeichnungen. Hierzu war es notwendig, einen Stift über Papier zu führen, und zwar durch eine x/y-Steuerung. Mittlerweile übernehmen Plotter Ausgaben aller Art aus dem Rechner, d.h. sie sind insbesondere auch in der Lage, alphanumerische Zeichenketten unmittelbar auszugeben. Die Unterscheidung zwischen Plotter auf der einen Seite und Druckwerk auf der anderen Seite wird zunehmend hinfällig, seitdem es Verfahren (z.B. Tintenstrahl oder Laser) gibt, die das Ausgeben von Punkten und kontinuierlichen Linien auf Papier erlauben, wodurch der Unterschied zwischen Grafik und alphanumerischen Zeichenketten schwindet.

Programmieren

Unter Programmieren verstehen wir alle die Arbeitsschritte, die notwendig sind, um von einer allgemeinen Problem-Beschreibung zum lauffähigen Programm im Rechner zu kommen. Wichtige Schritte sind dabei: 1. Systemanalyse des Prozesses, der auf dem Rechner abgebildet werden soll. Diese ergibt in der Regel eine Folge von Grundprozeduren, die abzuwickeln sind, sowie die notwendigen Datenstrukturen. 2. Erstellen eines Flußdiagramms oder eines Struktogramms, welches die Zusammenhänge der verschiedenen Arbeitsschritte und Entscheidungen im Programm derart darstellt, daß es auf der Maschine implementierbar ist. 3. Auswahl einer problemorientierten Programmiersprache. Hier stehen für die verschiedenen Bereiche unterschiedliche Sprachen zur Verfügung: Für Anwendungen im Kommerziellen wird COBOL oder auch BASIC verwendet. Naturwissenschaftlich-technische Probleme werden häufig in FORTRAN oder PASCAL gelöst. Wichtig für Verarbeitungen von Wissen sind Programmiersprachen wie LISP oder PROLOG. 4. Codieren des Ablaufs und der Datenstrukturen in der ausgewählten Programmiersprache. Hierbei wird Schritt für Schritt das Flußdiagramm in ein ablauffähiges Programm übersetzt. 5. Austesten des Programms auf der Maschine. Hierbei fallen in der Regel sowohl syntaktische als auch logische Fehler auf, die zu beseitigen sind.

Das Programmieren wird heute durch vielerlei «Werkzeuge» unterstützt, die insbesondere dafür sorgen, daß das Programm strukturiert ist und gut leserlich erstellt wird. Dies ist essentielle Voraussetzung für spätere Modifikationen und Anpassungen. – Moderne Systeme erlauben die Realisierung einfacher Programme dadurch, daß der Benutzer geeignete Prozeduren auf einem «Menü» auswählt und selbst zusammensetzt ohne eine eigentliche Programmiersprache zu beherrschen.

Programmiersprachen

Programmiersprachen sind künstliche Sprachen mit einer sehr begrenzten Syntax (ca. einige hundert Worte) und einer sehr begrenzten Grammatik (ca. einige dutzend Regeln), die es erlauben, informationsverarbeitende Probleme derart zu beschreiben, daß sie auf einem Rechner, der die Programmiersprache «versteht», lauffähig werden. Angesichts der breiten Palette an informationsverarbeitenden Problemen – von der Steuerung einer Werkzeugmaschine über das Schachspielen bis hin zur Spracherkennung – hat sich eine Vielfalt

von problemlösungsorientierten Programmiersprachen entfaltet. Insgesamt gibt es vielleicht 150 verschiedene Sprachen, die noch in unterschiedlichen Dialekten vorliegen.
Für jede Programmiersprache braucht man einen Übersetzer oder Interpretierer, der es ermöglicht, die in der Programmiersprache geschriebenen Programme auf dem entsprechenden Prozessor abzuwickeln. Übersetzer oder Interpretierer sind spezielle Programme, die aus den Befehlen in der Programmiersprache Befehle auf der Ebene des Prozesors erarbeiten.
Während es in der Frühzeit der elektronischen Datenverarbeitung üblich war, in sehr «schwachen» Sprachen umfangreiche, schlecht lesbare Programme zu schreiben, gibt es zunehmend sogenannte Programmiersysteme, bei denen der Anwender weniger im Detail zu spezifizieren braucht, *wie* etwas ausgeführt werden soll, sondern nur noch angeben muß, *was* insgesamt zu tun ist. Geeignete «Generatoren» erzeugen dann automatisch aus der Zielvorgabe ein lauffähiges Programm. Mit derartigen Systemen werden in den 90er Jahren «klassische» Programmiersprachen zunehmend abgelöst werden durch «benutzerfreundliche» Mensch-Maschine-Kommunikationsflächen.

Prozeß-Rechner

Informationsverarbeitende Systeme versuchen normalerweise Probleme so schnell wie möglich zu lösen, ohne daß allerdings derjenige, der ein Problem gelöst haben will, hierfür eine *exakte* Verarbeitungszeit vorgibt. So kommt es z.B. nicht darauf an, daß ein Waren-Wirtschafts-System innerhalb von Sekunden den aktuellen Warenbestand ermittelt. Es reicht, wenn er z.B. abends verfügbar ist.
Im Gegensatz dazu müssen Prozeß-Rechner in Real-Zeit sofort reagieren können. D.h. es kommt bei ihnen darauf an, Prozesse auch mit sehr schnellen Reaktionszeiten unmittelbar zu kontrollieren. Derartige Rechnerkonfigurationen zeichnen sich zum einen durch hochleistungsfähige Prozessoren und zum anderen dadurch aus, daß sie mit entsprechenden Sensoren und Aktuatoren (Steuerelementen) unmittelbar mit technischen Prozesen verbunden sind. - Beispiele sind Prozeß-Rechner in der Stahlproduktion, in der Steuerung der Elektrizitätsversorgung oder im *A*nti-*B*lockier-*S*ystem (ABS) modernerer Autos. In der Regel werden Prozeß-Rechner doppelt oder - wie im Flugzeug - sogar dreifach ausgelegt, um evtl. Ausfälle sicher überbrücken zu können.

Roboter

Der Begriff des Roboters ist in der Literatur recht unterschiedlich definiert. Es gibt einen gleitenden Übergang vom «eigentlichen» Roboter, der bewegliche «Arme» mit Werkzeugen besitzt, bis hin zum eigentlichen Vollautomaten, bei dem sehr unterschiedliche mechanische Teile technische Prozesse abwikkeln. Die Grundidee des Roboters ist die, einen beliebigen Bewegungsablauf durch einen Rechner zu organisieren, der die «Extremitäten» steuert, mit denen die entsprechenden mechanischen Bewegungen ausgeführt werden. Spitzentechnologien in diesem Bereich sind einerseits optische Muster verarbeitenden Roboter (Hitachi hat z.B. ein System vorgestellt, welches einen Staubsauger aus allen Einzelteilen zusammensetzen kann und hierbei mit Kameras arbeitet), andererseits werden tastempfindliche Systeme entwik-

kelt, die es erlauben, sehr feinfühlige Bewegungen zu machen (es gibt mittlerweile klavierspielende Roboter). Angesichts hoher Aufwendungen für die mechanischen Systeme ist die Roboterentwicklung zwar langsam, aber stetig vorangekommen.
Neben einiger Millionen Arbeitsplätze in der Fertigungsindustrie der Bundesrepublik, gibt es hier z.Z. nur einige tausend Roboter. Man geht jedoch davon aus, daß mit Verbesserung der optischen und taktilen Mustererkennung eine drastische Expansion des Robotermarktes und der Roboter-Nutzung stattfinden wird.

Schnittstelle

Unter Schnittstelle versteht man generell den Übergangsbereich von einem (geschloßenen) System zu einem anderen. Im Bereich der Informationstechnik gibt es Schnittstellen z.B. zwischen verschiedenen Geräten (Hardware) oder zwischen dem menschlichen Benutzer und einem Gerät. An Schnittstellen finden in der Regel Transformationsprozesse statt, dabei muß eine Repräsentation in eine andere überführt werden. Dieses bereitet mannigfaltige Schwierigkeiten: So können Hardware-Systeme nur miteinander kommunizieren, wenn sie gleich physikalische Signale ausgeben und verarbeiten können. Der Mensch kann auf einem Bildschirm nur Information erkennen und diese verarbeiten, wenn sie angemessen repräsentiert ist. Wichtig ist dabei vor allem, daß die Strukturen des Rechner-Systems und die kognitiven Strukturen im Gehirn soweit ähnlich sind, daß sie miteinander kommunizieren können. Alle modernen Bemühungen gehen dahin, Schnittstellen zu verbessern und insbesondere die Leistungsfähigkeit von Mikroprozessoren zu nutzen, um an den Schnittstellen geeignete Transformationen automatisch vorzunehmen.

Software

Die Gesamtheit aller logischen Anweisungen, die in Form eines Programms in eine Rechner-Hardware eingelesen werden können, nennt man die Software. Es handelt sich also um (immaterielle) Anweisungen an den Rechner. Software wird in der Regel in einer bestimmten Programmiersprache geschrieben, die dann vom Rechner im Betriebssystem automatisch übersetzt wird. D.h. ein Software-System ist in aller Regel nur für denjenigen direkt «lesbar», der die entsprechende Programmiersprache beherrscht.
In der klassischen Datenverarbeitung kann man drei große Bereiche von Software unterscheiden: 1. Die *zentrale Betriebs-Systems-Software*, die den internen Nachrichtenfluß innerhalb der Computer-Hardware organisiert. Sie stellt sicher, daß der Rechner in einem gewissen Rhythmus Befehle ausführt und die Kommunikation mit der Außenwelt wahrnimmt. 2. *Übersetzungs-* und *Interpretierer-Software* erlauben es, die jeweiligen Programme in einer Programmiersprache derart zu übersetzen, daß das Betriebssystem und der Prozessor das Programm abarbeiten können. Bei diesem Typ Software handelt es sich um sehr aufwendige Programmpakete, die von Spezialisten erstellt und optimiert werden. Heute funktioniert diese Software auch weitgehend prozessorunabhängig, sie kann von einem Computer auf einige andere übertragen werden. 3. *Anwendungs-Software* ist die Gesamtheit aller der Programme, die ein spezieller Anwender eines Computersystems im System betreibt. Es handelt sich also um spezifische Problemlösungen, die an Fragen

orientiert sind, die nichts mit dem Rechner an sich zu tun haben. Der Anwender-Software-Markt ist in den letzten Jahrzehnten drastisch gewachsen, und es gibt heute für fast alle wichtigen Bereiche geeignete Software-Systeme («automatische Problemlösungen»).
Neue Software entsteht durch Programmieren mittels einer geeigneten Programmiersprache oder neuerdings auch dadurch, daß man auf einem «Bildschirm-Menü» entsprechende Sequenzen direkt aussucht und diese im Rechner speichert. Die Kosten für die Erstellung einer Software, d.h. für die einmalige Lösung eines Problems, sind über viele Jahre ziemlich stabil geblieben, trotz vieler Rationalisierungsmaßnahmen. Wichtig ist allerdings, daß es heute möglich ist, *zahlreiche* Kopien dieser Lösung für viele «billige» Hardware-Systeme zu verkaufen, dadurch sind die *Kosten pro Stück drastisch* gefallen. Während in den 60er Jahren z.B. Übersetzer viele zehntausend Mark gekostet haben, sind sie heute im Bereich von einigen hundert Mark auf dem Markt zu kaufen. Ähnlich sieht es mit komplizierten Anwenderprogrammen aus, z.B. Text-Programme, Expertensysteme.

Sprechschreiber

Beim «Sprechschreiber» handelt es sich um ein – in Europa und USA noch nicht verfügbares – Computer-System, welches in der Lage ist, menschliche gesprochene Sprache zu erkennen und direkt in Texte umzusetzen. Diese Aufgabe ist außerordentlich kompliziert, da auch dieselbe Person beim gleichen Satz in unterschiedlichen Situationen sehr unterschiedliche Schallwellen-Muster erzeugt. Durch komplizierte mathematische Verfahren ist es gelungen, sprecherabhängige Spracherkennung mit zumindest begrenzten Wortschätzen zu realisieren. So existieren z.B. japanische Systeme, die es erlauben, die japanische Silbenschrift akustisch zu erkennen und auszugeben.

Technische Informationsverarbeitung

Ziel technischer Informationsverarbeitung ist es, die verschiedensten Prozesse der Verarbeitung von Information mit elektronischen oder neuerdings auch optischen Verfahren abzuwickeln. In der technischen Informationsverarbeitung werden zum einen die *Hardware* (das sind die eigentlichen Geräte) benötigt und zum anderen Problemlösungen in Form eines *Programms* (Software) zum Einsatz gebracht. Zentrale Elemente technischer Informationsverarbeitung sind die Abbildung einer informationsverarbeitenden Prozedur auf den Rechner mittels einer geeigneten Programmiersprache und die Abwicklung des so entstandenen Programms unter Nutzung eines Betriebssystems auf einem geeigneten Computer.
Einfache Mikro-Computer erlauben heute Verarbeitungsgeschwindigkeiten im Bereich von einigen hunderttausend Basisoperationen pro Sekunde. Sogenannte Jumbo-Rechner kommen zu Verarbeitungsleistungen bis zu vielen hundert Millionen Operationen pro Sekunde. Da es grundsätzlich möglich ist, jeden wohlbeschreibbaren Prozeß der Verarbeitung von Information auf einfache Grundoperationen zurückzuführen, können auch sehr komplizierte Informationsverarbeitungsprozesse auf den Rechner abgebildet werden. Man unterscheidet dabei grundsätzlich zwei Verfahren: Zum einen den Algorithmus (dies ist ein Verfahren, welches hundertprozentig zum Erfolg führt) und zum anderen die Heuristik (hierbei handelt es sich um ein Verfahren,

das mit einer großen Wahrscheinlichkeit ein richtiges Ergebnis liefert, aber nicht hundertprozentig einen Erfolg ergibt, siehe z.B. die Realisation des Schachspiels auf dem Rechner). – Für viele Anwendungen kommt es auf eine optimale Anpassung der technischen an die menschliche Informationsverarbeitung an.

Text-System

Ein Text-System ist ein Rechner, der mittels einer speziellen Software dazu genutzt werden kann, um Texte zu verarbeiten. Die Bandbreite der auf dem Markt verfügbaren Systeme ist sehr breit: Im einfachsten Falle handelt es sich bei einem Text-System um eine Schreibmaschine, die mit einem Speicher ausgestattet ist und das einfache Editieren von Texten ermöglicht. Ausgefeilte Systeme erlauben es, zum einen Texte aus Textbausteinen synthetisch zusammenzufügen und zum anderen die Orthografie in einem großen Duden automatisch nachzuprüfen, so daß Briefe nur orthografisch richtig geschrieben werden können.
In größeren Unternehmen werden einzelne Text-Systeme häufig zusammengeschaltet, so daß es möglich ist, sie über ein Netzwerk integriert zu betreiben. Diese Netze haben dann auch Zugriffe z.B. zu Massenspeicherarchiven, in denen eingehende und ausgehende Texte wie in einem Aktenschrank gelagert sein können und abrufbar sind. Moderne Text-Systeme erlauben es auch dem naiven Benutzer, sehr schnell Texte in einer grafisch anspruchsvollen Form darzustellen. Dadurch ist es möglich, ohne besonderen Aufwand im Layout gute Drucke direkt zu erzeugen.
Einfache Text-Systeme sind heute für fünf- bis achttausend DM verfügbar, ausbaufähige Großsysteme liegen bei 20000 DM pro Arbeitsplatz.

Verkabelung

Mit dem Schlagwort «Verkabelung» werden in der Bundesrepublik mittlerweile eine Reihe sehr unterschiedlicher technischer Konzeptionen verbunden. Ursprünglich entwickelte und verbreitete sich die Idee in den USA, ein geschirmtes Kupferkabel (in Koaxial-Form) zu verlegen, um den Fernsehempfang zu verbessern. Davon ausgehend entstanden sogenannte Kabelfernseh-Netzwerke, in die dort zunehmend auch Programme eingespeist werden, die man am Ort nicht aus der Luft empfangen kann. Während letzteres in den USA ohne besondere Vorschriften möglich ist, hat sich in der Bundesrepublik um die Verlegung derartiger Kabel-Netzwerke eine breite Diskussion ergeben.
Während die Bundespost im wesentlichen Kupferkabel verlegt, um bessere Anschlüse für den Empfang von Fernsehen und UKW-Radio zu ermöglichen, werden in vier Pilotversuchen neue Nutzungsmöglichkeiten (z.T. auch interaktive Dienste, bei denen der Teilnehmer mit der Zentrale kommunizieren kann) erprobt. Festzuhalten ist hierbei, daß es sich bei diesen Netzwerken immer um sogenannte *Verteil*-Netze handelt, d.h. die Information fließt von *einer* Kopfstation zu *vielen* Teilnehmern. Daraus ergibt sich, daß der Teilnehmer in der Regel keine Möglichkeit hat, mit anderen Teilnehmern zu kommunizieren.
Demgegenüber verfolgen Überlegungen der Verkabelung mit Glasfaserkabeln ganz andere Ziele: Hier geht man nicht von einem Verteil-Netz aus, sondern davon, daß – wie beim Telefonnetz – ein *vermitteltes*, aber breitban-

diges Netz entstehen soll, in dem *jeder* mit *jedem* kommunizieren kann. Derartige Netze würden zum einen das Bild-Fernsprechen und zum anderen einen Austausch gewaltiger Datenmengen zwischen einzelnen Teilnehmern erlauben.
Während die Verkabelung mit Kupfer-Koaxial-Kabeln schon lange eine Standardtechnologie ist, ist die Entwicklung von Glasfaserkabeln und insbesondere von Glasfaser-Vermittlungseinrichtungen eine neue Technik, die erst langsam Marktreife erreicht. Glasfaserkabel werden im Telefonnetz heute für Strecken mit hohem Kommunikationsaufkommen genutzt. Die Bundespost plant BIGFON als ein System, welches den Glasfaseranschluß direkt zum Ortsnetz-Teilnehmer bringen soll.

Vorleser

«Vorleser» sind elektronische Systeme, die es erlauben, aus einer Zeichenkette einen gesprochenen Satz zu machen, der akustisch ausgegeben wird. Die Grundidee des Vorlesers oder der akustischen Ausgabe besteht darin, daß man mit Hilfe eines mathematischen Modells des Kehlkopfs diesen in einem Chip simuliert. Der Chip generiert entsprechende Impulse, die über Digital-Analog-Umwandler eine Membran steuern, aus der dann eine menschliche Sprache erklingt. Während die Ausgabe einzelner Worte und sehr kurzer Sätze heute keinerlei Schwierigkeiten mehr macht, ist das Vorlesen von langen Sätzen technisch zwar möglich, hört sich jedoch für einen normalen Zuhörer ziemlich «langweilig» an, da es bisher nicht gelungen ist, die pragmatischen Inhalte von längeren Sätzen derart umzusetzen, daß sie den Sprachduktus des Vorlesers bestimmen. Hierzu wäre es insbesondere nötig, die Semantik und Pragmatik des Textes zu erkennen, was erst möglich sein wird, wenn entsprechende Expertensysteme für linguistische Zusammenhänge kostengüntig verfügbar sind.

Wissensmaschine

Im Gegensatz zu heutigen Rechner-Konfigurationen geht das Konzept der Wissensmaschine («Vth Generation-Machine») davon aus, daß es nicht sinnvoll ist, aufwendige logische Operationen auf numerische Prozesse zurückzuführen, sondern diese unmittelbar im Prozessor zu verarbeiten. Hierzu ist es zum einen notwendig, das Wissen in entsprechenden assoziativen Speichern anzuordnen und zum anderen mächtige Prozeduren zu entwickeln, die unmittelbar mit Wissen umgehen können. – Die japanischen Pläne für eine solche Maschine sehen deshalb eine vierschichtige Systemkonfiguration vor: Auf der Ein- und Ausgabeschicht wird versucht, mit natürlicher Sprache umzugehen und ein reiches Angebot an visueller Kommunikation zu ermöglichen; auf der zweiten Schicht wird diese Information angemessen interpretiert; in der dritten Schicht befindet sich die eigentliche Wissensrepräsentation, die genutzt wird, um durch heuristische Verfahren Schlüsse zu ziehen; die vierte und unterste Schciht schließlich ist die eigentliche «Hardware-Unterlage», in der entsprechende Prozessoren mit den Anforderungen der drei darüberliegenden Schichten umgehen können. Obwohl erkennbar ist, daß das ehrgeizige Endziel einer Wissensmaschine noch in weiterer Zukunft liegt, so ist erkennbar, daß Teilaspekte derartiger Konfigurationen durch die intensiven Entwicklungsbemühungen in Japan und den USA demnächst verfügbar werden (z.B. «sehende» Roboter, Sprechschreiber, Expertensystem).

Dr. Klaus Haefner, Physiker, Genetiker und Professor für angewandte Informatik an der Universität Bremen. Von 1969 bis 1982 Berater des Bundesministers für Forschung und Technologie. Mitglied des «Münchener Kreises». Mitglied der Kommission «Zukunftsperspektiven gesellschaftlicher Entwicklungen» des Ministerpräsidenten L. Späth. Seit 1983 Sprecher des Fachbereiches «Ausbildung und Beruf» der Gesellschaft für Informatik. Vom gleichen Autor: «Die neue Bildungskrise – Herausforderung der Informationstechnik an Bildung und Ausbildung» (Birkhäuser, 1982) und «Der ‹grosse› Bruder» (Econ, 1980).

Dieses Buch ist eine provozierende, konstruktive, aber auch unbequeme Antwort auf Orwells «1984». Es räumt grundsätzlich mit den düsteren und falschen Visionen eines totalitären «Großen Bruders» als Konsequenz der Nutzung moderner Informationstechnik auf, indem es die positiven Potenzen der neuen Technik konsequent zu Ende führt, ohne die Probleme zu verschweigen oder zu leugnen. Dadurch entsteht die realistische Vision einer human computerisierten Gesellschaft, in der – unter konsequenter Weiterentwicklung der Demokratie – breite Schichten die Informationstechnik zu ihrem Wohle nutzen.

Haefner legt ein detailliertes und in sich geschlossenes Konzept für den Weg in die human computerisierte Gesellschaft vor. Es ist ein Programm, welches sich in gleicher Weise an Regierungen, Parteien, Gewerkschaften und Arbeitgeber wendet wie an den «Mann auf der Straße» , weil es davon ausgeht, daß die vielfältigen Probleme der Integration von Mikroelektronik und moderner Telekommunikation nur gemeinsam von allen gelöst werden können.

«Mensch und Computer im Jahre 2000» ist die konsequente Weiterentwicklung von Ideen und Analysen, die der Autor bereits in seinen beiden erfolgreichen Büchern «Der große Bruder – Chancen und Gefahren für eine informierte Gesellschaft» und «Die neue Bildungskrise – Herausforderung der Informationstechnik an Bildung und Ausbildung» angelegt hat. Während in diesen Monographien, die von allen großen deutschen Zeitungen positiv besprochen wurden, die «Neuen Medien» und das bedrohliche Wechselspiel von Informationstechnik und Bildung behandelt wurden, befaßt sich das neue Buch nun mit der zentralen ökonomischen Frage: «Wie kann die drastische Produktivitätssteigerung, die durch die neuen Techniken ermöglicht wird, sozial gerecht verteilt werden?» Die ausführlich begründete Antwort ist unorthodox, unbequem und gleichzeitig faszinierend. Sie weist den Weg in die materielle Sicherheit einer *lohnunabhängigen* «Grundversorgung» für alle Bürger.

Birkhäuser Verlag Basel · Boston · Stuttgart